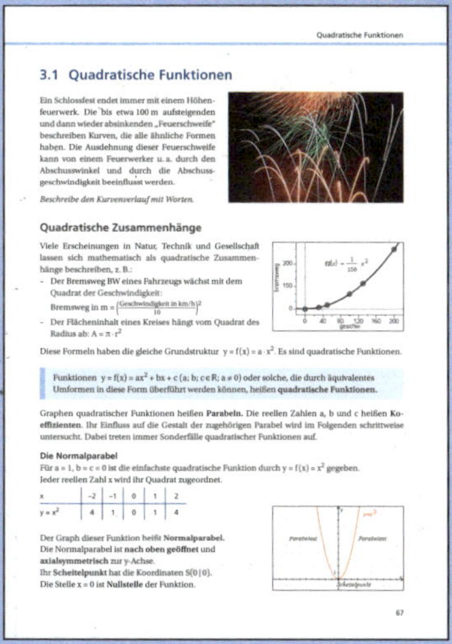

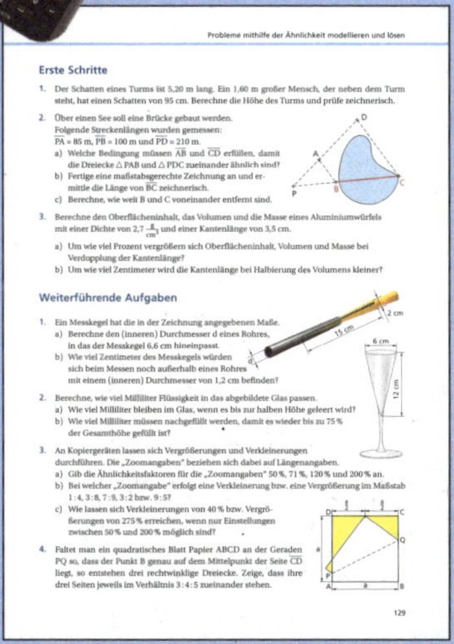

Inhalte

Diese Seiten vermitteln dir – unterstützt durch Merkstoff und Beispiele – mathematisches Wissen über wichtige Begriffe, Gesetze und Zusammenhänge.

Aufgaben

Mithilfe dieser Aufgaben kannst du den Lernstoff üben und anwenden. Du findest sie in den Abschnitten „Probiere es selbst“ bis „Gemischte Aufgaben“.

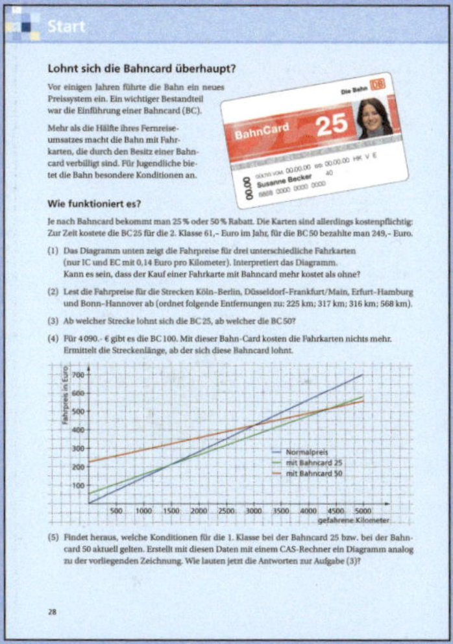

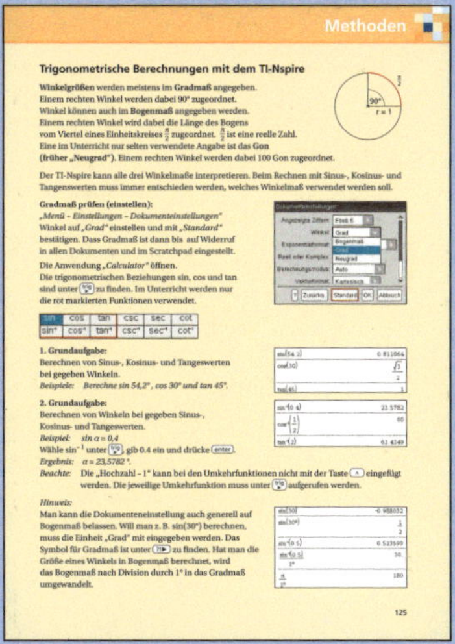

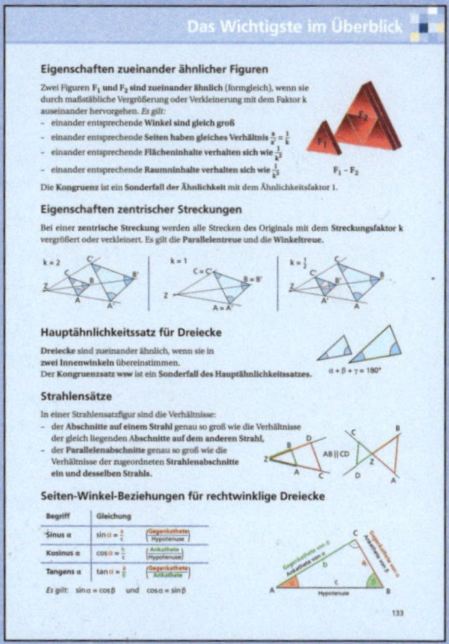

Start

Diese Seiten bieten Anregungen, gemeinsam mit deinen Mitschülern mathematische Probleme zu untersuchen und Neues zu entdecken.

Projekt/Mosaik/ Methoden

Diese Seiten enthalten neben Sachinformationen Tipps zum Lösen von Aufgaben, interessante Fragen und Aufträge, die du in der Gruppe bearbeiten kannst.

Das Wichtigste im Überblick

Diese Seiten findest du am Ende jedes Kapitels. Sie stellen das Wichtigste in übersichtlicher Form zusammen.

Mathematik 9

Gymnasium Thüringen

Duden Schulbuchverlag

Berlin

Landesbearbeiter
Evelyn Fiedler, Meiningen, Monika Hädrich, Ilmenau, Dr. Wilfried Zappe, Ilmenau

Autoren
Erhard Altendorf, Dr. Uwe Bahro, Kornelia Blümel, Dr. Hubert Bossek, Dr. Axel Brückner, Margrit Busch, Christina Emmer, Heidemarie Heinrich, Sybille Hilmer, Andrea Jentsch, Thomas Klatte, Sabine Küfer, Jana Köppen, Petra Labsch, Karlheinz Lehmann (†), Dr. Günter Liesenberg, Angela Malke, Dr. Ehrentraud Meißner, Wilhelm Münchow, Hans-Detmar Pelz, Günther Rolles, Simone Roloff, Ellen Rudolph, Manuel Rumi, Dr. Klaus Scheibe, Dr. Christine Sikora, Ramona Schmidt, Uwe Schmidt, Christina Schneider, Dr. Rüdiger Scholz, Elke Schomaker, Dr. Irina Schultheiß, Rosemarie Schulz, Prof. Dr. Hans-Dieter Sill, Heike Szebrat, Dr. Horst Thamm, Dr. Michael Unger, Hans-Joachim Warnemann, Dr. Jochen Weitendorf, Elvira Wittig, Karlheinz Witzel, Annemarie Wolke, Helmut Wunderling, Dr. Wilfried Zappe, Silvia Zesch

Redaktion Dr. Hubert Bossek, Dr. Günter Liesenberg
Gestaltungskonzept Britta Scharffenberg, Daniela Watzke
Einband Britta Scharffenberg
Layout Martina Holzinger, cs print consulting GmbH, Berlin
Grafik Martina Holzinger, Matthias Pflügner, cs print consulting GmbH, Berlin
Titelbild Romanesco Broccoli: iStock / Alasdair Thomson

www.duden-schulbuch.de

Die Links zu externen Webseiten Dritter, die in diesem Lehrwerk angegeben sind, wurden vor Drucklegung sorgfältig auf ihre Aktualität geprüft. Der Verlag übernimmt keine Gewähr für die Aktualität und den Inhalt dieser Seiten oder solcher, die mit ihnen verlinkt sind

1. Auflage, 1. Druck 2013

Alle Drucke dieser Auflage sind inhaltlich unverändert und können im Unterricht nebeneinander verwendet werden.

Druck: Stürtz GmbH, Würzburg

ISBN 978-3-8355-1231-3

Inhalt gedruckt auf säurefreiem Papier aus nachhaltiger Forstwirtschaft.

Inhaltsverzeichnis

5 Zusammengesetzte Körper untersuchen 134

6 Mit Zufall und Wahrscheinlichkeit rechnen 154

7 Aufgabenpraktikum 188

A Anhang 204

1 Fit in Mathematik

Zinseszins

Wenn ein Kapital länger als ein Jahr verzinst wird, werden im Allgemeinen jeweils am Jahresende die Zinsen berechnet, dem Kapital zugeschlagen und dann im folgenden Jahr mit verzinst. Das Anfangskapital wächst um einen bestimmten Faktor. *Wie wird dieser Faktor berechnet?*

Geschwindigkeiten von Satelliten im erdnahen Raum

Damit sich ein Körper auf einer erdnahen Umlaufbahn bewegen kann, muss er mindestens die erste kosmische Geschwindigkeit haben. Für die Geschwindigkeit gilt:

$$v = \sqrt{\frac{G \cdot m_E}{r}}$$

Gib die Geschwindigkeit eines Satelliten an, der sich in 36 000 km Höhe über der Erdoberfläche auf einer Kreisbahn um die Erde bewegt.

Fahrradtour

Die Badestelle eines Sees kann vom Zentrum eines Ortes über eine 4 km lange Hauptstraße und eine 2,5 km lange rechtwinklig abzweigende Nebenstraße erreicht werden. Ein für Autos gesperrter Waldweg führt auf gerader Strecke direkt vom Ortszentrum zur Badestelle. *Welche Entfernung müssen die Schüler mit dem Fahrrad zurücklegen, wenn sie sich für den Waldweg entscheiden?*

1.1 Fit in Mathematik – ohne Hilfsmittel

Mit Potenzen und Wurzeln rechnen

Das Potenzieren ist die Kurzform des Multiplizierens einer Zahl mit sich selbst. 3 ist die Basis, 4 ist der Exponent und 81 der Potenzwert.

$3^4 = 3 \cdot 3 \cdot 3 \cdot 3 = 81$

Zu den speziellen Potenzen gehören neben den Zehnerpotenzen auch die Kubikzahlen und die Quadratzahlen.

$10^3 = 10 \cdot 10 \cdot 10 = 1000$
$12^2 = 12 \cdot 12 = 144$

Wird eine Zahl mit sich selbst multiplziert, so quadriert man diese Zahl. Handelt es sich um natürliche Zahlen, so erhält man Quadratzahlen.

$0{,}9^2 = 0{,}81$
$80^2 = 6\,400$

Die Umkehrung des Quadrierens ist das Quadratwurzelziehen. Quadratwurzeln aus postiven Zahlen, die keine Quadratzahlen sind, sind irrationale Zahlen.

$\sqrt{25} = 5$, denn $5^2 = 25$
$\sqrt{2} = 1{,}41421356...$
$\sqrt{7} = 2{,}64575131...$

Das Ziehen einer Kubikwurzel ist die Umkehrung von „hoch 3".

$\sqrt[3]{125} = 5$, denn $5^3 = 125$

Aufgaben

1. Berechne.
a) $3 \cdot (-5) + 2$ b) $12 : (-4) \cdot 6$ c) $-5 + 3 \cdot (-2)$ d) $-25 : (-5) - 8$
e) $-16 : 4 + 7$ f) $-12 - 21 : 3$ g) $(-16 - 8) : (-6)$ h) $12 - (-8) - 20$

2. Berechne. Beachte die Reihenfolge der Rechenoperationen.
a) $3 \cdot (-4) - 7 \cdot 8$ b) $12 \cdot (-5) - 13 \cdot 4$ c) $-25 : (-5) + 3 \cdot 9$ d) $13 - (-4) \cdot (-5) + 45$

3. Ermittle im Kopf. Bestimme zuerst das Vorzeichen, potenziere dann den Betrag der Basis.
a) $(-3)^5$ b) $(-1)^7$ c) $(-5)^4$ d) $(-1)^6$ e) $(-4)^3$
f) $(-3)^3$ g) $(-5)^3$ h) $(-7)^2$ i) $(-8)^3$ j) $(-6)^3$

4. Berechne ohne Rechenhilfsmittel die Quadratwurzeln.
Welche der Aufgaben kannst du nicht lösen? Warum ist das so?
a) $\sqrt{9}$ b) $\sqrt{25}$ c) $\sqrt{36}$ d) $\sqrt{100}$ e) $\sqrt{-169}$
f) $\sqrt{0{,}36}$ g) $\sqrt{0}$ h) $\sqrt{\frac{16}{25}}$ i) $\sqrt{\frac{36}{169}}$ j) $\sqrt{0{,}25}$
k) $\sqrt{81}$ l) $\sqrt{\frac{49}{64}}$ m) $\sqrt{-\frac{1}{4}}$ n) $\sqrt{0{,}04}$ o) $\sqrt{8\,100}$

5. Gib die Werte der folgenden Quadratwurzeln an:
a) $\sqrt{64}$ b) $\sqrt{144}$ c) $\sqrt{225}$ d) $\sqrt{361}$ e) $\sqrt{441}$
f) $\sqrt{729}$ g) $\sqrt{3{,}24}$ h) $\sqrt{1{,}96}$ i) $\sqrt{4{,}84}$ j) $\sqrt{5{,}76}$

6. Untersuche, zwischen welchen benachbarten ganzen Zahlen die Wurzeln liegen.
a) $\sqrt{7}$ b) $\sqrt[3]{7}$ c) $\sqrt{22}$ d) $\sqrt[3]{22}$ e) $\sqrt{130}$ f) $\sqrt[3]{130}$

7. Ein quadratischer Garten ist 200 m^2 groß. Ermittle die Länge der Seiten durch Probieren auf Dezimeter genau. Erkläre, wie du vorgegangen bist.

Mit Prozenten rechnen

Prozent sind Hundertstel: $p\,\% = \frac{p}{100}$

Bequeme Prozentsätze und Brüche

Prozent	10 %	25 %	33 %	50 %	75 %	100 %
Bruch	$\frac{1}{10}$	$\frac{1}{4}$	$\frac{1}{3}$	$\frac{1}{2}$	$\frac{3}{4}$	1

Allgemein gilt:

Grundwert $G \mathrel{\hat{=}} 100\,\%$
Prozentwert $W \mathrel{\hat{=}} p\,\%$ $\Rightarrow$ $\frac{G}{W} = \frac{100}{p}$ **Grundgleichung der Prozentrechnung**
Prozentsatz $p\,\% = \frac{W}{G}$

Beim Rechnen kann man gut den **Dreisatz** verwenden. Führe zuvor einen Überschlag durch.

Berechnen von Prozentwerten

Wie viel Kilogramm sind 13 % von 20 kg?

Überschlag: 10 % von 20 kg sind 2 kg.

13 % von 20 kg sind 2,6 kg.

Prozent	Kilogramm	
100	20	**Rechne durch 100 mal 13**
1	0,2	
13	2,6	

Berechnen von Prozentsätzen

Wie viel Prozent sind 24 € von 50 €?

Überschlag: 25 € von 50 € sind 50 %.

24 € von 50 € sind 48 %.

Euro	Prozent	
50	100	**Rechne durch 50 mal 24**
1	2	
24	48	

Berechnen von Grundwerten

5 % sind 55 g. Wie viel Gramm sind dann 100 %?

Ü.: 5 % sind 50 g, dann sind 100 % gleich 1000 g.

Der Grundwert beträgt 1100 g.

Prozent	Gramm	
5	55	**Rechne durch 5 mal 100**
1	11	
100	1100	

Steigerung/Verminderung „um p %" oder „auf p %"

Steigerung von G um p %: $G \cdot \left(1 + \frac{p}{100}\right)$

Das Kapital von 200 € stieg um 5 %.
Das Kapital beträgt $200 \cdot (1 + 0{,}05)$ € = 210 €.
Es stieg um 5 % oder auf 105 %.

Verminderung von G um p %: $G \cdot \left(1 - \frac{p}{100}\right)$

Die Aktie von 25 € verlor 2 % an Wert.
Die Aktie hatte dann noch einen Wert von $25 \cdot (1 - 0{,}02)$ € = 24,50 €.
Der Wert sank um 2 % oder auf 98 %.

Aufgaben

1. Übernimm die Tabelle in dein Heft und fülle die Leerstellen aus.

Prozentsatz	20 %			63 %		75 %				12,5 %
Dezimalbruch		0,12			0,98		1,2			
Bruch			$\frac{7}{10}$					$\frac{64}{400}$	$\frac{1}{3}$	

2. Gib für jede Figur den gelben und den blauen Anteil jeweils als Bruch und als Prozentsatz an.

a) 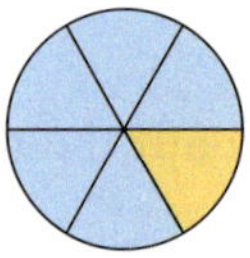
b) 
c) 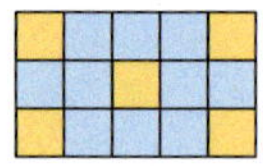
d) 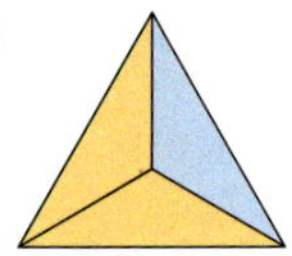

3. Überschlage im Kopf, wie viel Prozent die folgenden Anteile jeweils entsprechen:

a) 7 kg von 68 kg b) 124 m von 510 m c) 80 von 40
d) 22 min von 510 min e) 890 von 1 500 f) 13 von 135
g) 10 von 10 000 h) 49 von 102 i) 59 von 210

4. Gib die verschiedenen Sachverhalte als Prozentsätze an.
In eine Schule gehen 400 Personen (Schüler und Lehrer).

a) 240 Mädchen gehen in die Schule.
b) 50 Schüler sind 13 Jahre alt.
c) 60 Schüler gehen in eine 7. Klasse.
d) 25 Lehrer unterrichten in der Schule.
e) 20 Schüler singen im Schulchor.
f) 80 Schüler waren im Sport erfolgreich.

5. Drücke folgende Prozentsätze anders aus:

a) 75 % wählten Svenja zur Schülersprecherin.
b) 10 % fuhren zu schnell.
c) 50 % Gewinn wurde erzielt.
d) 100 % der Kinokarten waren verkauft.

6. Allgemein ist bekannt, dass der Körper von Säugetieren aus ca. 70 % Wasser besteht.

a) Wie viel Liter Wasser sind im Körper eines Tigers mit 80 kg bzw. eines Eisbären mit 900 kg enthalten?

b) Beim Menschen treten bei einem Wasserverlust von 4 % schon körperliche Schäden auf. Wie viel Liter Wasser darf ein Mensch mit einem Körpergewicht von 75 kg ohne Gefahr verlieren?

c) Ein Kamel (ca. 840 kg) ist ein Überlebenskünstler in der Wüste. Es kann durch Wasseraufnahme sein Gewicht um bis zu 25 % erhöhen.
Wie viel Liter Wasser hat es dann getrunken?

7. Die Mitgliederzahl in einem Turnverein ist von 2012 bis 2013 um 10 % auf 88 angewachsen. Im Jahr davor betrug der Zuwachs $33\frac{1}{3}$ %. Wie viele Mitglieder hatte der Verein 2011 und 2012?

8. Die Mutter von Sevda bereitet zum Frühstück eine Müslimischung.
Zutaten: 80 g Haferflocken, 40 g Rosinen, 30 g Sonnenblumenkerne,
30 g Kürbiskerne, 60 g Weizenflocken
Berechne die Prozentsätze, die dem Anteil der einzelnen Zutaten entsprechen.

Gleichungen und Ungleichungen lösen, Formeln umstellen

Eine Gleichung kann gelöst werden, indem auf beiden Seiten der Gleichung folgende **Äquivalenzumformungen** vorgenommen werden:

1. Addieren oder Subtrahieren des gleichen Terms,
2. Multiplizieren mit dem gleichen Term ($\neq 0$),
3. Dividieren durch den gleichen Term ($\neq 0$).

Die Seiten einer Gleichung können auch vertauscht werden.
Setze zur Probe das Ergebnis in die Ausgangsgleichung ein.

$$4x - 1 = 8 \qquad | +1$$
$$4x = 9 \qquad | :4$$
$$x = \frac{9}{4}$$

Probe: $4 \cdot \frac{9}{4} - 1 = 8$
$8 = 8$ (wahre Aussage)

Für das Umstellen von **Formeln** gelten die gleichen Regeln wie beim Umformen von Gleichungen.
Du kannst mit den Variablen wie mit Zahlen rechnen.

$$u = 2 \cdot (a + b) \qquad | :2$$
$$\frac{u}{2} = a + b \qquad | -b$$
$$a = \frac{u}{2} - b$$

Probe: $u = 2 \cdot (\frac{u}{2} - b + b)$
$u = u$ (wahre Aussage)

Wir betrachten eine Verhältnisgleichung, bei der die Variable im Nenner steht.

Löse folgende Gleichung:

$\frac{10}{x} = \frac{2}{3}$ mit $x \in \mathbb{R}; x \neq 0$

$\frac{10}{x} = \frac{2}{3}$ | Überkreuzmultiplizieren

$10 \cdot 3 = 2 \cdot x$ | :2 und Seiten vertauschen

$x = \frac{10 \cdot 3}{2}$ | Kürzen und zusammenfassen

$x = 15$

Lösung: $L = \{15\}$

Probe: $\frac{10}{15} = \frac{2}{3}$
$\frac{2}{3} = \frac{2}{3}$ (wahre Aussage)

Liegt eine Gleichung mit der Variablen im Nenner vor, die keine Verhältnisgleichung ist, kann man versuchen, sie auf eine Verhältnisgleichung zurück zu führen.

Löse folgende Gleichung:

$\frac{1}{x-1} + \frac{2}{3} = \frac{1}{2}$ mit $x \in R; x \neq 1$

$\frac{1}{x-1} + \frac{2}{3} = \frac{1}{2}$ | $-\frac{2}{3}$

$\frac{1}{x-1} = -\frac{1}{6}$ | Überkreuzmultiplizieren

$1 \cdot 6 = (-1) \cdot (x - 1)$ | Ausmultiplizieren

$6 = -x + 1$ | -1 und Seiten tauschen

$-x = 5$ | : (-1)

$x = -5$

Lösung: $L = \{-5\}$

Probe: $\frac{1}{-5-1} + \frac{2}{3} = \frac{1}{2}$
$-\frac{1}{6} + \frac{4}{6} = \frac{1}{2}$
$\frac{3}{6} = \frac{1}{2}$ (wahre Aussage)

Verbindet man zwei Terme durch ein Ungleichheitszeichen (>, <, ≥, ≤ oder ≠), entsteht eine **Ungleichung.**

Für das Lösen von Ungleichungen gelten (mit einer Ausnahme) die gleichen Regeln wie für das Lösen von Gleichungen.
Beachte:
Multipliziert man eine Ungleichung mit einer negativen Zahl oder dividiert man eine Ungleichung durch eine negative Zahl, so kehrt sich das Relationszeichen um.

- Das Zeichen „<" wird durch das Zeichen „>" ersetzt und umgekehrt.
- Das Zeichen „≤" wird durch das Zeichen „≥" ersetzt und umgekehrt.

Bei Lösungsmengen von Ungleichungen können häufig nicht alle Elemente angegeben werden, weil die Lösungsmengen unendlich viele Elemente haben. Das trifft immer dann zu, wenn die Elemente des zugehörigen Grundbereiches dicht zueinander liegen, wie bei den gebrochenen Zahlen, bei den rationalen Zahlen bzw. bei den reellen Zahlen. In solchen Fällen wird auf eine vollständige Probe meistens verzichtet.

Man kann das Ergebnis aber durch Einsetzen einer Zahl aus der Lösungsmenge zumindest testen.

Löse die gegebene Ungleichung im Bereich der rationalen Zahlen und führe einen Test für die ermittelte Lösungsmenge durch.

Grundbereich: $G = \mathbb{Q}$

Ungleichung: $2 - x < 9 + 3x \quad | -2$

$$2 - 2 - x < 9 - 2 + 3x$$
$$-x < 7 + 3x \quad | -3x$$
$$-x - 3x < 7 + 3x - 3x$$
$$-x - 3x < 9 - 2$$
$$-4x < 7 \quad | :(-4) \text{ Ungleichheitszeichen umkehren!}$$
$$x > -\frac{7}{4}$$

Zur Lösungsmenge gehören alle rationalen Zahlen, die größer als $-\frac{7}{4}$ sind. Das sind unendlich viele Zahlen. Die Zahl $-\frac{7}{4}$ gehört nicht zur Lösung. Man kann die Lösungsmenge auf der Zahlengeraden veranschaulichen.

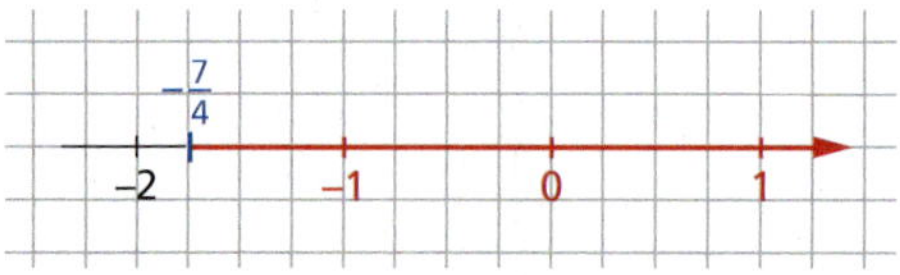

Zum Testen der Richtigkeit der Lösungsmenge wählen wir eine der Zahlen x mit $x > -\frac{7}{4}$ aus und zwar eine, mit der man leicht rechnen kann, z. B. $x = 1$. Wir setzen die Zahl $x = 1$ in die Ausgangsgleichung ein und prüfen, ob sich eine wahre Aussage ergibt:

Test: $2 - 1 < 9 + 3 \cdot 1$
$$1 < 9 + 3$$
$$1 < 12 \quad \text{(wahre Aussage)}$$

$L = \left\{x \in Q \text{ mit } x > -\frac{7}{4}\right\}$

Aufgaben

1. Löse die folgenden Gleichungen und überprüfe deine Ergebnisse mithilfe einer Probe:

a) $4x - 9 = 13$ b) $7x + 3 = 17$ c) $8 + 3x = 7$ d) $6 - 2x = -11$

e) $5x : 3 = 2$ f) $4 : (2x) = 8$ g) $7x : 3 = -6$ h) $5 : 5 \cdot x = -13$

2. Löse die folgenden Gleichungen. Überprüfe jedes Ergebnis mithilfe einer Probe.

a) $6 - 3a = 5a - 26$ b) $7 + (5x - 12) = -30$ c) $7z + 9 - 18z = 10 - 15z + 29$

d) $-3b - (9 - 8b) = -49$ e) $x^2 + 12 = 48$ f) $3(4x - 5) + 17 = 2(6x - 1)$

3. Löse die Gleichungen. Führe auch jeweils eine Probe durch.

a) $4x - 13 = 23$ b) $10 - 5a = 3a - 22$ c) $10z - 7 - 2z = 17 + 4z$

d) $7 + (5x - 12) = -30$ e) $-3b - (7 - 9b) = -49$ f) $-4d - 2(3d - 8) = -14$

4. Übersetze folgende Texte in Gleichungen. Ermittle die gesuchten Zahlen.

a) Wird vom Dreifachen einer Zahl 7 subtrahiert, so erhält man 29.

b) Bildet man die Differenz aus dem Dreifachen einer Zahl und 9 und multipliziert man diese anschließend mit –2, so erhält man –12.

c) Der dritte Teil einer Zahl vermehrt um 2,4, ist so groß wie die Zahl vermindert um 3,6.

5. Löse die Verhältnisgleichungen. Führe jeweils die Probe durch.

a) $\frac{4}{x} = \frac{12}{3}$ b) $\frac{15}{5} = \frac{60}{x}$ c) $\frac{x}{0{,}2} = \frac{2{,}1}{0{,}7}$ d) $\frac{2{,}7}{5{,}4} = \frac{x}{1{,}2}$

e) $g : \frac{1}{3} = \frac{1}{2} : \frac{1}{4}$ f) $\frac{5}{x} = \frac{1}{150}$ g) $\frac{9}{x} = \frac{3}{4}$ h) $\frac{12}{x-1} = \frac{3}{5}$

6. Löse die Ungleichungen für $x \in \mathbb{R}$. Führe einen Test für die Lösungsmenge durch.

a) $5x - 6 < 3x + 2$ b) $9 \cdot (1 - x) \geq 3 - (x + 1)$ c) $3 + x > 2 \cdot \left(\frac{x}{2} + 1{,}5\right)$

7. Gib die Bedeutung der Variablen in folgenden Formeln an.
Stelle nach der in Klammern stehenden Größe um.

a) $A = \frac{a + c}{2} \cdot h$ (c) b) $v = \frac{s}{t}$ (t) c) $\varrho = \frac{m}{V}$ (V)

d) $R = \frac{\varrho \cdot l}{A}$ (l) e) $\frac{F_H}{F_G} = \frac{h}{l}$ (F_G) f) $\frac{1}{R} = \frac{1}{R_1} + \frac{1}{R_2}$ (R_1)

8. Der Flächeninhalt der Figur rechts im Bild berechnet sich mit der Formel
$A = x \cdot y - 3\text{ cm} \cdot 4\text{ cm}$.

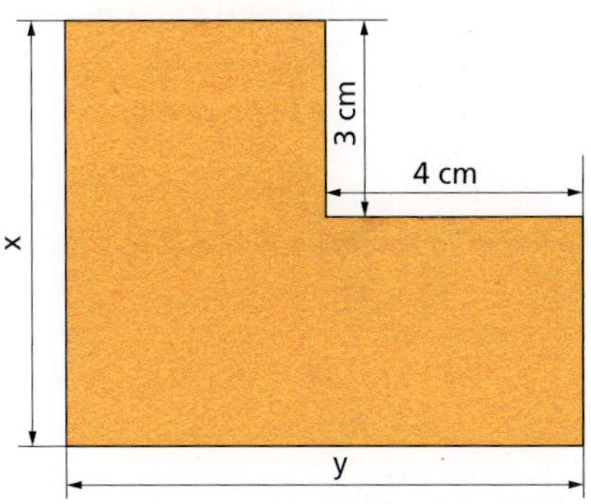

a) Begründe diese Formel.

b) Gesucht ist die Seitenlänge y bei vorgegebenem Flächeninhalt und bekannter Seitenlänge x. Welche der folgenden Umformungen stimmt?

(1) $y = \frac{A + 12\text{ cm}^2}{x\text{ cm}}$

(2) $y = \frac{A}{x\text{ cm}} + 12\text{ cm}^2$

(3) $y = \frac{A - 12\text{ cm}^2}{x\text{ cm}}$

Erläutere mindestens zwei verschiedene Verfahren, mit denen die falsche Umstellung gefunden werden kann.

Lineare Funktionen untersuchen

Funktionen der Form $y = f(x) = m \cdot x + n$ ($m, n \in \mathbb{R}$) und Funktionen, deren Gleichungen sich durch Umformen in diese Form überführen lassen, heißen **lineare Funktionen**.

Alle Zahlen x heißen **Argumente** und bilden zusammen den **Definitionsbereich D.**
Alle Zahlen y heißen **Funktionswerte** und bilden zusammen den **Wertebereich W.**
Die Variablen m und n sind **Parameter.**
Funktionen können dargestellt werden:
- durch wörtliche Beschreibungen,
- durch Wertetabellen,
- durch Funktionsgraphen,
- durch Funktionsgleichungen.

Beim Untersuchen funktioneller Zusammenhänge wird geprüft, wie sich eine Größe (Funktionswerte y) in Abhängigkeit von einer anderen Größe (Argumente x) ändert. Die Graphen linearer Funktionen $y = m \cdot x + n$ sind Geraden. Der Parameter m beschreibt den Anstieg der Geraden, der Parameter n gibt den Schnittpunkt der Geraden mit der y-Achse an. Diese Eigenschaften kann man beim Zeichnen des Funktionsgraphen nutzen.

Angebot einer Telefongesellschaft:
- Monatsgrundpreis: 10 €
- Preis pro Gesprächsminute: 0,05 €

Funktionsgleichung: $y = 0{,}05\text{ €} \cdot x + 10\text{ €}$

D: Gesprächszeit in Minuten
W: monatliche Telefonkosten in Euro

Kosten in €	10,50	11,50	12,50	13,50	15,00
Zeit in min	10	30	50	70	100

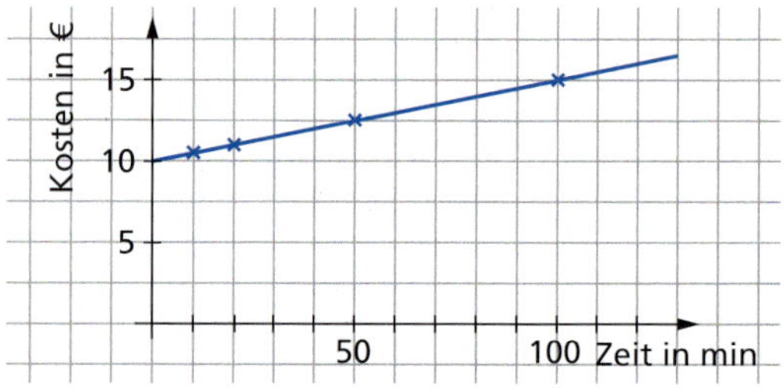

n = 2 legt den Schnittpunkt P(0 | 2) mit der y-Achse fest. Unter Verwendung von $m = -\frac{3}{4}$ wird von P aus das Steigungsdreieck gezeichnet. Man erhält Punkt Q(4 | -1). Die Gerade durch P und Q ist der Graph der linearen Funktion. Man kann die Koordinaten zweier Punkte der Geraden auch über eine Wertetabelle ermitteln, die Punkte markieren und die Gerade zeichnen.

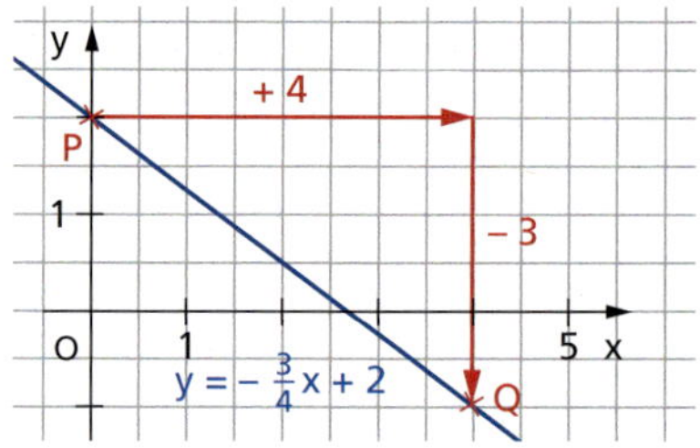

Für die gegenseitige Lage zweier Geraden kann man drei Fälle unterscheiden.

f_1 und f_2 schneiden einander in einem Punkt

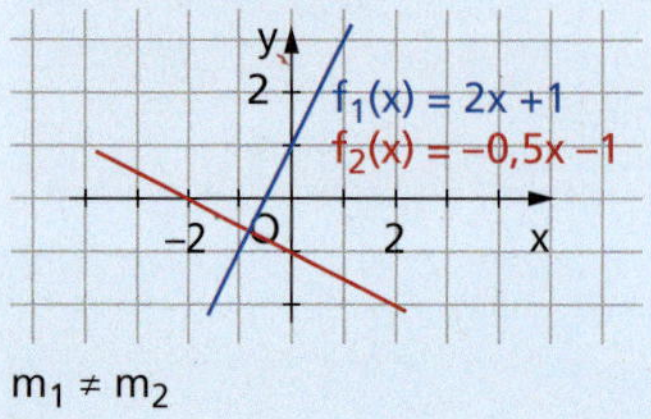

$m_1 \neq m_2$

f_1 und g_2 sind parallel zueinander

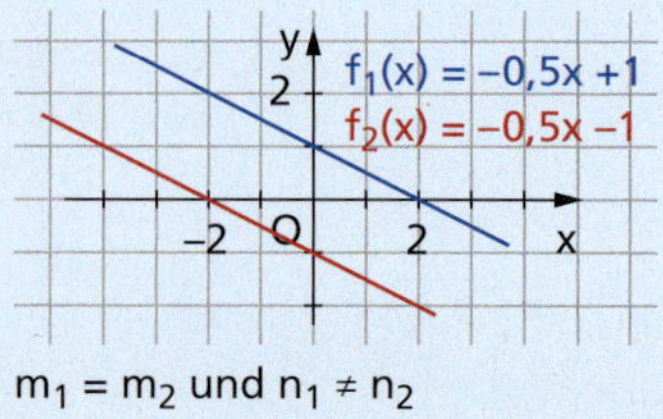

$m_1 = m_2$ und $n_1 \neq n_2$

f_1 und f_2 sind identisch

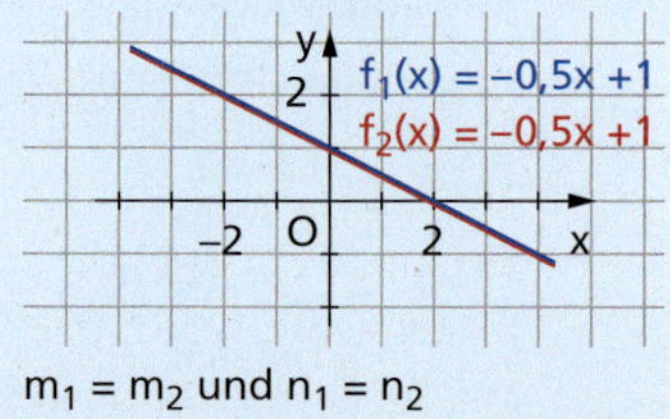

$m_1 = m_2$ und $n_1 = n_2$

Sonderfall: Für $m_1 \cdot m_2 = -1$ stehen f_1 und f_2 senkrecht aufeinander.

Aufgaben

1. Prüfe rechnerisch, ob die Punkte alle zum Graphen der Funktion gehören. Begründe deine Entscheidungen. Ändere (falls erforderlich) die y-Koordinaten der Punkte.

a) $y = 2x - 2$: $P_1(1\,|\,0)$ $P_2(-2\,|\,2)$ $P_3(-2{,}5\,|\,-7)$ $P_4(-1{,}5\,|\,-5)$ $P_5(0{,}1\,|\,2{,}2)$

b) $y = 4x - 0{,}5$: $P_1(1\,|\,3)$ $P_2(-2\,|\,7)$ $P_3(-2{,}5\,|\,-11)$ $P_4(-1{,}5\,|\,-6{,}5)$ $P_5(0{,}1\,|\,0{,}1)$

2. Zeichne eine Gerade durch die Punkte P_1 und P_2. Bestimme eine Funktionsgleichung des Graphen aus der Zeichnung. Beschreibe dein Vorgehen. Prüfe deine Ergebnisse rechnerisch.

a) $P_1(2\,|\,-1)$; $P_2(-2\,|\,0)$ b) $P_1(0\,|\,-1)$; $P_2(4\,|\,2)$ c) $P_1(1\,|\,1)$; $P_2(2\,|\,3)$

d) $P_1(-2\,|\,0)$; $P_2(0\,|\,2)$ e) $P_1(1\,|\,2{,}5)$; $P_2(-1\,|\,1{,}5)$ f) $P_1(-3\,|\,1)$; $P_2(3\,|\,1)$

3. Wie unterscheiden sich die Graphen, wenn man in der Funktionsgleichung $y = mx + n$ den Parameter m konstant lässt und für n alle möglichen Werte wählt oder n konstant lässt und für den Parameter m alle möglichen Werte angibt?

4. Haselnüsse enthalten 15 % Eiweiß (E), 65 % Fett (F) und 10 % Kohlenhydrate (K). Drücke den Gehalt an E, F, K als Funktion der Gesamtmenge M aus. Löse zeichnerisch und rechnerisch.

a) Wie viel Gramm Eiweiß, Fett bzw. Kohlenhydrate sind in 300 g Haselnüssen enthalten?

b) Wie viel Gramm Haselnüsse enthalten 30 g Eiweiß (130 g Fett)?

5. Berechne, in welchen Punkten die Graphen die Koordinatenachsen schneiden. Zeichne danach die Graphen und kontrolliere daran die Ergebnisse deiner Rechnungen.

a) $y = f(x) = x - 2$ b) $y = g(x) = \frac{1}{4}x - 1$ c) $y = h(x) = 1{,}5x + 3$

d) $y = r(x) = -\frac{3}{4}x + \frac{1}{2}$ e) $y = s(x) = -2{,}5x + 5$ f) $y = t(x) = -\frac{3}{2}x - 3$

6. Bestimme die gegenseitige Lage der Geraden g und h aus den Eigenschaften der zugehörigen Funktionen f_1 und f_2.

a) $g: f_1(x) = x - 2$; $h: f_2(x) = -x - 1$

b) $g: f_1(x) = -\frac{5}{2}x + \frac{1}{2}$; $h: f_2(x) = -2{,}5x + 5$

c) $g: f_1(x) = 1{,}5x + 3$; $h: f_2(x) = \frac{6}{4}x + \frac{9}{3}$

d) $g: f_1(x) = 2x + 3$; $h: f_2(x) = -x + 3$

7. Berechne die Nullstellen folgender Funktionen. Kontrolliere deine Ergebnisse zeichnerisch.

a) $f_1(x) = x + 3$ b) $f_2(x) = -x + 2$ c) $f_3(x) = -x - 0{,}5$

d) $f_4(x) = 3x - 6$ e) $f_5(x) = -2x - 1$ f) $f_6(x) = 2{,}5x + 2$

g) $f_7(x) = \frac{1}{2}x - \frac{1}{4}$ h) $f_8(x) = -\frac{2}{3}x + 6$ i) $f_9(x) = -x + 3{,}5$

8. a) Gib die Koordinaten der Punkte A, B und C an.

b) Gib den Abstand des Punktes B von der x-Achse an.

c) Welchen Abstand hat der Punkt C von der y-Achse?

d) Berechne den Abstand des Punktes C vom Koordinatenursprung. Fertige dazu eine Skizze an. Erläutere deinen Rechenweg.

e) Untersuche, ob für den Umfang u des Dreiecks ABC $u = 2 \cdot (\sqrt{2} + \sqrt{10})$ LE gilt.

f) Berechne den Flächeninhalt des Dreiecks ABC.

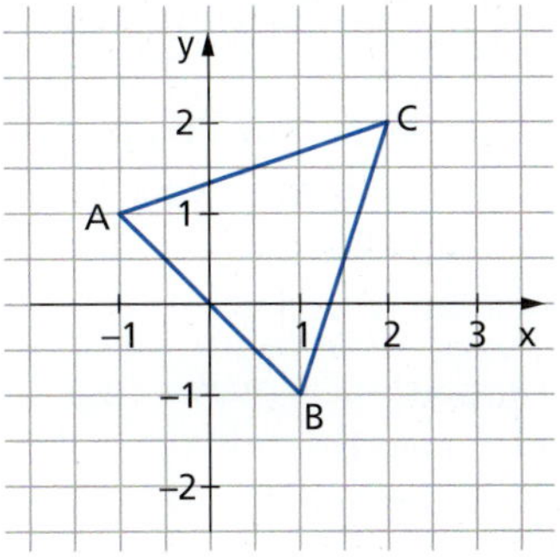

Dreiecke und Kreise untersuchen und berechnen

In jedem Dreieck ABC gelten u. a. folgende Zusammenhänge:

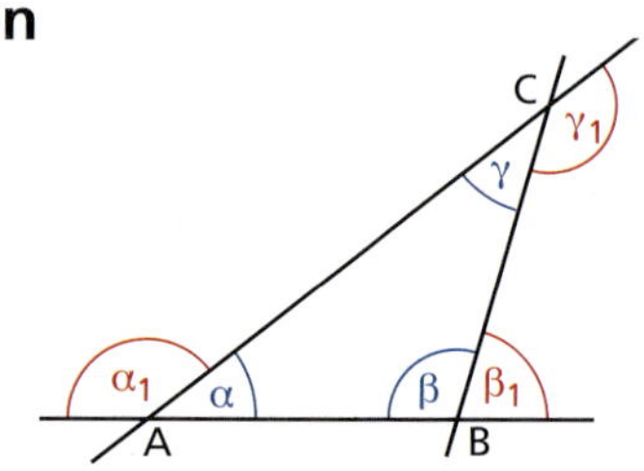

Innenwinkel

$\alpha + \beta + \gamma = 180°$

Außenwinkel

$\alpha + \alpha_1 = 180°$; $\beta + \beta_1 = 180°$; $\gamma + \gamma_1 = 180°$

$\beta_1 = \alpha + \gamma$; $\gamma_1 = \alpha + \beta$; $\alpha_1 = \beta + \gamma$

Ein Dreieck ist eindeutig konstruierbar, wenn einer der Kongruenzsätze gilt:

Der Flächeninhalt eines Dreiecks ergibt sich aus dem halben Produkt der Länge einer Grundseite g und der zugehörigen Höhe h_g.

$A = \frac{1}{2} \cdot g \cdot h_g$

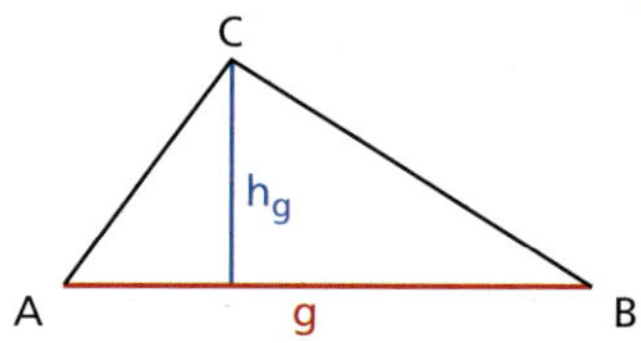

Rechtwinklige Dreiecke

Bei rechtwinkligen Dreiecken gilt der **Satz des Pythagoras:**

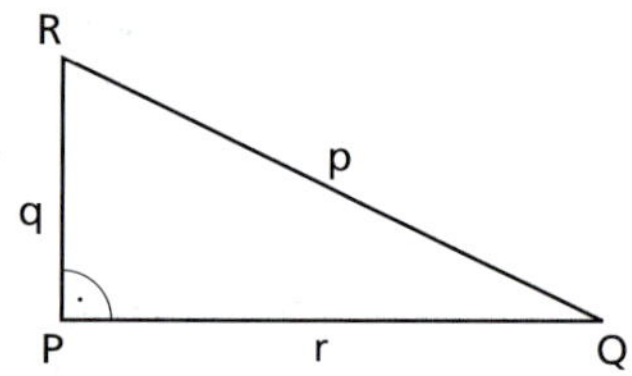

In einem rechtwinkligen Dreieck haben die beiden Quadrate über den Katheten zusammen den gleichen Flächeninhalt wie das Quadrat über der Hypotenuse.

In der Abbildung sind die Seiten q und r die Katheten, die Seite p ist die Hypotenuse des Dreiecks PQR.
Der Satz des Pythagoras lautet für das Dreieck PQR: $q^2 + r^2 = p^2$

Umgekehrt gilt auch:
Wenn in einem Dreieck PQR mit den Seiten q, r und p die Gleichung $q^2 + r^2 = p^2$ gültig ist, dann ist das Dreieck PQR rechtwinklig mit dem rechten Winkel bei P.

Kreise

In einem Kreis gelten folgende Bezeichnungen und Formeln:
Durchmesser: $d = 2 \cdot r$
Flächeninhalt: $A = \pi \cdot r^2$
Umfang: $u = 2\pi \cdot r$

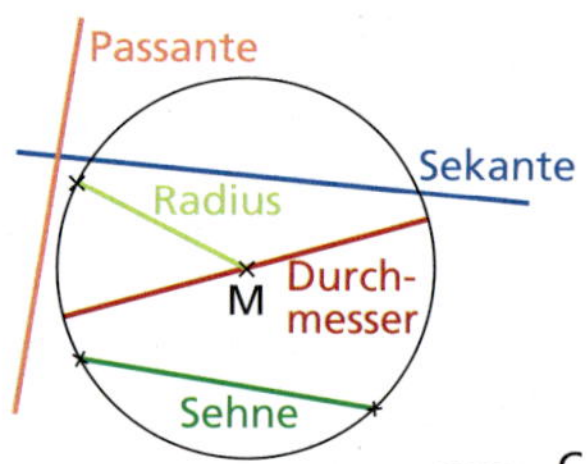

Es gilt der **Satz des Thales:**
Wenn in einem Dreieck ABC der Punkt C auf dem Kreis mit dem Durchmesser $\overline{AB}$ liegt, so ist das Dreieck ABC rechtwinklig mit dem rechten Winkel bei C.

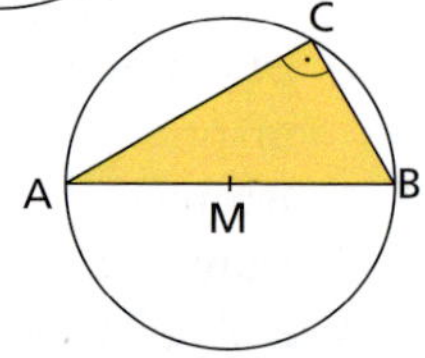

Umgekehrt gilt auch:
Wenn ein Dreieck ABC bei C einen rechten Winkel hat, dann liegt C auf dem Kreis mit dem Durchmesser $\overline{AB}$.

Aufgaben

1. a) Ein Dreieck ABC hat die Seitenlängen a = 5,4 cm; b = 7,8 cm und c = 3,6 cm. Prüfe, ob das Dreieck stumpfwinklig, und welcher der drei Innenwinkel größer als 90° ist.

b) Welche Seiten im Dreieck ABC sind gleich lang, wenn $\alpha = \gamma = 50°$ gilt?

c) Welche Seiten im Dreieck ABC sind gleich lang, wenn $\beta = \gamma = 60°$ gilt?

d) Ist das Dreieck ABC rechtwinklig, wenn a = c; $\alpha = 45°$ gilt?

2. Berechne für folgende (nicht maßstäblich gezeichneten) Dreiecke die fehlenden Innenwinkel. Entscheide und begründe, welche Dreiecksart es jeweils ist.

a) b) c) d) e)

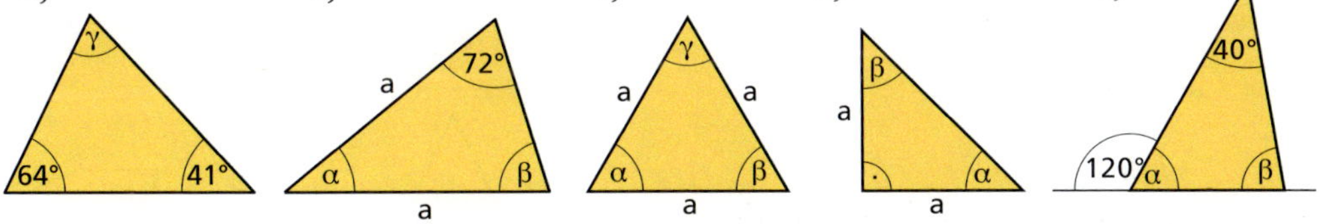

3. a) Im rechtwinkligen Dreieck ABC sind a = 6 cm, b = 10 cm und c = 8 cm. Entscheide und begründe, welches der rechte Winkel ist.

b) Im gleichschenklig-rechtwinkligen Dreieck ABC sind a ≈ 2,3 cm und c ≈ 3,3 cm. Entscheide und begründe, wie lang die Seite b ist.

4. In einem rechtwinkligen Dreieck MNO mit dem rechten Winkel bei M ist die Hypotenuse 10 cm und eine Kathete 8 cm lang.
Ermittle die Länge der zweiten Kathete sowohl zeichnerisch als auch rechnerisch.

5. Entscheide, welche der folgenden Aussagen wahr bzw. falsch ist.
Begründe deine Entscheidung.

a) Es gibt Dreiecke mit zwei gleich großen Winkeln.

b) Rechtwinklige Dreiecke haben immer zwei spitze Winkel.

c) Es gibt Dreiecke mit zwei rechten Winkeln.

d) Ein Dreieck mit $\alpha = 25°$ und $\beta = 65°$ ist immer spitzwinklig.

e) Ein Dreieck mit $\beta = 45°$ und $\gamma = 90°$ ist immer gleichschenklig.

6. a) Zeichne in einen Kreis mit dem Mittelpunkt M zwei beliebige Durchmesser $\overline{AB}$ und $\overline{CD}$ ein. Entscheide, was für ein Viereck ACBD ist. Begründe auf verschiedene Weise.

b) $\overline{AB}$ und $\overline{CD}$ sind zwei zueinander senkrechte Durchmesser des Kreises.
Welche Eigenschaft hat das Viereck ACBD?

7. Der Umfang eines Kreises beträgt $u = 8\pi$ cm. Berechne den Flächeninhalt A dieses Kreises und gib ihn als Vielfaches von π cm^2 an.

8. Gegeben sind ein Punkt Q und eine Gerade g ($Q \notin g$).
Das Bild zeigt eine Idee, wie man eine Senkrechte zu g durch Q konstruieren kann.
Beschreibe und begründe diese Konstruktion. Gib eine weitere Möglichkeit an, die Senkrechte zu einer Geraden durch einen gegebenen Punkt, der außerhalb der Geraden liegt, zu konstruieren.

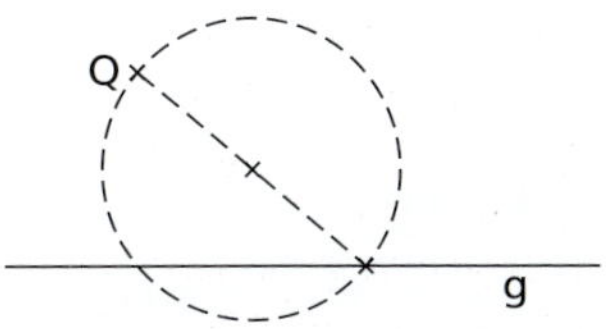

Körper darstellen und berechnen

Hier sind Beispiele für bekannte Körper im Schrägbild und im Körpernetz dargestellt.
Es sind „gerade Körper“, bei denen die Körperhöhe senkrecht auf der Grundfläche steht.

Prisma	Kreiszylinder	Pyramide	Kreiskegel
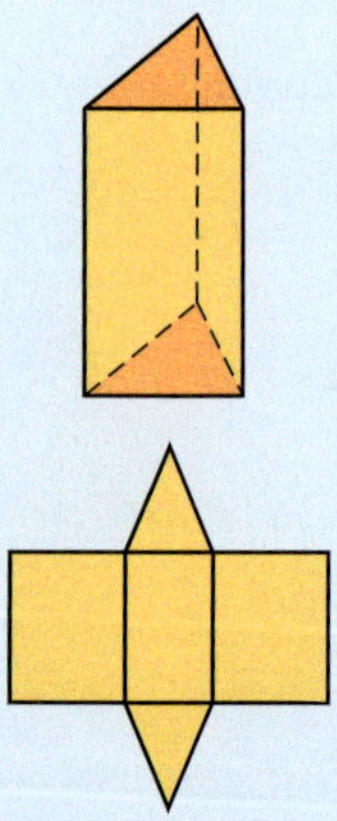	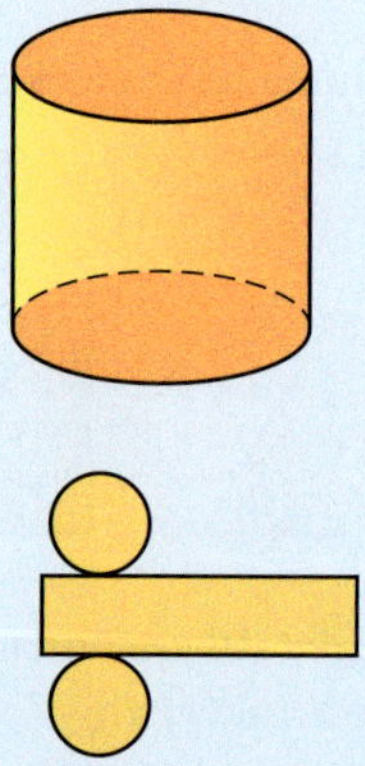	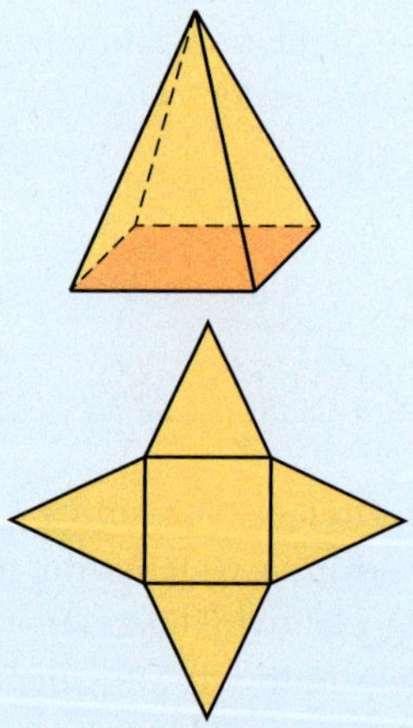	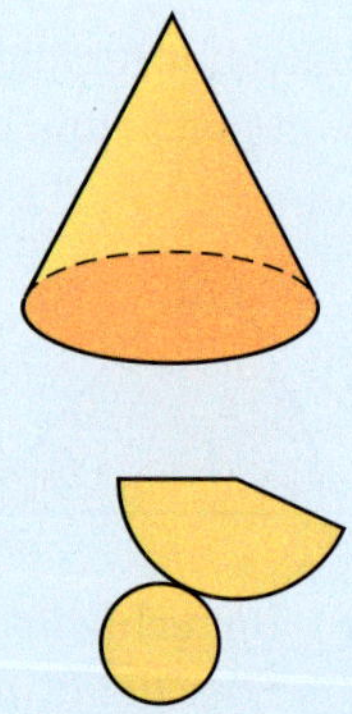
Grund- und Deckfläche		**Grundfläche**	
zwei zueinander kongruente n-Ecke in parallelen Ebenen	zwei zueinander kongruente Kreise in parallelen Ebenen	n-Eck	Kreis
Mantelfläche			
n Rechtecke	gekrümmte Fläche (abgewickelt: Rechteck)	n Dreiecke	Kreissektor

Die Oberfläche einer **Kugel** kann nicht in eine Ebene abgewickelt werden. Sie hat auch keine Grund- bzw. Deckfläche.

Besonders anschauliche Darstellungen von Körpern entstehen, wenn Kanten oder Hilfslinien parallel zur Bildebene (Breitenlinien und Höhenlinien) in wahrer Länge und Kanten oder Hilfslinien senkrecht zur Bildebene (Tiefenlinien) in halber Originallänge unter einem Winkel von 45° gezeichnet werden. Eine solche Darstellung wird auch **schräge Parallelprojektion** oder **Schrägbild** genannt.

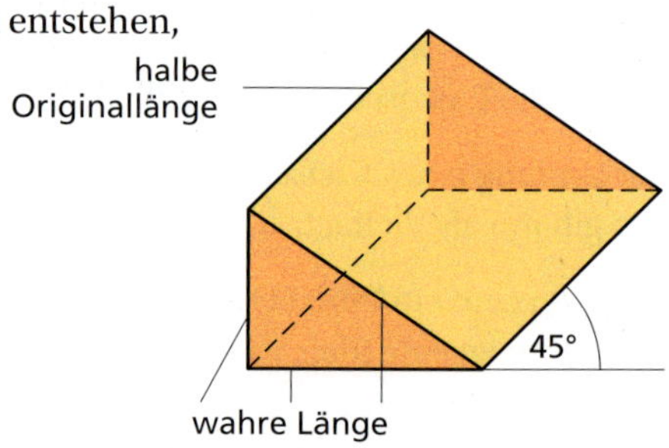

Zur Berechnung des Oberflächeninhalts der Körper werden die Flächeninhalte der Begrenzungsflächen addiert. Zur Berechnung des Volumens werden (mit Ausnahme der Kugel) die Höhen der Körper und die Inhalte der Grundflächen benötigt.

	Prisma	Kreiszylinder	Pyramide	Kreiskegel	Kugel
Oberfläche	$A_O = 2 \cdot A_G + A_M$		$A_O = A_G + A_M$		$A_O = 4\pi \cdot r^2$
Volumen	$V = A_G \cdot h$		$V = \frac{1}{3} \cdot A_G \cdot h$		$V = \frac{4}{3}\pi \cdot r^3$

Quader und Würfel sind Spezialfälle des Prismas.

Berechne Volumen und Oberflächeninhalt der abgebildeten (geraden) Pyramide.
Die Grundfläche ist quadratisch. Es gilt: $A_G = (6\text{ cm})^2 = 36\text{ cm}^2$

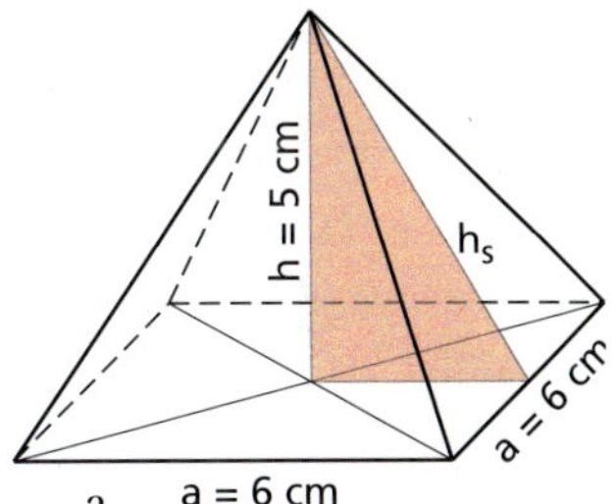

Vier gleichschenkligen zueinander kongruenten Dreiecke bilden die Mantelfläche. Die Höhe h_s lässt sich über das farbige Stützdreieck mit dem Satz des Pythagoras berechnen:

$\sqrt{5^2 + \left(\frac{6}{2}\right)^2} = \sqrt{25 + 9} = \sqrt{34} = 5{,}8$ $\qquad h_s = 5{,}8\text{ cm}$

Damit ist $A_M = 4 \cdot \frac{1}{2} \cdot 6\text{ cm} \cdot 5{,}8\text{ cm} = 69{,}6\text{ cm}^2$

Für die Oberfläche gilt: $A_O = A_G + A_M = 36\text{ cm}^2 + 69{,}6\text{ cm}^2 = 105{,}6\text{ cm}^2$

Das Volumen ergibt sich aus $V = \frac{1}{3} \cdot A_G \cdot h = \frac{1}{3} \cdot 36\text{ cm}^2 \cdot 5\text{ cm} = 60\text{ cm}^3$.

Aufgaben

1. Berechne Volumen und Oberflächeninhalt folgender Körper. Zeichne Schrägbilder von den Körpern in a), b) und c) sowie Zweitafelbilder von den Körpern in d) und e).
a) Quader: $a = 4$ cm; $b = 3{,}2$ cm; $c = 0{,}7$ dm
b) Quadr. Pyramide: $a = 2{,}5$ cm, $h = 4$ cm
c) Prisma mit dreiseitiger Grundfläche: $h_{Prisma} = c = 4$ cm; $a = 2{,}7$ cm; $b = 3{,}8$ cm; $h_c = 2{,}5$ cm
d) Kreiszylinder: $d = 8$ cm; $h = 5{,}4$ cm
e) Kreiskegel: $u = 20$ cm; $h = 8$ cm
f) Kugel: $r = 2$ dm

2. Milchverpackungen sind oftmals quaderförmig und besitzen ein Fassungsvermögen von 1 *l*.
a) Miss die Kantenlängen einer Milchverpackung und berechne das Volumen. Vergleiche mit der Inhaltsangabe.
b) Berechne den Materialverbrauch für die Herstellung von 2 500 Milchverpackungen.

3. Wie ändert sich das Volumen folgender Körper:
a) eines Kreiszylinders, wenn bei gleichem Radius die Höhe verdoppelt wird,
b) eines Quaders, wenn alle Kanten halbiert werden?

4. Ermittle Volumen und Oberflächeninhalt des liegenden Prismas (siehe Skizze).

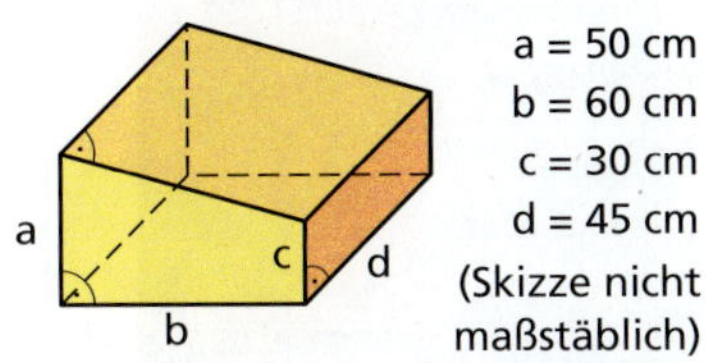

5. Ein 5,5 m langer Baumstamm hat einen Durchmesser von 60 cm. Berechne die Masse des Baumstammes, wenn er eine Dichte von $0{,}7\,\frac{\text{g}}{\text{cm}^3}$ hat.

6. Aus einem 50 cm langen Rundstab von 1 cm Durchmesser wird ohne Materialverlust ein Draht von 0,6 mm Durchmesser gezogen. Berechne die Länge des Drahtes.

1.2 Fit in Mathe – mit CAS

Erste Schritte und Anwendungen

Du hast nun einen CAS-Taschenrechner zur Verfügung, der dir eine große Hilfe im mathematisch-naturwissenschaftlichen Unterricht sein kann. CAS bedeutet „Computeralgebrasystem". Das ist ein Computerprogramm, das nicht nur wie ein herkömmlicher Taschenrechner mit Zahlen rechnen, sondern auch mit Variablen und Funktionen arbeiten kann. Viele CAS - Taschenrechner wie z. B. der TI-Nspire können außerdem Funktionen grafisch darstellen, sie verfügen u. a. über eine dynamische Geometriesoftware, eine Tabellenkalkulation, eine Textverarbeitung und eine Vorrichtung zum Erfassen und Auswerten von Messwerten.

Bei neuen TI-Rechnern findest du eine Anleitung „Erste Schritte", wenn du mit (⌂on) den Home-Bildschirm öffnest und unter *Eigene Dateien* den Ordner *Beispiele* auswählst.

Erste Schritte mit TI-Nspire™
Einführung in die TI-Nspire™ Technologie

Wir erklären zunächst kurz die Anzeigen auf dem Home-Bildschirm des TI-Nspire.
Über die Icon-Leiste gelangst du mit (tab) oder die Kursortasten in eine der Applikationen.

① ② ③ ④ ⑤ ⑥ ⑦

① Calculator (Rechnen mit Zahlen und Variablen, Lösen von Gleichungen usw.)
② Graphs (grafische Darstellung von Funktionen und Kurven)
③ Geometry (dynamische Geometrie)
④ Lists&Spreadsheets (Tabellenkalkulation)
⑤ Data&Statistics (grafische und statistische Auswertung von Listen und Tabellen)
⑥ Notes (kleine Textverarbeitung, Erstellen interaktiver Arbeitsblätter)
⑦ Vernier DataQuest (Messwerterfassung und -auswertung)

Öffnest du eine dieser Anwendungen, so wird gleichzeitig ein *Dokument* angelegt, das du später speichern kannst. Ein Dokument kann in *Seiten* und *Probleme* untergliedert werden. Die Dokumente lassen sich in *Ordnern* zusammenfassen. Eine Übersicht über die vorhandenen Ordner und Dokumente steht unter *2: Eigene Dateien.* Über die Taste (doc▾) wird ein Dokument verwaltet.

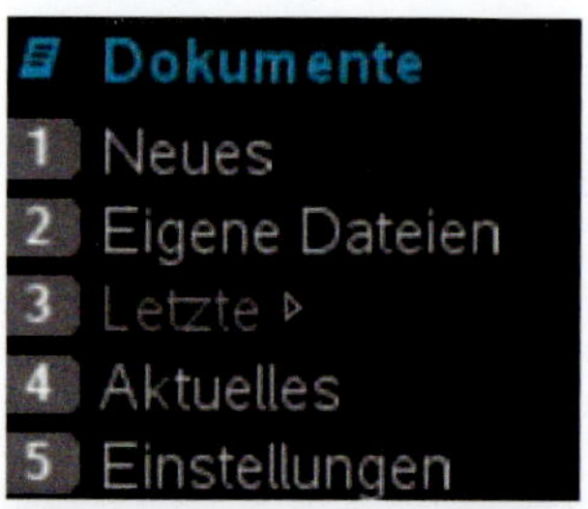

1: Neues → neues Dokument öffnen
2: Eigene Dateien → zeigt eigene Dateien an
3: Letzte → zeigt zuletzt bearbeitete Datei an
4: Aktuelles → öffnet zuletzt bearbeitetes Dokument
5: Einstellungen → Einstellungen (z. B. Sprache) vornehmen

Mit dem *Scratchpad* können Berechnungen durchgeführt oder Graphen dargestellt und untersucht werden, ohne dass ein Dokument angelegt oder das aktuell bearbeitete Dokument verändert wird (für die „Rechnung zwischendurch").

Rechnen mit Zahlen

Die Eingabe von Zahlen und Rechenoperationen erfolgt im Wesentlichen wie bei einem herkömmlichen Taschenrechner. Beachte die Zweitbelegungen von Tasten.
Vollziehe die Rechnungen auf den Bildschirmen auf deinem CAS-Rechner nach.
(Calculator oder Scratchpad-Taste (▦))

Korrekturhinweise von Eingabefehler findest du auf der 3. Umschlagseite am Ende des Buches.

- Dezimalpunkt statt Komma setzen.
- Vorzeichenminus (⁻) und Rechenminus (−) unterscheiden.
- Notwendige Klammersetzungen beachten.
- Der Rechner setzt nach dem Öffnen einer Klammer auch immer sofort die schließende Klammer.
- Mit der Cursortaste ▶ oder der Tabulatortaste (tab) kann man aus der Klammer (aus dem Exponenten, aus dem Zähler oder Nenner) wieder heraus kommen.
- Das Prozentsymbol kann durch sechsfaches Drücken der Taste (?!▶) und (enter) eingefügt werden.
- Mit (menu) *Aktionen – Protokoll löschen* kann der Eintrag auf einer Seite gelöscht werden, ohne die Seite selbst zu entfernen.
- Eine eingegebene Rechnung wird erst nach dem Drücken von (enter) ausgewertet.
- Eine dezimale Näherungsangabe erhält man, wenn ein Dezimalpunkt in der Eingabe auftaucht oder nach Drücken von (ctrl) (enter).

$\sqrt{0.36}$	0.6
$2^{-2}\cdot 4$	1
$\left(\frac{-1}{4}-\frac{3}{4}\right)^{121}$	-1
20%· 50	10

$\sqrt{200}$	$10\cdot\sqrt{2}$
$\sqrt{200}$	14.1421

Probiere es selbst:

1. Berechne mit dem CAS-Rechner.

a) $26:(-3)-3\cdot\frac{2}{7}$ b) 5,2 % von 368 c) $\sqrt{6^2-3^2}$ d) $\sqrt[3]{12{,}8}$

e) 3^7-2^5 f) $(3{,}2-6{,}8)^2$ g) $\frac{2}{7}+2\frac{1}{3}$ h) $\frac{0{,}4+\frac{3}{5}}{\left(\frac{2}{5}+0{,}6\right)^3}$

2. Erkundet das Menü *Zahl* (außer *Zahlenwerkzeuge* und 9: *Komplex*) in Gruppenarbeit. Erläutert anhand geeigneter Beispiele, was die Befehle leisten.

3. Ermittle die Lösungen mit dem CAS-Rechner:

a) Zerlege die Zahl 2012 in Primfaktoren. b) Bestimme das kgV von 57 und 63.

c) Zerlege $\frac{231}{87}$ in eine ganze Zahl und einen echten Bruch.

d) Welchen Rest lässt die Zahl 349 bei Division durch 7?

e) Schreibe den Dezimalbruch 17,46 als gemeinen Bruch.

f) Schreibe den Bruch $\frac{9}{11}$ als Dezimalbruch.

4. Ermittle, für welchen Exponenten b der CAS-Rechner die Potenz 2^b noch als natürliche Zahl anzeigt. Gib auch einen dazu gehörigen dezimalen Näherungswert an.

Erläutere die Wirkung des Befehls *round(a, b)*.

round($\sqrt{2}$,1)	1.4
round($\sqrt{2}$,0)	1.
round($\sqrt{2}$,2)	1.41
round($\sqrt{2}$,13)	"Fehler: Bereichsfehler"
round($\sqrt{2}$,12)	1.41421356237
round($\sqrt{2}$)	1.41421356237

Umformen von Termen

Die wichtigsten Befehle zum Umformen von Termen findest du im Menü *Algebra*.

Manche Terme formt der Rechner automatisch um, wie z. B. in der 2. Zeile des Bildschirms.

$\frac{pappa}{pappe}$	$\frac{pappa}{pappe}$
$\frac{p\cdot a\cdot p\cdot p\cdot a}{p\cdot a\cdot p\cdot p\cdot e}$	$\frac{a}{e}$

Beachte:

- Beim Eingeben eines Produkts von mehreren Variablen muss zwischen den einzelnen Faktoren die Taste (x) gedrückt werden. Erfolgt die Eingabe des Multiplikationszeichens nicht, so wird z. B. „pappa" als eine einzige Variable aufgefasst.
- Der Rechner gibt mitunter einen Warnhinweis bezüglich des Definitionsbereiches für das Ergebnis.

Zerlege die Summe $a^3 - a\cdot b^2$ in ein Produkt.
((menu) *Algebra – Faktorisiere*)

$\text{factor}(a^3-a\cdot b^2)$	$a\cdot(a+b)\cdot(a-b)$

Forme das Produkt $(x + 2y)\cdot(2y - x)$ in eine Summe um.
((menu) *Algebra – Entwickle*)

$\text{expand}((x+2\cdot y)\cdot(2\cdot y-x))$	$4\cdot y^2-x^2$

Zerlege den Bruchterm $\frac{x^3-2x^2}{x-1}$ in Teilbrüche.

((menu) *Algebra - Entwickle*)

$\text{expand}\left(\frac{x^3-2\cdot x^2}{x-1}\right)$	$\frac{-1}{x-1}+x^2-x-1$

Forme die Summe $\frac{1}{f}-\frac{2}{g}$ in einen Quotienten um.
((menu) *Algebra – Gemeinsamer Nenner*)

$\text{comDenom}\left(\frac{1}{f}-\frac{2}{g}\right)$	$\frac{g-2\cdot f}{f\cdot g}$

Probiere es selbst:

1. Fasse jede Summe zu einem einzigen Quotienten zusammen. Zerlege anschließend den Bruchterm wieder in Teilbrüche.

a) $\frac{x}{z}-\frac{y}{r}$ b) $\frac{1}{x}-\frac{1}{x+1}$ c) $\frac{r+s}{r-s}-\frac{r-s}{r+s}$

2. Forme die Produkte in Summen um. Faktorisiere anschließend die Summen.

a) $(2e - 3f)\cdot(4g - h)$ b) $5\cdot\left(3x-\frac{1}{2}y\right)^3$ c) $(a - b)^n$ für $n \in \{2, 3, 4, 5, 6\}$

3. Faktorisiere (falls möglich) folgende Terme. Multipliziere sie dann wieder aus.

a) $x^2 + 4x + 4$ b) $x^3 - 3x^2\cdot y + 3x\cdot y^2 - y^3$ c) $x^2 + 4$

4. Zerlege die Bruchterme, falls möglich.

a) $\frac{2x^3}{x+1}$ b) $\frac{2x^2}{x+1}$ c) $\frac{2x}{x+1}$ d) $\frac{2}{x+1}$

5. Untersuche die Wirkung des Befehls *domain(Term, Variable)* anhand nebenstehender Beispiele.
Suche selbst nach weiteren Beispielen zur Anwendung dieses Befehls und bereite dazu einen kleinen Vortrag vor.

$\text{domain}\left(\frac{3}{x-2},x\right)$	$x\neq 2$
$\text{domain}\left(\frac{a}{a-b},a\right)$	$a\neq b$
$\text{domain}(\sqrt{x},x)$	$0\leq x<\infty$
$\text{domain}\left(\frac{4}{x^2+4},x\right)$	$-\infty<x<\infty$

Lösen von Gleichungen und Ungleichungen

Vollziehe die Rechnungen nach.
(menu) *Algebra – Löse*
solve(Gleichung, Lösungsvariable)

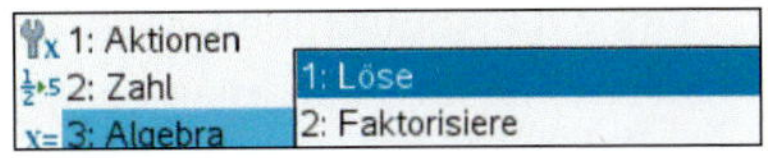

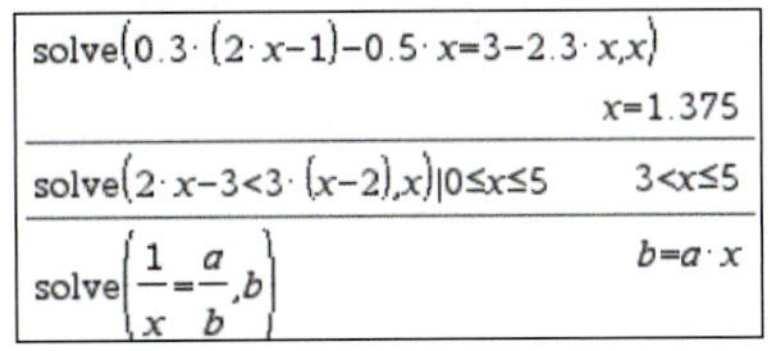

- Die Relationszeichen für Ungleichungen sind unter (ctrl) (=) zu finden. Sie werden mit den Kursortasten oder dem Touchpad ausgewählt und durch Klicken eingefügt.
- Der *„Bedingungsoperator* | “ für einschränkende Bedingungen lässt sich ebenfalls unter (ctrl) (=) finden und einfügen.

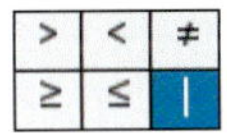

Probiere es selbst:

Löse mit deinem CAS-Rechner. Entscheide und begründe, welche der Aufgaben du auch ohne Hilfsmittel lösen kannst:

1. $2\frac{1}{2}x - 7\frac{2}{3} = -\frac{5}{3}$ mit $x \in \mathbb{R}$

2. $\frac{4x-21}{a-3} = 16 - \frac{21-12b}{a-3}$ mit x, a, $b \in \mathbb{R}$ und $a \neq 3$ nach x, a und b

3. $3 \cdot (1 - 2x) \geq 4 + 2 \cdot (1 + 3x)$ mit $x \in \mathbb{R}$ und $x \geq 0$

4. a) $|2x - 1| < 5$ mit $x \in \mathbb{R}$ b) $|x - 2| = -3$ mit $x \in \mathbb{R}$

Hinweis: Die Vorlage für den Betrag findest du mithilfe der Taste (templates), die eine ganze Reihe von hilfreichen Vorlagen anbietet. Einige der Vorlagen sind dir sicher sofort verständlich, während du die Bedeutung der anderen nach und nach kennenlernen wirst.

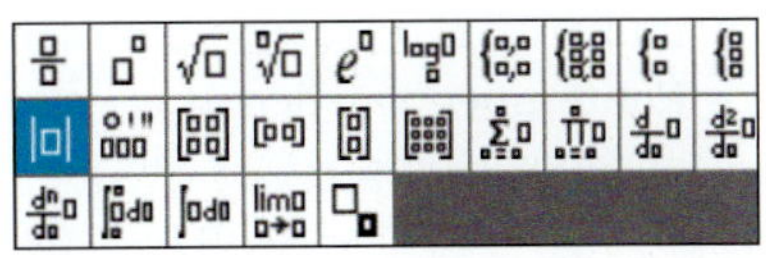

5. $0 \cdot x = 0$ mit $x \in \mathbb{R}$

6. Rechne die nebenstehende Beispielrechnung sowohl mit deinem CAS-Rechner als auch ohne Hilfsmittel. Interpretiere die Anzeige des Rechners. Warum muss man die Warnung des Rechners ernst nehmen?

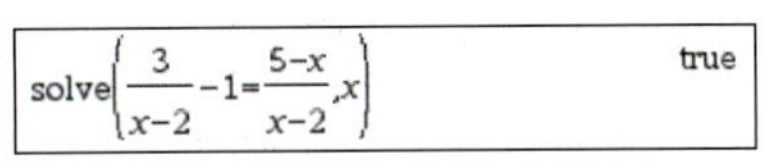

7. Stelle die Formeln mit deinem CAS-Rechner nach den angegebenen Variablen um.

a) $A = \frac{a+c}{2} \cdot h$ nach h, a und c (vgl. Seite 13, Aufgabe 7)
Hinweis:
Beachte, dass ein CAS-Rechner bei Variablen nicht zwischen Groß- und Kleinschreibung unterscheiden kann.

b) $\frac{1}{R} = \frac{1}{R_1} + \frac{1}{R_2}$ nach R, R_1 und R_2

Grafisches Darstellen linearer Funktionen

Öffne die Applikation *Graphs* oder verwende im Scratchpad *Graph*.

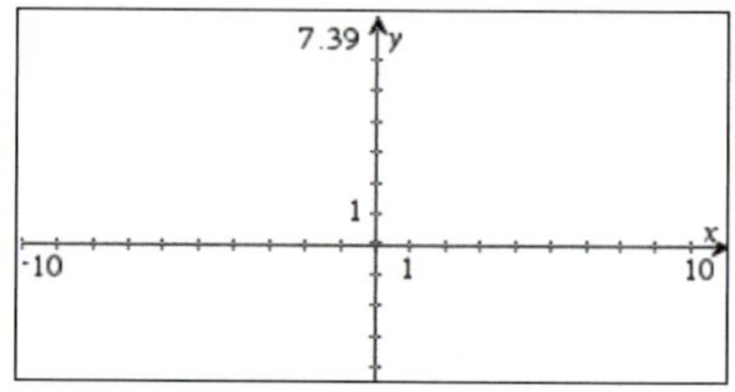

Es öffnet sich das Standardfenster.
In der Eingabezeile unten kann man die Funktionsgleichung eingeben, z. B.: $f_1(x) = \frac{1}{2}x - 1$

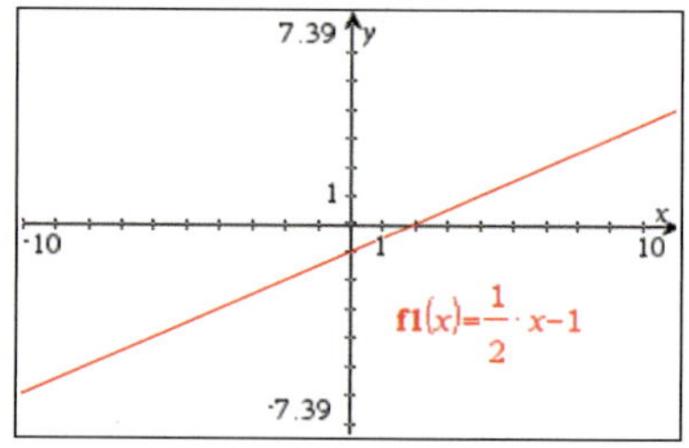

Nach dem Drücken von (enter) wird der zugehörige Graph gezeichnet. Die Eingabezeile verschwindet. Durch Drücken von (tab) öffnet sich die Eingabezeile wieder und es können weitere Funktionen eingegeben werden. Mit (esc) kann die Eingabezeile wieder geschlossen werden.

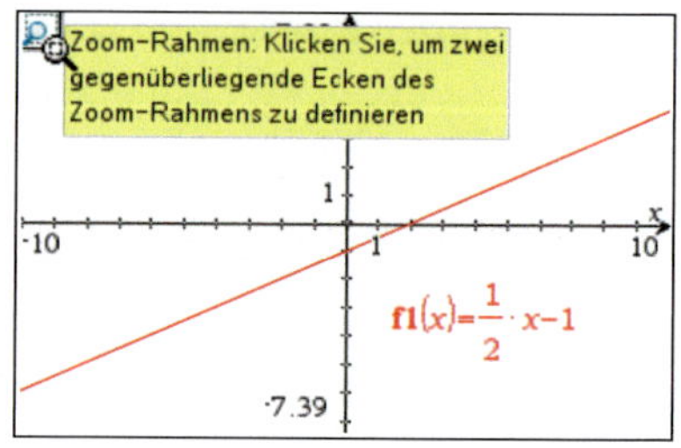

Mit (menu) *Fenster* kann das Koordinatensystem angepasst werden. Erscheint ein Symbol in der linken oberen Ecke des Bildschirms, erhält man durch Anklicken eine Hilfe für die Ausführung der gewählten Anweisung.

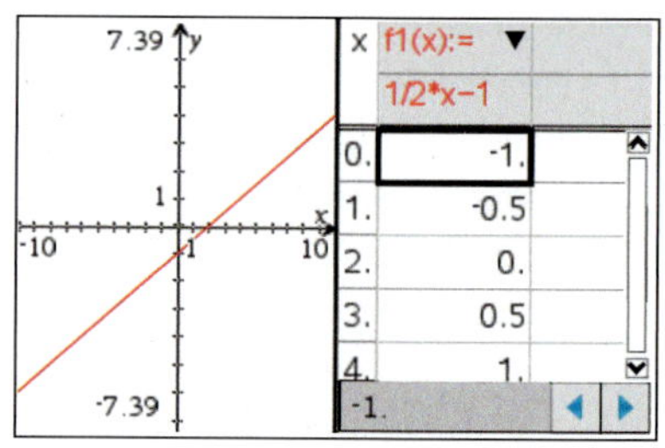

Geht man mit dem Kursor auf den Graphen und drückt (ctrl) (menu), so erhält man ein Kontextmenü, in dem u. a. Folgendes angeboten wird:

- Unter *Attribute* kann man die Darstellungsart des Graphen verändern.
- Mit *Tabelle einblenden* (oder (ctrl) (T)) wird eine Wertetabelle erzeugt.
  Dabei wird automatisch der Bildschirm geteilt.

Mit (ctrl) (tab) kann man zwischen den Seitenhälften wechseln und von der linken Hälfte aus mit (ctrl) (T) die Tabelle wieder ausblenden.

Probiere es selbst:

1. Zeichne den Graphen von $f(x) = \frac{1}{2}x - 1$. Setze den Kursor in die Nähe des Koordinatenursprungs auf den Graphen, bis ein runder Doppelpfeil erscheint. Greife nun durch (ctrl) (☟) die Gerade und verändere ihre Lage. Beobachte die Gleichung. Erkläre deine Beobachtungen.

2. Zeichne den Graphen der Funktion $y = -x + 4$. Setze den Kursor so auf die Gerade (in der Nähe des Ursprungs), bis ein gerader Doppelpfeil ✛ erscheint. Verändere nun wieder die Lage der Geraden und erkläre deine Beobachtungen.

3. Zeichne die Gerade y = 0,3x − 20. Verändere die Fenstereinstellung, sodass man die beiden Schnittpunkte mit den Achsen sieht. (z. B. mit [menu] *Fenster*)
Erkunde und beschreibe, welche Möglichkeiten für die grafische Darstellung sich durch [ctrl] [menu] *Attribute* ergeben.

4. Zeichne die Geraden y = 2x − 1 und y = −0,2x + 2. Stelle unter [menu] *Ansicht – Gitter* das linierte Gitter ein. Gib die Koordinaten des Schnittpunktes der beiden Graphen durch Ablesen näherungsweise an. Bestimme die Koordinaten des Schnittpunktes mit dem Rechner.

5. Der nebenstehende Fisch wurde mithilfe des Bedingungsoperators „|“ abschnittsweise definiert. Alle anderen Teile wurden mit Werkzeugen aus dem Geometrieprogramm gezeichnet. Erzeuge selbst unter Verwendung linearer Funktionen ein Bild auf deinem CAS-Rechner.

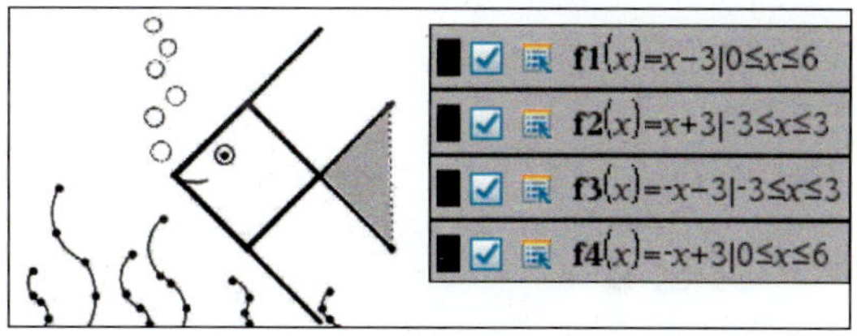

6. Das abgebildete Geradenbüschel wurde wie folgt erzeugt: $f_1(x) = m(x - 3) + 3 \mid m = \{-1; -2; 0; 1; 2\}$
Erkläre, wie man verfahren müsste, um ein solches oder ähnliches „Geradenbüschel“ mit dem Schnittpunkt in A(2 | −3) oder in B(−1 | 3) zu erhalten.

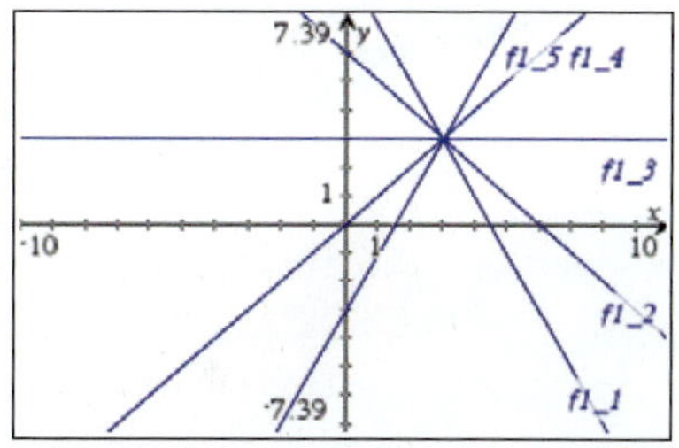

7. a) Gib die Gleichungen der Geraden f und g an. Kontrolliere mit deinem CAS-Rechner.
b) Ermittle die Koordinaten des Schnittpunktes mit [menu] Graphen *analysieren – Schnittpunkt.*
c) Verschiebe g parallel, sodass die Parallele f auf der y-Achse schneidet. Gib eine Gleichung für diese Parallele an.
d) Zeichne eine zu f senkrechte Gerade ein, die durch den Punkt Q(0 | 2) verläuft. Ermittle eine Gleichung dieser Senkrechten

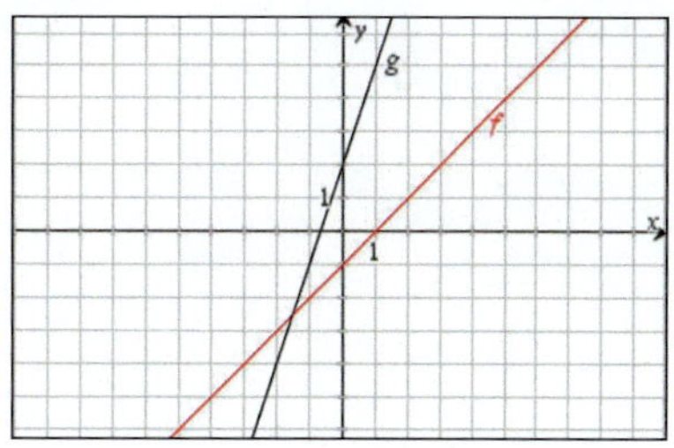

8. Untersuche, für welche Werte von m die Funktion $y = f(x) = m \cdot x - 1$ $(x, m \in \mathbb{R})$
a) eine positive Nullstelle, b) eine negative Nullstelle, c) keine Nullstelle hat.

9. Wasser wird in vier Gefäße A, B, C und D gefüllt. Jedes Gefäß ist 100 cm hoch. Die Füllhöhen h (in cm) lassen sich in Abhängigkeit von der Zeit t (in s) mit folgenden Formeln berechnen:
A: h = 1,5 t + 2   B: h = t + 2   C: h = 2 · t + 1   D: h = 4 · t
Der Zeitpunkt t = 0 beschreibt den Beginn der Messung der Füllhöhe.
a) Wie hoch steht das Wasser in den Gefäßen A und B zu Beginn der Messung?
b) Wie schnell steigt das Wasser in Gefäß B?
c) In welchen Gefäßen ist zu Beginn der Messung kein Wasser vorhanden?
d) In welchem Gefäß steigt das Wasser um 2 cm pro Sekunde?
e) In welchem Gefäß steigt das Wasser am schnellsten?
f) Zu welchem Zeitpunkt t ist jedes der Gefäße bis zum Rand gefüllt?

2 Systeme linearer Gleichungen

Lohnmodelle

In der Gastronomie sind Lohnmodelle verbreitet, bei denen sich das Gehalt aus einem festen und einem umsatzabhängigen Anteil zusammensetzt. Die Aufteilung ist dabei oft Verhandlungssache. *Was ist besser, 6 € pro Stunde fest und 6 % vom Umsatz oder 8 € fest und 3 % vom Umsatz? Für welches Modell würdest du dich entscheiden? Wovon hängt die Entscheidung ab?*

Fahrtzeiten

Rheinabwärts fährt ein Fahrgastschiff 23 km in einer Stunde. Rheinaufwärts braucht es für die gleiche Strecke die doppelte Zeit. *Begründe, warum das so ist. Welche Geschwindigkeit erreicht das Schiff gegenüber dem Ufer?*

Wirtschaftlichkeitsberechnung

Ein Geschäft kann auf Dauer nur überleben, wenn die Kosten und die Einnahmen sich mindestens „ausgleichen“. *Gib eine genaue Beschreibung des Bildes rechts und erkläre, was mit dem Begriff „Break-even“ gemeint ist.*

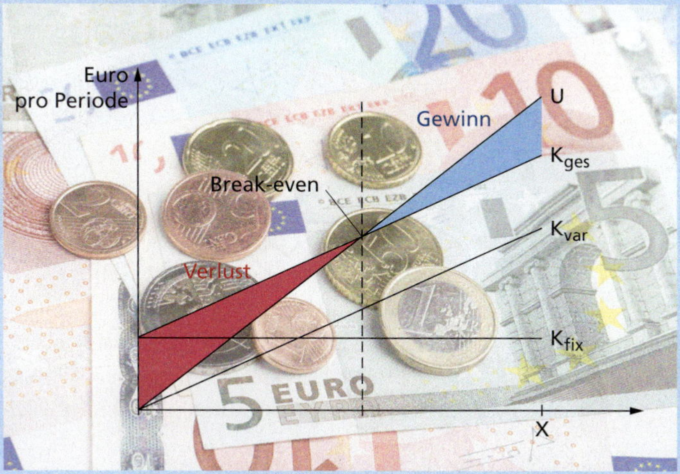

Lohnt sich die Bahncard überhaupt?

Vor einigen Jahren führte die Bahn ein neues Preissystem ein. Ein wichtiger Bestandteil war die Einführung einer Bahncard (BC).

Mehr als die Hälfte ihres Fernreiseumsatzes macht die Bahn mit Fahrkarten, die durch den Besitz einer Bahncard verbilligt sind. Für Jugendliche bietet die Bahn besondere Konditionen an.

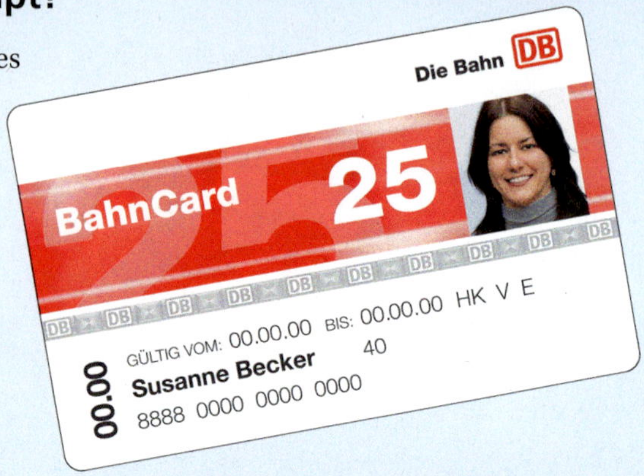

Wie funktioniert es?

Je nach Bahncard bekommt man 25 % oder 50 % Rabatt. Die Karten sind allerdings kostenpflichtig: Zur Zeit kostete die BC 25 für die 2. Klasse 61,– Euro im Jahr, für die BC 50 bezahlte man 249,– Euro.

(1) Das Diagramm unten zeigt die Fahrpreise für drei unterschiedliche Fahrkarten (nur IC und EC mit 0,14 Euro pro Kilometer). Interpretiert das Diagramm. Kann es sein, dass der Kauf einer Fahrkarte mit Bahncard mehr kostet als ohne?

(2) Lest die Fahrpreise für die Strecken Köln–Berlin, Düsseldorf–Frankfurt/Main, Erfurt–Hamburg und Bonn–Hannover ab (ordnet folgende Entfernungen zu: 225 km; 317 km; 316 km; 568 km).

(3) Ab welcher Strecke lohnt sich die BC 25, ab welcher die BC 50?

(4) Für 4 090.- € gibt es die BC 100. Mit dieser Bahn-Card kosten die Fahrkarten nichts mehr. Ermittelt die Streckenlänge, ab der sich diese Bahncard lohnt.

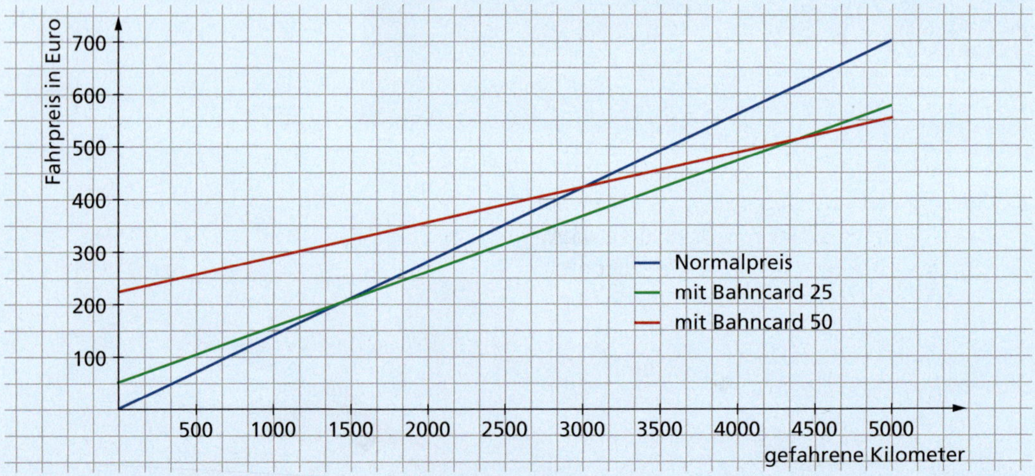

(5) Findet heraus, welche Konditionen für die 1. Klasse bei der Bahncard 25 bzw. bei der Bahncard 50 aktuell gelten. Erstellt mit diesen Daten mit einem CAS-Rechner ein Diagramm analog zu der vorliegenden Zeichnung. Wie lauten jetzt die Antworten zur Aufgabe (3)?

Flatrate-Tarife

Bei einer „Telefon-Flatrate“ sind die pauschalen Grundgebühren hoch, dafür kann man so lange telefonieren, wie man will – ohne zusätzliche Kosten. Was ist aber wirklich günstiger?
Die Werbeanzeige für ein neues Angebot verspricht einen großen Preisvorteil für ihre Kunden – für weniger als 20 Euro monatlich. Das kleine Sternchen bedeutet: Umsonst ist nur das Telefongespräch mit der Firma A & Z. Im Kleingedruckten findet ihr den Preis für normale Gespräche. In das Festnetz telefoniert ihr hier für 2,9 Cent pro Minute.

Oder ist ein Flatrate-Angebot doch besser? Festnetztelefonieren umsonst, aber 29,99 Euro im Monat? Wie könnt ihr zu einer Entscheidung kommen? Wie viel Euro müsstet ihr bei einer Stunde Telefonierzeit im Monat zahlen? Bei der Flatrate wären das 29,99 Euro. Und bei dem anderen Tarifmodell? Berechnet die Telefonkosten in diesem Fall.

Um Tarife zu vergleichen, sind Tabellen gut geeignet. Die Tabelle zeigt unsere beiden Angebote für verschiedene Zeiten.

Minuten	Flatrate	Neues Angebot
180	29,99	25,21
190	29,99	25,50
200	29,99	25,79
210	29,99	26,08
220	29,99	26,37
230	29,99	26,66
240	29,99	26,95
250	29,99	27,24
260	29,99	27,53
270	29,99	27,82
280	29,99	28,11
290	29,99	28,40
300	29,99	28,69
310	29,99	28,98
320	29,99	29,27
330	29,99	29,56
340	29,99	29,85
350	**29,99**	**30,14**

(1) Wie viele Stunden müsste man telefonieren, bis der Preis für die Flatrate erreicht wäre?
(2) Prüft nach, wie viele Minuten ihr im Monat telefoniert.
(3) Entscheidet und begründet, wie hoch der Preis für eine Flatrate sein müsste, damit sie sich für eure Familie gerade nicht mehr lohnen würde.

Teures Handyvergnügen

Die meisten Handy-Tarife liegen zwischen 10 Cent und 60 Cent pro Minute. Rechnet einmal aus, wie lange ihr mit einem Handy telefonieren könnt, bis ihr 10 Euro vertelefoniert habt. Ab wie viel Minuten lohnt sich eine Flatrate mit einer Grundgebühr von monatlich 30 Euro?

Gleichungen äquivalent umformen

Umformungen einer Gleichung, bei denen sich die Lösungsmenge nicht ändert, heißen **äquivalente Umformungen.**

Die Herangehensweise beim Lösen von Gleichungen kann unterschiedlich sein. Je nach Aufgabe lassen sich oft entweder zuerst Klammern auflösen oder zuerst Terme ordnen und zusammenfassen. Zum Schluss sollte immer eine Probe durchgeführt und eine Lösungsmenge angegeben werden.

$(2x - 4) \cdot (3x - 3) = (x + 1) \cdot (6x - 3)$	| Klammern auflösen
$6x^2 - 6x - 12x + 12 = 6x^2 - 3x + 6x - 3$	| Zusammenfassen
$-18x + 12 = 3x - 3$	| Isolieren
$-21x = -15$	| : (–21)
$x = \frac{-15}{-21} = \frac{5}{7}$	

Als Abkürzung für eine wahre Aussage steht: „w. A.“.

Probe: *linke Seite:* $\left(2 \cdot \left(\frac{5}{7}\right) - 4\right) \cdot \left(3 \cdot \left(\frac{5}{7}\right) - 3\right) = \frac{108}{49}$

rechte Seite: $\left(\left(\frac{5}{7}\right) + 1 \cdot 6 \cdot \left(\frac{5}{7}\right) - 3\right) = \frac{108}{49}$

Vergleich: $\frac{108}{49} = \frac{108}{49}$ w. A.

Lösungsmenge: $L = \left\{\frac{5}{7}\right\}$

Mithilfe von Gleichungen können Probleme übersichtlich dargestellt, mathematisch beschrieben und gelöst werden.

Lottogewinn
Frau Geißler und Frau Hofmann haben im Lotto 480 € gewonnen. Frau Hofmann hat doppelt so viel eingezahlt wie Frau Geißler.

Darstellung am Streckenmodell

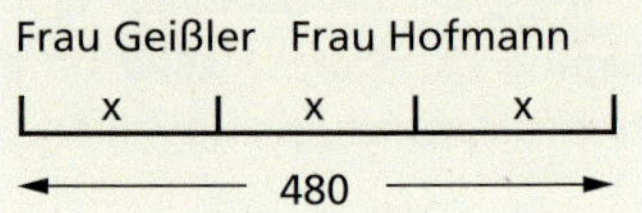

Gleichung: $x + 2x = 480$

Gewinn Frau Geißler:	x
Gewinn Frau Hofmann:	2x
Gewinn zusammmen:	480 €
Lösung:	$3x = 480$ | : 3
	$x = 160$
Gewinn Frau Geißler:	160 €
Gewinn Frau Hofmann:	320 €

Das Finden von Fehlern beim Umformen von Gleichungen erfordert Geduld und Aufmerksamkeit.

Prüfe, ob die Aufgabe richtig gelöst wurde.
Wenn nicht, gib mögliche Fehler an.

		Analyse und Berichtigung:
$7x + 3 = -2(x + 4) + 20$	| Klammern auflösen	✓
$7x + 3 = -2x - 8 + 20$	| Zusammenfassen	✓
$7x + 3 = -2x + 12$	| + 2x | – 3	✓
$7x + 2x + 3 - 3 = -2x + 2x + 12 - 3$	| Zusammenfassen	✓
$5x = 15$	| : 5	$9x = 9$
$x = 3$		$x = 1$

Aufgaben

1. Ersetze die Zeichen „?“ jeweils so, dass zueinander äquivalente Gleichungen entstehen.

a) $x = 2$	und	$2x = ?$	und	$x + 1 = ?$
b) $x = 12$	und	$3x = ?$	und	$x + 5 = ?$
c) $x = -3$	und	$x : ? = -1$	und	$-x = ?$
d) $x = 0$	und	$? = -5$	und	$-2x + ? = ?$

2. a) Löse folgende Gleichungen. Vergleiche die Lösungen. Was stellst du jeweils fest?

① $2x - 5 = 3$	② $23 - 8x = 7$	③ $3x + 5 = 8$	④ $7 = -13 + 4x$
$-4 = 4x - 20$	$5x + 13 = 23$	$-3x - 5 = -8$	$-7x + 6 = -29$

b) Stelle mehrere Paare von Gleichungen auf, die immer die gleiche Lösung haben.

3. Schreibe Textaufgaben zu folgenden Gleichungen auf:

a) $x + 9 = 18$ b) $3x = 45$ c) $12 - x = -9$ d) $6x + 45 = 105$

e) $44 + 2x = 88$ f) $3x - 8 = 2x + 5$ g) $3(x - 5) = 2x$ h) $4(x + 6) = (6x + 2) : 2$

4. Welche der folgenden Umformungen sind Äquivalenzumformungen?
Begründe jeweils mithilfe eines Beispiels.

a) auf beiden Seiten einer Gleichung den Term 2x subtrahieren
b) auf beiden Seiten einer Gleichung durch 0 dividieren
c) auf der rechten Seite einer Gleichung ausmultiplizieren
d) auf der linken Seite einer Gleichung 4 addieren, auf der rechten Seite 4 subtrahieren
e) auf beiden Seiten einer Gleichung durch die Zahl 2 dividieren
f) auf einer Seite einer Gleichung durch 3 dividieren, auf der anderen mit 3 multiplizieren
g) auf einer Seite einer Gleichung Klammern auflösen

5. a) Formuliere zu jedem Sachverhalt eine mathematische Frage, stelle jeweils eine Gleichung auf und löse diese.

① Ein Vater ist viermal so alt wie sein Sohn. Der Altersunterschied beträgt 27 Jahre.

② Max ist dreimal so alt wie Franziska. Doreen ist fünf Jahre älter als Franziska. Alle drei zusammen sind 30 Jahre alt.

③ Beim Basketballturnier der Schule warf Lisa dreimal so viele Körbe wie Tanja. Mandy erzielte acht Körbe mehr als Tanja. Insgesamt waren es 58 Körbe.

④ Niklas besitzt seit seinem Geburtstag vier CDs weniger als Josephine. Melanie hat aber doppelt so viele CDs wie Niklas. Zusammen haben sie 132 CDs.

b) Erfinde selbst „Altersaufgaben“ und lasse diese von deinem Nachbarn lösen.

6. Hier wurden Fehler gemacht. Löse folgende Aufgabe mit deinem CAS-Rechner.
Korrigiere die angegebenen Lösungsschritte.

$$7(x + 8) + 2(x - 1) = 3(2x + 4)$$
$$7x + 56 + 2x + 2 = 6x + 12$$
$$3x = 46$$
$$x = 15\tfrac{1}{2}$$

2.1 Lineare Gleichungen mit zwei Variablen

Lineare Gleichungen

Beim Berechnen der Nullstellen linearer Funktionen $y = f(x) = mx + n$ gilt $y = f(x) = 0$.
Somit muss die Gleichung $0 = mx + n$ nach x umgestellt werden. Es gilt: $x = -\frac{n}{m}$

> Gleichungen, in denen Variable jeweils nur in der ersten Potenz auftreten und nicht miteinander multipliziert werden, heißen **lineare Gleichungen.**

Beispiele für lineare Gleichungen:
- $3x = 8$ ist eine lineare Gleichung mit einer Variablen (allgemein: $ax + b = 0$).
- $3x - 4y - 7 = 0$ ist eine lineare Gleichung mit zwei Variablen (allgemein: $ax + by + c = 0$).

Beispiele für **nichtlineare** Gleichungen:
$3ab = 12$; $(2x - y)^2 = 13$; $\frac{1}{xy} = 14$

Das Lösen von Aufgaben zu Sachzusammenhängen erfordert mehrere Vorüberlegungen:
- Wie viele Variablen benötige ich?
- Welche inhaltliche Bedeutung besitzt jede Variable?
- Aus welchem Grundbereich stammt jede Variable?
- Welche Gleichung gilt?

Inhaltliche Überlegungen helfen meistens weiter. Manchmal genügt es, eine Formel im Tafelwerk nachzuschlagen. Häufig sind Skizzen oder Tabellen hilfreich.

Probiere es selbst:

Wie kann man einen 50-Euro-Schein in 10- und in 20-Euro-Scheine wechseln?

Überlegungen:
Die Variable x soll die Anzahl der 10-Euro-Scheine und die Variable y die Anzahl der 20-Euro-Scheine angeben. Somit muss die Gleichung $10x + 20y = 50$ gelten. Die Variablen x und y müssen hierbei natürliche Zahlen sein. Ermittle alle Lösungen der Gleichung.

Gleichungen mit zwei Variablen können als Gleichungen linearer Funktionen interpretiert werden. Die **Normalform** einer linearen Funktion $y = mx + n$ (explizite Form) ist solch eine Gleichung. Durch Umformen der **allgemeinen Form** einer Gleichung mit zwei Variablen $ax + by + c = 0$ (implizite Form) kann die Normalform ermittelt werden.

Allgemein:		*Beispiel:*		
$ax + by + c = 0$	$\mid -c$	$3x + 6y + 9 = 0$	$\mid -9$	*(implizite Form)*
$ax + by = -c$	$\mid -ax$	$3x + 6y = -9$	$\mid -3x$	
$by = -ax - c$	$\mid :b \quad (b \neq 0)$	$6y = -3x - 9$	$\mid :6$	
$y = -\frac{a}{b}x - \frac{c}{b}$		$y = -\frac{1}{2}x - \frac{3}{2}$		*(explizite Form)*
$m = -\frac{a}{b}$; $n = -\frac{c}{b}$		$m = -\frac{1}{2}$; $n = -\frac{3}{2}$		

Lösungsmengen linearer Gleichungen mit zwei Variablen darstellen

Aufgaben mit unendlich vielen Lösungen

Der Umfang u eines Rechtecks beträgt 20 cm. Wie lang können die Seiten a und b sein?

Anzahl der Variablen: 2

Variable: a, b

Bedeutung: Länge, Breite

Grundbereich: $0 < a < 10$ cm, $a \in \mathbb{R}$; $0 < b < 10$ cm, $b \in \mathbb{R}$

Gleichung: $2(a + b) = 20$ cm

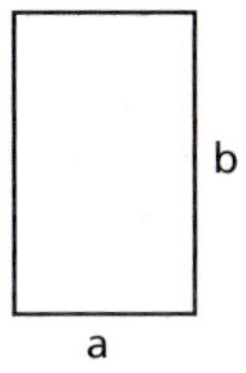

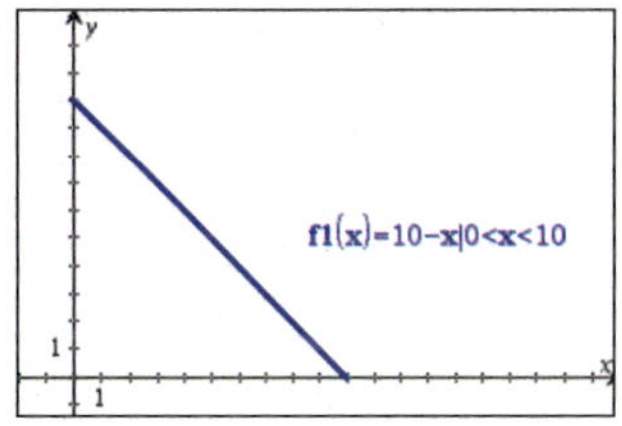

Beispiellösungen: von $2(a + b) = 20$ cm sind $(2{,}5 \mid 7{,}5)$; $(5 \mid 5)$; $(7{,}5 \mid 2{,}5)$ …

Die zugehörigen Punkte im Koordinatensystem liegen auf einer Geraden.
Sie ist Graph der Funktion: $b = 10 \text{ cm} - a$ ist.

Aufgaben mit endlich vielen Lösungen

Ein Fußballverein erreicht in einer Saison bei 34 Punktspielen insgesamt 40 Punkte.

Anzahl der Variablen: 2

Variable: x, y

Bedeutung: Anzahl („Siege“), Anzahl („Unentschieden“)

Grundbereich: $x \in \mathbb{N}$, $y \in \mathbb{N}$, $x < 14$

Gleichung: $3x + y = 40$

Die Variablen x und y sind natürliche Zahlen. Die Punkte im nebenstehenden Diagramm, die alle auf der Geraden mit der Gleichung $y = 40 - 3x$ liegen, stellen die Lösungsmenge dar.

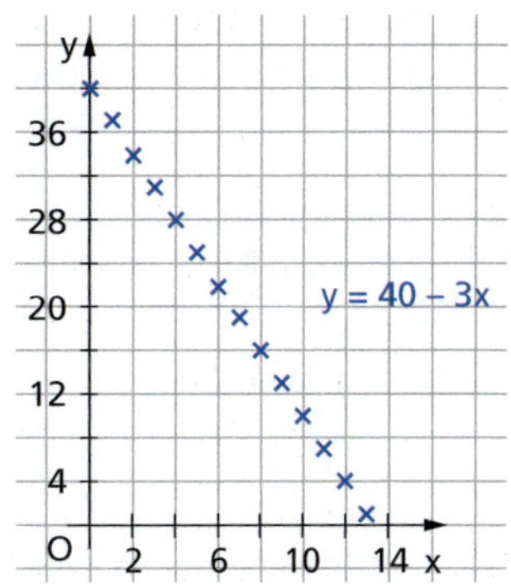

Endliche (nicht zu umfangreiche) Lösungsmengen lassen sich auch als Listen angeben und unter Variablennamen abspeichern. Dazu eignet sich z. B. das Zeichen „: =“ (beim TI-Nspire als Zweitbelegung der Taste [Taste]).

siege:={2,3,4,5,6,7,8,9,10,11,12,13}
{2,3,4,5,6,7,8,9,10,11,12,13}

unentschieden:=40−3· *siege*
{34,31,28,25,22,19,16,13,10,7,4,1}

Die grafische Darstellung zweier gleich langer und endlicher Listen ist beim TI-Nspire mit der Anwendung *„Lists&Spreadsheet“* besonders leicht.

Man klickt z. B. auf die waagerechte Achse und wählt dort die Variable *„siege“* aus, analog für die senkrechte Achse *„unentschieden“*.

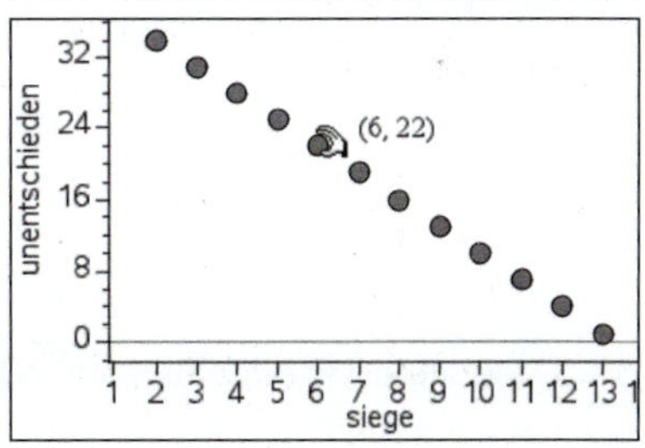

Probiere es selbst:

Vollziehe das Beispiel nach und interpretiere die beiden Listen in diesem Sachzusammenhang.

Erste Schritte

1. Stelle zu folgenden Angaben Gleichungen auf und gib zu jeder verwendeten Variablen ihre inhaltliche Bedeutung und den Grundbereich an. Prüfe, ob die Gleichungen linear sind.

a) Die Summe zweier Zahlen ist 27.

b) Ein Kunde kauft im Supermarkt sowohl Waren zum ermäßigten Mehrwertsteuersatz von 7 % als auch Waren zum Mehrwertsteuersatz von 19 %. Auf dem Kassenbon sind insgesamt 3,99 € Mehrwertsteuer ausgewiesen.

c) Die Basis eines gleichschenkligen Dreiecks ist 4 cm kürzer als die Schenkel. Der Umfang des Dreiecks beträgt 18 cm.

d) In einem Vieleck beträgt die Innenwinkelsumme 540°.

e) Eine zweistellige Zahl ist siebenmal so groß wie ihre Quersumme.

f) 85 € sollen auf zwei Personen A und B so verteilt werden, dass Person A davon $\frac{3}{5}$ weniger erhält als Person B.

g) Der Oberflächeninhalt zweier Würfel unterscheidet sich um 36 mm^2.

h) Die Maßzahl des Volumens eines Würfels ist gleich der Maßzahl seines Oberflächeninhalts.

i) Wenn man eine zweistellige Zahl durch ihre Quersumme teilt, so erhält man 5 Rest 4.

j) In einem gleichschenkligen Dreieck ist jeder Basiswinkel doppelt so groß wie der Winkel an der Spitze.

2. Stelle die Lösungsmenge im gegebenen Grundbereich jeweils in einem Koordinatensystem dar. Stelle dazu Funktionsvorschrift y = mx + n mit dem *„solve-Befehl“* deines CAS-Rechners her. Verwende den CAS-Rechner auch, um Wertetabellen und die Geraden als Graphen linearer Funktionen zu erstellen. Geradengleichungen in Form ax + by = c können auch direkt eingegeben werden.
Öffne die Applikation *„Graphs“*.
Wähle unter (menu) *Graph - Eingabe/ Bearbeitung - Gleichung - Gerade* aus.

a) $3x + 2y = 10$ $\quad x \in \mathbb{R}, y \in \mathbb{R}$
b) $44x - 22y = 110$ $\quad x \in \mathbb{R}, y \in \mathbb{R}$
c) $9(x - 3) - 4(y + 2) = 21$ $\quad x \in \mathbb{R}, y \in \mathbb{R}$
d) $2 = \frac{x + y}{3}$ $\quad x \in \mathbb{Z}, y \in \mathbb{Z}$
e) $12x - 8(x - 2) = 9 + 4y$ $\quad x \in \mathbb{N}, y \in \mathbb{Z}$
f) $\frac{y}{5} + \frac{x}{3} = 4$ $\quad x \in \mathbb{Z}, y \in \mathbb{N}$

3. Die Gleichungen beschreiben Geraden. Bestimme deren Schnittpunkte mit den Koordinatenachsen. Gib die Steigungen der Geraden an.

a) $-3x + 4y = -24$ b) $6y = 48 - 18x$ c) $-\frac{2x + y}{3} = 0$ d) $\frac{1}{2} = -\frac{y}{6} - 3x$

4. Überprüfe durch Einsetzen, ob die Zahlenpaare Lösungen der Gleichung sind.

a) $2x = 3y + 6$ $\quad (-1|-3); (4{,}8|1{,}2); (3|0)$
b) $3x - 2y = 140$ $\quad (5|4); (4|2{,}5); (2|1)$
c) $7a - 5b = 9$ $\quad (1|2); (2|1); (-3|-6)$
d) $0{,}6y - 0{,}8 = 0{,}2x$ $\quad (1|5); (-0{,}5|2{,}5); (4{,}6|4{,}2)$
e) $a + 2b = 40$ $\quad (23|8{,}5); (34{,}8|2{,}6); (12|15{,}3)$
f) $2x - y = 10$ $\quad (8|6); (-2|-14); (6{,}2|2{,}2)$

5. Das nebenstehende Beispiel zeigt, wie mit einem CAS-Rechner eine Punktprobe möglich ist. Vollziehe die Eingaben nach und interpretiere die Anzeigen.

© Punktprobe:	
$2 \cdot x-3 \cdot y=-4 \| x=1$ and $y=2$	true
$2 \cdot x-3 \cdot y=-4 \| x=-1$ and $y=3$	false

Weiterführende Aufgaben

1. Ergänze die Koordinaten der Punkte so, dass sie zum Graphen der Gleichung gehören.
Löse Aufgabe 1a) ohne Hilfsmittel.
Verwende für die anderen Aufgaben den Befehl „*solve()*" und den Bedingungsoperator wie im nebenstehenden Beispiel. Kommentiere diese Lösungsvariante.

$\text{solve}\left(\frac{3}{2}\cdot y=-4\cdot x, y\right)|x=1 \qquad y=\frac{-8}{3}$

a) $5x + y = 10$ (3|y), (x|0), (−2|y)
b) $\frac{3}{2}y = -4x$ (0|y), (4|y), (x|1)
c) $25x - 2y = -12$ (x|4), (5|y), (x|10)
d) $4x + 0 \cdot y = 8$ (x|12), (x|y), (x|−1)

2. Der Graph einer linearen Funktion schneidet die y-Achse im Punkt P(0|2). Der Anstieg der Geraden ist −2. Gib die Funktionsgleichung an. Stelle eine Wertetabelle mit fünf Wertepaaren auf.

3. Zeichne zu jeder Funktionsgleichung den zugehörigen Graphen. Prüfe sowohl zeichnerisch als auch rechnerisch, ob der Punkt P auf dem Graphen liegt.
$y = 3x$; P(2|6) b) $y = 2x + 3$; P(0,5|5) c) $y = -2x + 0{,}5$; P(1|2)

4. Die Sieger der Mathematikolympiade sollen Buchprämien für jeweils 6 € und 8 € erhalten.
a) Wie viele Bücher jeder Sorte können gekauft werden, wenn insgesamt 120 € zur Verfügung stehen? Übertrage dazu die Tabelle in dein Heft und fülle sie aus.

Anzahl der Bücher zu 6 €	x	0	4	8			20
Anzahl der Bücher zu 8 €	y	15			6	3	
Gesamtpreis		120 €	120 €	120 €	120 €	120 €	120 €

Beschreibe, wie der Gesamtpreis berechnet werden kann. Gib eine Gleichung dafür an.
b) Es sind insgesamt 16 Schüler, die ausgezeichnet werden sollen. Wie viele Bücher jeder Sorte könnten gekauft werden, wenn kein Preis vorgegeben ist? Übertrage dazu die Tabelle in dein Heft und fülle sie aus.

Anzahl der Bücher zu 6 €	x	0	1	2	...
Anzahl der Bücher zu 8 €	y	16	15		...
Gesamtzahl		16	16	16	...

Beschreibe, wie die Gesamtanzahl berechnet werden kann. Gib eine Gleichung dafür an.
c) Stelle die Lösungsmengen der Gleichungen aus a) und b) in einem Koordinatensystem dar.

5. Zeichne eine Gerade h mit $y = h(x) = -2x + 3$ in dein Heft. Zeichne weitere Geraden g mit der angegebenen Eigenschaft und gib deren Gleichungen an. Kontrolliere deine Ergebnisse mit deinem CAS-Rechner.
a) Die Gerade g ist parallel zur Geraden h und geht durch den Koordinatenursprung.
b) Die Gerade g ist parallel zur Geraden h und geht durch den Punkt D(−1|−2).
c) Die Gerade g ist zur Geraden h senkrecht und geht durch den Koordinatenursprung.
d) Die Gerade g ist senkrecht zur Geraden h und enthält den Punkt C(16|−3).

2.2 Lineare Gleichungssysteme

Eine verrückte Geschichte:

Auf einem Bauernhof werden unter anderem Gänse und Schafe gehalten. Die Anzahl der Gänse sei g und die Anzahl der Schafe sei s. An einem Morgen werden alle Tiere auf die Wiesen und Weiden getrieben. Insgesamt zählt ein Beobachter 40 Köpfe und 106 Beine. Versuche mit diesen Angaben auszurechnen, wie viele Gänse und wie viele Schafe es sind. Erläutere dein Vorgehen.

Verabredungen

Da die Tiere sowohl Köpfe als auch Beine haben, müssen zwei Gleichungen erfüllt sein, die zusammen ein **Gleichungssystem** bilden.

Um die Zugehörigkeit zweier Gleichungen zu einem System sofort erkennen zu können, werden sie mit römischen Ziffern gekennzeichnet. Für die Geschichte mit den Gänsen und Schafen gilt:

Köpfe	Beine
I $g + s = 40$	**II** $2g + 4s = 106$

Variable können in Gleichungen auf sehr verschiedene Weise auftreten und unterschiedliche Bedeutungen haben. In diesem Kapitel sollen die Variablen (im Beispiel sind es s und g), keinen Exponenten größer bzw. kleiner als 1 haben. Es sind immer *lineare Gleichungen.*

> Zwei lineare Gleichungen mit zwei Variablen bilden ein **lineares Gleichungssystem,** dessen **Lösungen** immer Zahlenpaare sind, die jede dieser Gleichungen erfüllen.
> Die Gesamtheit aller Lösungen bildet die **Lösungsmenge** dieses Gleichungssystems.

Welche Zahlen g und s erfüllen sowohl die Gleichung **I** als auch die Gleichung **II**?
Wie viele Lösungen gibt es für die Aufgabe?

Wie bei Gleichungen lässt sich die Lösungsmenge von Gleichungssystemen auch durch systematisches Probieren finden.

Jede Lösung ist ein geordnetes Zahlenpaar:
$L = \{(g; s)\}$

Bei der Eingangsaufgabe ist nur das Zahlenpaar (27; 13) Lösung, da allein dieses Zahlenpaar beide Gleichungen erfüllt. Es sind also 27 Gänse und 13 Schafe.

Köpfe			Beine		
g	s	Summe	2g	4s	Summe
23	17	40	46	68	114
25	15	40	50	60	110
26	14	40	54	52	108
27	**13**	**40**	**54**	**52**	**106**
28	12	40	56	48	104

Systematisches Probieren beim Lösen von Gleichungssystem kann schwierig sein. Oft führt diese Methode gar nicht zum Ziel. Deshalb suchen wir weitere (immer anwendbare) Lösungsverfahren.

Grafisches Lösen von Gleichungssystemen mit zwei Variablen

Beim Lösen eines Gleichungssystems aus zwei Gleichungen mit zwei Variablen müssen zwei Zahlen gefunden werden, die gleichzeitig beide Gleichungen erfüllen, d. h., jeder der beide Gleichungen zu einer wahren Aussage machen. Zur Probe belegt man die Variablen in beiden Ausgangsgleichungen mit den gefundenen Zahlen.

Gleichungssystem: **I** $a + b = 11$
II $a - b = -1$

Lösung: $a = 5$ und $b = 6$

Probe: **I** $5 + 6 = 11$ w. A.
II $5 - 6 = -1$ w. A.

Gleichungssystem: **I** $2x + 3y = 31$
II $5x + 2y = 39$

Lösung: $x = 5$ und $y = 7$

Probe: **I** $2 \cdot 5 + 3 \cdot 7 = 31$ w. A.
II $5 \cdot 5 + 2 \cdot 7 = 39$ w. A.

Bei linearen Gleichungssystemen, kann jede Gleichung als Funktionsgleichung einer linearen Funktion aufgefasst und grafisch dargestellte werden. Die Koordinaten des Schnittpunkts beider Funktionsgraphen erfüllen beide Funktionsgleichungen.

Schrittfolge zum grafischen Lösen linearer Gleichungssysteme mit zwei Variablen:
1. Beide Gleichungen nach einer Variablen (z. B. nach y) umstellen, die Gleichungen als Funktionsgleichungen auffassen und die Graphen dieser Funktionen zeichnen.
2. Die Koordinaten des Schnittpunktes ablesen.
3. Probe durchführen: Koordinaten des Schnittpunktes in Ausgangsgleichungen einsetzen.

I $x + y = 30$
II $y = 2x$

1. Nach y umstellen und Graphen zeichnen:
   $y = 30 - x$
   $y = 2x$
2. Koordinaten des Schnittpunktes S ablesen:
   $x_S = 10;\ y_S = 20$
3. Probe: **I** $10 + 20 = 30$ w. A.
   II $20 = 2 \cdot 10$ w. A.

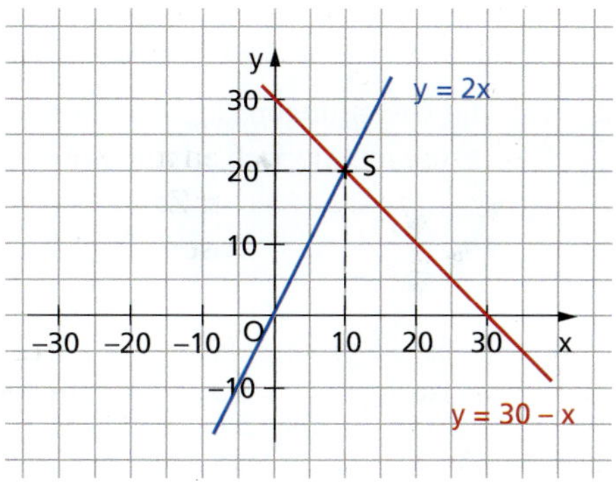

Je nach Lage der Graphen sind drei Fälle möglich:

Die Geraden schneiden einander in einem Punkt. Das Gleichungssystem hat *genau eine* Lösung.

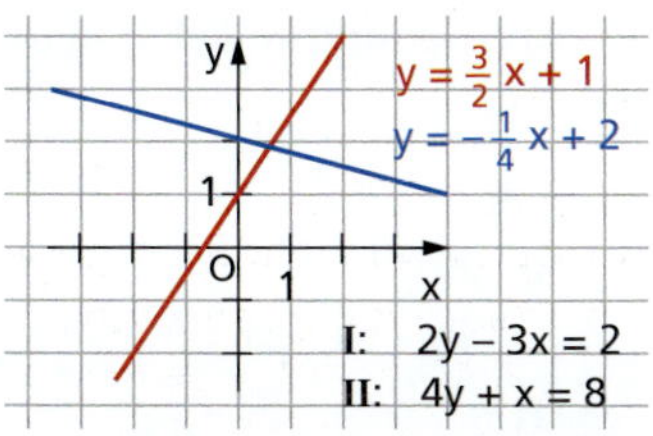

Die Geraden sind parallel zueinander. Das Gleichungssystem hat *keine* Lösung.

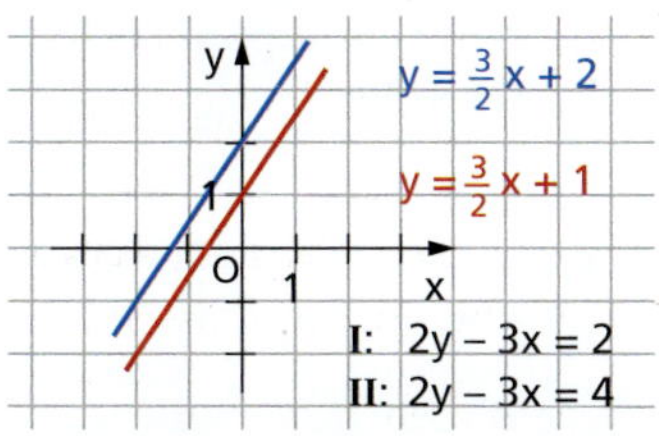

Die Geraden sind identisch. Das Gleichungssystem hat *unendlich viele* Lösungen.

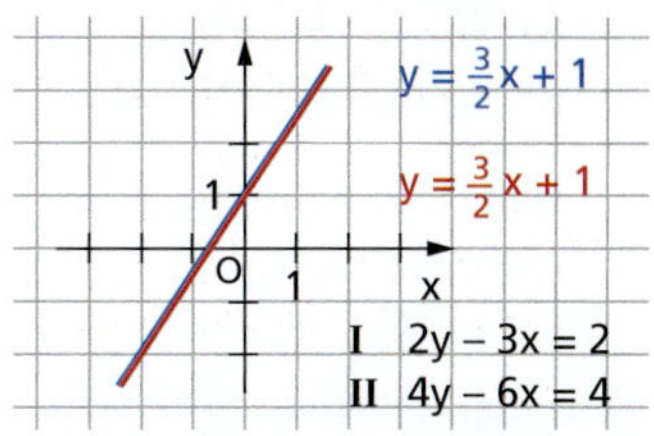

Probiere es selbst:

1. Entscheide und begründe, ob das Gleichungssystem lösbar ist oder nicht.

a) **I** $y - x = 3$ **II** $3y - 3x = 5$

b) **I** $y = -2x + 3$ **II** $y = -2x + 4$

c) **I** $y = -2x + 3$ **II** $y = x$

2. Erfindet selbst Gleichungssysteme für die drei verschiedenen Lösbarkeitsfälle. Überlegt euch vorher eine Strategie, wie man vorgehen muss, um z. B. zur Gleichung **I** $y = 3x$ eine zweite Gleichung zu finden, sodass das entstandene Gleichungssystem keine Lösung hat.

3. Zeichne in ein Koordinatensystem die Graphen der Gleichungen **I** $y = 3x$ und **II** $y = x + 4$.

a) Bestimme aus dem Diagramm den Schnittpunkt der Geraden.

b) Prüfe, ob diese Koordinaten beide Gleichungen des Gleichungssystems erfüllen.

4. Prüfe, ob das angegebene Zahlenpaar Lösung des vorgegebenen Gleichungssystems ist.

a) **I** $x + y = 5$ **II** $y - x = 10$ $(-2{,}5;\ 7{,}5)$

b) **I** $2y - x = 3$ **II** $4y + 7x = -6$ $(0;\ 1{,}5)$

c) **I** $5x - 2y = 10$ **II** $x + 2y = 2$ $(2;\ 0)$

Erste Schritte

1. Eine Gerade g ist durch die Gleichung $2{,}5x - y = -4$ gegeben.

a) Zeichne g in ein Koordinatensystem.

b) Ermittle grafisch die Koordinaten der Schnittpunkte der Geraden g mit den Geraden g_1, g_2, g_3, g_4 und g_5, die durch folgende Gleichungen gegeben sind:

g_1: $y = x$ g_2: $y = 0{,}5x + 2$ g_3: $y = 4$ g_4: $x - y = 3$ g_5: $x = -3{,}5$

3 + y = x | x - 3 = y

2. Gib die Gleichungen der Funktionsgraphen an. Lies die Koordinaten der Schnittpunkte ab. Überprüfe rechnerisch, ob die Koordinaten der Schnittpunkte beide Gleichungen erfüllen.

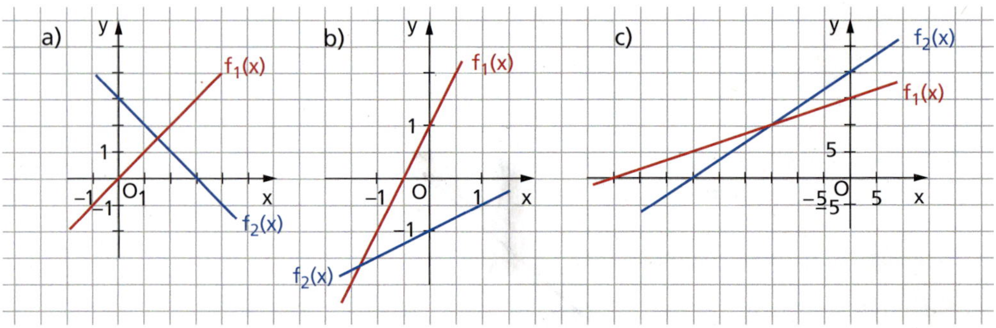

3. Gib die Gleichung einer linearen Funktion an, deren Graph mit dem Graphen der Funktion $y = -1{,}5x + 2$ folgende Gemeinsamkeiten hat:

a) genau einen Schnittpunkt b) den Schnittpunkt $(1|0{,}5)$ c) den Schnittpunkt $(3|-2{,}5)$

d) keinen Schnittpunkt e) unendlich viele gemeinsame Punkte

4. Entscheide und begründe, wie viele Lösungen das Gleichungssystem hat. Gib die Lösungsmengen für alle Fälle an, in denen genau eine Lösung auftritt.

a) **I** $3y + 2x = 9$ **II** $y - x = 2$

b) **I** $-x - y = -1$ **II** $-3y + 3x = -6$

c) **I** $2y - 6x - 21 = 0$ **II** $2y = \frac{3}{4}x$

Grafisches Lösen linearer Gleichungssysteme mit zwei Variablen mithilfe des TI-Nspire

Löse das folgende lineare Gleichungssystem mit deinem CAS-Rechner grafisch:

I $4x - 7y = 3$

II $-2x - 3y = 1$

Grundlage für den Lösungsweg ist die Schrittfolge auf Seite 37.

- Umstellen beider Gleichungen nach y mithilfe des *„solve-Befehls“* und definieren der umgestellten Gleichungen als Funktionen f(x) und g(x).
  Hinweise:
  Kopiere die Terme der umgestellten Funktionsgleichungen in die Eingabezeile.
- Verwende zum Definieren das „Ergibtzeichen“ := (als Zweitbelegung von [Taste])

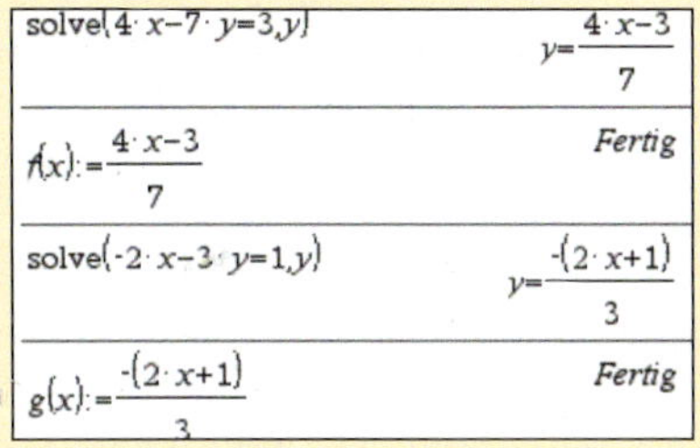

- Stelle die Funktionen f(x) und g(x) grafisch dar.
  Hinweise:
  Öffne eine Seite mit der Applikation *„Graphs“*.
  Verwende zum Eingeben der Funktionsgleichungen statt der umgestellten Terme die Funktionsvariablen f(x) und g(x).
  Lies einen Schätzwert für die Schnittpunktskoordinaten ab, im Beispiel: S(0 | 0,5)

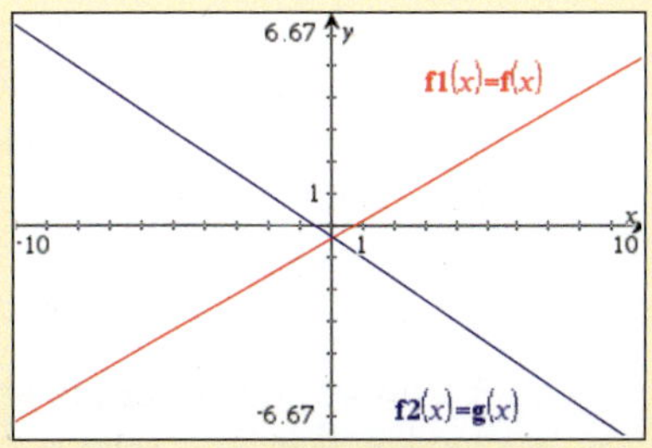

- Ermittle die Koordinaten des Schnittpunktes beider Geraden mit dem Werkzeug (menu) *Graph analysieren – Schnittpunkt.*
  Hinweis:
  Verfahre so, wie die Hilfe in der oberen linken Ecke nach Anklicken beschreibt.

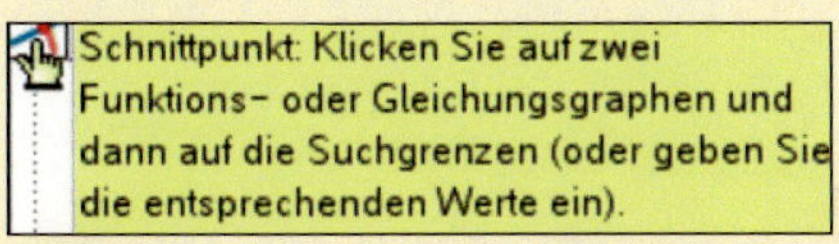

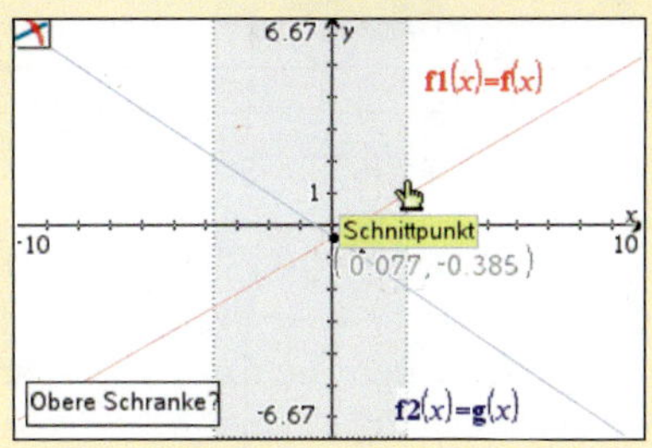

Die Koordinaten des Schnittpunktes werden als dezimale Näherungswerte angezeigt, im Beispiel: S(0,077 | −0,385)

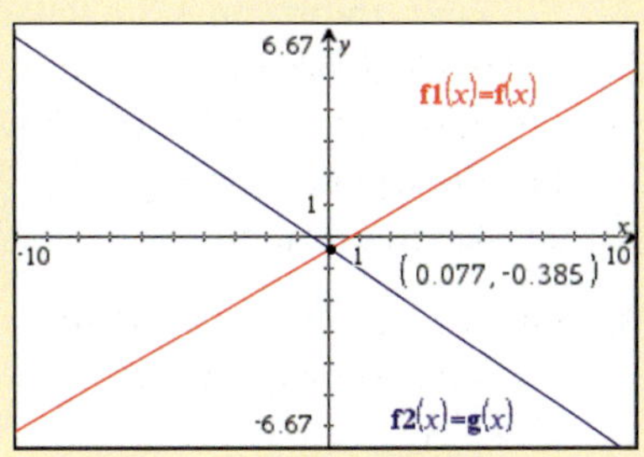

Weiterführende Aufgaben

1. a) Ermittle die Gleichungen, die zu den gegebenen Funktionsgraphen gehören.
b) Wähle jeweils zwei dieser Gleichungen aus und löse das dadurch entstandene Gleichungssystem entweder zeichnerisch oder durch Probieren. Führe in jedem Fall eine Probe durch.

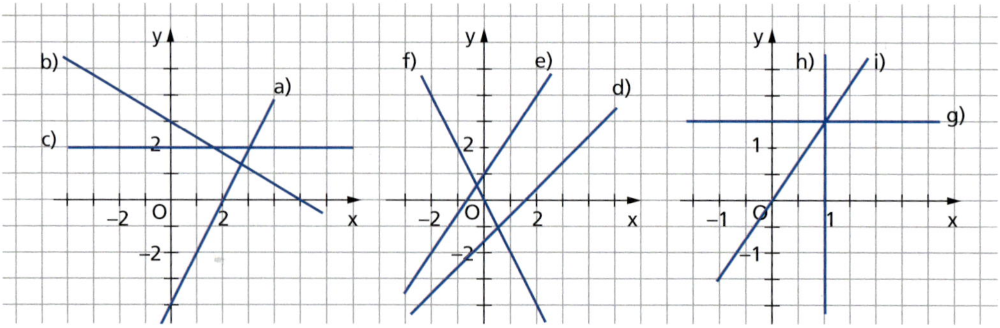

2. Kater Mischa ist auf seinem Bauernhof immer auf der Jagd nach Mäusen.
a) Stelle zu jedem Funktionsgraphen eine passende Gleichung auf.
b) Ermittle in jedem Beispiel jeweils die Geschwindigkeit des Katers und der Maus.
Hinweis: Die Geschwindigkeit v ist eine physikalische Größe. Sie wird berechnet als Quotient aus dem zurückgelegten Weg s und der dafür benötigten Zeit t: $v = \frac{s}{t}$.

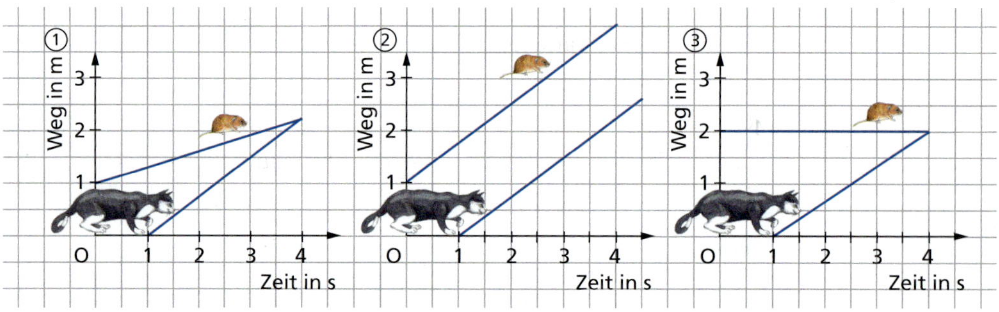

3. Der Klassenlehrer der Klasse 9a ist zur Zeit 32 Jahre älter als Jonas. In einem Jahr ist der Lehrer dann dreimal so alt wie Jonas. Entscheide und begründe, welches der folgenden Gleichungssysteme den Sachverhalt beschreibt:

(1) $k = j + 32$
$k + 1 = 3 \cdot j$

(2) $x - 32 = y$
$x + 1 = 3 \cdot (y + 1)$

(3) $k = j + 32$
$k + 1 = 3 \cdot (j + 1)$

4. Ein Zug ① fährt von A-Stadt nach B-Stadt mit einer Geschwindigkeit von $50 \frac{km}{h}$. Ein anderer Zug ② fährt 30 min später los und legt die gleiche Strecke mit $90 \frac{km}{h}$ zurück.
a) Lies aus der grafischen Darstellung ab, nach welcher Zeit Zug ① den Zug ② einholt.
b) Wie weit sind beide Züge dann von A-Stadt entfernt?

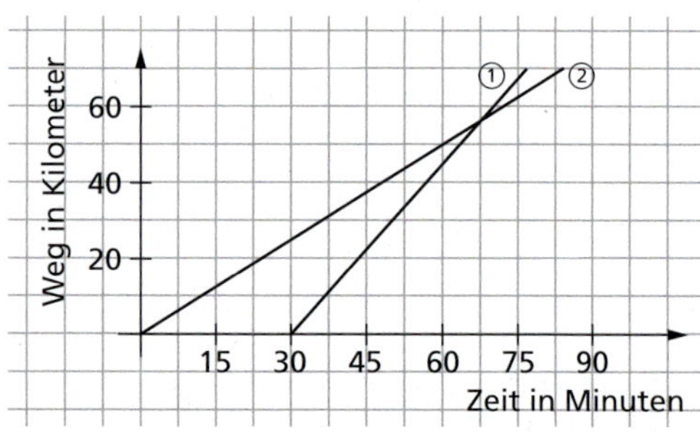

Rechnerisches Lösen von Gleichungssystemen mit zwei Variablen

Das Lösen von Gleichungssystemen durch Probieren kann langwierig sein oder gar nicht zum Ziel führen. Ein grafisches Lösen ist nicht immer genau genug.
Rechnerische Verfahren führen beim Lösen von Gleichungssystemen häufig schneller zum Ziel und sind bei allen Aufgaben anwendbar.

Es gibt mehrere rechnerische Verfahren zum Lösen linearer Gleichungssysteme. Allen diese Verfahren ist aber gemeinsam, dass sie *durch Äquivalenzumformungen zwei lineare Gleichungen mit zwei Variablen in eine lineare Gleichung mit einer Variablen überführen.*
Eine Grundregel beim Umformen von Gleichungen besteht darin, auf beiden Seiten der Gleichungen stets dieselben Operationen durchzuführen, damit „Gleichgewicht" erhalten bleibt.

Das Einsetzungsverfahren (Substitutionsverfahren)

Beim Einsetzungsverfahren löst man eine Gleichung nach einer der beiden Variablen auf und setzt den so erhaltenen Term für diese Variable in die andere Gleichung ein.

$$\begin{array}{lrl} \textbf{I} & -7x - 2y = 18 & \\ \textbf{II} & 5x + 4y = -9 & \end{array}$$

① Stelle eine Gleichung nach einer Variablen um. (Stelle Gleichung **I** nach y um.)

$$\begin{array}{lrl} \textbf{I} & -7x - 2y = 18 & \mid +7x \\ & -2y = 18 + 7x & \mid :(-2) \\ \textbf{Ia} & y = -9 - 3{,}5x & \end{array}$$

② Setze die umgeformte Gleichung in die andere Gleichung ein. (Setze Gleichung **Ia** in Gleichung **II** ein.)

③ Löse die entstandene Gleichung. (Lösung ist x = – 3)

$$\begin{array}{lrl} \textbf{II} & 5x + 4 \cdot (-9 - 3{,}5x) = -9 & \\ & 5x - 36 - 14x = -9 & \\ & -36 - 9x = -9 & \mid +36 \\ & -9x = 27 & \mid :(-9) \\ & x = -3 & \end{array}$$

④ Setze den Wert für die eine Variable in eine der beiden Ausgangsgleichungen ein und ermittle den Wert der anderen Variablen. (x = –3 in **I** einsetzen, y = 1,5)

$$\begin{array}{rl} -7 \cdot (-3) - 2y = 18 & \\ 21 - 2y = 18 & \mid -21 \\ -2y = -3 & \mid :(-2) \\ y = 1{,}5 & \end{array}$$

⑤ Gib die Lösungsmenge an.

$$L = \{(-3 \mid 1{,}5)\}$$

⑥ Führe eine Probe durch.

$$\begin{array}{llll} \text{Probe:} & \textbf{I} & (-7) \cdot (-3) - 2 \cdot (1{,}5) = 18 & \text{w. A.} \\ & \textbf{II} & 5 \cdot (-3) + 4 \cdot 1{,}5 = -9 & \text{w. A.} \end{array}$$

Das Einsetzungsverfahren sollte immer dann genutzt werden, wenn (wenigstens) eine der beiden Gleichungen nach einer Variablen aufgelöst ist.

Probiere es selbst

Ermittle die Lösungsmenge mithilfe des Einsetzungsverfahrens und führe eine Probe durch.

a) **I** $y = -x + 2$
II $4x + 3y = 2$

b) **I** $4y - 3x = 2$
II $x = -2y - 4$

c) **I** $2x + 2y = 14$
II $6x - 3y = 15$

Das Gleichsetzungsverfahren

Es gibt Aufgaben, bei denen das Verwenden anderer Lösungsverfahren sinnvoller ist.
Das Gleichsetzungsverfahren ist ein Spezialfall des Einsetzungsverfahrens. Beim Gleichsetzungsverfahren werden beide Gleichungen nach derselben Variablen aufgelöst. Dann setzt man die dabei entstehenden Terme gleich.

I $2x + 2y = 42$
II $y = x + 4$

① Stelle beide Gleichungen nach derselben Variablen um. (Gleichung **I** nach y umstellen.)

I $2x + 2y = 42 \quad |-2x$
$2y = -2x + 42 \quad |:2$
Ia $y = -x + 21$
II $y = x + 4$

② Setze beide Terme gleich. (Rechte Seite von Gleichung **Ia** ist gleich rechte Seite von Gleichung **II**.)

$-x + 21 = x + 4$
$-x + 21 = x + 4 \quad |-x$
$-2x + 21 = 4 \quad |-21$
$-2x = -17 \quad |:(-2)$
$x = 8{,}5$

③ Löse die Gleichung. (Lösung ist $x = 8{,}5$)

$y = 8{,}5 + 4$
$y = 12{,}5$

④ Setze den Wert einer Variablen in eine der beiden Ausgangsgleichungen ein und ermittle den Wert der anderen Variablen. ($x = 8{,}5$ in Gleichung **II** einsetzen, $y = 12{,}5$)

$L = \{(8{,}5;\ 12{,}5)\}$

⑤ Gib die Lösungsmenge an.

Probe: **I** $2 \cdot 8{,}5 + 2 \cdot 12{,}5 = 42$ w. A.
II $12{,}5 = 8{,}5 + 4$ w. A.

⑥ Führe eine Probe durch.

Das Gleichsetzungsverfahren sollte immer dann genutzt werden, wenn beide Gleichungen nach einer Variablen aufgelöst vorliegen.

Probiere es selbst

Ermittle die Lösungsmenge mithilfe des Gleichsetzungsverfahrens und führe eine Probe durch.

a) **I** $y = 2x + 3$
II $y = x + 4$

b) **I** $x = 3y - 2$
II $x = 5y - 12$

c) **I** $4x = 3y + 5$
II $4x - 4y = -2$

Das Additionsverfahren/Subtraktionsverfahren

Beim Additionsverfahren formt man eine oder beide Gleichungen so um, dass bei der Addition der beiden Gleichungen eine der beiden Variablen „wegfällt".

I $2x + 5y = 14$
II $x + y = 2,5 \quad |\cdot 2$

I $2x + 5y = 14$
II $2x + 2y = 5$

① Multipliziere oder dividiere, wenn nötig, beide Gleichungen so mit einer Zahl, dass bei der Addition bzw. Subtraktion eine Variable „wegfällt".

I – II $3y = 9 \quad |:3$
$y = 3$

② Addiere bzw. subtrahiere die beiden Gleichungen.

$y = 3$ in **I** einsetzen
$2x + 5 \cdot 3 = 14$
$2x + 15 = 14 \quad |-15$
$2x = -1 \quad |:2$
$x = -0,5 \quad L = \{(-0,5; 3)\}$

③ Setze den Wert einer Variablen in eine der beiden Ausgangsgleichungen ein und bestimme den Wert der anderen Variablen.

④ Gib die Lösungsmenge an.

Probe: I $2 \cdot (-0,5) + 5 \cdot 3 = 14$ w. A.
II $-0,5 + 3 = 2,5$ w. A.

⑤ Führe eine Probe durch.

Das Additionsverfahren sollte immer dann genutzt werden, wenn die Koeffizienten einer Variablen in beiden Gleichungen zueinander entgegengesetzte Zahlen sind.

Probiere es selbst

Löse die Gleichungssysteme mit dem Additionsverfahren.

a) I $-5x + 2y = 48$
II $5x + 9y = -4$

b) I $-6y + 15 = -3x$
II $y + 10 = 3x$

c) I $5y - 10x = 10$
II $-5y + 3x = -3$

d) I $3x + 2y = -2$
II $-4x - 5y = 12$

Lineare Gleichungssysteme können auch keine oder unendlich viele Lösungen haben.

Das folgende Gleichungssystem hat *keine* Lösung:

I $x + y = 1$
II $x + y = 2$
Die Lösungsmenge ist die leere Menge $L = \{\}$.

Beim Lösen mit dem Additionsverfahren erhält man die falsche Aussage $0 = -1$.

Das folgende Gleichungssystem hat *unendlich viele* Lösungen:

I $y - x = 2$
II $2y - 2x = 4$
Die Lösungsmenge ist $L = \{(x; y) \text{ mit } x \in \mathbb{R} \text{ und } y = x + 2\}$

Beim Lösen mit dem Einsetzungsverfahren erhält man die Aussage $0 \cdot x = 0$.
Diese Gleichung ist für alle reellen Zahlen x und y eine wahre Aussage.

Erste Schritte

Führe bei jeder Aufgabe eine Probe durch.

1. Das nebenstehende Beispiel zeigt den Lösungsweg eines Gleichungssystems nach einem bestimmten Verfahren.

a) Erläutere das dabei gewählte Vorgehen.

b) Begründe, warum das Verfahren sinnvoll ist.

c) Ermittle die Lösung des folgenden Gleichungssystems nach dem gleichen Verfahren:

I $7x + 3y = 14$
II $x = -2y - 9$

I	$7x - 3y = 17$	II	$y = 2x - 4$
I'	$7x - 3(2x - 4) = 17$	II	$y = 2x - 4$
I''	$x + 12 = 17$	II	$y = 2x - 4$
I'''	$x = 5$	II	$y = 2x - 4$
I'''	$x = 5$	II'	$y = 2 \cdot 5 - 4 = 6$

$L = \{(5 \mid 6)\}$

2. Ermittle die Lösungsmenge mithilfe des Einsetzungsverfahrens.

a) I $x + y = 23$; II $x = -5$
b) I $5x - y = 8$; II $-2x - 1 = y$
c) I $-23x - y = 40$; II $-6x + 11 = y$
d) I $3x - y = 2$; II $-x + y = 6$
e) I $x = 2y - 1$; II $x + y = 5$
f) I $-4x + 7y = 1$; II $-2y + 2 = x$
g) I $2y + 8 = x$; II $6 + x + y = 2x$
h) I $2x + 11y = 7$; II $2x - 9y = -11$

3. Löse unter Verwendung des Gleichsetzungsverfahrens.

a) I $x = 4y + 1$; II $x = 5 + 2y$
b) I $4x - 5y = 7$; II $4x + 2 = 2y$
c) I $2y + 1 = 5x$; II $5x = -6 + 3y$
d) I $-37x + 1 = -9y$; II $37x - 2y = 29$
e) I $y = \frac{2}{5}x + 2$; II $y = \frac{1}{2}x + 4$
f) I $5y = -2x + 2$; II $5y = 5x + 65$
g) I $y = -2x - 4$; II $\frac{7}{2} = y - \frac{1}{2}x$
h) I $y = 7x - 2$; II $y = \frac{7}{2}x - 2$

4. Löse immer mithilfe des Additionsverfahrens.

a) I $4x - y = 5$; II $x + y = 5$
b) I $6x + 4y = 2$; II $-x + 4y = -5$
c) I $3x + 2y = 6$; II $-2x + y = 2$
d) I $3x - y = 6$; II $x + y = 9$
e) I $2x + 7y = 3$; II $6x - 21y = 8$
f) I $x - 2y = 3$; II $-2x + 4y = -6$
g) I $6x + 5y = 1$; II $-3x - y = 4$
h) I $4x - 5y = -4$; II $16x + 25y = 16$

5. Löse die Gleichungssysteme rechnerisch. Entscheide dich jeweils für ein sinnvolles Verfahren und begründe deine Entscheidung.

a) I $y = x - 1$; II $y = 3 - x$
b) I $y = 5x + 2$; II $2x - 5 = y$
c) I $x - 2y = 1$; II $5 + x = 4y$
d) I $6x - 3y = 18$; II $2x - y = 6$
e) I $7x - 5y = 29$; II $-x + 4y = -14$
f) I $x - y = 5$; II $x + y = 5$
g) I $23x - 20 = 4y$; II $2x = y$
h) I $3x - 2y = 12$; II $7y = 28x$

6. Entscheide und begründe, welches der folgenden Gleichungssysteme genau eine Lösung, keine Lösung oder unendlich viele Lösungen hat. Begründe sowohl mit der rechnerischen als auch mit der zeichnerischen Lösung.

a) I $5y - 8{,}5x = 20$; II $3y - 2{,}7x = 6$
b) I $5y - 10x = 4$; II $8y - 16x = 24$
c) I $8x + 5y = 5$; II $3{,}2x + 2y = 2$

Rechnerisches Lösen von Gleichungssystemen mit zwei Variablen mithilfe des TI-Nspire

Löse das lineare Gleichungssystem mit deinem CAS-Rechner rechnerisch:

I	**$4x - 7y = 3$**
II	**$-2x - 3y = 1$**

- Öffne in der Anwendung *„Scratchpad"* oder *„Calculator"* das Menü *„Algebra – Gleichungssystem lösen"*.
- Wähle die Anzahl der Gleichungen aus und gib die Variablennamen (durch Komma getrennt) ein. Drücke dann (ok).
- Gib danach die Gleichungen in die Vorlage ein und löse das Gleichungssystem mit (enter) bzw. für Näherungslösungen mit (ctrl) (enter).

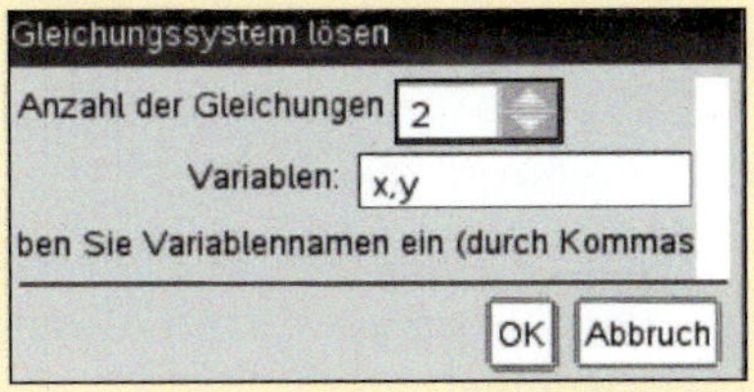

Hinweis:
Die Vorlagen gibt es auch unter (Vorlagen) oder (Buch) (5):
Allerdings muss man dann vorher den *„solve-Befehl"* bei im Menü *„Algebra – Löse"* eingeben.

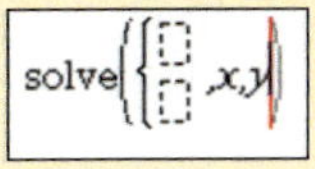

Mit (tab) kann zwischen den Zeilen und zur Eingabe der Lösungsvariablen gewechselt werden.
Mit (↵) können nachträglich Zeilen für weitere Gleichungen in die Vorlage eingefügt werden.

Das Gleichungssystem hat *genau eine* Lösung:

$L = \left\{\left(\frac{10}{3}; \frac{11}{3}\right)\right\}$

Mit (ctrl) (enter) erhält man Näherungslösungen.

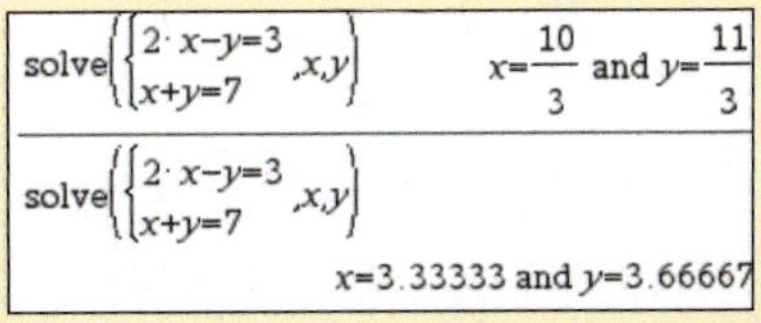

Löse das lineare Gleichungssystem mit deinem CAS-Rechner rechnerisch:

I	**$x + y = 1$**
II	**$x + y = 1$**

Das Gleichungssystem hat *unendlich viele* Lösungen:

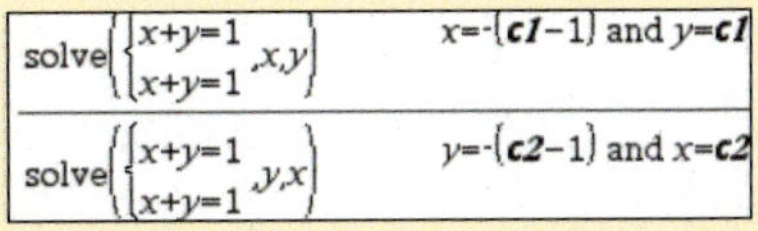

Die Zählvariablen *c1* bzw. *c2* stehen als Parameter für beliebige reelle Zahlen.
Die Anzeige in der ersten Zeile ist also wie folgt zu lesen:
„Wenn y eine beliebige reelle Zahl ist, dann ist $x = -(y - 1) = 1 - y$."
Hier wird also x in Abhängigkeit von y angegeben: $L = \{(x; y)$ mit $y \in \mathbb{R}$ und $x = 1 - y$
Vertauscht man die Reihenfolge der Lösungsvariablen, wird y in Abhängigkeit von x angegeben.

Löse das lineare Gleichungssystem mit deinem CAS-Rechner rechnerisch:

I	**$x + y = 1$**
II	**$x + y = -1$**

Das Gleichungssystem hat *keine* Lösung:
$L = \{\,\}$

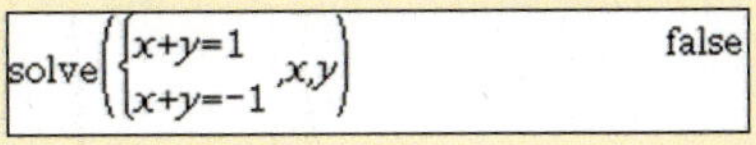

Weiterführende Aufgaben

1. Was meinst du zu der Diskussion von Claudia, Felix, Ben und Lin?

Claudia: „Das Gleichsetzungsverfahren zum Lösen von Gleichungssystemen ist eigentlich nur ein Spezialfall des Einsetzungsverfahrens."

Felix: „Das ist doch auch nichts anderes als das grafische Lösen. "

Lin: „Ich merke mir eigentlich nur immer das Einsetzungsverfahren. Damit komme ich immer zurecht."

Ben: „Das stimmt, aber du musst dann öfter mit Brüchen rechnen. Das Additionsverfahren ist auch immer anwendbar. Dadurch entstehen keine neuen Brüche. Wenn es nicht sofort geht, multipliziere ich eine Gleichung mit einer geeigneten Zahl."

Werte die vier Aussagen.

2. Ermittle die Lösungsmengen der linearen Gleichungssysteme mit deinem CAS-Rechner.

a) I $2y - 6x = -10$; II $y + x = 7$
b) I $2y + 2 = 2x$; II $4 - 4y = 12x$
c) I $5y - 2x = 5$; II $3y + 9 = 6x$

d) I $2y - 10x = -14$; II $28x + 4y = 20$
e) I $y - 5 = 12x$; II $0{,}5y = -6x - 2{,}5$
f) I $5x + y = 11$; II $3x = -y + 22$

g) I $7y = -4x + 14$; II $14y = -8x - 70$
h) I $3y - 60 = x$; II $-9y + 180 = -3x$
i) I $\frac{3}{5}x - y + 2 = 0$; II $-14x - 7y - 28 = 0$

3. Gib jeweils eine weitere Gleichung **II** so an, dass mit der Gleichung **I** $y - 2x = 8$ ein Gleichungssystem entsteht, das die angegebene Anzahl von Lösungen hat.

a) genau eine Lösung
b) unendlich viele Lösungen
c) keine Lösung

4. Veranschauliche die Gleichungssysteme grafisch mit deinem CAS-Rechner. Bestimme dann die Lösungsmengen mit deinem CAS-Rechner.

a) I $5x - 4y = -6x + 2y + 36$; II $33 - (2y - 2x) = 7y - 2x$
b) I $2(6x - 5y) - 2(x - 10y) = 4$; II $5(2x + 5y) - 20y = -5y - 4$

c) I $(x + 6)(y - 2) = (x - 4)(y + 3)$; II $(-x + 1)(y - 1) = -(x + 2)(y + 4)$
d) I $2(3x - 5) = 5(8 + 2y)$; II $3(4 - 2x) - 2(3y - 3) = 0$

5. Entscheide und begründe, welche der gegebenen Gleichungssysteme nichtlinear sind. Versuche, möglichst alle Aufgaben mit dem Einsetzungsverfahren zu lösen. Kontrolliere deine Ergebnisse mit deinem CAS-Rechner.

a) I $\frac{x}{y} = \frac{1}{3}$; II $2x + y = 15$
b) I $x \cdot y^2 = 18$; II $x : y = 2 : 3$
c) I $2xy = 0$; II $x - 3y = -5$
d) I $x : y = 2 : 5$; II $5x - 3 = y$

6. Gesucht sind zwei Zahlen, die folgende Bedingung erfüllen:

- Das Doppelte der einen Zahl vermindert um 8 ergibt das Dreifache der anderen Zahl.
- Bildet man aber die Differenz aus dem Vierfachen der einen Zahl und der anderen Zahl, so erhält man die Zahl 26.

Berechne beide Zahlen. Führe eine Probe am Text durch.

7. In einem Zeltlager mit insgesamt 24 Zelten stehen 3-Personen-Zelte und 4-Personen-Zelte derart, dass 87 Personen untergebracht werden können.
Berechne, wie viele Zelte von jeder Art vorhanden sind.

8. Schreibe mit deinen eigenen Worten einen Spickzettel auf dem steht, welche Schritte notwendig sind, um ein lineares Gleichungssystem mit dem Einsetzungsverfahren zu lösen. Gib diesen Zettel einer Mitschülerin oder einem Mitschüler. Prüfe, ob sie verstehen, was du meinst.

9. a) Ermittle den Schnittpunkt der beiden Geraden im nebenstehenden Koordinatensystem sowohl rechnerisch als auch grafisch.
b) Beschreibe, wie du jeweils vorgegangen bist.

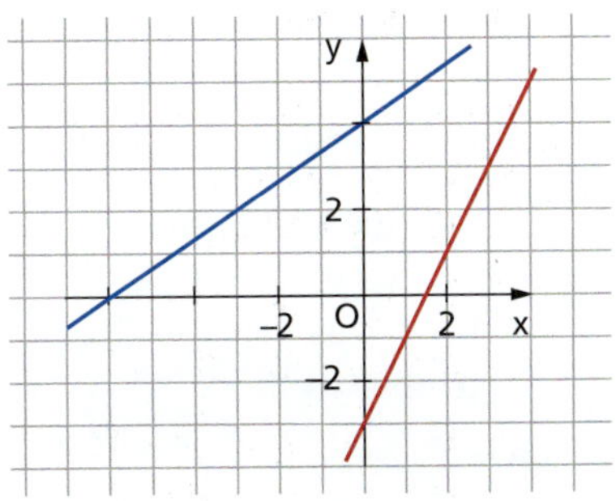

10. Löse die beiden Gleichungssysteme mit deinem CAS-Rechner sowohl rechnerisch als auch grafisch und vergleiche die Lösungsmengen. Begründe, warum die geringfügige Änderung eines Koeffizienten solche gravierenden Auswirkungen hat.

a) I $-10x + 10y = 5$
II $-20x + 20y = 20$

b) I $-10{,}1x + 10y = 5$
II $-20x + 20\,y = 20$

11. Erläutere und Interpretiere die nebenstehende Rechnung. Beschreibe, wie du die Rechnung auf grafischem Wege mithilfe deines CAS-Rechners kontrollieren kannst.

$f(x):=m\cdot x+n$	*Fertig*
$\text{solve}\left(\begin{cases} f(2)=3 \\ f(-2)=-3 \end{cases}, m, n\right)$	$m=\frac{3}{2}$ and $n=0$
$f(x)\mid m=\frac{3}{2}$ and $n=0$	$\frac{3\cdot x}{2}$

12. Vorsicht Falle!
a) Begründe, warum die dargestellte (von einem CAS-Rechner angezeigte) Lösung nicht richtig sein kann.

$\text{solve}\left(\begin{cases} 7\cdot x+5\cdot y=1 \\ 3.5\cdot x+2.5\cdot y=2 \end{cases}, x, y\right)$

x=7.14286E13 and y=-1.E14

b) Führe die gleiche Rechnung unter Vermeidung von Dezimalbrüchen mit deinem CAS-Rechner durch.
c) Erläutere an einem selbst gewählten Beispiel, warum man gegenüber Computer- und Rechneranzeigen mitunter skeptisch bleiben soll.

Lineare Gleichungssysteme aus drei Gleichungen mit drei Variablen

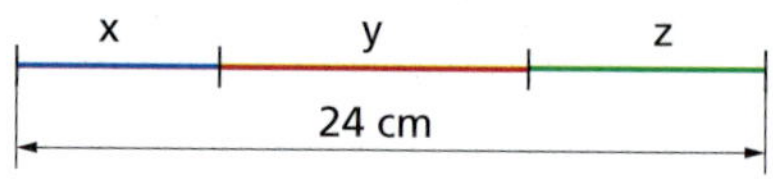

Eine 24 cm lange Strecke soll in drei Teilstücke zerlegt werden. Das mittlere Teilstück soll 2 cm länger als das linke und 4 cm länger als der rechte Teilstück sein. Berechne die Länge jedes Teilstücks.

Die Aufgabe beschreibt ein Gleichungssystem aus drei Gleichungen mit drei Variablen:

I $x = y - 2$
II $z = y - 4$
III $x + y + z = 24$

Dieses Gleichungssystem kann mit dem Einsetzungsverfahren gelöst werden:

$x + y + z = 24$ | **I** und **II** in **III** einsetzen
$y - 2 + y + y - 4 = 24$ | Zusammenfassen
$3y = 30$ | $:3$
$y = 10 \rightarrow x = 10 - 2 = 8$ und $z = 10 - 4 = 6$

Damit sind $x = 8$ cm, $y = 10$ cm und $z = 6$ cm lang.

Auch Gleichungssysteme mit drei Gleichungen lassen sich mit einem CAS-Rechner lösen.

Öffne in der Anwendung *„Scratchpad"* oder *„Calculator"* das Menü *„Algebra - Gleichungssystem lösen"* und folge den Anweisungen des Rechners. Gib dann die Gleichungen ein und drücke (enter).

$$\text{solve}\left(\begin{cases} x=y-2 \\ z=y-4 \\ x+y+z=24 \end{cases}, \{x,y,z\}\right)$$
$x=8$ and $y=10$ and $z=6$

Probiere es selbst

1. Ermittle die Lösungsmenge des linearen Gleichungssystems.

a) **I** $x + y + 2z = 2$
II $-x - 3y - z = -2$
III $2x + y - 2z = 1$

b) **I** $2x + 2y + 3z = 3$
II $x - 4y + 2z = 7$
III $y - 3z = -4$

c) **I** $4x - y + z = 0$
II $-x + 3y + 9z = -1$
III $2x - 5y - 5z = -8$

d) **I** $x + y + z = 7$
II $4x - y + 2z = 5$
III $x - 5y + 3z = -3$

e) **I** $-5x + y - 2z = -2$
II $x - 4y + 2z = -4$
III $3x + y + 6z = -6$

f) **I** $-x + 4y + 2z = 5$
II $x - 5y - 6z = -12$
III $2x - 8z = -8$

2. a) Fleisch, Nudeln und Gemüse enthalten wichtige Nahrungsbestandteile wie Eiweiß (E), Fett (F) und Kohlenhydrate (C) in bestimmten Anteilen. Die Angaben in der Tabelle beziehen sich auf je 100 g Fleisch (Nudeln, Gemüse).
Es soll Nahrung hergestellt werden, die 140 g Eiweiß (E), 100 g Fett (F) und 400 g Kohlenhydrate (C) enthält. Untersuche, ob und mit welchen Anteilen an Fleisch, Nudeln und Gemüse das möglich ist. Welches Gesamtgewicht hätte eine solche Portion?

Sorte	Fleisch	Nudeln	Gemüse
Eiweiß	10 g	10 g	40 g
Fett	40 g	0 g	10 g
Kohlenhydrate	30 g	70 g	30 g

b) Während der Gartenarbeit zählt der kleine Jonas die Tiere (Schnecken, Spatzen, Katzen). Insgesamt zählt er 39 Köpfe und 57 Füße. Die Spatzen haben zusammen sechs Füße mehr als die Katzen. Wie viele Katzen sind es?

Tarife

In der Telefonbranche bietet eine Firma ihren Kunden folgende Tarife an:

Tarife		Rund um die Uhr	Feierabend	120 Plus
ISDN	Grundpreis pro Monat	43,90 €	37,95 €	27,95 €
	Minutenpreis	0 ct	3 ct	1,5 ct
	Tarif-informationen	sieben Tage in der Woche 0 ct für City- und Deutschland-verbindungen	samstags, sonntags, feiertags und wochentags von 18 bis 7 Uhr für 0 ct telefonieren	240 Freiminuten für City- und Deutschland-verbindungen
Net (analog)	Grundpreis pro Monat	35,90 €	29,94 €	19,95 €
	Minutenpreis	0 ct	3 ct	1,5 ct
	Tarif-informationen	sieben Tage in der Woche 0 ct für City- und Deutschland-verbindungen	samstags, sonntags, feiertags und wochentags von 18 bis 7 Uhr für 0 ct telefonieren	120 Freiminuten für City- und Deutschland-verbindungen

1. a) Berechne die Kosten für die jeweiligen Tarife für 100, 200 und 300 Gesprächsminuten pro Monat, vorausgesetzt, man ruft nur im City- und Deutschlandbereich in der Zeit zwischen 8.00 Uhr und 18.00 Uhr an.
b) Stelle die Entwicklung der Kosten im Koordinatensystem dar und vergleiche.

2. a) Berechne die Kosten für die jeweiligen Tarife für 100, 200 und 300 Gesprächsminuten pro Monat, vorausgesetzt, man ruft nur im City- und Deutschlandbereich in der Zeit zwischen 18.00 Uhr und 22.00 Uhr an.
b) Stelle die Entwicklung der Kosten im Koordinatensystem dar und vergleiche.

3. Angenommen, bei dir werden 60 % aller Gespräche nach 18.00 Uhr und am Wochenende geführt.
Ab wie viel Minuten lohnt sich dann für dich der Tarif „Feierabend“?

4. Dein Freund hat einen ISDN-Anschluss und telefoniert in der Regel durchschnittlich 250 Minuten im Monat in der Zeit von 16.00 Uhr bis 20.00 Uhr. Berate ihn.

5. Schreibe für die unterschiedlichen Tarife jeweils einen Werbetext.

Aufgabenkarten

Stelle eigene Aufgabenkarten mit linearen Gleichungssystemen her.
Löse diese Gleichungssysteme und gib die Lösungen auf den Rückseiten der Aufgabenkarten an.
Teste die Aufgabenkarten mit deinen Mitschülern.

①

a) I $2x - 6y = 8$
II $3x - 6y = 9$

b) I $4x + 3y = 2$
II $12 + 10y = -4x$

②

a) I $x + 3y = 8$
II $6x - 10y = 20$

b) I $1{,}4x + y = 7$
II $0{,}6x + 0{,}1y = 2{,}8$

③

a) I $2(x + y) = 6$
II $x = 5 - 2y$

b) I $2x + y = -6$
II $x + 13y = -3$

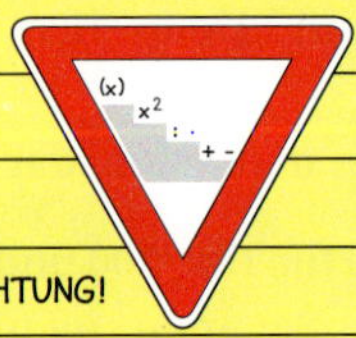

Alle Lösungen ergeben in der Summe 0.

④

a) I $0{,}8x + 0{,}4y = 0{,}8$
II $x - y = 4$

b) I $\frac{1}{2}x - y = \frac{3}{4}$
II $\frac{1}{2}x - \frac{1}{4}y = \frac{1}{2}$

⑤

a) I $\frac{x}{4} - \frac{y}{5} = \frac{1}{20}$
II $\frac{x}{10} - \frac{y}{5} = \frac{3}{10}$

b) I $0{,}5x + \frac{1}{2}y = 3$
II $\frac{1}{2}x - 2y = -2$

⑥

a) I $3 = 2x + 2y$
II $-2 = x + 8y$

b) I $3x = 4 - y$
II $2y = 15 + x$

2.3 Modellieren – bei Anwendungsaufgaben zu linearen Gleichungssystemen

Häufig führen unterschiedliche praktische Anwendungsaufgaben immer wieder auf gleiche mathematische Zusammenhänge. So gibt es z. B. Aufgaben, bei denen Windgeschwindigkeiten beim Fliegen, Konzentrationen von Säuren bei chemischen Experimenten und Maße von Balken beim Planen von Häusern mit Gleichungssystemen ermittelt werden.

Probiere es selbst

Gib jeweils mehrere Interpretationen für die Terme $a \cdot b$ und $a + b$ in folgenden Tätigkeitsbereichen an. Es sollte sich um öfter auszuführende Tätigkeiten handeln.

a) Architekt b) Maurer c) Gärtner d) Bäcker

Aus der Geometrie

Bei folgenden Aufgaben lassen sich die gesuchten Zahlenwerte mithilfe linearer Gleichungssysteme berechnen und so Antworten auf die gestellten Fragen finden.

1. Berechne die Winkelgrößen in einem gleichschenkligen Dreieck, in dem jeder Basiswinkel doppelt so groß ist wie der Winkel an der Spitze.

2. Ein rechteckiges Grundstück ist 20 m breit. Wenn man die Länge des Grundstücks um 4 m verkürzt, verkleinert sich der Flächeninhalt um 80 m^2. Verkürzt man die Grundstückslänge um 6 m, nimmt der Flächeninhalt um 120 m^2 ab. Bestimme die Länge und den Flächeninhalt des ursprünglichen Grundstückes.

3. Bei einem Zahnradgetriebe müssen die Radien zweier Zahnräder zusammen 56 cm groß sein. Der Radius des großen Zahnrades soll sechsmal so groß wie der Radius des kleinen Zahnrades sein. Berechne, welche Größe die beiden Zahnräder haben müssen.

4. Die beiden Seiten a und b eines rechtwinkligen Dreiecks, die den rechte Winkel bilden, werden jeweils um 2 cm verkürzt. Das Dreieck hat danach einen um 7 cm^2 verminderten Flächeninhalt. Werden die beiden Seiten dagegen um 2 cm verlängert, so vergrößert sich der Flächeninhalt des Dreiecks um 11 cm^2.

a) Berechne den Flächeninhalt ursprünglichen Dreiecks.

b) Berechne die Längen der beiden Dreieckseiten a und b des ursprünglichen Dreiecks.

Aus der Wirtschaft

1. Franz und Katha arbeiten in den Ferien beide täglich fünf Stunden für ein Catering-Unternehmen. Franz verdient 7,- € pro Stunde und bekommt 5% vom Umsatz, Katha verdient 5,- € pro Stunde, bekommt aber zusätzlich 8% vom Umsatz dazu.

a) Entscheide und begründe, für wen das Lohnmodell von Vorteil ist, für Franz, für Katha oder für den Unternehmer.

b) Entwickle eine Formel für die Entlohnung und berechne, bei welchem Tagesumsatz beide Modelle die gleiche Entlohnung liefern.

2. Katharinas Familie bekam im Juni für einen Stromverbrauch von 426 kWh ein Rechnung von 49,83 € und im Juli für 458 kWh eine Rechnung von 52,39 €.
Berechne, wie hoch Grund- und Leistungspreis bei dem Tarif der Familie sind.

3. In einem Bäckerladen kosten sechs Roggenbrötchen und zwei Weizenbrötchen zusammen 3,60 €. Vier Roggenbrötchen und vier Weizenbrötchen sind teurer, sie kosten zusammen 4,- €.
Berechne, wie viel Cent jeweils ein Brötchen von jeder Sorte kostet.

4. Ein Backbetrieb A kann täglich 2 500 Brote und ein Backbetrieb B kann täglich 3 500 Brote produzieren. Sie beliefern zwei Großhandelslager L 1 und L 2, die täglich 2 000 bzw. 4 000 Brote benötigen. Der Transport von A zu L 1 kostet pro Brot 0,24 € und zu L 2 pro Brot 0,36 €. Vom Betrieb B zu L 1 kostet der Transport 0,48 € pro Brot und zu L 2 0,30 €.
Erläutere, wie die Backbetriebe die Lager beliefern sollten, damit die Transportkosten möglichst gering sind. Wie hoch sind diese Kosten pro Tag?

5. In einem Restaurant bezahlt Herr Scholz für drei belegte Brötchen und zwei Tassen Kaffee zusammen 6,10 €. Frau Meier werden für eine Tasse Kaffee und zwei belegte Brötchen 3,80 € berechnet. Kann das angehen?
Bestimme jeweils den Preis für eine Tasse Kaffee und ein belegtes Brötchen.

6. Die Tabelle zeigt einen Trend.
Schätze, wann es nach diesen Daten in Deutschland gleich viele Frauen und Männer gibt. Suche nach einer grafischen Lösung.

	männlich	weiblich
1990	35,42 Mio.	38,75 Mio.
1995	35,80 Mio.	38,68 Mio.
2000	35,28 Mio.	38,71 Mio.
2005	36,57 Mio.	38,58 Mio.

7. „Break-even"-Punkt

Das Bild rechts zeigt die Kosten und die Einnahmen eines Verlages während eines Jahres. Die Gesamtkosten setzen sich aus den konstanten Miet- und Gehaltskosten (K_{fix}) sowie den Papierkosten zusammen (K_{var}). Je mehr Bücher verkauft werden, desto höher sind die Papierkosten, aber auch die Einnahmen. Wenn die Einnahmen über den Kosten liegen, steuert das Unternehmen in die Gewinnzone (siehe Seite 27).
„Break-even"-Punkt heißt der Punkt, an dem Einnahmen und Kosten gerade gleich sind. Erläutere in einem kurzen Referat das „Break-even"-Diagramm.

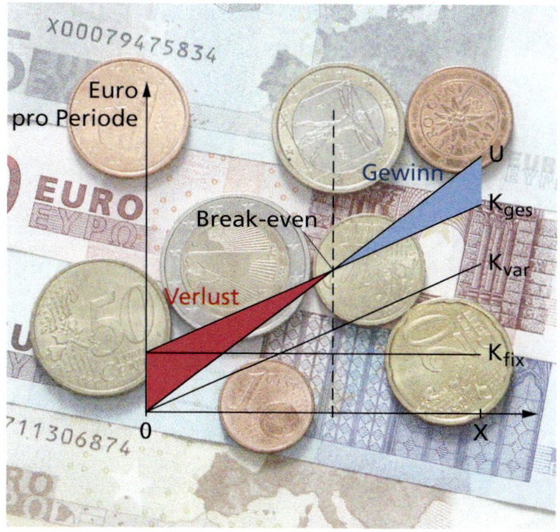

8. Ein Verlag macht folgende Rechnung auf:
Miete und Gehalt, Zinsen, Steuern betragen zusammen jährlich 120 000 €, Kosten pro produziertem Buch 5,- €; Einnahme pro verkauftem Buch 15,- €. Wie viele Bücher müssen im Durchschnitt täglich verkauft werden, damit der „Break-even"-Punkt erreicht wird?

Aus der Physik

1. Der große englische Physiker und Mathematiker Isaac Newton (1643 bis 1727) schuf mit seinem Buch „Mathematische Prinzipien der Naturwissenschaft" die Grundlagen der Mechanik und leitete damit einen Wendepunkt in der Geschichte der Naturwissenschaften ein.
Zur Lösung physikalischer Probleme entwickelte er die Methoden der Mathematik wesentlich weiter. So erkannte er die große Bedeutung des Koordinatensystems für die Naturwissenschaft und arbeitete als Erster mit negativen Koordinaten.

Die folgende Aufgabe zeigt, wie negative Größen bei Bewegungsvorgängen verwendet werden können.
Einem Zug, der mit einer konstanten Geschwindigkeit von 60 $\frac{km}{h}$ fährt, kommt auf einer zweigleisigen Strecke ein Zug entgegen, der mit einer konstanten Geschwindigkeit von 120 $\frac{km}{h}$ fährt.

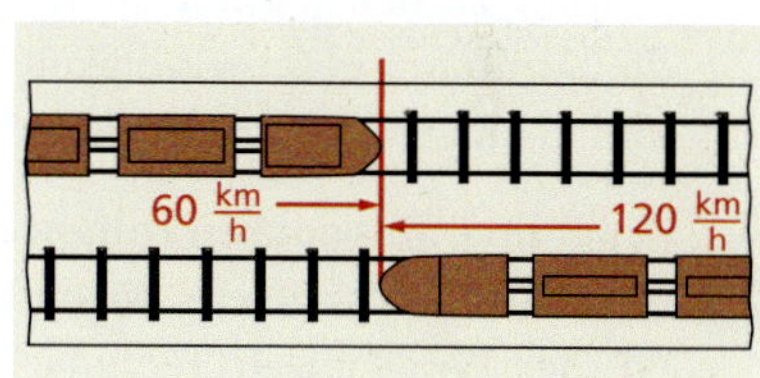

a) Begründe, warum die nebenstehende Darstellung ein geeignetes mathematisches Modell für den Sachverhalt ist.
b) Erläutere, welche Größe die Länge der grünen Strecke im Zusammenhang mit der Aufgabenstellung repräsentiert.
c) Ermittle sowohl mithilfe der grafischen Darstellung als auch rechnerisch, wie lange es dauert, bis die Zugspitzen nach dem Zusammentreffen 9 km voneinander entfernt sind.

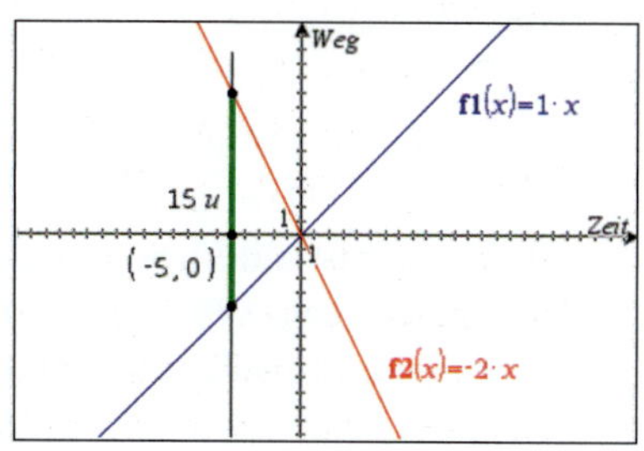

2. Zwei Kerzen unterschiedlicher Länge und Breite werden gleichzeitig angezündet. Es ist der Zeitpunkt zu ermitteln, bei dem beide Kerzen die gleiche Höhe haben. Nachfolgend sind verschiedene Aufgaben zu diesem Problem aufgeführt. Wähle eine oder mehrere davon aus und löse das Problem.

a) Während die 20 cm lange Kerze nach vier Stunden abgebrannt ist, benötigt die andere Kerze, deren Länge nur ein Viertel der längeren Kerze beträgt, fünf Stunden zum Abbrennen.

b) Die Kerze mit doppelter Länge ist nach t Stunden abgebrannt, die andere Kerze benötigt zum Abbrennen die vierfache Zeit.

c) Verwendet zwei Kerzen wie oben beschrieben, ein befestigtes Lineal und eine Uhr. Messt in gleichen Zeitabständen die jeweils vorhandene Höhe jeder Kerze. Dabei sollen beide Kerzen noch nicht die gleiche Höhe erreicht haben. Nach eurer Lösung könnt ihr eine experimentelle Prüfung durchführen. Beachtet alle erforderlichen Sicherheitsbestimmungen.

3. Flussaufwärts fährt ein Schiff langsamer als flussabwärts. Die Geschwindigkeit flussaufwärts ist die Differenz zwischen der Eigengeschwindigkeit des Schiffes in ruhendem Wasser und der Strömungsgeschwindigkeit des Wassers. Flussabwärts werden diese beiden Geschwindigkeiten addiert. Für die 10 km von Stein am Rhein nach Diessenhofen braucht ein Schiff 35 min, zurück jedoch 60 min. Berechne die Strömungsgeschwindigkeit des Rheins und die Eigengeschwindigkeit des Schiffes.

4. Unter drei Glasglocken ruht in einem Safe, zwei Stockwerke unter der Erde, wie ein Augapfel gehütet, das Urkilogramm bei der Physikalisch Technischen Bundesanstalt (PTB) in Braunschweig.

Alle zehn Jahre wird es mit dem Prototyp in Paris verglichen. Mit ihm gleichgewichtig sind schließlich die Normalmaße, mit denen alle Waagen im geschäftlichen und amtlichen Verkehr geprüft werden.

Das Metall ist eine Legierung aus Platin (1 cm^3 Platin hat eine Masse von 0,0214 kg) und Iridium (1 cm^3 Iridium hat eine Masse von 0,0224 kg). Das ganze Urkilogramm hat ein Volumen von 46,6 cm^3. Berechne, zu welchen Anteilen es aus Platin und Iridium besteht.

2.4 Gemischte Aufgaben

1. Bestimme die Lösungsmengen der Gleichungssysteme ohne Taschenrechner sowohl rechnerisch als auch zeichnerisch.

a) I $x + y = 10$; II $y = x + 2$
b) I $y = -3x + 9$; II $-3y = 3x$
c) I $y + x = 3$; II $y - 2x = 6$
d) I $5x = 2y$; II $4y = 3x$

2. Löse zunächst ohne CAS-Rechner. Kontrolliere dann mit deinem CAS-Rechner.
Gegeben ist die Gerade g durch die Gleichung $x + 2y = -5$.

a) Welche Lage haben die folgenden Geraden zur Geraden g:
h: $4y = -x - 10$ i: $y = -0{,}5x + 5$ j: $x = 2y - 5$ k: $4x + 2y = -5$

b) Schreibe für jeden Fall aus Aufgabe a) das zugehörige Gleichungssystem auf.
Gib jeweils die Lösungsmenge an.

3. Löse ohne CAS-Rechner.
Die Geraden $x = 4$, $y = -2$ und $x - y = 2$ bilden in einem Koordinatensystem ein Dreieck. Zeichne das Dreieck und gib die Koordinaten seiner Eckpunkte an. Bestimme dann die Koordinaten der folgenden Schnittpunkte:
- M als Schnittpunkte der Mittelsenkrechten
- H als Schnittpunkte der Höhen
- S als Schnittpunkte der Seitenhalbierenden

4. Löse folgende Gleichungssysteme mit einem geeigneten Verfahren:

a) I $2 = 3y - 5x$; II $2 = \frac{1}{3}x - y$
b) I $10x + 3 = -4y$; II $y - x = 8$
c) I $-12 + 2y = x$; II $-6 - 2x = -\frac{3}{4}y$
d) I $-3y + 7x = 15$; II $-y - 14x = -44$

e) I $x = 8y + 20$; II $5x = 3y - 11$
f) I $61 = -4x - 9y$; II $128 = -5x - 17y$
g) I $980 + 56x = 55y$; II $x - 365 = 15y$
h) I $2x + 3y = 12$; II $3x + 2y = 12$

i) I $4(2x - y) = -4$; II $2x + y = 13$
j) I $(x + 3)(y - 4) = (y - 4)(x - 1)$; II $3{,}2x - 5{,}4y = 12{,}78$
k) I $x + y - 3(x + y) = -8$; II $(x - y) + (x - y) = 8$

5. Ermittle die unbekannten Zahlen.

a) Das Dreifache einer Zahl vermindert um die Hälfte ihres Nachfolgers ergibt 17.
b) Die Summe zweier Zahlen beträgt 124, ihre Differenz ist 54.
c) Die Summe aus dem Doppelten einer Zahl und der Hälfte einer anderen Zahl ist -1.
Die zweite Zahl ist das Zweifache der ersten Zahl.
d) Die Summe zweier Zahlen beträgt 43. Das Siebenfache der kleineren Zahl ist um 5 größer als die größere der beiden Zahlen.

6. Ein Kilogramm Äpfel kostet 1,99 € und ein Kilogramm Birnen 2,49 €. Thomas kauft Äpfel und Birnen. Insgesamt sind es 3,155 Kilogramm und er bezahlt dafür 6,51 €. Wie viel Kilogramm Äpfel und wie viel Kilogramm Birnen hat er gekauft?

7. Neun Büchsen Cola und sieben Büchsen Mineralwasser kosten zusammen 4,48 €. Sieben Büchsen Cola und neun Büchsen Mineralwasser kosten zusammen 4,16 €.
Wie viel Euro kostet eine Büchse von jeder Sorte?

8. Frau Winter kauft im Supermarkt sowohl Lebensmittel zum ermäßigten Mehrwertsteuersatz von 7 % als auch Artikel mit 19 % Mehrwertsteuer. Auf dem Kassenbon sind insgesamt 3,99 € Mehrwertsteuer ausgewiesen. An der Kasse zahlt Frau Winter 48,99 €.

a) Berechne, wie viel Euro Frau Winter für die Lebensmittel bezahlt und wie viel Euro die Artikel zum Mehrwertsteuersatz von 19 % kosten. Stelle zur Lösung ein lineares Gleichungssystem auf, gib zu den verwendeten Variablen die inhaltliche Bedeutung an und löse das lineare Gleichungssystem.

b) Erkundige dich, welche anderen Artikel außer Lebensmitteln zum ermäßigten Mehrwertsteuersatz verkauft werden. Nenne zwei Beispiele für Artikel, bei denen 19 % Mehrwertsteuer auf den Grundbetrag aufgeschlagen werden.

9. Ein rechteckiges Grundstück ist doppelt so lang wie breit. Durch einen Flächentausch verringert sich die Länge um 15 m und die Breite wird um 8 m größer, ohne dass sich der Flächeninhalt ändert. Berechne die Maße des Grundstücks vor und nach dem Flächentausch.

10. Der Stausee eines Elektrizitätswerks wird durch einen Zufluss gleichmäßig mit Wasser versorgt. Wenn zwei der sechs gleich starken Turbinen in Betrieb sind, nimmt die Wassermenge des Stausees stündlich um 100 000 m^3 zu. Sind dagegen alle sechs Turbinen in Betrieb, so verringert sich die Wassermenge trotz Zufluss stündlich um 100 000 m^3. Wie viel Kubikmeter Wasser fließen in einer Stunde zu und welche Wassermenge benötigt eine Turbine stündlich?

11. Anita und Beate haben in einer Gaststätte Mittag gegessen und müssen 17 € bezahlen. Sie geben dem Kellner jeder 10,– €. Der Kellner gibt jedem Mädchen 1,– € zurück und erhält 1,– € als Trinkgeld. Für das Essen haben Anita und Beate also 18,– € bezahlt und der Kellner hat von den 20,– € einen Euro bekommen. Das sind zusammen 19,– €. Wo ist der eine Euro geblieben?

12. In einer Sportgruppe trainieren Mädchen und Jungen. Zu der Zusammensetzung der Gruppe befragt, antwortet ein Mädchen: „Es sind außer mir 1,7-mal so viele Sportlerinnen wie Sportler in der Gruppe." Ein Sportler sagt: „In der Gruppe trainieren außer mir doppelt so viele Sportlerinnen wie Sportler." Wie viele Mädchen und Jungen treiben in der Gruppe Sport?

13. Paul und Paula wohnen in zwei Orten, die 24 km voneinander entfernt sind. Um sich zu treffen, fahren sie mit dem Fahrrad einander entgegen. Paula fährt um 8.00 Uhr los, während sich Paul erst 9 min später auf den Weg macht. Sie treffen sich um 8.45 Uhr. Wären beide gleichzeitig losgefahren, hätten sie sich nach 40 min getroffen.
Wie viel Kilometer legte jeder in der Stunde zurück?

14. Eine Griechin ging zum Tempel des Jupiter und bat, er möge ihr Geld verdoppeln. Dieser erhörte ihre Bitte und sie opferte ihm zwei Drachmen. Nun schritt sie zum Tempel des Appollon und bat um Gleiches, worauf sie wieder zwei Drachmen opferte. Als sie nun ihr Geld zählte, fand sie, dass sie gerade doppelt so viel Drachmen wie anfangs hatte. Wie viel Drachmen hatte die Griechin?

15. Die Schülerzahlen zweier Klassen verhalten sich wie 5 : 4. Als an einem Tag in der einen Klasse zwei Schüler und in der anderen Klasse ein Schüler fehlten, betrug das Verhältnis der Schülerzahlen 4 : 3. Wie viele Schüler besuchen jede Klasse?

16. Zum Erwerb eines Führerscheins muss man einen Grundpreis und dann jede Fahrstunde bezahlen, wobei mindestens zwölf Fahrstunden zu absolvieren sind.

	Grundpreis	Kosten pro Fahrstunde
Fahrschule 1	170 €	22 €
Fahrschule 2	160 €	25 €

a) Untersuche die Angebote der Fahrschule 1 und der Fahrschule 2.
b) Berechne, welches Angebot in Abhängigkeit von der Anzahl der Fahrstunden am günstigsten ist.
c) Erkundige dich bei verschiedenen Fahrschulen nach den Kosten und vergleiche sie.

17. Herr Zarges fährt jeden Samstag wegen der hohen Kraftstoffpreise zum Tanken nach Tschechien. Dort füllt er in seinen Tank 50 *l* Benzin und in einen Kanister 20 *l*. Wenn er zu der 55 km entfernten Tankstelle fährt, bezahlt er 1,25 € pro Liter. Fährt er zu der 70 km entfernten Tankstelle, bezahlt er nur 1,20 € pro Liter. Würde er zu Hause tanken, müsste er 1,45 € pro Liter bezahlen. Sein Pkw verbraucht im Durchschnitt auf 100 km acht Liter Kraftstoff.
a) Stelle jeweils den Zusammenhang zwischen den anfallenden Kosten und der Kraftstoffmenge in einem Diagramm dar.
b) Überprüfe, ob sich die wöchentliche Fahrt nach Tschechien finanziell lohnt.
c) Gib an, welche weiteren Kriterien man neben den Kraftstoffkosten außerdem beachten sollte.
d) Erkundige dich, welche Möglichkeiten es gibt, den Kraftstoffverbrauch zu verringern.

18. Familie Freudig möchte übers Wochenende ein Auto mieten. Der Vater holt die folgenden drei Angebote ein:

Angebot 1: Grundgebühr 25,00 €;
0,27 € pro gefahrenen Kilometer

Angebot 2: Grundgebühr 22,50 €;
0,30 € pro gefahrenen Kilometer

Angebot 3: Grundgebühr 24,00 €;
0,26 € pro gefahrenen Kilometer

Für welches Angebot sollte sich Familie Freudig entscheiden? Begründe mithilfe einer zeichnerischen Darstellung den Zusammenhang von Preis und Streckenlänge.

Lineares Gleichungssystem mit zwei Variablen

Ein lineares Gleichungssystem mit den beiden Variablen x und y besteht aus zwei linearen Gleichungen (**I** und **II**) mit jeweils den Variablen x und y.

I $2x + 4y = 9$
II $-x - 5y = -6$

Grafische Lösung

Die Geraden schneiden einander in einem Punkt. Das Gleichungssystem hat genau eine Lösung.

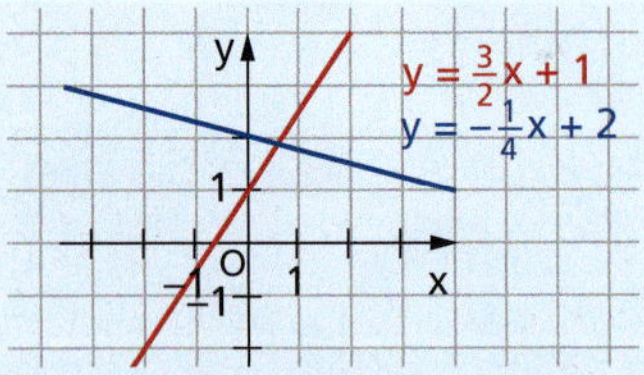

Die Geraden sind parallel zueinander. Das Gleichungssystem hat keine Lösung.

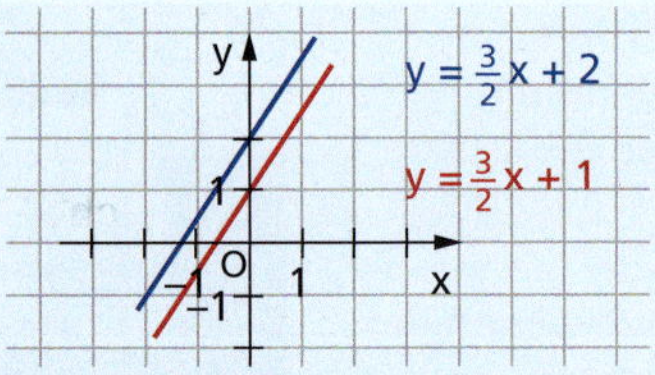

Die Geraden sind identisch. Das Gleichungssystem hat unendlich viele Lösungen.

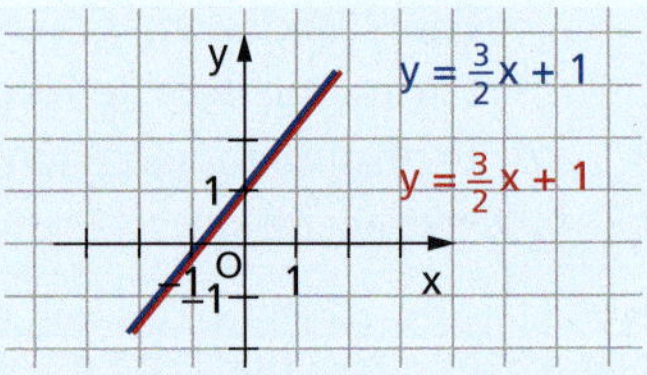

Rechnerische Lösung

Gleichsetzungsverfahren	Beide Gleichungen (wenn nötig) nach derselben Variablen umstellen. Die entstandenen Terme gleichsetzen und die Gleichung lösen.
Additionsverfahren	Eine oder beide Gleichungen (wenn nötig) so umformen, dass bei der Addition der beiden Gleichungen eine Variable wegfällt. Die entstandene Gleichung mit einer Variablen lösen.
Einsetzungsverfahren	Eine der Gleichungen (wenn nötig) nach einer Variablen umformen und für die Variable in die andere Gleichung einsetzen. Die entstandene Gleichung mit einer Variablen lösen. Die erhaltene Lösung jeweils in die Ausgangsgleichung **I** oder **II** einsetzen und die Gleichung lösen.

Lösung mit CAS

Lösungsmengen von Gleichungssystemen lassen sich mit dem TI-Nspire CAS algebraisch mithilfe des *„solve-Befehls“* ermitteln. Zur Eingabe kann eine Vorlage verwendet werden. Solche Vorlagen sind z. B. zu finden unter (menu) *Algebra – Gleichungssystem* lösen.

Näherungslösungen von Gleichungssystemen mit zwei Variablen können auch mit der grafischen Darstellung der zugehörigen linearen Funktionen und dem Werkzeug (menu) *Graph analysieren – Schnittpunkt* ermittelt werden.

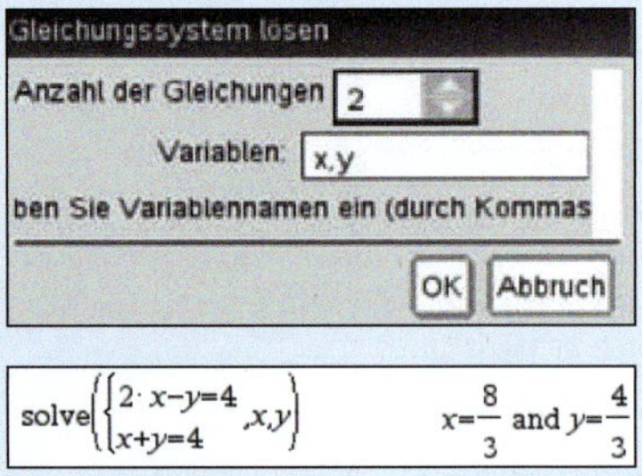

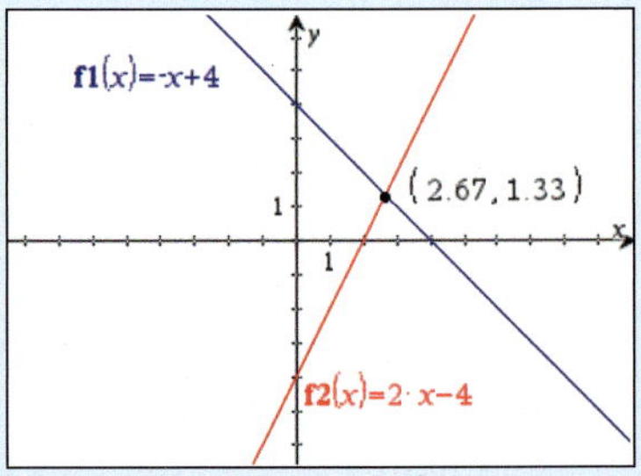

1. Entscheide und begründe, ob das Gleichungssystem keine, genau eine oder unendlich viele Lösungen besitzt. Existiert genau eine Lösung, berechne sie.

a) I $2y - 10x = -14$
II $28x + 4y = 20$

b) I $y - 5 = 12x$
II $0{,}5y = -6x - 2{,}5$

c) I $5x + y = 11$
II $3x = -y + 22$

d) I $7y = -4x + 14$
II $14y = -8x - 70$

e) I $3y - 60 = x$
II $-9y + 180 = -3x$

f) I $\frac{3}{5}x - y + 2 = 0$
II $-14x - 7y - 28 = 0$

2. Löse folgende lineare Gleichungssysteme grafisch und führe eine Probe rechnerisch durch:

a) I $y = -2x + 3$
II $y = 0{,}5x - 2$

b) I $3x + 2y - 1 = 0$
II $-2x + y + 3 = 0$

3. Eine Jugendherberge verfügt über 20 Zimmer mit insgesamt 64 Betten. Es gibt Zweibett- und Vierbettzimmer. Gib die jeweilige Anzahl der Zimmer an.

4. Fliegt ein Flugzeug gegen der Windrichtung, so legt es 690 Kilometer pro Stunde zurück. Fliegt es mit der gleichen Leistung mit der Windrichtung, dann schafft es in einer Stunde 760 Kilometer.
Berechne, wie viel Kilometer das Flugzeug bei gleicher Leistung in einer Stunde bei Windstille zurücklegen würde.

5. Ein Lastkraftwagen fährt von Rostock auf der Autobahn nach Berlin. Etwa 20 min später folgt ihm ein Personenkraftwagen, der ihn in einer Stunde einholt. Nach weiteren 20 min hat der Personenkraftwagen einen Vorsprung von 10 km.
Berechne die Geschwindigkeit des Last- bzw. Personenkraftwagens.

6. Ein Bauer hat Hühner und Schafe.
Er sagt im Scherz zu seinem Enkelsohn: „Wenn alle Tiere gleichzeitig auf unserem Hof herumlaufen würden, könntest du 82 Beine und 33 Köpfe zählen."
Wie viele Tiere jeder Sorte hat der Bauer?

a) Löse die Aufgabe inhaltlich.
b) Stelle ein Gleichungssystem auf und löse es ausführlich.
c) Führe eine Probe durch.

7. Vor drei Jahren war Janinas Mutter viermal so alt, wie ihre Tochter heute ist. Nach 19 Jahren ist die Mutter gerade doppelt so alt, wie Janina dann sein wird. Wie alt sind beide jetzt?

8. Für einen Jahresverbrauch von 125 m^3 Wasser wird Familie Meyer einschließlich der Grundgebühr für den Zähler ein Nettopreis von 546 € berechnet. Familie Punkt bezahlt für ihren Jahresverbrauch von 140 m^3 Wasser einen Nettopreis von 598,20 €. Berechne den Nettopreis für den Wasserzähler pro Jahr und den Nettopreis für einen Kubikmeter Wasser.

3 Quadratische Funktionen und quadratische Gleichungen

Berechnungen beim Brückenbau

Zwischen Ilmenau und Zella-Mehlis überspannt die größte Autobahnbogenbrücke Deutschlands das Tal der Wilden Gera. Ihre Bogenspannweite beträgt 252 m (Bauwerksgesamtlänge 552 m). Im Bogenbereich wird die Fahrbahn von sechs Pfeilern mit jeweils einem Abstand von 42 m getragen. Die Brücke erhebt sich etwa 110 m über dem Talgrund. Der Beginn des Bogens bzw. der Fußpunkt der äußeren Pfeiler liegt etwa 38,5 m über dem Talgrund. Der Bogen lässt sich durch eine quadratische Funktion der Gleichung $y = -0{,}0045x^2 + 110$ näherungsweise beschreiben.
Stelle Funktionen $f(x) = ax^2 + b$ ($a, b, x \in \mathbb{R}$) mit dem CAS-Rechner dar und beschreibe den Einfluss von a und von b auf den Verlauf der grafischen Darstellung.

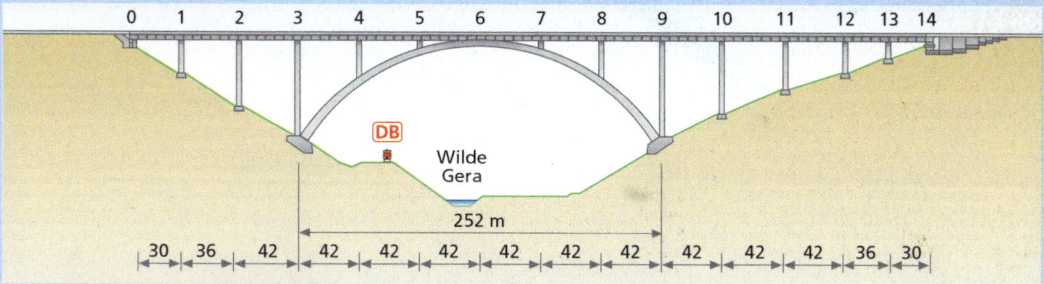

Der freie Fall beim Bungee-Springen

GALILEO GALILEI (1564 bis 1642) erkannte, dass beim freien Fall der zurückgelegte Weg proportional zum Quadrat der dafür benötigten Zeit ist. Es gilt die Gleichung: $s = \frac{g}{2} \cdot t^2$

s – zurückgelegter Weg
t – benötigte Zeit
g – Fallbeschleunigung $\left(9{,}81 \frac{m}{s^2}\right)$

Ermittle grafisch und rechnerisch, wie tief ein Bungee-Springer drei Sekunden nach dem Absprung gefallen ist.
Begründe, warum das Gesetz für den freien Fall in Luft bei höheren Geschwindigkeiten nicht gilt.

Geschwindigkeiten bei einer Wüstenexpedition

Eine Gruppe von Geologen versucht bei einer Expedition durch eine Wüste den 120 km entfernten Rastplatz möglichst schnell zu erreichen. Dabei wird festgestellt, dass der Rastplatz bei einer Erhöhung der Geschwindigkeit um 10 $\frac{km}{h}$ etwa eine Stunde früher erreicht werden kann.

Begründe, weshalb das Gleichungssystem einen Lösungsansatz liefert: I $120 = v \cdot t$ II $120 = (v + 10) \cdot (t - 1)$

Erläutere, warum hier kein lineares Gleichungssystem vorliegt.
Zeige, dass sich aus den beiden Gleichungen die Gleichung $t^2 - t - 12 = 0$ gewinnen lässt.
Ermittle die Zeiten, die das Team jeweils bis zum Erreichen des Rastplatzes benötigt.

Untersuchen unbekannter funktionaler Zusammenhänge

Bildet Arbeitsgruppen und setzt euch mit den folgenden Problemen auseinander:

Gruppe 1

In Fahrschullehrbüchern findet man folgende Faustformel für den Bremsweg BW:

$$\text{BW [in m]} \approx \left(\frac{\text{Geschwindigkeit [in km/h]}}{10}\right)^2$$

a) Übertragt die Tabelle und das Koordinatensystem in eure Hefte.

b) Füllt die Tabelle aus und zeichnet den zugehörigen Graphen in das Koordinatensystem.

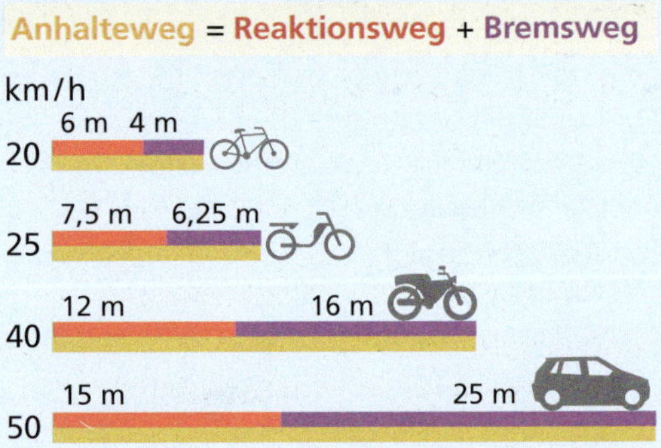

v in $\frac{\text{km}}{\text{h}}$	BW in m
0	
30	
50	
100	
130	
200	

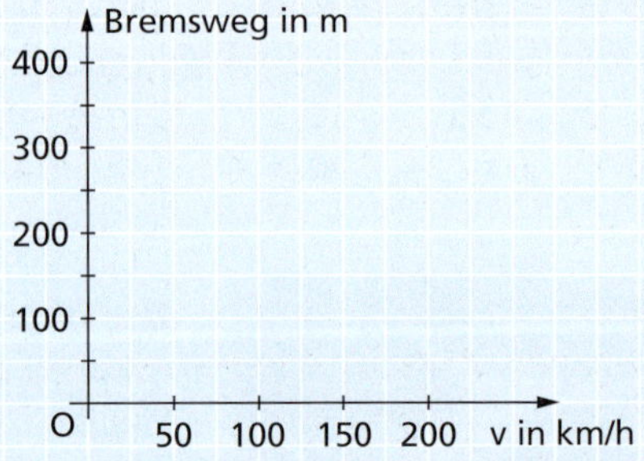

c) Erläutert, was es für die Praxis bedeutet, wenn gesagt wird: *„Der Bremsweg wächst mit dem Quadrat der Geschwindigkeit."*

d) Informiert euch darüber, wie der Bremsweg von der Beschaffenheit der Fahrbahn abhängt. Stellt diese Zusammenhänge übersichtlich dar.

Gruppe 2

Einer der Wasserstrahlen des Springbrunnens lässt sich näherungsweise durch eine Funktion beschreiben: $y = f(x) = -6{,}17 \cdot (x - 1{,}33)^2 + 7{,}7$

a) Stellt den Funktionsgraphen f mit eurem CAS-Rechner dar.

b) Ermittelt die Koordinaten des höchsten Punktes der Kurve.

c) Die Funktionsgleichung von f hat die Form:

$y = f(x) = a \cdot (x + d)^2 + e$

Setzt für die Variablen a, d und e andere Zahlen ein und beobachtet, welche Auswirkungen die Veränderungen auf den Funktionsgraphen haben. Lasst dabei immer zwei der Variablen konstant und verändert nur die dritte Variable. Schreibt eure Beobachtungen auf.

Gruppe 3

Herr Meier möchte an der Mauer in seinem Garten ein rechteckiges Gehege für seinen Hund einrichten. Er hat 25 m Zaun zur Verfügung und möchte damit ein möglichst großes Gehege eingrenzen.

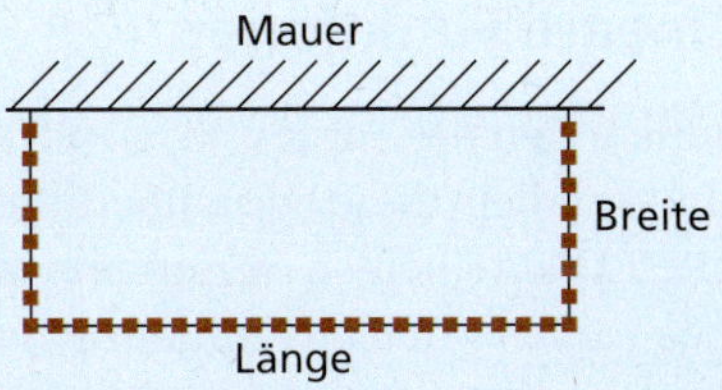

a) In der Tabelle sind für verschiedene Breiten- und Längenangaben die zugehörenden Flächeninhalte eingetragen. Übertragt die Tabelle in eure Hefte und ergänzt die fehlenden Werte.

b) Ermittelt einen allgemeinen Term A(x) für den Flächeninhalt des Rechtecks in Abhängigkeit von der Breite x.

c) Zeichnet den Funktionsgraphen A(x) mit eurem CAS-Rechner und ermittelt mit seiner Hilfe diejenigen Breiten- und Längenangaben, für die sich der größtmögliche Flächeninhalt ergibt.

Breite x in Meter	Länge y in Meter	Fläche A(x) in m^2
1	23	23
2	21	42
3		
4		
…		
11		
12	1	12

Gruppe 4

Der Kraftstoffverbrauch eines Autos verändert sich mit wachsender Geschwindigkeit. Herr Müller hat für seinen Pkw, der einen Dieselmotor besitzt, folgende Werte ermittelt:

Geschwindigkeit in $\frac{km}{h}$	10	30	50	100	130	180
Verbrauch in Liter pro 100 km	5,05	4,45	4,25	5,5	7,45	12,7

a) Stellt den Zusammenhang zwischen der Geschwindigkeit v und dem Kraftstoffverbrauch K in einem Diagramm dar. Tragt die Werte für die Geschwindigkeit v auf der x-Achse (Abszissenachse) ab.

b) Beschreibt verschiedene Möglichkeiten, mit denen man prüfen kann, ob die folgende Gleichung als mathematisches Modell für den betrachteten Zusammenhang brauchbar ist:

$K(v) = 0{,}0005v^2 - 0{,}05v + 5{,}5$

Geht bei euren Überlegungen auch auf Grenzen dieses Modells ein.

c) Ermittelt, bei welchen Geschwindigkeiten v nach diesem Modell genau 5,0 Liter auf 100 km verbraucht werden. Erläutert euer Vorgehen.

d) Gebt den Kraftstoffverbrauch bei der Höchstgeschwindigkeit von 220 $\frac{km}{h}$ an.

e) Beschreibt eine Möglichkeit wie man herausfinden kann, bei welcher Geschwindigkeit ($v \neq 0$) der Verbrauch am geringsten ist.

Lineare Funktionen

Funktionen der Form $y = f(x) = m \cdot x + n$ ($m, n \in \mathbb{R}$) und Funktionen, deren Gleichungen sich durch Umformen in diese Form überführen lassen, heißen **lineare Funktionen.**
Alle Zahlen x heißen **Argumente** und bilden zusammen den **Definitionsbereich** D.
Alle Zahlen y heißen **Funktionswerte** und bilden zusammen den **Wertebereich** W.
Die Variablen m und n werden **Parameter** genannt.

Funktionen können dargestellt werden:
- durch Worte
- durch Wertetabellen
- durch Funktionsgraphen
- durch Funktionsgleichungen

Beim Untersuchen funktioneller Zusammenhänge wird geprüft, wie sich eine Größe (Funktionswerte y) in Abhängigkeit von einer anderen Größe (Argumente x) ändert.

Angebot einer Telefongesellschaft:
- Monatsgrundpreis: 10 €
- Preis pro Gesprächsminute: 0,05 €

Funktionsgleichung: $y = 0{,}05\,€ \cdot x + 10\,€$

D: Gesprächszeit in Minuten
W: Telefonkosten in Euro

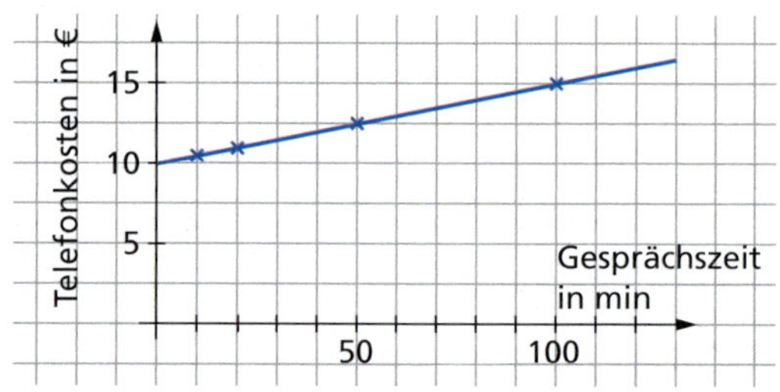

Lineare Gleichungen

Lineare Gleichungen können durch äquivalente Umformungen gelöst werden.
In linearen Gleichungen treten die Variablen nur in der ersten Potenz auf.

$3(2x - 4) = -2(x + 3)$	| Klammern auflösen
$6x - 12 = -2x - 6$	| Ordnen; Zusammenfassen
$8x = 6$	| Isolieren
$x = \frac{3}{4}$	

Lösungsmenge: $L = \left\{\frac{3}{4}\right\}$

Probe:
linke Seite
$3\left(2\left(\frac{3}{4}\right) - 4\right) = 3\left(\frac{3}{2} - 4\right) = 3 \cdot \left(-\frac{5}{2}\right) = -\frac{15}{2}$
rechte Seite
$-2\left(\left(\frac{3}{4}\right) + 3\right) = -2\left(\frac{3}{4} + \frac{12}{4}\right) = -2 \cdot \left(\frac{15}{4}\right) = -\frac{15}{2}$

Betrag einer Zahl

Der **Betrag einer Zahl** gibt auf der Zahlengeraden den Abstand dieser Zahl zur Zahl 0 an.
Entgegengesetzte Zahlen haben den gleichen Betrag.

$|-3| = 3$ $\quad |2| = 2$
$|x| = 3$ für $x_1 = 3$ oder für $x_2 = -3$

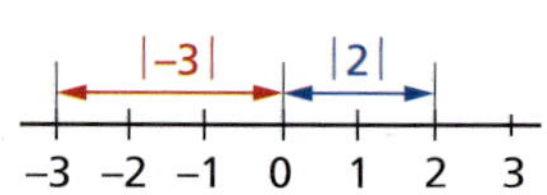

Gleichungen mit Beträgen

Die Gleichung $|x| = a$ ist für $a \geq 0$ lösbar. Für $a < 0$ hat die Gleichung keine Lösung.
Für $x \geq 0$ gilt: $x = a$ *Für $x < 0$ gilt:* $x = -a$

Ermittle die Lösungsmenge der Gleichung $6 \cdot |x-2| = 18$ und führe eine Probe durch.

$$6 \cdot |x-2| = 18 \quad |:6$$
$$|x-2| = \frac{18}{6}$$
$$|x-2| = 3$$

1. Fall: Für $x-2 \geq 0$ also $x \geq 2$ gilt:
$x-2=3 \quad |+2$
$x=5$

Probe: $6 \cdot |5-2| = 6 \cdot |3| = 6 \cdot 3 = 18$

2. Fall: Für $x-2 < 0$ also $x < 2$ gilt:
$x-2=-3 \quad |+2$
$x=-1$

Probe: $6 \cdot |-1-2| = 6 \cdot |-3| = 6 \cdot 3 = 18$

Lösungsmenge: $L = \{-1; 5\}$

Quadratwurzelziehen

Das **Quadratwurzelziehen** ist die Umkehrung des Quadrierens.
Quadratwurzeln lassen sich nicht aus negativen Zahlen ziehen.
Viele Quadratwurzeln sind irrational, also unendliche Dezimalbrüche ohne Periode.
Sie werden häufig näherungsweise durch rationale Zahlen angegeben.
Die Quadrate natürlicher Zahlen heißen **Quadratzahlen.**

Quadrieren	**Wurzelziehen**
$3^2 = 3 \cdot 3 = 9$	$\sqrt{9} = 3$
$1{,}4^2 = 1{,}4 \cdot 1{,}4 = 1{,}96$	$\sqrt{1{,}96} = 1{,}4$
$2 = \sqrt{2} \cdot \sqrt{2}$	$\sqrt{3} = 1{,}7320508... \approx 1{,}732$

n	11	12	13	14	15	16	17	18	19
n^2	121	144	169	196	225	256	289	324	361

Aufgaben

1. Löse folgende linearen Gleichungen und führe immer eine Probe durch:
a) $3x + 9 = 12$ b) $8x - 3 = 21$ c) $9 + 2x = 10$ d) $8 - 4x = -24$
e) $3x : 5 = 6$ f) $8 : (3x) = 8$ g) $6x : 4 = -5$ h) $5 - 5 \cdot x = -8$

2. Löse die Gleichungen und führe immer eine Probe durch:
a) $5x - 6 = 3x + 2$ b) $19x + 8 = 7 - 4x$ c) $3x + 4 = 5x + 7$ d) $8x - 9 = 5x - 11$
e) $7x - 6 = 8 - 3x$ f) $11 - 2x = 19 - 7x$ g) $3 - 6x = 5 - 2x$ h) $8 - 7x = -6 - 4x$

3. Löse die Gleichungen und führe immer eine Probe durch:
a) $|5x-2| = 3$ b) $|5x-2| = -3$ c) $|5x-2| = 5x-2$ d) $|5x-2| = 2-5x$
*e) $|5x-2| = |2x+3|$ f) $|3x+2| = -1$ g) $|3x+2| = 1$ h) $|3x+2| = 3x+2$

4. Zeichne die Graphen der Funktionen. Nenne Gemeinsamkeiten und Unterschiede.
a) $f(x) = x + 1$ $g(x) = x + 2$ $h(x) = x - 1$ $k(x) = x - 2$
b) $f(x) = 2x$ $g(x) = 3x$ $h(x) = -2x$ $k(x) = -3x$

5. Gegeben ist die Funktion $y = f(x) = \frac{1}{2}x + 1$.

a) Zeichne den Funktionsgraphen f in einem Koordinatensystem.

b) Ermittle Gleichungen von Funktionen $y = g(x)$, deren Graphen folgendermaßen aus dem Graphen f hervorgehen:

① Die Geraden g und f sind zueinander senkrecht.
② Die Geraden g und f sind zueinander parallel.
③ Die Geraden g und f sind identisch.
④ Die Gerade g entsteht durch Spiegelung der Geraden f an der x-Achse.
⑤ Die Gerade g entsteht durch Spiegelung der Geraden f an der y-Achse

Kontrolliere mit deinem CAS-Rechner.

6. Gegeben sind Funktionen $y = f(x) = m \cdot x + 3$. Dabei sind m und x beliebige reelle Zahlen.

a) Berechne die Nullstelle der Funktion $y = f(x)$ für $m = -1$.

b) Berechne die Nullstelle der Funktion $y = f(x)$ für $m = 0$.

c) Berechne die Nullstelle der Funktion $y = f(x)$ für $m = 3$.

d) Entscheide und begründe, warum nicht jede dieser Funktionen eine Nullstelle besitzt.

e) Ermittle den Wert für m, wenn das Paar $(4 \mid 1)$ zur Funktion f gehört.

Kontrolliere mit deinem CAS-Rechner.

7. a) Gib für jede Gerade eine zugehörige Funktionsgleichung an.

b) Erzeuge die abgebildete Funktionenschar mit deinem CAS-Rechner und beschreibe, wie dies möglichst effektiv geschehen kann.

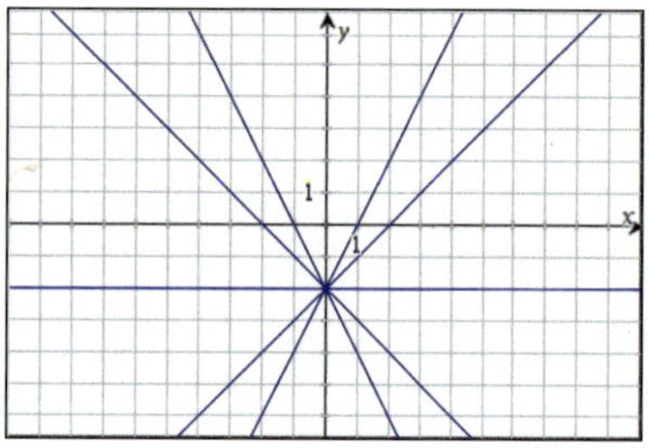

8. Gib Bedingungen für lineare Funktionen $y = f(x) = m \cdot x + n$ an, deren Graphen folgende Eigenschaften haben:

a) Der Graph geht durch den 2. Quadranten.

b) Der Graph geht nur durch den 2. und 4. Quadranten .

c) Der Graph geht nicht durch den 1. Quadranten.

Notiere Funktionsgleichungen als Beispiele und kontrolliere dann mit deinem CAS-Rechner.

9. Max hat mit seinem CAS-Rechner das nebenstehende Bild erzeugt. Die Geraden sind Graphen linearer Funktionen, die Kreise wurden mit dem *„Geometriewerkzeug - Formen"* erzeugt.

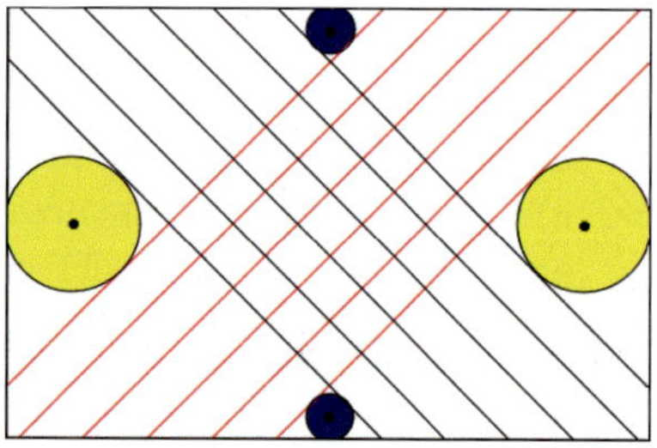

a) Gestalte das Bild mit deinem CAS-Rechner nach.

b) Beschreibe, wie du das Bild erzeugt hast.

c) Gestalte eine eigene (andere) Grafik. Verwende dabei lineare Funktionen.

10. Stelle die Funktionsgraphen der folgenden drei Funktionen mit deinem CAS-Rechner dar:

a) $y = f(x) = |x|$　　b) $y = g(x) = |x| + 2$　　c) $y = g(x) = |x| - 2$

3.1 Quadratische Funktionen

Ein Schlossfest endet immer mit einem Höhenfeuerwerk. Die bis etwa 100 m aufsteigenden und dann wieder absinkenden „Feuerschweife" beschreiben Kurven, die alle ähnliche Formen haben. Die Ausdehnung dieser Feuerschweife kann von einem Feuerwerker u. a. durch den Abschusswinkel und durch die Abschussgeschwindigkeit beeinflusst werden.

Beschreibe den Kurvenverlauf mit Worten.

Quadratische Zusammenhänge

Viele Erscheinungen in Natur, Technik und Gesellschaft lassen sich mathematisch als quadratische Zusammenhänge beschreiben, z. B.:

- Der Bremsweg BW eines Fahrzeugs wächst mit dem Quadrat der Geschwindigkeit:
  Bremsweg in m = $\left(\frac{\text{Geschwindigkeit in km/h}}{10}\right)^2$
- Der Flächeninhalt eines Kreises hängt vom Quadrat des Radius ab: $A = \pi \cdot r^2$

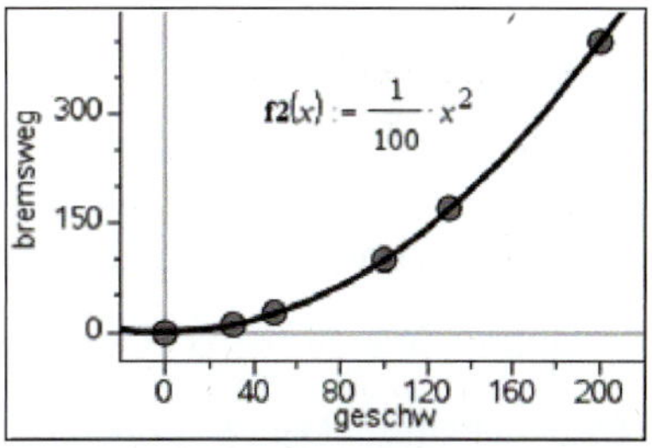

Diese Formeln haben die gleiche Grundstruktur $y = f(x) = a \cdot x^2$. Es sind quadratische Funktionen.

> Funktionen $y = f(x) = ax^2 + bx + c$ ($a; b; c \in \mathbb{R}$; $a \neq 0$) oder solche, die durch äquivalentes Umformen in diese Form überführt werden können, heißen **quadratische Funktionen.**

Graphen quadratischer Funktionen heißen **Parabeln.** Die reellen Zahlen a, b und c heißen **Koeffizienten.** Ihr Einfluss auf die Gestalt der zugehörigen Parabel wird im Folgenden schrittweise untersucht. Dabei treten immer Sonderfälle quadratischer Funktionen auf.

Die Normalparabel

Für $a = 1$, $b = c = 0$ ist die einfachste quadratische Funktion durch $y = f(x) = x^2$ gegeben.
Jeder reellen Zahl x wird ihr Quadrat zugeordnet.

x	–2	–1	0	1	2
$y = x^2$	4	1	0	1	4

Der Graph dieser Funktion heißt **Normalparabel.**
Die Normalparabel ist **nach oben geöffnet** und **axialsymmetrisch** zur y-Achse.
Ihr **Scheitelpunkt** hat die Koordinaten S(0 | 0).
Die Stelle x = 0 ist **Nullstelle** der Funktion.

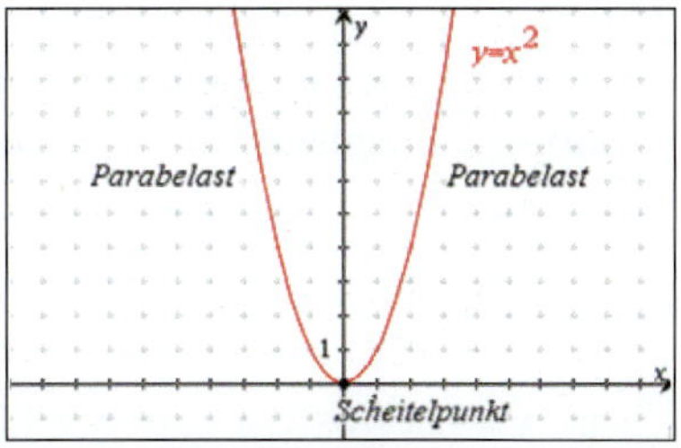

Probiere es selbst:

Zeichnet den Graphen der Funktion $y = f(x) = x^2$ so sorgfältig, wie es „freihand" möglich ist, in ein Koordinatensystem mit der Einheit von 1 cm auf den Koordinatenachsen. Klebt die Zeichnung auf festen Karton und schneidet euch nach dem Trocknen sauber Schablonen der Normalparabel aus.

Quadratische Funktionen $y = f(x) = a \cdot x^2$ ($a; x \in \mathbb{R}; a \neq 0$)

Der Parameter $a \neq 0$ beeinflusst die Gestalt der Parabel. Für $a = 1$ entsteht eine Normalparabel. Bei der Parabel von $y = \frac{1}{2} \cdot x^2$ werden im Vergleich zur Normalparabel alle Funktionswerte halbiert. Hat z. B. die Normalparabel an der Stelle $x = 2$ den Funktionswert $y = 4$, so hat $y = \frac{1}{2} \cdot x^2$ an der Stelle $x = 2$ den Funktionswert $y = \frac{1}{2} \cdot 4 = 2$

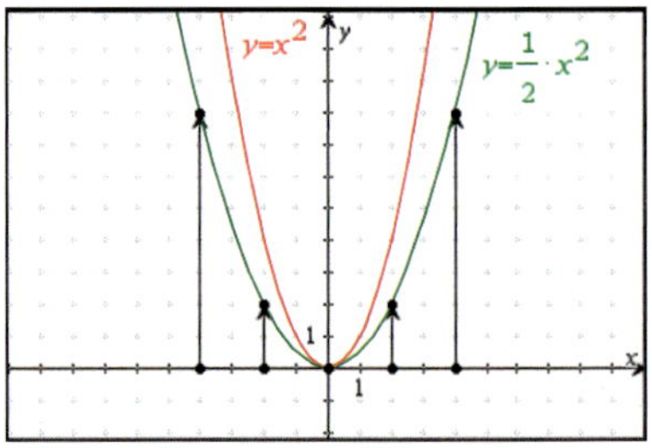

Zeichnet man (z. B. mit einer Schablone) die Normalparabel, so kann man auf diese Weise rasch die Parabel für $y = \frac{1}{2} \cdot x^2$ skizzieren.

Probiere es selbst:

Zeichnet mit eurer Schablone die Normalparabel und skizziert dann in dasselbe Koordinatensystem die Graphen der Funktionen $y = f_1(x) = 2x^2$ und $y = f_2(x) = -x^2$. Erzeugt weitere Graphen mit eurem CAS-Rechner. Sehr einfach lässt sich das mit einem Schieberegler realisieren. (Vgl. Seite 69.)

Zusammenfassend lässt sich für die Graphen von $y = f(x) = a \cdot x^2$ ($a; x \in \mathbb{R}; a \neq 0$) feststellen:

Der Scheitelpunkt ist für $a > 0$ der Punkt mit dem kleinsten y-Wert und für $a < 0$ der Punkt mit dem größten y-Wert. Der Verlauf des Graphen wird von a beeinflusst:

① *Für $a > 0$ gilt:* Parabel ist nach oben geöffnet.
② *Für $a < 0$ gilt:* Parabel ist nach unten geöffnet.
③ *Für $|a| > 1$ gilt:* „schmale" Parabel (Normalparabel wird gestreckt, a heißt Streckungsfaktor)
④ *Für $|a| < 1$ gilt:* „breite" Parabel (Normalparabel wird gestaucht, a heißt Stauchungsfaktor)

Mit dem Parameter a lässt sich die Veränderung des Graphen gegenüber der Normalparabel von $y = x^2$ beschreiben, ohne die Funktion zu zeichnen.

Probiere es selbst:

1. Gib den Parameter a bei den abgebildeten Graphen an. Schreibe für jeden Graphen eine Funktionsgleichung auf.

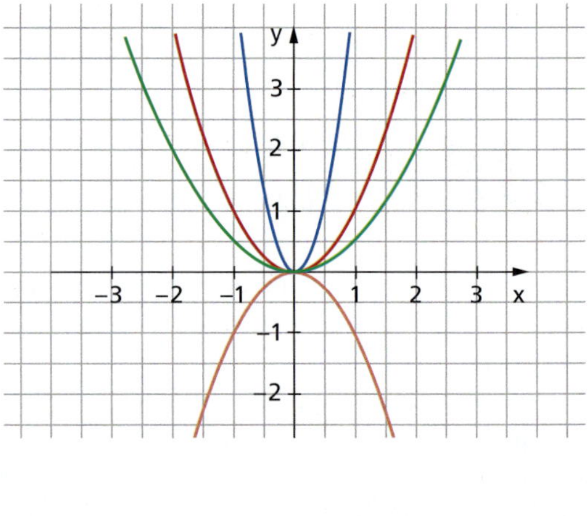

2. Ordne die folgenden Funktionen den Fällen ① bis ④ (siehe oben) zu. Skizziere zunächst die Graphen freihand und überprüfe dann mit deinem CAS-Rechner.

a) $y = x^2$ b) $y = \frac{1}{4}x^2$
c) $y = -\frac{1}{4}x^2$ d) $y = 2x^2$
e) $y = \frac{1}{2}x^2$ f) $y = -x^2$
g) $y = -2x^2$ h) $y = 1{,}5x^2$

Darstellen quadratischer Funktionen mithilfe eines Schiebereglers

Die Applikation *„Graphs"* öffnen.
Die Funktion $y = 0{,}5x^2$ zeichnen.
Einen Schieberegler einfügen:
„Menü - Aktionen- Schieberegler einfügen"

Die voreingestellte Variablenbezeichnung *v1* auf *a* ändern.

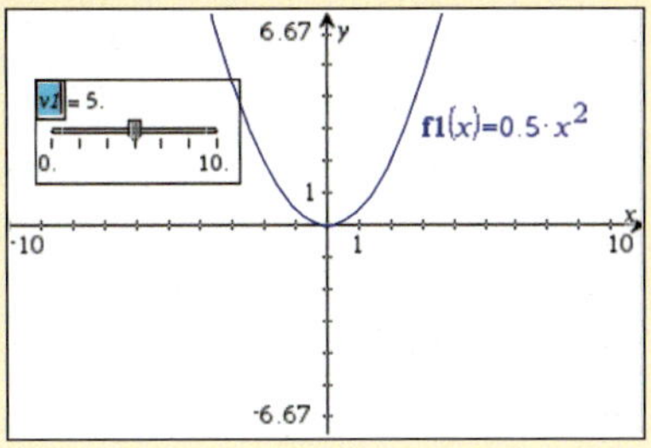

Die Funktionsbezeichnung $f_1(x) = 0{,}5x^2$ doppelt anklicken. Sie wird zunächst blau unterlegt angezeigt, dann wird die Kursortaste rechts hinter den Koeffizienten 0.5 gesetzt und dieser durch die Variable *a* ersetzt.

Fasst man nun den Schieberegler an und verändert seine Lage, lässt sich die Auswirkung des Koeffizienten a unmittelbar am Graphen beobachten.

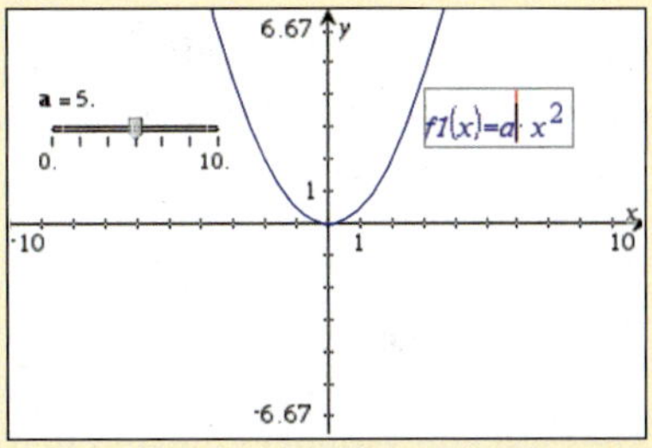

Der Bereich, in dem der Schieberegler verändert werden kann, ist auf das Intervall von 0 bis 10 voreingestellt. Diese und andere Einstellungen sind veränderbar.

Man setzt dazu den Kursor auf den Schieberegler. Wenn das Symbol ☜ (offene Hand) erscheint, kann man über das Kontextmenü ((ctrl) (menu)) ein Untermenü *Schiebereinstellungen* öffnen und die Einstellungen ändern.
Das Symbol ☜ kann ggf. durch einen kurzen Druck auf die Handtaste (☜) erzeugt werden.

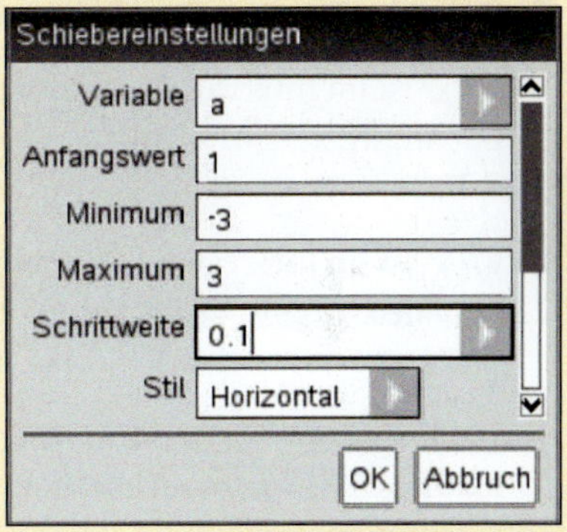

Sinnvoll kann es auch sein, den Schieberegler zu minimieren und die Schrittweite einzustellen.

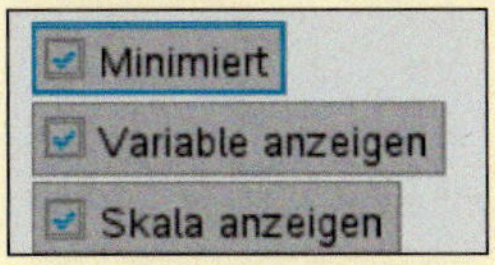

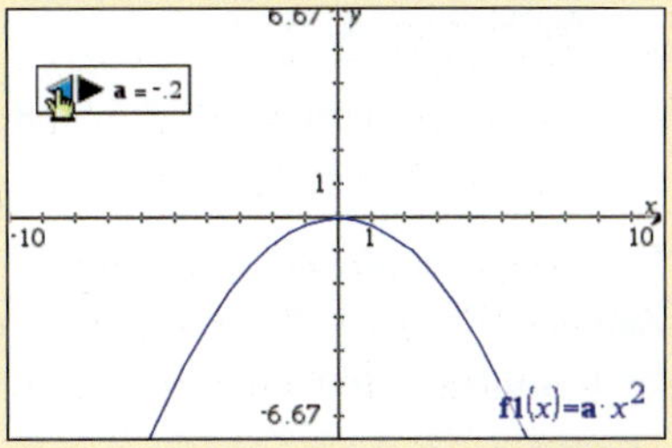

Monotonieverhalten von Funktionen

Um den Verlauf eines Funktionsgraphen zu beschreiben, können Monotonieuntersuchungen durchgeführt werden. Bei Monotonieuntersuchungen wird geprüft, wie sich die Funktionswerte (y-Werte) in einem festgelegten Intervall des Definitionsbereiches $[x_1; x_2]$ einer Funktion bei wachsenden Argumenten (x-Werte) verändern. Für die Funktion $y = f(x) = 2x^2$ gilt:

- Die Funktion $y = f(x) = 2x^2$ ist für $x > 0$ (streng) monoton wachsend, da die y-Werte für wachsende x-Werte immer größer werden.
- Die Funktion $y = f(x) = 2x^2$ ist für $x < 0$ (streng) monoton fallend, da die y-Werte für wachsende x-Werte immer kleiner werden.

Allgemein ist festgelegt:

> Eine Funktion heißt in einem Intervall ihres Definitionsbereiches
> - **monoton wachsend** (steigend), wenn für alle x_1 und x_2 aus dem Intervall gilt:
>   **Aus $x_1 < x_2$ folgt immer $f(x_1) \leq f(x_2)$.**
> - **monoton fallend,** wenn für alle x_1 und x_2 aus dem Intervall gilt:
>   **Aus $x_1 < x_2$ folgt immer $f(x_1) \geq f(x_2)$.**

Dies soll eine einem einfachen Beispiel gezeigt werden.

Prüfe das Monotonieverhalten der Funktion $y = x^2$.

$y = x^2$ ist im Intervall $[0; \infty[$ monoton wachsend.
Für alle $x_1, x_2 \in [0; \infty[$ gilt: $x_1 < x_2 \rightarrow f(x_1) < f(x_2)$
Z.B.: $x_1 = 1;\ x_2 = 2$ $\quad 1 < 2 \rightarrow 1^2 < 2^2$

$y = x^2$ ist im Intervall $]-\infty; 0]$ monoton fallend.
Für alle $x_1, x_2 \in]-\infty; 0]$ gilt: $x_1 < x_2 \rightarrow f(x_1) > f(x_2)$
Z.B.: $x_1 = -4;\ x_2 = -0{,}5$ $\quad -4 < -0{,}5 \rightarrow (-4)^2 > (-0{,}5)^2$

Die Funktion $y = x^2$ hat im Intervall $[-2; 2]$ kein einheitliches Monotonieverhalten. Sie ist im Intervall $[-2; 0]$ monoton fallend und wird dann im Intervall $[0; 2]$ monoton wachsend.

Der Wechsel erfolgt an der Stelle $x = 0$.

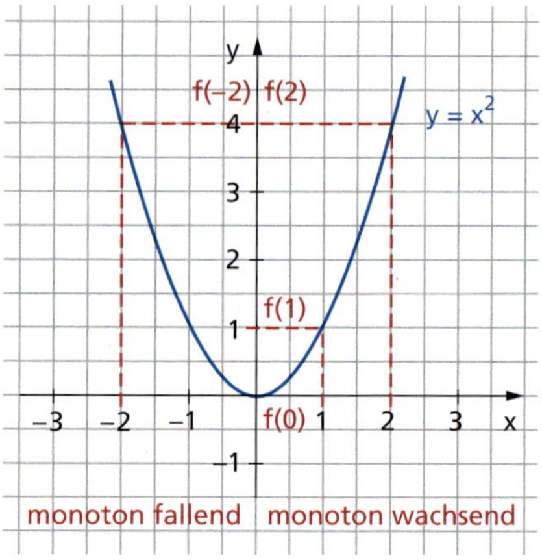

Probiere es selbst:

Zeichne die folgenden Funktionen mit deinem CAS-Rechner und beschreibe jeweils das Monotonieverhalten dieser Funktionen:

a) $y = x^2 + x$

b) $y = -x^2 - 2x - 2$

c) $y = |x + 1|$

d) $y = -100 \cdot x^2$

e) $y = \begin{cases} 2x - 1; & x < 1 \\ x^2; & x \geq 1 \end{cases}$

f) $y = \begin{cases} 2; & x < -1 \\ -x^2; & x \geq -1 \end{cases}$

Eigenschaften von Funktionen $y = f(x) = a \cdot x^2$

Funktionen können mithilfe ihrer Eigenschaften beschrieben und verglichen werden. Folgende Merkmale sind sinnvoll:

Merkmal	$y = 0{,}3x^2$	$y = -1{,}2x^2$
1. Definitionsbereich	$D = \mathbb{R}$	$D = \mathbb{R}$
2. Wertebereich	$W = \mathbb{R}$ mit $y \geq 0$	$W = \mathbb{R}$ mit $y \leq 0$
3. Besonderheiten des Graphen	nach oben geöffnete und gestauchte Parabel	nach unten geöffnete und gestreckte Parabel
4. Symmetrie	axialsymmetrisch zur y-Achse	axialsymmetrisch zur y-Achse
5. Nullstelle	$x = 0$	$x = 0$
6. Scheitelpunkt	Koordinatenursprung $S(0 \mid 0)$	Koordinatenursprung $S(0 \mid 0)$
7. Monotonieverhalten	monoton fallend für $x \leq 0$ monoton wachsend für $x \geq 0$	monoton wachsend für $x \leq 0$ monoton fallend für $x \geq 0$
8. Zeichnerische Darstellung	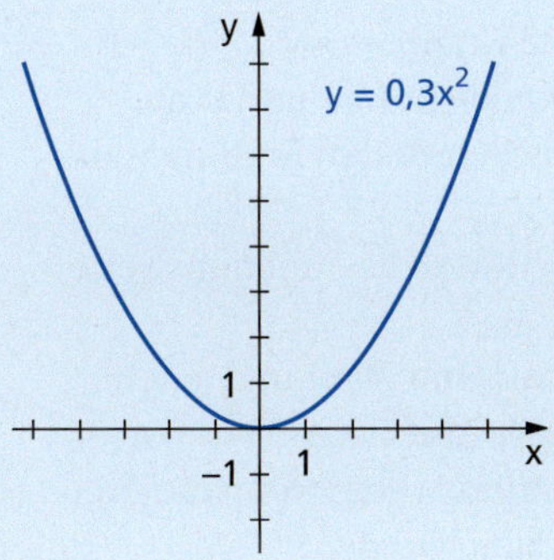	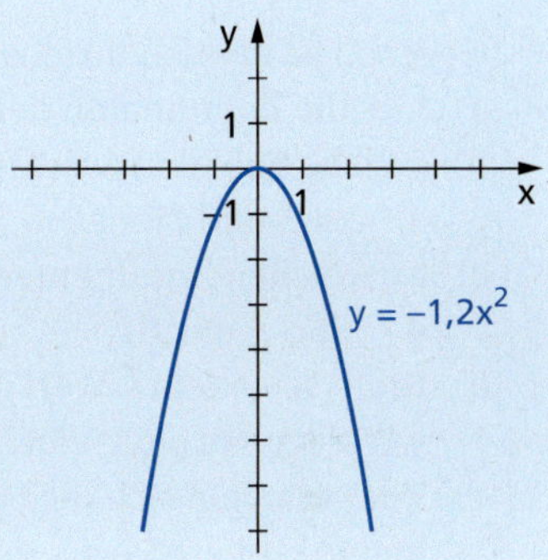

Erste Schritte

1. Beschreibe die folgenden Funktionen:

① Jeder reellen Zahl wird ihr doppeltes Quadrat zugeordnet.
② Jeder reellen Zahl wird ihr halbes Quadrat zugeordnet.
③ Jeder reellen Zahl wird ihr Quadrat multipliziert mit (–3) zugeordnet.

a) in einer Wertetabelle für $x = -3; -2; -1; 0; 1; 2; 3$
b) mit einer Gleichung
c) als Graph im Koordinatensystem
d) Gib den Scheitelpunkt der Graphen an.

2. Prüfe rechnerisch und zur Kontrolle grafisch mit deinem CAS-Rechner, ob folgende Punkte auf der Normalparabel $y = x^2$ liegen:

a) $A(1{,}5 \mid 2{,}25)$ b) $B(-3{,}4 \mid 11{,}56)$ c) $C(-2{,}5 \mid -6{,}25)$ d) $D(17{,}2 \mid 29{,}58)$ e) $E(1{,}44 \mid 1{,}2)$

3. Zeichne die Graphen folgender Funktionen in ein und dasselbe Koordinatensystem. Vergleiche die vier Graphen miteinander.

a) $y = x^2$ b) $y = 1{,}3x^2$ c) $y = 2x^2$ d) $y = 1{,}7x^2$

4. Zeichne die Graphen folgender Funktionen in ein und dasselbe Koordinatensystem.

a) $y = 0{,}2x^2$ b) $y = 0{,}4x^2$ c) $y = 0{,}6x^2$ d) $y = 0{,}8x^2$

5. Zeichne die Graphen folgender Funktionen in ein und dasselbe Koordinatensystem. Vergleiche die vier Graphen miteinander.

a) $y = -x^2$ b) $y = -1{,}5x^2$ c) $y = -0{,}7x^2$ d) $y = -0{,}3x^2$

6. Entscheide und begründe, welche der folgenden Überlegungen zu den Funktionen $y = m \cdot x$ und $y = a \cdot x^2$ wahr, welche falsch sind. Zeichne jeweils die Graphen.

a) Bei der linearen Funktion $y = 3x$ ist 3 der Anstieg. Wenn x um 1 wächst, wächst y um 3. Analog kann man sagen, dass die quadratische Funktion $y = 3x^2$ auch den Anstieg 3 hat.

b) Der Zuwachs von y bei einer Änderung von x ist bei einer quadratischen Funktion an jeder Stelle anders. Je weiter man nach rechts geht, um so größer ist der Zuwachs von y, wenn x jeweils um 1 wächst.

c) Man kann sich m und a als Faktoren für jeden Funktionswert vorstellen; m vergrößert oder verkleinert die Funktionswerte von $y = x$ und a die von $y = x^2$.

7. Gegeben ist der nebenstehende Graph.

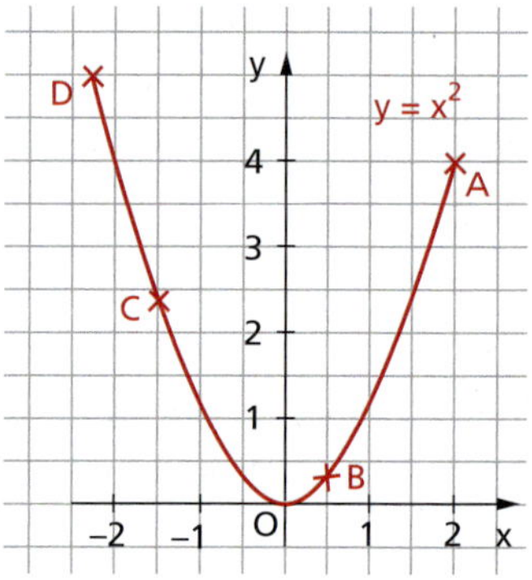

a) Lies die Koordinaten der Punkte A, B, C und D ab.

b) Welche Funktionswerte gehören zu den Argumenten 2; –2; 1,5 und 7?

c) Zu welchen Argumenten gehören die Funktionswerte 4; 6; 25; –4 und 0?

d) Prüfe, ob jedem x-Wert genau ein y-Wert und jedem y-Wert genau ein x-Wert zugeordnet ist.

e) Wie verhalten sich die Funktionswerte, wenn die Argumente sehr groß bzw. sehr klein werden?

f) Welcher Zusammenhang ist für alle $x \in \mathbb{Q}$ richtig?

(1) $f(x) = f(-x)$ (2) $f(x) = -f(x)$

8. Gib jeweils Gleichungen an, die zu folgenden Graphen gehören. Erläutere deine Überlegungen und deine Vorgehensweise.

a) Zur Normalparabel

b) Zu einer auf ein Viertel gestauchten Normalparabel

c) Zu einer um ein Viertel gestauchten Normalparabel

d) Zu einer an der x-Achse gespiegelten und mit dem Faktor 4 gestreckten Normalparabel

e) Zu einer an der x-Achse gespiegelten und um ein Drittel gestauchten Normalparabel

9. a) Bestimme die Gleichung der Funktion $y = a \cdot x^2$, deren Graph durch den Punkt $P(4 \mid -2)$ geht. Schreibe deinen Rechenweg auf.

b) Entscheide und begründe, ob auch die Punkte $R(0 \mid 0)$; $Q(-4 \mid -2)$ und $S(-10 \mid -100)$ auf dieser Parabel liegen.

c) Nenne drei weitere Punkte P_1, P_2 und P_3 des Graphen.

Quadratische Funktionen $y = f(x) = a \cdot x^2 + c$

Den Einfluss von c auf den Graphen einer quadratischen Funktion können wir mit unseren Kenntnissen über lineare Funktionen erklären. $S_y(0 \mid n)$ ist der Schnittpunkt des Graphen mit der y-Achse.
Graphen lineare Funktionen mit gleichem m und unterschiedlichem n sind zueinander parallel. Die Geraden werden entlang der y-Achse um n verschoben.

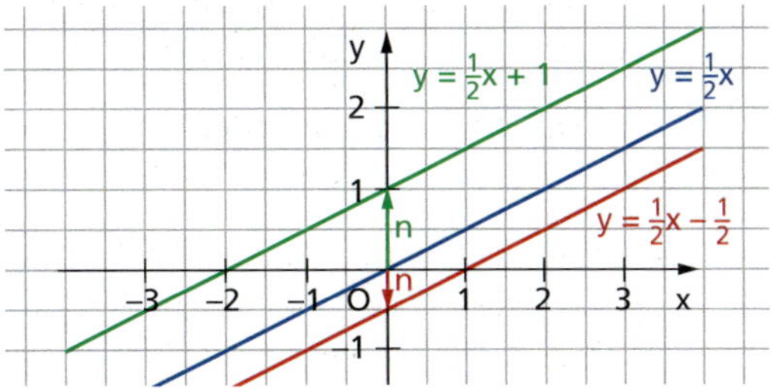

Probiere es selbst:

Zeichne für verschiedene a und c die Funktionsgraphen von $y = f(x) = a \cdot x^2 + c$. Beschreibe, welchen Einfluss der Koeffizient c auf die Lage der zugehörigen Parabeln hat.

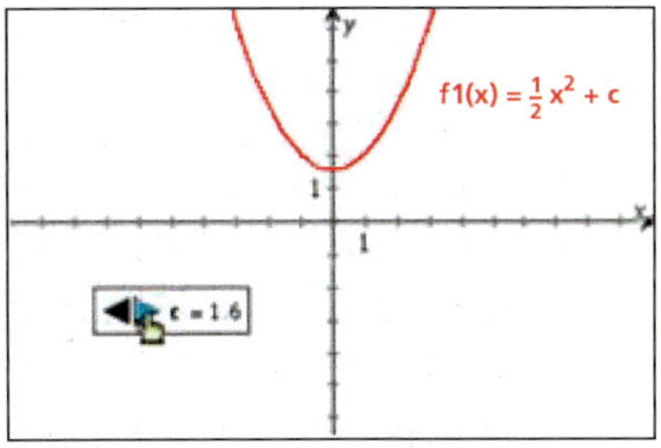

Funktionsgraphen von $y = a \cdot x^2 + c$

$S_y(0 \mid c)$ sind Scheitelpunkte der Graphen und liegen auf der y-Achse. Die Parabeln werden entlang der y-Achse um c verschoben.
Bei a = 1 kann zum Zeichnen der Normalparabel die Kurvenschablone benutzt werden.
Für c > 0:
Verschiebung der Kurvenschablone um c Einheiten nach oben auf der y-Achse.
Für c < 0:
Verschiebung der Kurvenschablone um c Einheiten nach unten auf der y-Achse.

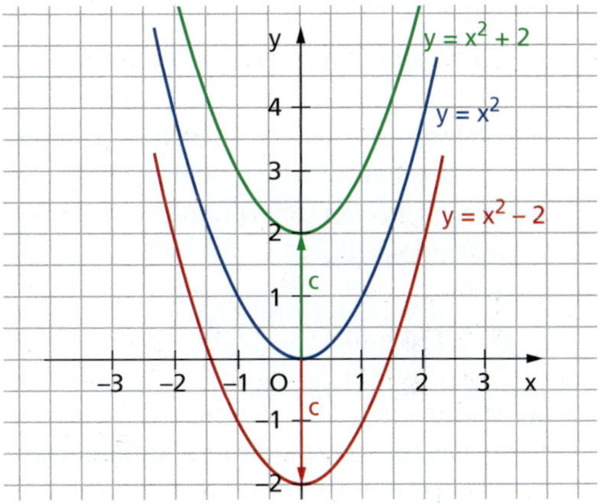

Probiere es selbst:

1. Zeichne die Graphen folgender Funktionen in ein Koordinatensystem:
a) $y = x^2 + 3$ b) $y = x^2 + 1{,}5$ c) $y = x^2 - 2{,}5$ d) $y = x^2 - 0{,}5$
e) $y = 2x^2 - 1{,}5$ f) $y = 0{,}5x^2 + 2$ g) $y = -1{,}5x^2 + 2$ h) $y = -0{,}4x^2 - 2$

2. Bestimme zuerst die Koordinaten des Scheitelpunktes und zeichne dann den Graphen.
a) $y = x^2 - 4$ b) $y = x^2 + 0{,}8$ c) $y = x^2 + 1{,}5$ d) $y = x^2 - 1{,}2$

3. Bestimme die Gleichung der Funktion aus den angegebenen Scheitelpunktskoordinaten. Zeichne den Graphen der Funktion in ein Koordinatensystem.
a) $S(0 \mid -0{,}4)$ b) $S(0 \mid 1{,}4)$ c) $S(0 \mid -5)$ d) $S(0 \mid 2{,}5)$

4. Überprüfe, ob die Punkte zum Graphen der angegebenen Funktion gehören.
a) $y = x^2 + 2{,}5$: $P(0 \mid 3)$, $Q(1 \mid 3{,}5)$, $R(-1 \mid 2{,}5)$, $T(-2 \mid 4{,}5)$
b) $y = x^2 - 1{,}5$: $P(0 \mid -1{,}5)$, $Q(-1 \mid -2{,}5)$, $R\left(-\frac{1}{2} \mid -\frac{5}{4}\right)$, $T\left(-\frac{1}{4} \mid \frac{7}{16}\right)$

Nullstellen quadratischer Funktionen $y = f(x) = a \cdot x^2 + c$

Nullstellen einer Funktion $y = f(x)$ sind diejenigen x-Werte, für die der zugehörigen Funktionswert $f(x) = 0$ ist. In der grafischen Darstellung sind die Nullstellen die Abszissen der Schnittpunkte der Funktionsgraphen mit der x-Achse.

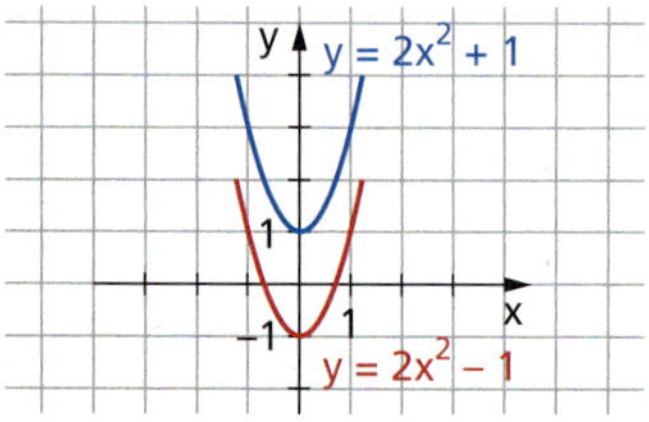

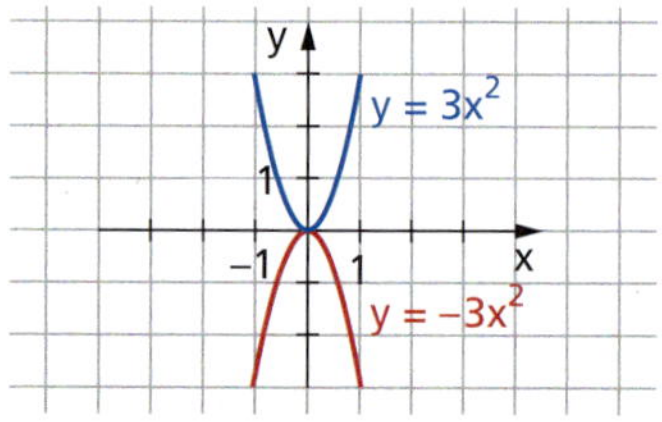

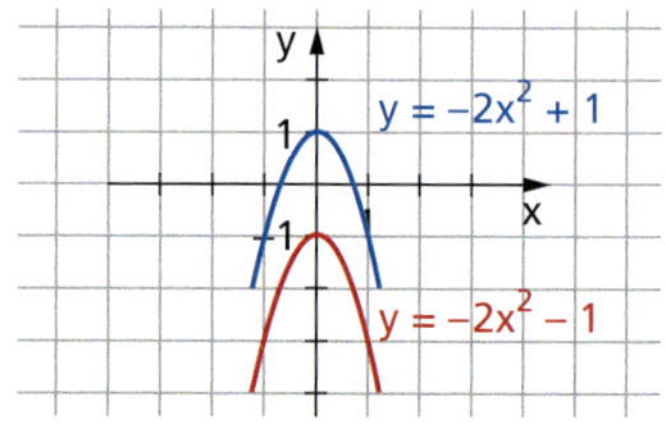

Die Beispiele zeigen, dass es quadratische Funktionen gibt, die in Abhängigkeit von den Parametern a und c, *keine*, *genau eine* oder *zwei* Nullstellen haben:

Für $a > 0$ und $c > 0$:	Die Funktion hat **keine** Nullstelle.
Für $a > 0$ und $c < 0$:	Die Funktion hat **genau zwei** Nullstellen.
Für $a \neq 0$ und $c = 0$:	Die Funktion hat **genau eine** Nullstelle.
Für $a < 0$ und $c > 0$:	Die Funktion hat **genau zwei** Nullstellen.
Für $a < 0$ und $c < 0$:	Die Funktion hat **keine** Nullstelle.

Die Funktion $y = \frac{1}{2}x^2 - 2$ hat wegen $a = \frac{1}{2} > 0$ und $c = -2 < 0$ genau zwei Nullstellen. Die Nullstellen lassen sich aus der grafischen Darstellung ablesen: $x_1 = -2$ und $x_2 = 2$.

Zeichne dazu den Graphen der Funktion. Wähle aus dem Menü aus: *„Graph - analysieren Nullstelle"*

Folge den Hinweisen, die man erhält, wenn man auf das Symbol oben links auf dem Bildschirm klickt.

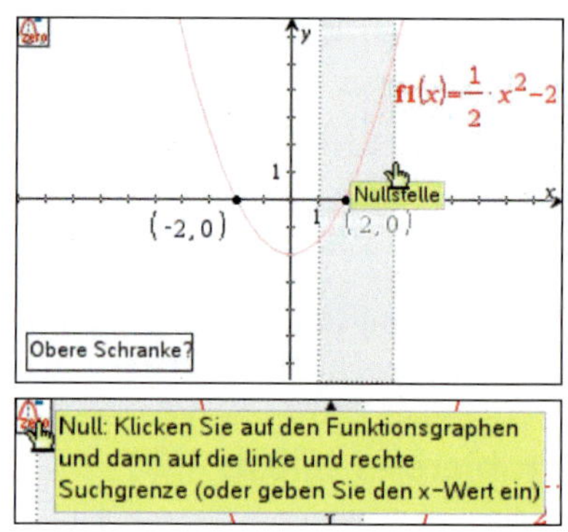

Erste Schritte

1. Triff anhand der Funktionsgleichung eine Aussage über die Anzahl der Nullstellen. Ermittle mit deinem CAS-Rechner Näherungswerte für die Nullstellen.

a) $f_1(x) = 2x^2 - 8$ b) $f_2(x) = -3x^2 - 2$ c) $f_3(x) = -0{,}5x^2 + 4{,}5$

2. Eine Funktion der Form $y = a \cdot x^2 + c$ soll eindeutig bestimmt werden. Entscheide und begründe, bei welchen Beispielen das möglich ist.

a) Scheitelpunkt $S(0 \mid 2)$ und Punkt $P(-1 \mid 5)$
b) Punkte $P(1 \mid 4)$ und $Q(-1 \mid 4)$
c) Punkte $P(2 \mid 5)$ und $Q(-3 \mid 7{,}5)$
d) Scheitelpunkt $S(0 \mid -3)$
e) Scheitelpunkt $S(-2 \mid -3)$
f) Nullstellen $x_1 = -2$ und $x_2 = 2$
g) Punkte $P(1 \mid 1)$ und $Q(2 \mid 7)$
h) Punkte $P(0 \mid 2)$ und $Q(2 \mid 0)$

Quadratische Funktionen $y = f(x) = (x + d)^2$

Es ist bekannt, dass der Parameter c in der Gleichung $y = f(x) = ax^2 + c$ eine Verschiebung des Funktionsgraphen entlang der y-Achse bewirkt. In nebenstehender Abbildung ist erkennbar, welchen Einfluss der Parameter d in der Gleichung $y = f(x) = (x + d)^2$ auf den Funktionsgraphen hat. Erkläre die Abbildung. Was vermutest du? Untersuche weitere Funktionen dieses Typs mit deinem CAS-Rechner.

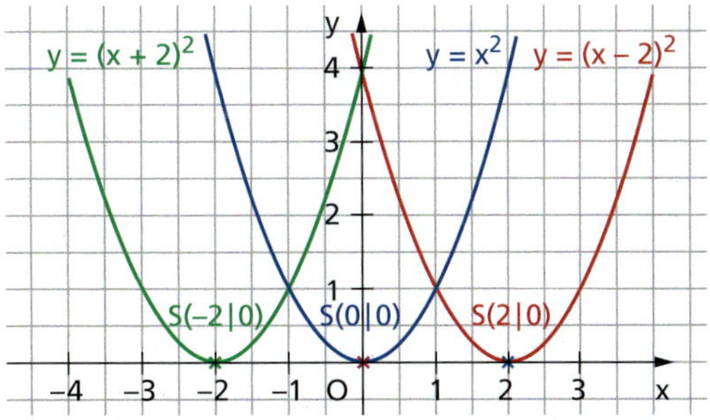

Der Graph der Funktion $y = (x + d)^2$ wird gegenüber dem Graphen von $y = x^2$ um $-d$ Einheiten in Richtung der x-Achse verschoben.

Begründung:
Die Funktion $y = (x + d)^2$ hat an der Stelle $x = x_0 - d$ den gleichen Funktionswert wie die Funktion $y = x^2$ an der Stelle x_0, denn es gilt für alle reellen Zahlen x_0:
$((x_0 - d) + d)^2 = (x_0)^2$.

Was hat sich gegenüber $y = x^2$ nicht verändert?

Definitionsbereich D	$x \in \mathbb{Q}$
Wertebereich W	$y \geq 0$

Veränderungen gegenüber $y = x^2$:

Symmetrieeigenschaften	Der Graph ist axialsymmetrisch zur Parallelen $x = -d$. Er ist für $d = 0$ axialsymmetrisch zur y-Achse.
Scheitelpunkt S	$S(-d \mid 0)$ ist Minimum.
Nullstelle	$x_0 = -d$
Monotonie	für $x \leq -d$ monoton fallend für $x \geq -d$ monoton wachsend
Einfluss von d	für $d > 0$, Parabel entlang der x-Achse nach links verschoben für $d = 0$, Parabel mit $S(0 \mid 0)$ für $d < 0$, Parabel entlang der x-Achse nach rechts verschoben

Probiere es selbst:

1. Gib die Koordinaten des Scheitelpunktes an und zeichne den Graphen mit der Parabelschablone.

a) $y = (x + 3)^2$ b) $y = (x - 1)^2$
c) $y = (x + 2{,}5)^2$ d) $y = (x - 4{,}5)^2$

2. Gib die Gleichungen der Parabeln in nebenstehender Abbildung an.

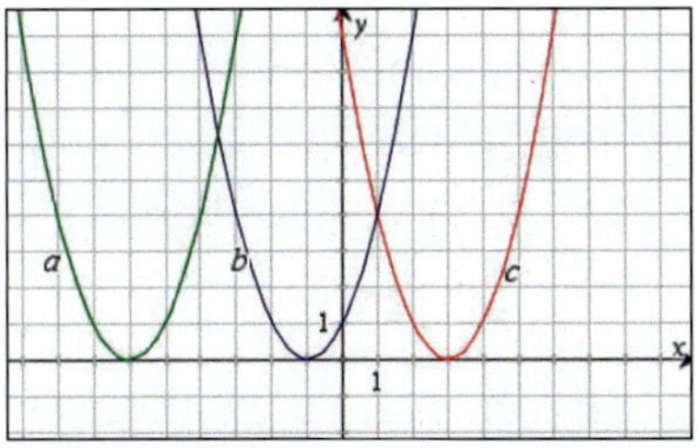

Quadratische Funktionen $y = f(x) = (x + d)^2 + e$

Bei Funktionen mit Gleichungen $y = (x + d)^2 + e$ sind die Scheitelpunktskoordinaten leicht ablesbar. Eine Funktionsgleichung dieser Form heißt **Scheitelpunktsform** einer quadratischen Funktion. Die Graphen sind kongruent zur Normalparabel.

Farbe	Scheitelpunkt
Rot	S(–4 | 0)
Violett	S(–3 | –2,5)
Dunkelblau	S(0 | 0)
Hellblau	S(0 | –4)
Grün	S(3 | 1,5)
Orange	S(3 | –5)

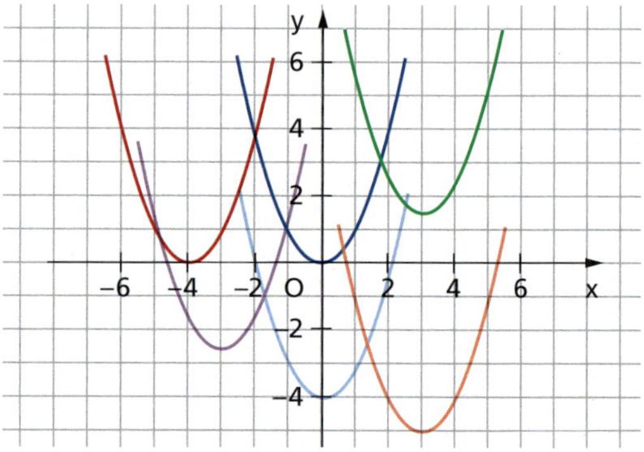

Die Graphen von $y = f(x) = (x + d)^2 + e$ haben den Scheitelpunkt S (-d | e).

Der Parameter d bewirkt eine Verschiebung der Normalparabel längs der x-Achse:
- für $d > 0$ um d Einheiten nach links und
- für $d < 0$ um d Einheiten nach rechts

Der Parameter e bewirkt eine Verschiebung der Normalparabel längs der y-Achse:
- für $e > 0$ um e Einheiten nach oben und
- für $e < 0$ um e Einheiten nach unten

Nullstellen quadratischer Funktionen $y = f(x) = (x + d)^2 + e$

Auch hier gibt es Bedingungen für die Existenz und für die Anzahl der Nullstellen.

Für $e > 0$: Die Funktion hat **keine** Nullstelle.
Für $e = 0$: Die Funktion hat **genau eine** Nullstelle.
Für $e < 0$: Die Funktion hat **zwei** Nullstellen.

Probiere es selbst:

1. Gib die Koordinaten der Scheitelpunkte der vier Parabeln in der Abbildung an. Schreibe für jeden Graphen eine Funktionsgleichung in der Form $y = (x + d)^2 + e$.

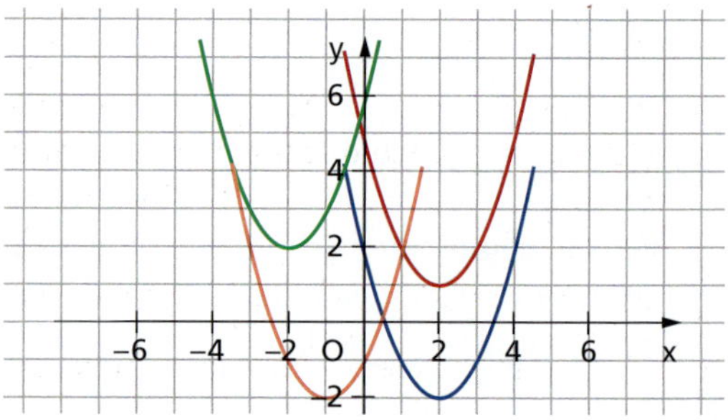

2. Welche Graphen der folgenden Funktionen haben Nullstellen? Berechne diese Nullstellen. Skizziere die Graphen (ohne CAS-Rechner).
Ermittle die Anzahl der Nullstellen.

a) $f_1(x) = (x - 1)^2 - 1$ b) $f_2(x) = (x - 2)^2 + 2{,}5$ c) $f_3(x) = (x + 3)^2 - 4$

Erste Schritte

1. Gib die zugehörigen Funktionsgleichungen an. Ermittle vorher die Koordinaten der Scheitelpunkte der Graphen. Beschreibe, wie du vorgegangen bist.

a) Die Normalparabel ist um 2,5 Einheiten nach unten verschoben.

b) Die Normalparabel ist um 6,5 Einheiten nach links verschoben.

c) Die Normalparabel ist um 1 Einheit nach links und um 1 Einheit nach oben verschoben.

2. a) Welche Verschiebungen der Normalparabel führen zu den abgebildeten Graphen?

b) Gib auch die entsprechenden Funktionsgleichungen an.

c) Prüfe deine Gleichungen jeweils durch Einsetzen der Koordinaten dreier Punkte des Graphen auf Richtigkeit.

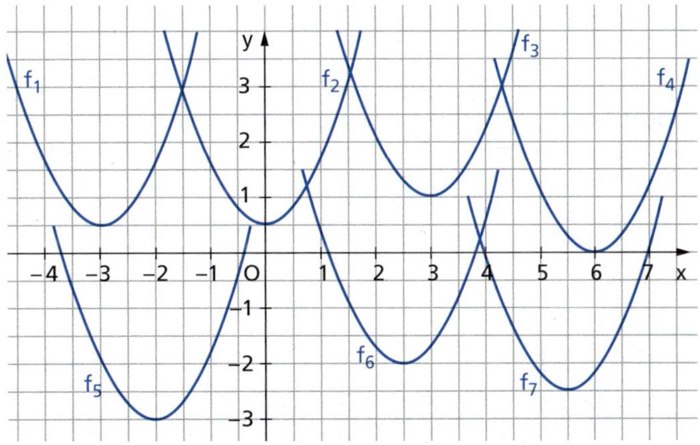

3. Bestimme den Scheitelpunkt und die Anzahl der Nullstellen der Graphen.

a) $f_1(x) = (x - 1{,}5)^2 - 4$
b) $f_2(x) = (x + 0{,}5)^2 - 1$
c) $f_3(x) = (x + 2)^2 + 1$
d) $f_4(x) = -x^2 + 4$
e) $f_5(x) = 5x^2 - 100$
f) $f_6(x) = (x + 3)^2$

4. Ermittle Funktionsgleichungen der Form $y = f(x) = (x + d)^2$, wenn die Graphen durch folgende Punkte gehen. Zeichne die zugehörigen Graphen in ein Koordinatensystem.
Beschreibe, wie du vorgegangen bist. Entwickle eine Lösungsstrategie für derartige Aufgaben.

a) $P_1(3\,|\,0)$
b) $P_2(-2\,|\,0)$
c) $P_3(3\,|\,1)$
d) $P_4(0\,|\,4)$

5. Beschreibe die Graphen der folgenden Funktionen durch einen kurzen Text.

a) $y = x^2 + 2012$
b) $y = x^2 - 1848$
c) $y = x - 1989$
d) $y = (x - 1777)^2$
e) $y = (x + 1914)^2 - 2000$
f) $y = x + 1932$

6. S ist der Scheitelpunkt einer verschobenen, nach oben geöffneten Normalparabel.
Gib eine Funktionsvorschrift an.

a) $S(0\,|\,200)$
b) $S(-100\,|\,0)$
c) $S(5\,|\,-3)$

7. Zeichne die Graphen der angegebenen Funktionen.
(Arbeite mit Schablone und Lineal, verwende deinen CAS-Rechner zur Kontrolle.)

a) $y = x^2 - 1$
b) $y = (x - 1)^1$
c) $y = (x + 2)^2 + 1$
d) $y = -x^2 + 5$
e) $y = -(x - 2)^2 - 1$
f) $y = 2x + 1$
g) $y = 1 - x$
h) $y = 2x^2$
i) $y = (x - 1)^2 - x^2$

8. Zeichne mit deinem CAS-Rechner den Graphen folgender Funktion:
$y = f(x) = (x - 1)^2 - 20$

a) Beschreibe, wie du vorgegangen bist und welchen Verlauf der Graph hat.

b) Gib Eigenschaften dieser Funktion an.

Quadratische Funktionen $y = f(x) = x^2 + p \cdot x + q$

Eine Funktionsgleichung $y = f(x) = x^2 + p \cdot x + q$ heißt Normalform einer quadratischen Funktion. Funktionsgleichungen der Form $y = (x + d)^2 + e$ können durch Umformungen in die Normalform einer quadratischen Funktion überführt werden.

Beispiel:
$y = (x + 3)^2 - 2$
$y = x^2 + 6x + 9 - 2$
$y = x^2 + 6x + 7$

Allgemein:
$y = (x + d)^2 + e$
$y = x^2 + 2d \cdot x + d^2 + e$
$y = x^2 + p \cdot x + q$

Die Normalform einer quadratischen Funktion besitzt zwar keine Klammern, die Scheitelpunktskoordinaten sind aber nicht direkt, so wie bei der Scheitelpunktsform, ablesbar.
Jede Normalform einer quadratischen Funktion kann durch Umformungen in die Scheitelpunktsform einer quadratischen Funktion überführt werden.

Beispiel:
$y = x^2 + 6x + 7$
$y = \underbrace{x^2 + 6x + 3^2} + 7 - 3^2$
$y = (x + 3)^2 + 7 - (3)^2$
$y = (x + 3)^2 - 2$

Allgemein:
$y = x^2 + p \cdot x + q$
$y = \underbrace{x^2 + px + \left(\frac{p}{2}\right)^2} + q - \left(\frac{p}{2}\right)^2$
$y = \left(x + \frac{p}{2}\right)^2 + q - \left(\frac{p}{2}\right)^2$
$y = (x + d)^2 + e$

Den Term $\left(\frac{p}{2}\right)^2 - q$ bezeichnet man als Diskriminante (lat. *discriminare* – unterscheiden). Die Diskriminante wird oft mit D bezeichnet.

> Die Graphen quadratischer Funktionen $y = f(x) = x^2 + p \cdot x + q$ sind zur Normalparabel kongruente Parabeln mit dem Scheitelpunkt $S\left(-\frac{p}{2} \middle| -D\right)$.

Das folgende Beispiel zeigt, wie die Scheitelpunktskoordinaten des Graphen einer quadratischen Funktion in Normalform rechnerisch und grafisch ermittelt werden können.

$y = f(x) = x^2 + 6x + 7$
Rechnerische Lösung:
$p = 6 \rightarrow \frac{p}{2} = 3; -\frac{p}{2} = -3$
$q = 7$
$D = 3^2 - 7 = 2; -D = -2$
$S\left(-\frac{p}{2} \middle| \left(\frac{p}{2}\right)^2 - q\right)$
$S\left(-\frac{6}{2} \middle| \left(\frac{6}{2}\right)^2 - 7\right)$
$S(-3 \mid -2)$

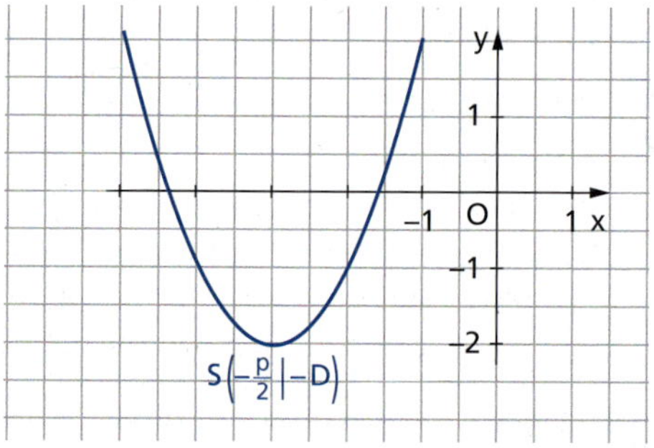

Probiere es selbst:

Ermittle die Scheitelpunktskoordinaten der Graphen folgender Funktionen sowohl zeichnerisch als auch rechnerisch:

a) $y = f(x) = x^2 + 2x + 2$
b) $y = f(x) = x^2 + x - 2$
c) $y = f(x) = x^2 + x - 5$
d) $y = f(x) = x^2 - x - 4$
e) $y = f(x) = x^2 - 2x + 3$
f) $y = f(x) = x^2 + 3x + 3$

Nullstellen quadratischer Funktionen $y = f(x) = x^2 + p \cdot x + q$

Die Existenz und die Anzahl von Nullstellen quadratischer Funktionen $y = f(x) = x^2 + p \cdot x + q$ ist abhängig von der Lage des Scheitelpunktes $S\left(-\frac{p}{2} \mid -D\right)$ mit $D = \left(\frac{p}{2}\right)^2 - q$.
Weil die zugehörigen Parabeln nach oben geöffnet sind, gilt:

Für $D > 0$ liegt S unterhalb der x-Achse: Die Funktion hat **genau zwei** Nullstellen.
Für $D = 0$ liegt S auf der x-Achse: Die Funktion hat **genau eine** Nullstelle.
Für $D < 0$ liegt S oberhalb der x-Achse: Die Funktion hat **keine** Nullstelle.

Die Werte der Nullstellen können z. B. am Graphen der Funktion abgelesen werden. Sie entsprechen den x-Werten der Schnittpunkte der Parabel mit der x-Achse.

Gleichung	$y = x^2 - 2x - 3$	$y = x^2 - 2x + 1$	$y = x^2 - 2x + 3$
Scheitelpunkt	$S(1 \mid -4)$	$S(1 \mid 0)$	$S(1 \mid 2)$
Diskriminante	$D = 4$	$D = 0$	$D = -2$
Nullstellen (Anzahl)	zwei Nullstellen	genau eine Nullstelle	keine Nullstelle
Graph	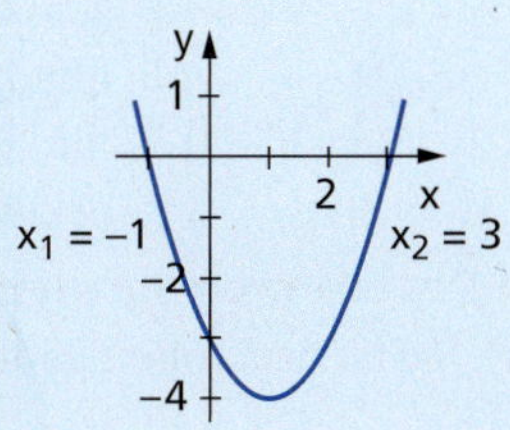	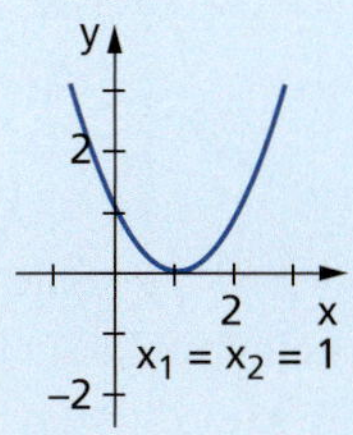	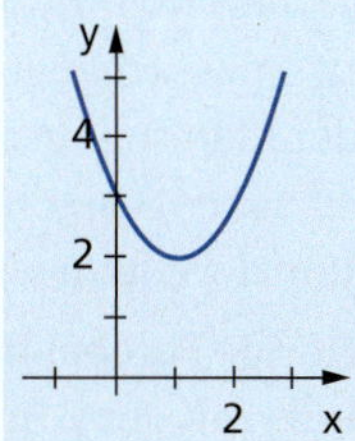

Du kannst Nullstellen auch mit deinem CAS-Rechner ermitteln (vgl. Seite 74).

Erste Schritte

1. Zeichne die Graphen folgender Funktionen und beschreibe dein Vorgehen.
a) $y = f_1(x) = x^2 - 4x + 3$ b) $y = f_2(x) = x^2 + x - 2$ c) $y = f_3(x) = x^2 - 8x + 9$

2. Gib die Koordinaten der Scheitelpunkte folgender Funktionen an:
① $y = f_1(x) = x^2 + 2x - 3$ ② $y = f_2(x) = x^2 - 4x + 5$ ③ $y = f_3(x) = x^2 - 5x + 4$
a) Beschreibe die Lage der zugehörigen Graphen im Koordinatensystem.
b) Gib eine weitere Funktion $f_4(x)$ mit einem Scheitelpunkt an, der auf der x-Achse liegt.
c) Bewege den Graphen der Funktion $f_4(x)$ dreimal nacheinander um eine Einheit nach rechts. Wie ändern sich Scheitelpunkt und Funktionsgleichung?

3. Gib jeweils eine Gleichung einer quadratischen Funktion $y = f(x) = x^2 + p \cdot x + q$ mit folgenden Eigenschaften an. Erläutere dein Vorgehen.
a) $f(0) = 0$ b) $x_1 = -2$; der Scheitelpunkt hat den Funktionswert -4.
c) Die Normalparabel ist symmetrisch zur y-Achse und geht durch den Punkt $P(-2 \mid 1)$.

4. Ermittle jeweils die Nullstellen und die Koordinaten der Scheitelpunkte folgender Funktionen:

$f_1(x) = x^2 - 2x$ 0, 2 $f_2(x) = x^2 - 9$ 3, -3 $f_3(x) = (x - 2)(x + 6)$ +2, -6 $f_4(x) = x^2 + 2{,}2x$
$f_5(x) = (x + 3)^2$ $f_6(x) = x^2 + 4x + 4$ $f_7(x) = (x + 3)(x - 4)$ $f_8(x) = (x + 1)(x + 5)$
$f_9(x) = (x + 1)(x + 5)$ $f_{10}(x) = x^2 - 5x$ $f_{11}(x) = x^2 - 6x + 8$ $f_{12}(x) = (x - 0{,}5)(x - 2{,}5)$

Quadratische Funktionen $y = f(x) = a \cdot x^2 + b \cdot x + c$

Die allgemeine Form einer quadratischen Funktion $y = f(x) = a \cdot x^2 + b \cdot x + c$ mit $a \neq 0$ und $a, b, c \in \mathbb{R}$ umfasst alle bisher untersuchten quadratischen Funktionen als Spezialfälle:

$$y = f(x) = a \cdot x^2 + b \cdot x + c$$

$b = c = 0$	$b = 0$	$a = 1$
$y = a \cdot x^2$	$y = a \cdot x^2 + c$	$y = x^2 + b \cdot x + c$ bzw. $y = x^2 + px + q$

Der Parameter c beschreibt den Durchgang des Graphen f durch die y-Achse, da $f(0) = c$ gilt. Der Parameter a ($a \neq 0$) gibt an, ob die zugehörige Parabel nach oben oder unten geöffnet, gestreckt oder gestaucht ist (vgl. Seite 68).

Aus der allgemeinen Form $y = a \cdot x^2 + b \cdot x + c$ lässt sich die Scheitelpunktsform $y = (x + d)^2 + e$ herleiten:

Dazu klammert man zunächst den Faktor a aus, ergänzt den Term in der Klammer quadratisch (so wie auf Seite 78 beschrieben) und multipliziert dann wieder aus.

$y = 2x^2 - 4x + 6$ | 2 ausklammern
$y = 2(x^2 - 2x + 3)$ | quadratisch ergänzen
$y = 2(x^2 - 2x + 1^2 - 1^2 + 3)$ | bin. Formel anwenden
$y = 2[(x - 1)^2 + 2]$ | eckige Kl. ausmultiplizieren
$y = 2(x - 1)^2 + 4$

Die zugehörige Parabel hat den Scheitelpunkt $S(1 \mid 4)$. Sie ist nach oben geöffnet und gestreckt, ihr Schnittpunkt mit der y-Achse hat die Koordinaten $(0 \mid 6)$.

Mit dem TI-Nspire kann man eine allgemeine quadratische Funktion durch den Befehl *„completesquare(Term, Variable)"* in die Scheitelpunktsform überführen.

(Menü – Algebra – Quadratische Ergänzung)

completeSquare$(2 \cdot x^2 - 4 \cdot x + 6, x)$ $\quad 2 \cdot (x-1)^2 + 4$

Erste Schritte

1. Untersuche die Funktionen ①, ② und ③ ohne CAS-Rechner:
① $y = 3x^2 - 7x + 2$ ② $y = -0{,}5x^2 - 3x + 1{,}5$ ③ $y = 2x^2 - 6x - 5$

a) Ermittle jeweils die Funktionswerte y_1, y_2 und y_3 für $x_1 = 2$; $x_2 = 0$ und $x_3 = -1$.

b) Beschreibe, welche Eigenschaften der zugehörigen Parabel sich direkt aus der allgemeinen Form der Funktionsgleichung ablesen lassen.

c) Entwickle für jede Funktionsgleichung die Scheitelpunktsform
Gib die Koordinaten des Scheitelpunktes an und skizziere den zugehörigen Graphen.

2. Ermittle die Scheitelpunkte folgender Funktionen mit deinem CAS-Rechner:

a) $y = 2x^2 + 10x + 12$ b) $y = \frac{1}{3}x^2 - 3x + 10$ c) $y = -4x^2 + 16x$

d) $y = -4x^2 + 16$ e) $y = 2 \cdot (x - 2)(x - 4)$ f) $y = \frac{1}{4}x^2 - 0{,}25x + 0{,}06$

3. Fertige eine Zeichnung des Funktionsgraphen an. Wie bist du vorgegangen? Worauf sollte man deiner Meinung nach beim Lösen der Aufgaben achten?

a) $y = \frac{1}{2}x^2 + 4x + 6$ b) $y = 4x^2 - 8x$ c) $y = -3x^2 + 12x + 15$

Weiterführende Aufgaben

1. Gib jeweils die Gleichung einer Funktion der Form $y = f(x) = x^2 + p \cdot x + q$ mit folgenden Eigenschaften an. Erläutere dein Vorgehen.

a) Die Nullstellen sind $x_1 = 0$ und $x_2 = 2$.

b) $S(0 \mid -4)$ ist der Scheitelpunkt der Parabel.

c) Es gilt: $f(0) = 1$, eine Nullstelle ist $x_1 = -1$

d) Es gilt: $f(0) = -1$, eine Nullstelle ist $x_1 = -4$

e) Es gilt: $f(0) = 0$, eine Nullstelle ist $x_1 = -4$

f) Es gilt: $f(0) = 0$, eine Nullstelle ist $x_1 = 4$

g) Die Nullstellen sind $x_1 = 2$ und $x_2 = 4$.

h) $S(0 \mid 0)$ ist der Scheitelpunkt der Parabel.

2. a) Gib die Funktionsgleichungen für die Graphen f_1, f_2, f_3 und f_4 an.

b) Lies die Koordinaten der Scheitelpunkte näherungsweise ab.

c) Lies die Nullstellen der Funktionen näherungsweise ab.

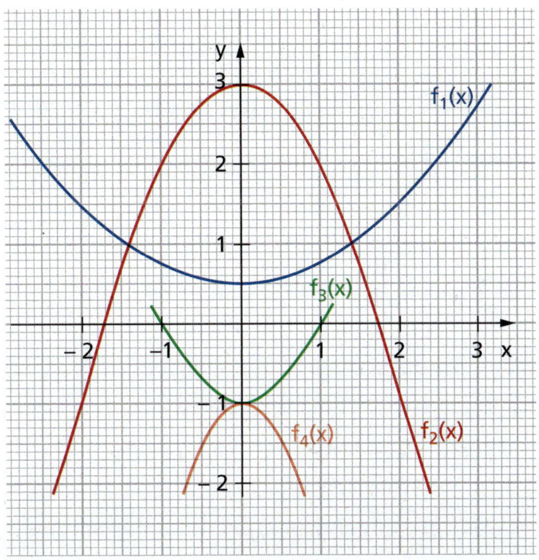

3. Gib die Scheitelpunktskoordinaten der folgenden Funktionen an. Skizziere dann die Graphen in einem gemeinsamen Koordinatensystem.

a) $y = x^2 + 2x - 3$

b) $y = x^2 - 4x + 5$

c) $y = 2x^2 - 5x + 4$

4. a) Gib jeweils den kleinsten Funktionswert an.

$y = f_1(x) = x^2 - 10x - 11$ $\quad y = f_2(x) = x^2 + 6x - 16$ $\quad y = f_3(x) = x^2 - 5x + 6$

$y = f_4(x) = (x + 2)^2 - (x + 2)$ $\quad y = f_5(x) = (x + 1)(x - 3)$ $\quad y = f_6(x) = (x - 1)(x + 3)$

b) Entscheide, welche Argumente zu den kleinsten Funktionswerten gehören.

5. Gib jeweils die Gleichung einer Funktion $y = f(x) = x^2 + px + q$ mit folgender Eigenschaft an.

a) Der Scheitelpunkt der zugehörigen Normalparabel liegt bei $S(4 \mid -3)$.

b) Die Funktion hat Nullstellen bei $x_1 = 5$ und $x_2 = 7$.

c) Der Scheitelpunkt hat den Funktionswert 2.

d) Die Parabel schneidet die y-Achse im Punkt $P(0 \mid 6)$.

e) Der Scheitelpunkt ist der Koordinatenursprung.

6. Stelle die folgenden Produkte in Abhängigkeit von der gewählten Zahl x sowohl in Form einer Gleichung als auch zeichnerisch mithilfe eines Funktionsgraphen dar. Untersuche dann, ob es eine Zahl x gibt, für die das Produkt am kleinsten bzw. am größten wird. Denke dir ähnliche Aufgaben aus, lasse diese von deinem Mitschüler lösen und kontrolliere die Lösungen danach.

a) das Produkt aus einer Zahl x und einer um 4 kleineren Zahl

b) das Produkt aus einer Zahl x und einer um 6 größeren Zahl

c) das Produkt aus der um 4 kleineren und der um 6 größeren Zahl einer Zahl x

d) das Produkt aus der um 6 kleineren und der um 4 größeren Zahl einer Zahl x

Absatz-Preis-Funktion – Preis-Absatz-Funktion

Die Marketingleiterin der Firma *Bio-Saftig* macht sich Sorgen um den Absatz. Sie untersucht den Absatz in sieben verschiedenen Geschäften. Die Tabelle zeigt das Ergebnis dieser Untersuchung.

Es ist ein Zusammenhang zwischen dem Preis pro Flasche und der durchschnittlich pro Monat abgesetzten Menge erkennbar. Der Filialleiter des Discounters präsentiert stolz seine hohen Absatzzahlen. Macht er das zu Recht?

Geschäft	Flaschenpreis	Absatz
Discount	0,68 €	260 Flaschen
Supermarkt	0,98 €	218 Flaschen
Kaufhaus	1,19 €	223 Flaschen
Kaufhaus	1,29 €	219 Flaschen
Dorfladen	1,58 €	156 Flaschen
Kiosk	1,99 €	116 Flaschen
Bioladen	2,39 €	80 Flaschen

1. Erstellt ein Plakat, auf dem die Werte aus der Tabelle in einem Koordinatensystem dargestellt werden. Tragt dazu die Absatzzahlen auf der y-Achse (Ordinatenachse) ab. Beschreibt dann den Zusammenhang zwischen dem Preis pro Flasche und der Absatzmenge sowohl qualitativ als auch quantitativ.

Zur Analyse der Beziehung zwischen dem Preis pro Flasche und dem Absatz verwendet man sogenannte **Absatz-Preis-Funktionen.**

Die Abbildung zeigt (rot eingezeichnet) den Graphen einer solchen Funktion: $A(P) = 330 - 104 \cdot P$

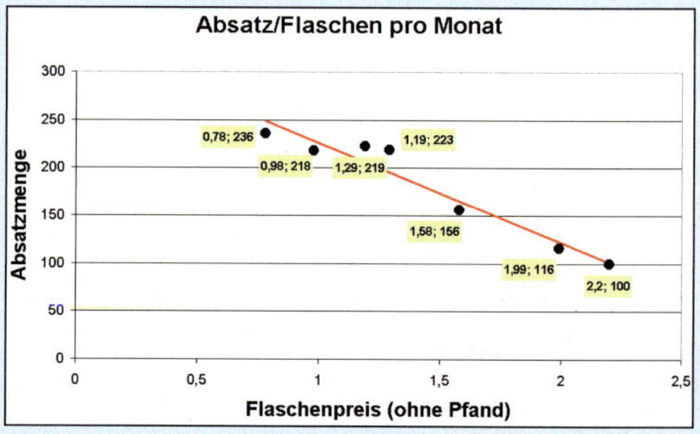

2. Beschreibt, was die Absatz-Preis-Funktion und die zugehörige Gleichung besagen.

3. Zeichnet den Graphen zu der linearen Absatz-Preis-Funktion in euer Plakat.

4. Die Marketingleiterin überlegt: „Wenn das stimmt, was ich hier sehe, kann man für mehr als 3,17 € pro Flasche nichts mehr verkaufen und auch geschenkt gehen nicht mehr als 330 Flaschen weg." Wie kommt die Marketingleiterin zu ihrer Einschätzung? Könnt ihr diese Zahlen bestätigen oder widerlegen?

Die **Preis-Absatz-Funktion** $P(A) = \frac{330 - A}{104}$ beschreibt umgekehrt, welchen Ladenpreis ein Händler nehmen muss, wenn er einen bestimmten Absatz erreichen möchte.

Hier könnt ihr sofort erkennen, dass ein Absatz von 330 Flaschen nur für den Preis P = 0 € erreichbar ist.

5. Berechnet den „Grenzpreis" für den Flaschenmarkt, in den kein Apfelsaft mehr abgesetzt werden kann.

6. Überlegt, wie man die Preis-Absatz-Funktion aus der Absatz-Preis-Funktion berechnet und umgekehrt.

Umsatz = Absatz · Preis

Lohnt sich das Geschäft?

Um zu beschreiben, wie viel Euro bei dem Geschäft den Besitzer wechseln, reicht die Absatzzahl allein nicht aus. Die Anzahl der abgesetzten Flaschen multipliziert mit dem Preis pro Flasche ergibt den Umsatz:

$U = A \cdot P$

Setzt du für P die **Preis-Absatz-Funktion** ein, so erhältst du eine Formel, mit der du den Umsatz ausrechnen kannst:

$U(A) = \frac{A \cdot (330 - A)}{104}$, U(A) ist der Umsatz als Funktion des Absatzes.

Sofort ablesbar ist, dass für zwei unterschiedliche Absatzwerte der Umsatz auf 0 fällt.

7. Wie kommt man auf diese Gleichung?

Gewinn = Umsatz – Kosten

Auch die Firma *Bio-Saftig* kann den Apfelsaft nicht kostenlos erzeugen. Sie verkauft die Flaschen zum Erzeugerpreis an die Händler: Rohstoffe (z. B. Energie und Äpfel) kosten 50 Cent pro Flasche. Addierst du dazu die monatlichen Betriebskosten der Händler (hier im Beispiel 80 € pro Monat), so erhältst du die monatlichen Kosten der Händler (schwarze Linie im Bild rechts): $K(A) = 80 + 0{,}5 \cdot A$.

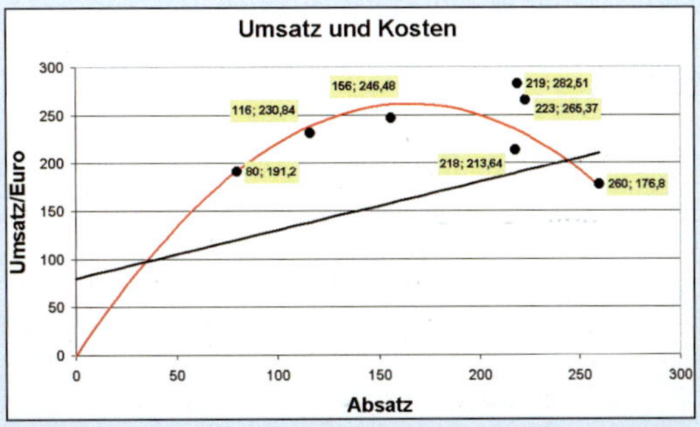

Die **Fixkosten** von 80 € fallen auch an, wenn nichts verkauft wird. Die **variablen Kosten** hängen vom Absatz ab. Je mehr abgesetzt wird, desto höher sind die variablen Kosten. Damit sich das Geschäft lohnt, muss der Umsatz über den Kosten liegen. Ist der Absatz $A = 0$, macht der Händler keinen Umsatz. Ist der Absatz zu groß, war der Ladenpreis zu niedrig. Auch in diesem Fall ist der Umsatz klein. In der Grafik sind Absatz und Umsatz der sieben Geschäfte zusammengestellt (die schwarzen Punkte).

Die rote Linie gehört zum Funktionsterm: $U(A) = \frac{A \cdot (330 - A)}{104}$

8. Wie viele Flaschen müssen die Geschäfte mindestens verkaufen und wie viele Flaschen darf man höchstens verkaufen, um in der Gewinnzone zu bleiben?

9. Bei welchem Absatz ist der Gewinn maximal?

10. Für welchen Preis ergibt sich nach dem Modell ein Umsatz von 250 €? Warum findest du zwei verschiedene Lösungen? Was haben diese Lösungen zu bedeuten?

11. Stellt euch vor, ihr seid Marketingberater. Was würdet ihr den unterschiedlichen Geschäftsführerinnen oder Geschäftsführern der Geschäfte raten? Warum braucht vor allem der Filialleiter des Discounters eure Hilfe?

3.2 Quadratische Gleichungen

Bei der „*Wüsten-Expeditions-Aufgabe*" auf der Seite 61 gelten die beiden nebenstehenden Gleichungen.
Es sind zwei Gleichungen mit jeweils zwei Unbekannten.
Ersetzt man in der 2. Gleichung die Variable v durch $\frac{120}{t}$ und vereinfacht die entstehende Gleichung, erhält man: $t^2 - t = 12$

1. Gleichung: $v = \frac{120}{t}$

2. Gleichung: $v + 10 = \frac{120}{t-1}$

$\frac{120}{t} + 10 = \frac{120}{t-1} \quad |\cdot t \cdot (t-1)$

$120 \cdot (t-1) + 10 \cdot t \cdot (t-1) = 120 \cdot t$

$t^2 - t = 12$

Ersetze in der 2. Gleichung die Variable t durch $\frac{120}{v}$ und vereinfache die Gleichung.

Zum Begriff „quadratische Gleichung"

Bei den folgenden Gleichungen tritt die Variable in der zweiten Potenz auf oder die Gleichung kann in eine Form gebracht werden, bei der eine Variable in der zweiten Potenz auftritt. Solche Gleichungen sind **quadratische Gleichungen** oder Gleichungen zweiten Grades.

1. $x^2 = 81$; $3x^2 + 4x = 7$; $200 = 2a^2 + 40a$; $t^2 - 21t = 0$
2. $x^2 - 2x + 3ax = 6a$ Wählt man x als Variable und a als Konstante, liegt eine quadratische Gleichung vor. Wählt man a als Variable und x als Konstante, liegt eine lineare Gleichung vor.
3. $(x + 13) \cdot x = 0$ umgeformt: $x^2 + 13x = 0$
   $\frac{x}{x-1} = x - 2$ umgeformt: $x^2 - 4x + 2 = 0 \quad (x \neq 1)$

Man unterscheidet folgende Formen quadratischer Gleichungen:
1. **Allgemeine Form** einer quadratischen Gleichung:
   $ax^2 + bx + c = 0$ mit $a; b; c \in \mathbb{R}$ und $a \neq 0$
2. **Normalform** einer quadratischen Gleichung:
   $x^2 + px + q = 0$ mit $p; q \in \mathbb{R}$

Dabei heißen die Glieder ax^2 und x^2 **quadratische Glieder,** bx und px **lineare Glieder** und c und p **absolute Glieder.**
Die Variablen a; b; c; p und q heißen **Parameter.**

Gleichung	Quadratisches Glied	Lineares Glied	Absolutes Glied
$2x^2 + 3x + 1,2 = 0$	$2x^2$	$3x$	$1,2$
$x^2 - 7x - 1 = 0$	x^2	$-7x$	-1

Beim Lösen quadratischer Gleichungen muss der Variablengrundbereich beachtet werden. Wird kein Grundbereich genannt, ist immer die größtmögliche Teilmenge der reellen Zahlen $\mathbb{R}$ gemeint.

Bei den folgenden Beispielen wird deutlich, wie viele Lösungen eine quadratische Gleichung haben kann:

Gleichung	$x^2 = 1$	$x^2 = 0$	$x^2 = -4$
Grundbereich	alle ganzen Zahlen	alle natürlichen Zahlen	alle reellen Zahlen
Lösung(en)	$x_1 = 1$ und $x_2 = -1$	$x = 0$	keine reelle Zahl
Lösungsmenge	$L = \{1; -1\}$	$L = \{0\}$	$L = \{\,\}$
Anzahl der Lösungen	zwei Lösungen	eine Lösung	keine Lösung

Hinweise:
- Quadratische Gleichungen können zwei Lösungen, genau eine oder keine Lösung besitzen.
- Im Bereich der natürlichen Zahlen hat z. B. die Gleichung $x^2 = 1$ nur die Lösungsmenge $L = \{1\}$.

Probiere es selbst:

Einige der folgenden quadratischen Gleichungen haben Lösungen.
Gib die Lösungen an oder begründe, warum es keine geben kann.

a) $x^2 = -9$ b) $a^2 = 144$ c) $z^2 + 144 = 0$
d) $10 + 2y^2 = 11 + y^2$ e) $y^2 - 36 = -11$ f) $11 + 2z^2 = 10 + z^2$

Inhaltliches Lösen quadratischer Gleichungen

Gleichungen der Form $(x + a)^2 = b$

Die Gleichung $x^2 = 49$ ist zur Gleichung $x \cdot x = 49$ äquivalent.

Es gilt: $7^2 = 7 \cdot 7 = 49$ und
$(-7)^2 = (-7) \cdot (-7) = 49$
Somit sind $x_1 = 7$ und $x_2 = -7$ Lösungen der Gleichung $x^2 = 49$.

Man schreibt kurz: $x_{1;2} = \pm 7$

Der Lösungsweg kann folgendermaßen aufgeschrieben werden:

$$x^2 = 49 \qquad |\sqrt{\;}$$
$$\sqrt{x^2} = \sqrt{49}$$
$$x_{1;2} = \pm\sqrt{49}$$
$$x_{1;2} = \pm 7$$
$$L = \{7; -7\}$$

Hinweis: $\sqrt{49}$ ist eindeutig 7. Die Gleichung $x^2 = 49$ ist aber für $x = 7$ oder für $x = -7$ wahr.
Sollten keine rationalen Lösungen möglich sein, sind auch Wurzelschreibweisen als Lösungsangaben zulässig. Aus $x^2 = 2$ ergibt sich z. B. die Lösungsmenge $L = \{\sqrt{2}; -\sqrt{2}\}$.
Bei Sachaufgaben können auch Näherungswerte wie $\sqrt{2} \approx 1{,}41$ verwendet werden.

Löse die folgenden beiden quadratischen Gleichungen und führe jeweils eine Probe durch:

1.

$(x+3)^2 = 64$

$x_{1;2} + 3 = \pm\sqrt{64}$

$x_{1;2} + 3 = \pm 8$

$x_{1;2} = -3 \pm 8$

$x_1 = -3 + 8 = 5$

$x_2 = -3 - 8 = -11$

Probe: $(5+3)^2 = 8^2 = 64$

$(-11+3)^2 = (-8)^2 = 64$

2.

$(x+2)^2 = 7$

$x_{1;2} + 2 = \pm\sqrt{7}$

$x_{1;2} = -2 \pm \sqrt{7}$

$x_1 = -2 + \sqrt{7}$

$x_2 = -2 - \sqrt{7}$

Probe: $(-2 + \sqrt{7} + 2)^2 = (\sqrt{7})^2 = 7$

$(-2 - \sqrt{7} + 2)^2 = (-\sqrt{7})^2 = 7$

Probiere es selbst:

1. Löse folgende Gleichungen. Gib die Lösungen exakt an.

a) $x^2 = 5$ b) $x^2 - 10 = 0$ c) $3x^2 - 60 = 0$ d) $2x^2 = 19$ e) $4x^2 - 5 = -2$

2. Löse folgende Gleichungen. Runde die Ergebnisse auf zwei Dezimalstellen.

a) $x^2 = 8$ b) $2x^2 = 9$ c) $x^2 - 5 = 10$ d) $x^2 + 1 = 0$ e) $6x^2 - 4 = 10$

3. Hier wird es unübersichtlich. Stelle deine Ergebnisse auf die Probe.

a) $(x-2)^2 = 9$ b) $(x+7)^2 = 36$ c) $(x-1)^2 = 1$ d) $\left(x - \frac{1}{2}\right)^2 = \frac{9}{4}$ e) $(x+7)^2 = -16$

4. Prüfe und begründe, ob es mehr als eine Lösung gibt. Gib die Lösungsmengen an.

a) $(x-9)^2 - 1 = 0$ b) $2{,}89 - (x - 0{,}5)^2 = 0$ c) $5(x-2)^2 + 3 = 23$ d) $2(x-3)^2 = 18$

Quadratische Gleichungen in Produktform

Die Gleichungen $x \cdot (x+5) = 0$ und $(x+11) \cdot (x-3) = 0$ haben die Form $T_1 \cdot T_2 = 0$. Damit ein Produkt zweier Terme gleich 0 ist, muss (mindestens) einer der Faktoren gleich 0 sein. Somit lassen sich die Gleichungen $x \cdot (x+5) = 0$ und $(x+11) \cdot (x-3) = 0$ folgendermaßen lösen:

Ein Produkt ist 0, wenn mindestens ein Faktor 0 ist.
Da beide Faktoren zu untersuchen sind, müssen immer zwei Fälle untersucht werden.

$x \cdot (x+5) = 0$

↙ $x_1 = 0$

↘ $x_2 + 5 = 0$, $x_2 = -5$

$(x+11) \cdot (x-3) = 0$

↙ $x_1 + 11 = 0$, $x_1 = -11$

↘ $x_2 - 3 = 0$, $x_2 = 3$

Probe: $0 \cdot (0+5) = 0 \cdot 5 = 0$

$-5 \cdot (-5+5) = -5 \cdot 0 = 0$

$(-11+11) \cdot (-11-3) = 0 \cdot (-14) = 0$

$(3+11) \cdot (3-3) = 14 \cdot 0 = 0$

Hinweis:
Eine Probe ist wichtig. Sie muss nicht immer schriftlich, sie kann auch im Kopf erfolgen.

Durch Ausklammern eines gemeinsamen Faktors können manche Gleichungen in die Form $T_1 \cdot T_2 = 0$ gebracht werden.

Löse folgende Gleichungen: $x^2 + 8x = 0$ bzw. $2x^2 - 6x = 0$

1.

$$x^2 + 8x = 0$$
$$x \cdot (x + 8) = 0$$

$x_1 = 0$ $\qquad$ $x_2 + 8 = 0$, $x_2 = -8$

Probe: $0^2 + 8 \cdot 0 = 0 + 0 = 0$

$(-8)^2 + 8 \cdot (-8) = 64 - 64 = 0$

2.

$$2x^2 - 6x = 0$$
$$x \cdot (2x - 6) = 0$$

$x_1 = 0$ $\qquad$ $2x_2 - 6 = 0$, $x_2 = 3$

$2 \cdot 0^2 - 6 \cdot 0 = 0 - 0 = 0$

$2 \cdot 3^2 - 6 \cdot 3 = 18 - 18 = 0$

Wenn $T_1 = T_2$ ist, dann gilt $T_1 = T_2 = 0$

In diesem Fall gilt: $x_1 = x_2$

Man spricht von einer „Doppellösung".

$$(x + 13)^2 = 0$$
$$(x + 13)(x + 13) = 0$$

$x_1 + 13 = 0$, $x_1 = -13$ $\qquad$ $x_2 + 13 = 0$, $x_2 = -13$

$x_1 = x_2 = -13$ (Doppellösung)

Probe: $(-13 + 13)^2 = 0$

$0^2 = 0$

$0 = 0$

$$(x - 13)^2 = 0$$
$$(x - 13)(x - 13) = 0$$

$x_1 - 13 = 0$, $x_1 = 13$ $\qquad$ $x_2 - 13 = 0$, $x_2 = 13$

$x_1 = x_2 = 13$ (Doppellösung)

Probe: $(13 - 13)^2 = 0$

$0^2 = 0$

$0 = 0$

Erste Schritte

1. Alle Lösungen sind gefragt. Eine Lösung gibt es immer. Welche?

a) $x^2 = 7x$ b) $a^2 = -13a$ c) $b^2 = 0{,}4b$ d) $c^2 = -3{,}6c$

e) $d^2 = 4711d$ f) $e^2 - 45e = 0$ g) $f^2 + 2{,}3f = 0$ h) $7{,}3g + g^2 = 0$

i) $-3{,}7h - h^2 = 0$ j) $-9{,}2i + i^2 = 0$ k) $18j - 6j^2 = 0$ l) $-7{,}2k + 8k^2 = 0$

2. Löse die Gleichungen und beschreibe dein Vorgehen.

a) $x^2 - 5x = 0$ b) $5x + x^2 = 0$ c) $5x - x^2 = 0$ d) $x^2 + 5x = 0$

e) $8x^2 - 4x = 0$ f) $2x^2 - 10x = x^2 - 5x$ g) $4x^2 - 15x = x^2 - 6x$ h) $2a^2 + a = a^2 + a$

3. Es geht auch umgekehrt. Konstruiere zu den Lösungsmengen passende Gleichungen.

a) $L = \{0; 1\}$ b) $L = \{0; -1\}$ c) $L = \{0; 9\}$ d) $L = \{0; -9\}$ e) $L = \{0\}$

4. Erfindet selbst quadratische Gleichungen und lasst diese von anderen Personen lösen.

a) Eine Lösung ist $x = 1$. b) Es gibt keine Lösung. c) Lösungsmenge $L = \{0; -1\}$

Weiterführende Aufgaben

1. Löse folgende Gleichungen mit der Regel:
„Ein Produkt ist 0, wenn mindestens einer der Faktoren gleich 0 ist."

a) $(x+2)(x-3)=0$ b) $(x+7)(x+2{,}3)=0$ c) $(x-1{,}2)(x+2{,}1)=0$
d) $(x-3{,}4)(x-4{,}5)=0$ e) $(2x+7)(3x-11)=0$ f) $(5x-2)(2x-5)=0$
g) $(3x-2)(4x+3)(5x-4)=0$ h) $(x-7)(x+3{,}7)(x-4{,}6)(x+13)=0$

2. Prüfe, ob die angegebenen Lösungsmengen zu den Gleichungen gehören. Begründe.

a) $x^2+17x=0$, $L=\{0; -17\}$
b) $3x^2+x=0$, $L=\{0; 1\}$
c) $4x^2+8x=0$, $L=\{0; -8\}$
d) $4x^2-8x=0$, $L=\{0; 8\}$
e) $\frac{x^2}{2}-\frac{x}{4}=0$, $L=\left\{0; \frac{1}{2}\right\}$

3. Gib zur jeweiligen Lösungsmenge eine dazugehörige quadratische Gleichung an.

a) $L=\{0; 6\}$ b) $L=\{1{,}5; 0\}$ c) $L=\{-1; 1\}$ d) $L=\{2\}$ e) $L=\{-4{,}5\}$

4. Löse folgende Gleichungen inhaltlich:

a) $(x-2)(x+3)=0$ b) $(x-1)^2=0$ c) $(x+7)^2=0$
d) $(x-0{,}5)(x-4{,}5)=0$ e) $\left(x+\frac{1}{2}\right)\left(x-\frac{9}{2}\right)=0$ f) $(x-2)(x-2)=0$

5. Der Flächeninhalt eines Rechtecks beträgt 512 cm^2. Eine Rechteckseite ist doppelt so lang wie die andere Seite. Wie lang sind die Seiten des Rechtecks?

6. Welche Zahlen erfüllen jeweils die folgenden Bedingungen:

a) Addiert man zum Quadrat einer natürlichen Zahl die Zahl 111, so erhält man 400.
b) Subtrahiert man vom Quadrat einer ganzen Zahl die Zahl 87, so erhält man 274.
c) Multipliziert man das Dreifache einer Zahl mit ihrem Siebenfachen, so erhält man 336.

7. Manche Aufgaben haben keine Lösung.

a) Gehört $x^2=0$ dazu? b) $x^2+9=0$ gehört dazu. Erkläre warum.
c) Erkläre, warum $x^2-ax=0$ immer eine Lösung hat.

8. Grafisches Lösen quadratischer Gleichungen:

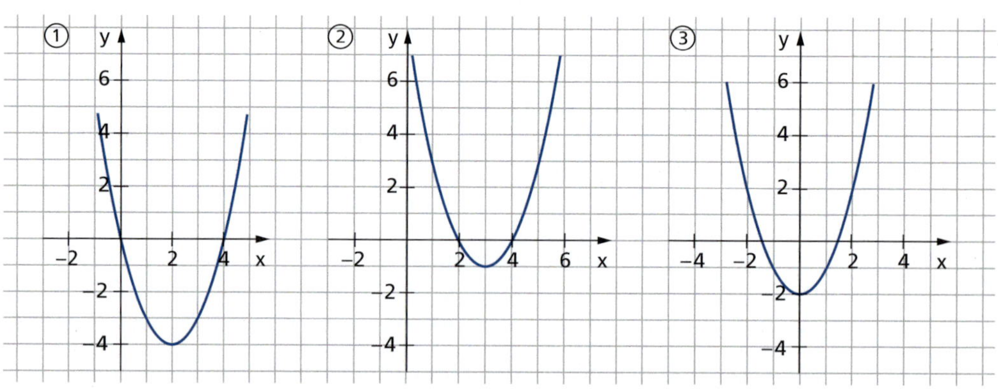

Die Grafiken gehören zu den folgenden quadratischen Gleichungen.
Entscheide und begründe, welche Gleichung zu welcher Grafik gehört.

a) $(x-3)^2=1$ b) $x^2=2$ c) $x\cdot(x-4)=0$

Inhaltliches Lösen quadratischer Gleichungen mithilfe binomischer Formeln

Gleichungen, die sowohl quadratische, lineare und absolute Glieder enthalten, lassen sich oft durch das Anwenden binomischer Formeln z. B. in Gleichungen der Form $(x + a)^2 = b$ mit $a; b \in \mathbb{R}$ umformen und lösen.

1. $x^2 + 10x + 25 = 0$ | Anwenden der binomischen Formel $a^2 + 2ab + b^2 = (a + b)^2$
   $(x + 5)^2 = 0$ | Produktdarstellung verwenden
   $(x + 5)(x + 5) = 0$ | Lösen durch inhaltliche Überlegungen
   $x_1 = x_2 = -5$

   Probe: $(-5)^2 + 10 \cdot (-5) + 25 = 25 - 50 + 25 = 0$

2. $x^2 + 5x + \frac{25}{4} = \frac{1}{4}$ | Anwenden der binomischen Formel $a^2 + 2ab + b^2 = (a + b)^2$
   $\left(x + \frac{5}{2}\right)^2 = \frac{1}{4}$ | $\sqrt{\ }$; Fallunterscheidung
   $\left(x_{1;2} + \frac{5}{2}\right) = \pm\sqrt{\frac{1}{4}}$
   $x_{1;2} + \frac{5}{2} = \pm\frac{1}{2}$ | $-\frac{5}{2}$
   $x_{1;2} = -\frac{5}{2} \pm \frac{1}{2}$
   $x_1 = -\frac{5}{2} + \frac{1}{2} = -\frac{4}{2} = -2$
   $x_2 = -\frac{5}{2} - \frac{1}{2} = -\frac{6}{2} = -3$

   Probe: $(-2)^2 + 5 \cdot (-2) + \frac{25}{4} = 4 - 10 + \frac{25}{4} = -6 + \frac{25}{4} = -\frac{24}{4} + \frac{25}{4} = \frac{1}{4}$
   $(-3)^2 + 5 \cdot (-3) + \frac{25}{4} = 9 - 15 + \frac{25}{4} = -6 + \frac{25}{4} = -\frac{24}{4} + \frac{25}{4} = \frac{1}{4}$

Bei einigen Gleichungen kann die binomische Formel erst nach mehreren Umformungsschritten angewendet werden. Dazu ergänzt man gezielt eine passende Zahl so, dass danach eine binomische Formel zutrifft. Diese Zahl heißt **quadratische Ergänzung.** (vgl. Seite 78)

$x^2 + 3x + 2 = 0$ | -2
$x^2 + 3x = -2$ | $+\left(\frac{3}{2}\right)^2$ (quadratische Ergänzung)
$x^2 + 3x + \left(\frac{3}{2}\right)^2 = -2 + \left(\frac{3}{2}\right)^2$ | Anwenden der binomischen Formel $a^2 + 2ab + b^2 = (a + b)^2$
$\left(x + \frac{3}{2}\right)^2 = \frac{1}{4}$ | $\sqrt{\ }$; Fallunterscheidung
$\left(x_{1;2} + \frac{3}{2}\right) = \pm\sqrt{\frac{1}{4}}$
$x_{1;2} + \frac{3}{2} = \pm\frac{1}{2}$ | $-\frac{3}{2}$
$x_{1;2} = -\frac{3}{2} \pm \frac{1}{2}$
$x_1 = -\frac{3}{2} + \frac{1}{2} = -\frac{2}{2} = -1$
$x_2 = -\frac{3}{2} - \frac{1}{2} = -\frac{4}{2} = -2$

Probe: $(-1)^2 + 3 \cdot (-1) + 2 = 1 - 3 + 2 = 0$
$(-2)^2 + 3 \cdot (-2) + 2 = 4 - 6 + 2 = 0$

Lösungsformel für quadratische Gleichungen

Das Verfahren der quadratischen Ergänzung kann auf die Normalform quadratischer Gleichungen $x^2 + px + q = 0$ mit $p; q \in \mathbb{R}$ angewendet werden.

$$x^2 + px + q = 0 \qquad | -q$$

$$x^2 + px = -q \qquad | + \left(\frac{p}{2}\right)^2 \text{ (quadratische Ergänzung)}$$

$$x^2 + px + \left(\frac{p}{2}\right)^2 = \left(\frac{p}{2}\right)^2 - q \qquad | \text{ Anwenden der binomischen Formel } a^2 + 2ab + b^2 = (a + b)^2$$

$$\left(x + \frac{p}{2}\right)^2 = \left(\frac{p}{2}\right)^2 - q \qquad | \sqrt{}\text{; Fallunterscheidung}$$

$$x_{1;2} + \frac{p}{2} = \pm\sqrt{\left(\frac{p}{2}\right)^2 - q} \qquad | -\frac{p}{2}$$

$$x_{1;2} = -\frac{p}{2} \pm \sqrt{\left(\frac{p}{2}\right)^2 - q}$$

$$x_1 = -\frac{p}{2} + \sqrt{\left(\frac{p}{2}\right)^2 - q} \qquad x_2 = -\frac{p}{2} - \sqrt{\left(\frac{p}{2}\right)^2 - q}$$

Quadratische Gleichungen der Form $x^2 + px + q = 0$ mit den Parametern $p; q \in \mathbb{R}$ haben folgende Lösungen:

- $x_{1;2} = -\frac{p}{2} \pm \sqrt{\left(\frac{p}{2}\right)^2 - q}$ für $\left(\frac{p}{2}\right)^2 - q \geq 0$
- $x_1 = x_2 = -\frac{p}{2}$ für $\left(\frac{p}{2}\right)^2 - q = 0$
- keine reellen Lösungen für $\left(\frac{p}{2}\right)^2 - q < 0$

Die Gleichung $x_{1;2} = -\frac{p}{2} \pm \sqrt{\left(\frac{p}{2}\right)^2 - q}$ heißt **Lösungsformel** für quadratische Gleichungen in Normalform. Der Term $\left(\frac{p}{2}\right)^2 - q$ heißt **Diskriminante** (lat. *discriminare* – entscheiden).
Die Diskriminante wird mit **D** abgekürzt.

Folgende Lösungsschritte sind beim Lösen quadratischer Gleichungen sinnvoll (vgl. Seite 78):

Schritte	**Beispiel**
1. Gleichung in Normalform bringen	$2x^2 - 12x - 32 = 0 \quad |:2$ $x^2 - 6x - 16 = 0$
2. Belegung der Parameter p und q bestimmen	$p = -6;\; q = -16$
3. Werte der Terme $-p$; $-\frac{p}{2}$ und $\left(\frac{p}{2}\right)^2$ berechnen	$-p = 6;\; -\frac{p}{2} = 3;\; \left(\frac{p}{2}\right)^2 = 9$
4. Diskriminante untersuchen	$D = \left(\frac{p}{2}\right)^2 - q = 9 - (-16) = 25$ $25 > 0$ (Es gibt zwei Lösungen.)
5. Werte in die Lösungsformel einsetzen und Lösungsformel vereinfachen	$x_{1;2} = -\frac{p}{2} \pm \sqrt{\left(\frac{p}{2}\right)^2 - q}$ $x_1 = 3 + \sqrt{25} = 8;\quad x_2 = 3 - \sqrt{25} = -2$
6. Probe an der Ausgangsgleichung durchführen	$2 \cdot 8^2 - 12 \cdot 8 - 32 = 128 - 96 - 32 = 0$ $2 \cdot (-2)^2 - 12 \cdot (-2) - 32 = 8 + 24 - 32 = 0$

Erste Schritte

1. Gib jeweils sowohl p als auch q an und löse folgende Gleichungen mithilfe der Lösungsformel:

a) $x^2 + 5x + 6 = 0$ b) $x^2 + x - 12 = 0$ c) $x^2 + 3x - 10 = 0$

d) $x^2 - 2x - 24 = 0$ e) $x^2 - 12x + 11 = 0$ f) $x^2 + 9x + 20 = 0$

g) $x^2 + x - 56 = 0$ h) $x^2 + 12x + 35 = 0$ i) $x^2 - 24x + 143 = 0$

2. Löse folgende Gleichungen:

a) $x^2 + 17x + 72 = 0$ b) $x^2 + 4x - 5 = 0$ c) $x^2 + 6x - 7 = 0$

d) $x^2 - 6x + 9 = 0$ e) $x^2 - \frac{5}{4}x + \frac{3}{8} = 0$ f) $x^2 + \frac{1}{5}x - \frac{3}{100} = 0$

g) $x^2 - 2x + 0{,}75 = 0$ h) $x^2 - 6{,}5x - 7{,}5 = 0$ i) $x^2 - \frac{3}{5}x + \frac{2}{25} = 0$

3. Löse folgende Gleichungen. Forme zuerst in die Normalform um.

a) $x^2 - 3x = 4$ b) $x^2 = x + 20$ c) $x^2 + 2 = 3x$

d) $3x^2 + 6x + 3 = 0$ e) $4x^2 + 12x + 8 = 0$ f) $8x^2 - 2x = 1$

Weiterführende Aufgaben

1. Wo steckt der Fehler?

a) $x^2 + 5x - 14 = 0$

$x_{1;2} = -\frac{5}{2} \pm \sqrt{\frac{25}{4} + 14}$

$x_{1;2} = -\frac{5}{2} \pm \frac{9}{2}$

$x_1 = 2;\ x_2 = -7$

b) $x^2 + 16x + 64 = 0$

$x_{1;2} = -8 \pm \sqrt{8 - 64}$

$x_{1;2} = -8 \pm \sqrt{-56}$

$L = \{\,\}$

2. Löse die folgenden Gleichungen mit deinem CAS-Rechner:

a) $\frac{1}{3}x^2 - 2x + 2 = 0$ b) $-3x^2 + 6\sqrt{2} \cdot x + 3 = 0$ c) $\frac{x^2}{2} = 12 - x$

d) $3x - \frac{1}{2}x^2 = -4$ e) $-3x^2 + 0{,}9x - 0{,}06 = 0$ f) $-4x^2 + 5x - \frac{3}{2} = 0$

3. Bestimme den Wert der Diskriminante. Wie viele Lösungen besitzt jede der Gleichungen?

a) $x^2 + 5x + 6 = 0$ b) $x^2 - 22x + 121 = 0$ c) $x^2 + x - 90 = 0$

d) $x^2 + 12x + 20 = 0$ e) $x^2 - 7x + 12{,}5 = 0$ f) $x^2 + x + 1 = 0$

4. Bestimme den Parameter q so, dass jede Gleichung genau eine Doppellösung besitzt.

a) $x^2 + 6x + q = 0$ b) $x^2 - 5x + q = 0$ c) $x^2 + 2x + q = 0$

d) $x^2 + 14x + q = 0$ e) $x^2 - 8x + q = 0$ f) $x^2 + x + q = 0$

5. Für welche Werte von p hat die Gleichung $x^2 + px + 10 = 0$ die folgende Lösungsanzahl:

a) zwei Lösungen b) genau eine Lösung c) keine Lösung

6. Gib die Lösungen der Gleichungen in Abhängigkeit von den Parametern a bzw. b an. Gib jeweils eine Belegung der Parameter so an, dass die Gleichung ganzzahlige Lösungen hat.

a) $6x^2 - ax - a^2 = 0$ b) $x^2 - 4a^2x - 5a^4 = 0$ c) $ax^2 + b^2 = bx^2 + a^2$

7. Ordne den Lösungspaaren 1 und 4; 2 und 7; 3 und 5; 6 und 8; 9 und 10 die Gleichungen zu:

a) $x^2 - 8x + 15 = 0$ b) $x^2 - 9x + 14 = 0$ c) $x^2 + 2x - 24 = 0$

d) $x^2 - 19x + 90 = 0$ e) $x^2 - 14x + 48 = 0$

3.3 Probleme mit quadratischen Funktionen und Gleichungen lösen

Probleme aus der Geometrie

1. Der Flächeninhalt eines Rechtecks beträgt 775 cm^2. Eine Seite ist um 6 cm kürzer als die andere Seite. Wie lang sind die Seiten des Rechtecks?

2. Eine Kathete eines rechtwinkligen Dreiecks ist 4 cm länger als die andere Kathete.
Der Flächeninhalt des Dreiecks beträgt 58,5 cm^2.
Wie lang sind die Katheten des Dreiecks?

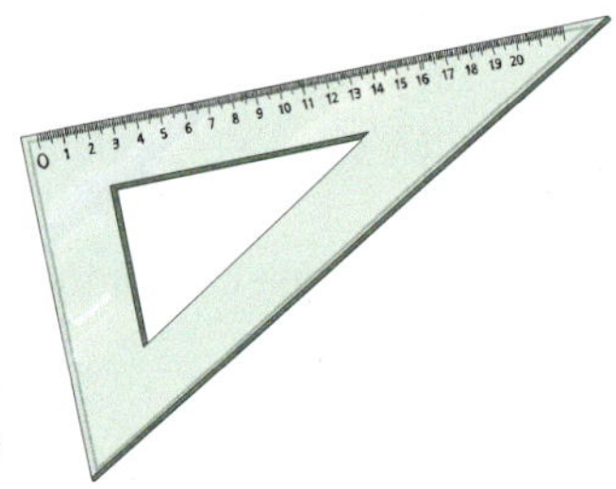

3. Ein rechtwinkliges Dreieck besitzt einen Flächeninhalt von 87,5 cm^2. Die eine Kathete ist um 1,5 cm kürzer als die andere Kathete. Wie lang sind die Katheten des Dreiecks?

4. Verlängert man eine Seite eines Quadrates um 3,0 cm und verkürzt die andere Seite um 5,0 cm, so entsteht ein Rechteck mit einem Flächeninhalt von 513 cm^2.
Gib die Seitenlänge des ursprünglichen Quadrates an.

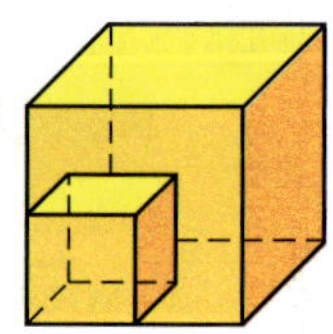

5. Verkürzt man alle Kanten eines Würfels um 3,0 cm, so verkleinert sich seine Oberfläche um 450 cm^2.
Gib die Kantenlänge des ursprünglichen Würfels an.

6. Wie lang sind die Seiten eines Rechtecks mit einem Umfang von 64,0 cm und einem Flächeninhalt von 247 cm^2?

7. Bei einem Kreis wird die Länge des Radius um 7 cm vergrößert.
Der Flächeninhalt des dadurch entstandenen Kreises beträgt 408 cm^2.
a) Berechne die Länge vom Radius des ursprünglichen Kreises und erläutere dein Vorgehen.
b) Wie ändert sich der Flächeninhalt eines Kreises, wenn sein Radius verdoppelt wird?

8. Aus einem 110 cm langen Draht soll ein Rechteck so gebogen werden, dass sein Flächeninhalt 750 cm^2 beträgt. Wie lang sind die Seiten des Rechtecks?

9. An einer Mauer soll ein rechteckiger Garten angelegt werden. Zu seiner Einzäunung stehen 32,00 m Maschendraht zur Verfügung. Wie erzielt man eine möglichst große Gartenfläche?
a) Berechne die Gartenfläche für verschiedene Abmessungen des Gartens. Welche maximale Fläche vermutest du?
b) Ermittle den maximalen Wert der Gartenfläche durch Rückführung auf die Bestimmung des Scheitelpunktes einer quadratischen Funktion.

10. Aus einem 120 cm langen Draht sollen zwei Quadrate so gebogen werden, dass ihre Flächeninhalte zusammen 468 cm^2 betragen. Wie lang sind die Seiten der beiden Quadrate?

Quadratische Gleichungen mit einem CAS-Rechner lösen

Quadratische Gleichungen können mithilfe der Lösungsformel gelöst werden.

$$x_{1;2} = -\frac{p}{2} \pm \sqrt{\left(\frac{p}{2}\right)^2 - q}$$

Dazu müssen die Gleichungen gegebenenfalls in die Normalform $x^2 + p \cdot x + q = 0$ gebracht werden.

Beispiel:

$$2x^2 = 6x + \frac{7}{2} \qquad \left| -6x - \frac{7}{2}\right.$$

$$2x^2 - 6x - \frac{7}{2} = 0 \qquad |:2$$

$$x^2 - 3x - \frac{7}{4} = 0 \qquad |\text{ Lösungsformel}$$

$$x_{1;2} = -\frac{p}{2} \pm \sqrt{\left(\frac{p}{2}\right)^2 - q} = -\frac{-3}{2} \pm \sqrt{\left(\frac{-3}{2}\right)^2 - \frac{-7}{4}}$$

$$x_{1;2} = \frac{3}{2} \pm 2 \quad \rightarrow \quad x_1 = -\frac{1}{2} \text{ und } x_2 = \frac{7}{2}$$

Mit dem Befehl *solve(Gleichung, Variable)* (enter) des CAS-Rechners können quadratische Gleichungen gelöst werden, ohne diese vorher in die Normalform umzustellen.

Mit (ctrl) (enter) werden die Lösungen als Dezimalzahlen angezeigt.

$$\text{solve}\left(2\cdot x^2=6\cdot x+\frac{7}{2},x\right) \qquad x=\frac{-1}{2} \text{ or } x=\frac{7}{2}$$

$$\text{solve}\left(2\cdot x^2=6\cdot x+\frac{7}{2},x\right) \qquad x=-0.5 \text{ or } x=3.5$$

Der *„solve-Befehl"* kann unter Umständen auch unübliche Darstellungen der Lösungen erzeugen. Die nebenstehend dargestellte Lösung der Gleichung $x^2 + p \cdot x + q = 0$ ist ein Beispiel dafür. Die Lösungsdarstellung des CAS-Rechners weicht hier von der oben angegebenen Lösungsformel für quadratische Gleichungen in Normalform ab .

$$\text{solve}\left(x^2+p\cdot x+q=0,x\right)$$

$$x=\frac{\sqrt{p^2-4\cdot q}-p}{2} \text{ or } x=\frac{-\left(\sqrt{p^2-4\cdot q}+p\right)}{2}$$

Die Gleichwertigkeit solcher unterschiedlich aussehender Terme kann man z. B. dadurch überprüfen, dass man ihre Differenz bildet. Wenn diese den Wert 0 ergibt, sind die Terme gleichwertig. Ist die Differenz von 0 verschieden, sind die Terme nicht gleichwertig.

Im nebenstehenden Bild ist zu erkennen, dass der Term $\frac{\sqrt{p^2 - 4q} - p}{2}$ gleichwertig zum Term $-\frac{p}{2} + \sqrt{\left(\frac{p}{2}\right)^2 - q}$ ist, aber nicht gleichwertig zum Term $-\frac{p}{2} - \sqrt{\left(\frac{p}{2}\right)^2 - q}$.

$$\frac{\sqrt{p^2-4\cdot q}-p}{2}-\left(\frac{-p}{2}+\sqrt{\left(\frac{p}{2}\right)^2-q}\right) \qquad 0$$

$$\frac{\sqrt{p^2-4\cdot q}-p}{2}-\left(\frac{-p}{2}-\sqrt{\left(\frac{p}{2}\right)^2-q}\right) \qquad \sqrt{p^2-4\cdot q}$$

Hinweis:
Bei der Differenzbildung muss auf eventuell notwendige Klammersetzungen geachtet werden.

Probleme aus den Naturwissenschaften

1. Beschreibe die Bahnkurven von Feuerwerksraketen mit eigenen Worten. Bezeichne mit x die horizontale Entfernung vom Abschussort. Eine Rakete kann unterschiedlich hoch und weit fliegen. Eine dieser Flugbahnen kann durch die Formel $y = h(x) = 10x - 0{,}5x^2$ modelliert werden.

a) Ermittle grafisch und rechnerisch, in welcher Entfernung vom Startort die Rakete auf den Boden fällt.

b) Mithilfe des Ergebnisses aus a) kannst du dir überlegen, wie hoch die Rakete maximal kommt.

c) Skizziere die Flugbahn im Maßstab 1:200.

2. Ein parabelförmiger Gewölbebogen ruht auf senkrechten Stützpfeilern und wird durch die Gleichung $y = -\frac{5}{9}x^2 + 0{,}8\text{ m}$ (Angaben in Meter) beschrieben.

a) Ermittle die Höhe des Bogens.

b) Berechne die Gewölbebreite b.

c) Welche Höhe muss ein Stützpfeiler haben, der 1 m vom Zentrum eingebaut werden soll?

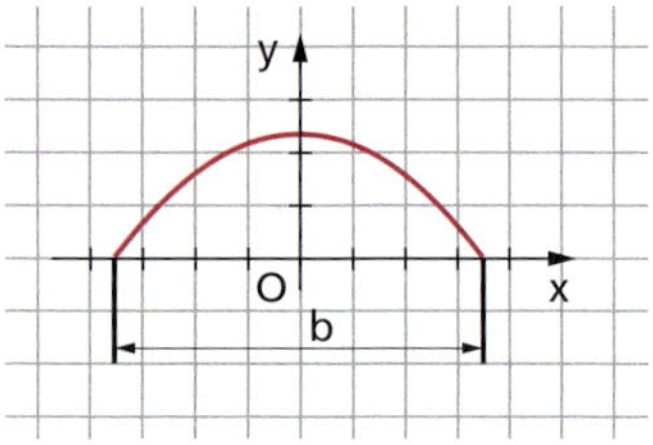

3. Die Strömungsgeschwindigkeit v von Wasser in einem Rohr hängt vom Abstand d von der Rohrmitte ab. Bei d = 0, also in der Mitte, ist v am größten, am Rand ist v = 0. Für ein Rohr mit 10 cm Durchmesser (r ist also maximal 5 cm) modellieren wir dieses Strömungsprofil mit der Formel:

$v(d) = 90 - 3{,}6 \cdot d^2$ (v in $\frac{\text{cm}}{\text{s}}$; d in cm).

a) Überprüfe, ob v = 0 am Rand eingehalten ist. Was musst du für d am Rand einsetzen?

b) In welchem Abstand von der Mitte ist $v = 67{,}5\,\frac{\text{cm}}{\text{s}}$?

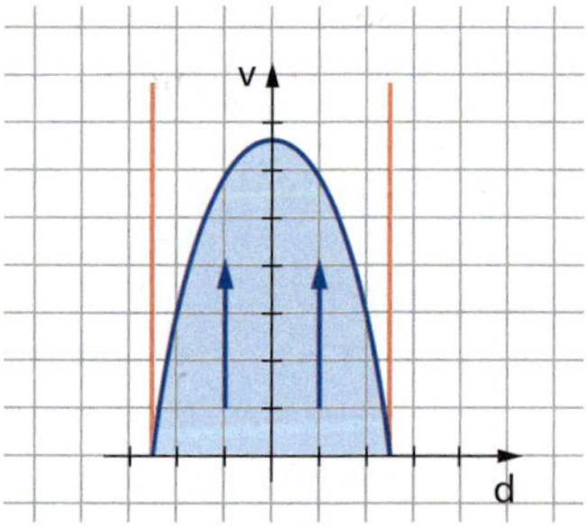

4. Die Länge L eines Pendels kann durch die Messung der Schwingungsdauer T ermittelt werden. Je größer T ist, desto länger ist das Pendel. Man kann den Zahlenwert für L aus der Gleichung $L = 0{,}25\,T^2$ bestimmen. Wie lang muss das Pendel sein, damit T = 1; 2; ... 5s beträgt?

5. Wird ein Paket aus einem Flugzeug geworfen, dann kann man seine Flugbahn näherungsweise durch die folgende Gleichung beschreiben:

$h(x) = -\left(\frac{5}{v^2}\right)x^2 + H.$

Hier bedeuten H die Abwurfhöhe (in m), v die Flugzeuggeschwindigkeiten (in $\frac{\text{m}}{\text{s}}$), x die Entfernung von der Abwurfstelle (in m) und h(x) die Höhe das Paketes an der Stelle x (in m).

a) Warum beschreibt $h(x_0) = 0$ die Stelle, an der das Paket auf dem Boden aufkommt?

b) Berechne die Entfernung x_0 für ein Flugzeug, das mit der Geschwindigkeit $20\,\frac{\text{m}}{\text{s}}$ in 200 m Höhe fliegt.

c) Verdopple ① die Abwurfhöhe bzw. ② die Geschwindigkeit und berechne jeweils die Entfernung. Wie verändert sich x_0?

Unterschiedliche Sachverhalte – ein Modell

Löst die folgenden Aufgaben in Partner- oder Gruppenarbeit.
Vergleicht euer Vorgehen gegenseitig.

1. Ein Schwimmbecken wird aus zwei Zuflüssen gespeist. Mit nur einem Zufluss benötigt man zum Füllen des Beckens 8 h mehr als mit dem anderen Zufluss. Mit beiden Zuflüssen zusammen lässt sich das Schwimmbecken in 24 h füllen. Berechne die Zeit, die jeder der beiden Zuflüsse zum Füllen allein benötigt.

2. Die Brennweite einer Sammellinse beträgt f = 15 cm. Das Bild ist vom Gegenstand 80 cm entfernt. Berechne, wie weit Gegenstand und Bild von der Linse entfernt sind.

3. Berechne die Brennweite einer Sammellinse, wenn sich der Gegenstand 40 cm vor der Linse befindet und der Bildschirm 2 cm hinter dem Brennpunkt stehen soll.

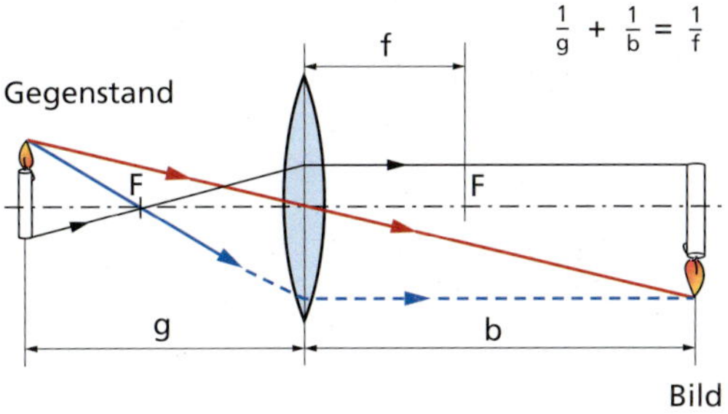

4. Berechne, wie groß zwei Widerstände R_1 und R_2 in einem Gleichstromkreis sein müssen, wenn sie in Reihe geschaltet einen Gesamtwiderstand von 48 Ω und parallel geschaltet einen Gesamtwiderstand von 9 Ω haben sollen.

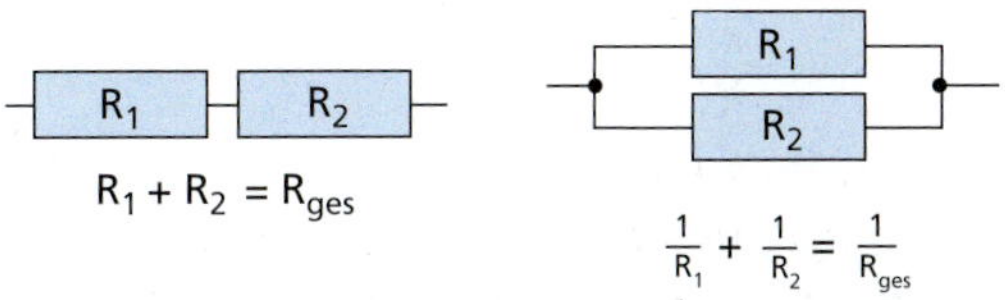

5. Der Goldene Schnitt ist ein bestimmtes Verhältnis zweier Zahlen oder zweier Größen. Zwei Strecken stehen im Verhältnis des Goldenen Schnittes, wenn sich die größere Strecke zur kleineren Strecke verhält wie die Summe aus beiden Strecken zur größeren Strecke: $\frac{a}{b} = \frac{a+b}{a}$
Dies führt auf eine quadratische Gleichung für das Verhältnis $\Phi = \frac{a}{b}$.

a) Gib die zugehörige Gleichung an und berechne die Lösungen.

b) Begründe, warum nur einer der Lösungen als Goldener Schnitt bezeichnet werden kann.

c) Suche im Bild rechts harmonische Proportionen nach dem Goldenen Schnitt.

d) Der Goldene Schnitt ist eine Proportion, die in Kunst, Architektur oder Design häufig verwendet wurde und wird. Recherchiere weitere Beispiele.

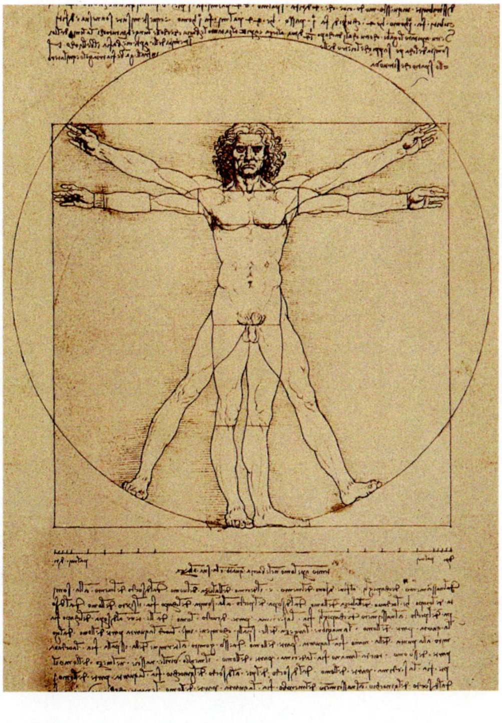

Bremsen und Anhalten

Du kannst hier mehr zum Thema Bremsen und Anhalten erfahren. Um eine unfallträchtige Situation zu analysieren, schauen wir uns den Anhaltevorgang genauer an.

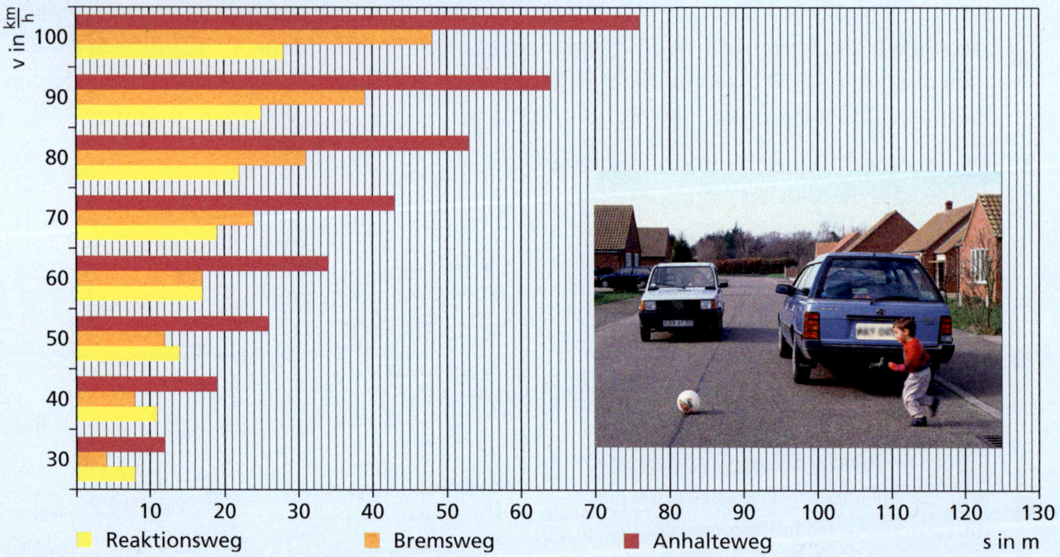

Kommt der Pkw noch rechtzeitig zum Stehen? Wovon hängt die Antwort auf diese Frage ab?

- Wie schnell fährt der Pkw?
- Wie groß ist der Abstand zwischen dem Kind und dem Pkw?
- Wie ist der Straßenzustand?

Reaktionsweg s_R

Niemand kann *sofort* reagieren. Zwischen einem Reiz und der darauf folgenden Reaktion vergeht die sogenannte Reaktionszeit. Verkehrspsychologen haben genau hingeschaut: Mit etwas Übung schaffen es Autofahrer, ihre Reaktionszeit auf eine Sekunde zu reduzieren. In dieser Zeit fährt das Auto ungebremst weiter. Auf dem obigen Bild ist zu erkennen, dass das Kind mit einem Abstand von etwa 10 m plötzlich vor ein Auto rennt. Fährt das Auto nun schneller als $30\,\frac{\text{km}}{\text{h}}$, wird das Kind ungebremst vom Auto erfasst.

1. Der Reaktionsweg ist bei gleicher Reaktionszeit proportional zur Geschwindigkeit. Lies aus der Grafik Reaktionswege für unterschiedliche Geschwindigkeiten ab.

2. „Ein Blick in die Straßenkarte dauert 22 m." Was soll das bedeuten? Schau dir die Grafik an und überlege, was mit diesem Satz gemeint sein könnte.
Wie schnell etwa fährt ein Pkw, wenn der Kartenblick etwa 2 s dauert?

3. Welchen Einfluss hat Straßenglätte auf Reaktionswege? Für die meisten Fahrer mit einer Reaktionszeit von 1 s ist der Reaktionsweg etwas länger als in der Grafik. Es gilt eine Faustformel:
$s_R\,(\text{in m}) \approx v\,(\text{in } \frac{\text{km}}{\text{h}}) \cdot \frac{3}{10}$.
Bei Tempo 50 gilt $s_R \approx 50 \cdot \frac{3}{10}\,\text{m} = 15\,\text{m}$.

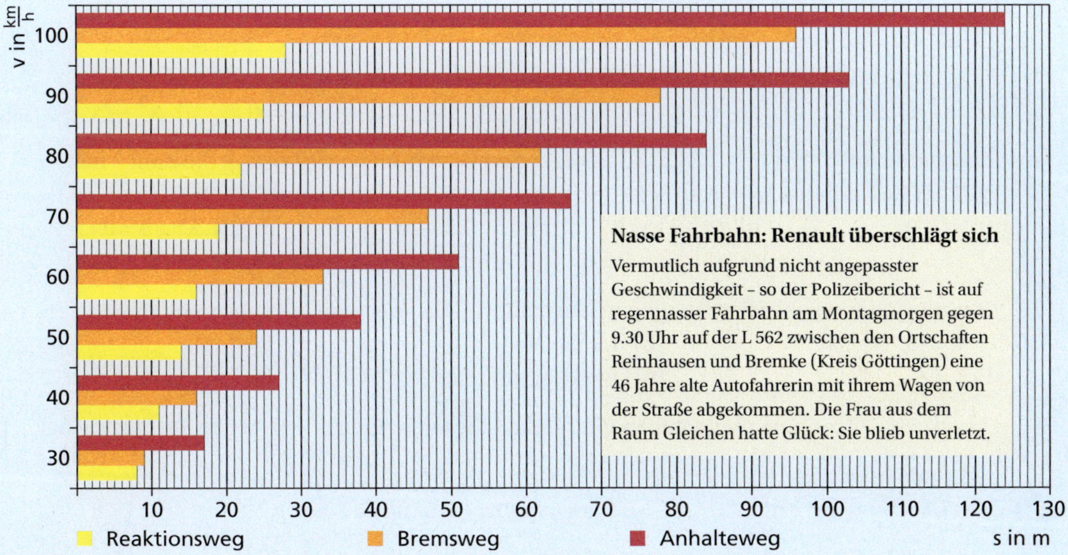

Bremsweg s_B

Diese Grafik zeigt, was bei regennasser Fahrbahn geschieht:
Während der Reaktionsweg gleich bleibt, verlängert sich der Bremsweg im Vergleich zu trockener Fahrbahn ganz bemerkenswert. Ist die Fahrbahn trocken, sind Reaktionsweg und Bremsweg bei 60 $\frac{\text{km}}{\text{h}}$ fast gleich (ca. 17 m). Bei nasser Fahrbahn rutscht das Auto noch einmal mehr als doppelt so weit.

4. Überprüfe an beiden Bildern die Faustregel: Doppelte Geschwindigkeit – vierfacher Bremsweg. Mit dem Wissen über Fahrphysik kannst du den Bremsweg noch genauer berechnen:

$$s_B = \frac{\left(v \text{ in } \frac{\text{km}}{\text{h}}\right)^2}{26 \cdot a}$$

Der Fahrbahnparameter ist a = 8 bei trockener Fahrbahn, a = 4 bei nasser und a = 1 bei vereister.

5. Rechne die Bremswege für einige Geschwindigkeiten auf trockener und nasser Fahrbahn nach.

Anhalteweg s_A

Reaktionsweg und Bremsweg zusammen ergeben den Anhalteweg (v in $\frac{\text{km}}{\text{h}}$; s in m).

$$s_A = s_R + s_B = \frac{3}{10} \cdot v + \frac{1}{26 \cdot a} \cdot v^2$$

6. Berechne, wie schnell ein Pkw auf vereister (a = 1) bzw. trockener (a = 8) Fahrbahn gefahren ist, wenn der Anhalteweg 40 m betrug.

7. Du fährst mit deinem Fahrrad 15 $\frac{\text{km}}{\text{h}}$ schnell (a = 3,2). Berechne deinen Anhalteweg.

3.4 Gemischte Aufgaben

1. Entscheide und begründe, wie viele Lösungen die Gleichung hat.
a) $(x-4)^2=9$ b) $(x+3)^2+4=0$ c) $(x+1)^2=0$ d) $x^2+16=0$ e) $x^2+3x^2+2=0$

2. Entscheide und begründe, welche der folgenden Gleichungen als Lösung die Zahl 3 haben. Welche Gleichungen haben außer der Lösung 3 noch weitere Lösungen?
a) $x^2=9$ b) $(x-3)^2=0$ c) $x^2-2x-3=0$ d) $x^2+9=0$
e) $x^2=3$ f) $x^2-6x+9=0$ g) $2x^2+18=12x$ h) $(x+3)(x-4)=0$

3. Ermittle quadratische Gleichungen in Normalform, die folgende Lösungsmengen besitzen:
a) $L=\{3;-1\}$ b) $L=\{4;2\}$ c) $L=\{-6\}$
d) $L=\{-1;-2\}$ e) $L=\{5\}$ f) $L=\left\{-\frac{1}{2};\frac{5}{2}\right\}$

4. Untersuche, ob es eine reelle Zahl p gibt, sodass die Gleichung $x^2+px=0$ keine Lösung hat.

5. Begründe oder widerlege die folgende Aussage, ohne Rechenhilfsmittel zu benutzen:
„Die Gleichung $x^{16}+x^{14}+x^{12}+1=0$ $(x\in\mathbb{R})$ *besitzt keine reelle Lösung."*

6. Gegeben sind die beiden Funktionen $y=f(x)=2x-1$ und $y=g(x)=-2x^2-x+1$.
a) Berechne ihre Nullstellen.
b) Ermittle die Koordinaten der Schnittpunkte beider Graphen sowohl rechnerisch als auch durch Ablesen aus der grafischen Darstellung.

7. Eine Parabel geht durch die Punkte A, B und C.
Gib die Gleichung für eine zugehörige quadratische Funktion an.
a) $A(0|0), B(2|0), C(1|1)$ b) $A(1|2), B(4|0), C(0|-3)$ c) $A(3|4), B(-2|-3), C(1|6)$

8. Wie der nebenstehende „Fisch" zeigt, lassen sich Bilder mit Parabeln, mit Graphen anderer Funktionen und mit elementaren geometrischen Objekten zeichnen.
a) Entscheide, welche der drei Funktionsgleichungen zu welcher „Linie des Fisches" gehört.
b) „Erzeuge" selbst ein Bild und gib die dabei verwendeten Funktionen an.

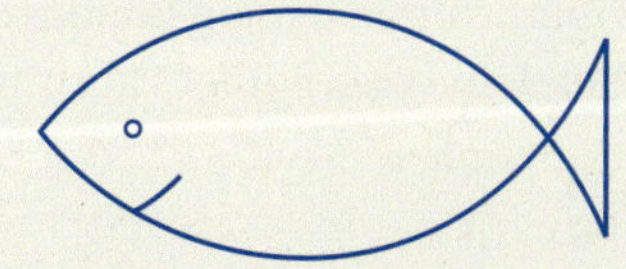

f1(x) = {0,2·(x + 3)·(x – 3); –3 ≤x < 4
f2(x) = –f1(x)
f3(x) = {(x + 2)^2 – 1; –1,9 ≤ x ≤ –1,5

9. Löse folgende Gleichungen:
a) $x^2-2x-3=0$ b) $x^2-25x+150=0$ c) $x^2-6x+11=0$ d) $x^2-\frac{3}{4}x+\frac{1}{8}=0$
e) $20x^2+x+10=0$ f) $3x^2+27=0$ g) $(x+9)^2=0$ h) $6x^2+12x=0$
i) $(x+1)^2=16$ j) $x^2-8x+15=0$ k) $4x^2=-8x$ l) $4x^2=-4$

10. Es gibt Gleichungen, die auf „den ersten Blick" nicht wie quadratische Gleichungen aussehen:
(1) $\frac{3}{x}=x-2\ (x\neq 0)$ oder (2) $x=\sqrt{2-x}$
a) Zeige, dass sich diese Gleichungen auf quadratische Gleichungen zurückführen lassen.
b) Ermittle die Lösungsmengen mithilfe der Lösungsformel.
c) Führe eine Probe durch und kontrolliere dann mit deinem CAS-Rechner.

11. Wie lang und wie breit ist ein Rechteck, wenn sich seine Länge zur Breite wie 5 : 3 verhält? Der Flächeninhalt des Rechtecks beträgt 2 535 cm^2.

12. Löst die folgende Aufgabe paarweise oder in kleinen Gruppen:
Katha erklärt ihren Freunden Clara und Franz: „Jede quadratische Gleichung, in der vor dem konstanten Parameter ein Minuszeichen steht, ist lösbar." „Unsinn", meint Clara, „da fällt mir doch sofort ein Gegenbeispiel ein." Franz kommt seiner Freundin Katha zu Hilfe: „Katha meint doch, bei jeder quadratischen Gleichung in Normalform." Sucht Beispiele und ggf. Gegenbeispiele. Entscheidet, ob jemand richtig liegt. Versucht selbst, einen Lösungssatz zu formulieren.

13. Vergrößert man die Seite eines Quadrates um 9 cm, so vergrößert sich der Flächeninhalt um 747 cm^2. Wie lang ist eine Seite des ursprünglichen Quadrates?

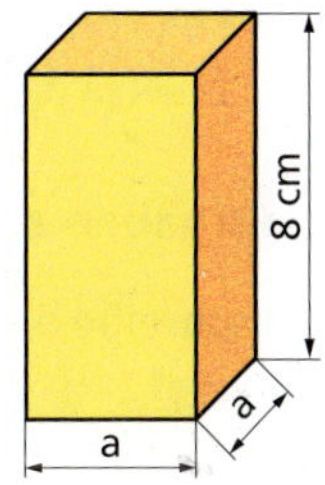

14. Wie groß ist die Grundkante eines Prismas mit quadratischer Grundfläche, das 8 cm hoch ist und ein Volumen von 450 cm^3 besitzt?

15. Der Oberflächeninhalt eines Quaders beträgt 376 cm^2. Wie lang sind die Kanten des Quaders, wenn die Maßzahlen der Kantenlängen drei aufeinander folgende gerade Zahlen sind?

16. Die Seitenlänge eines Quadrates ($a = 1$ cm) wird immer um 0,5 cm vergrößert. Berechne die Flächeninhalte der Quadrate (bis $a = 5{,}5$ cm) und stelle die Ergebnisse in einem Koordinatensystem dar. Was stellst du fest? Formuliere einen Zusammenhang zwischen Seitenlänge und Flächeninhalt von Quadraten. Begründe deine Aussage.

17. Der Radius eines Kreises ($r = 1$ cm) wird immer um 0,5 cm vergrößert. Berechne die Flächeninhalte der Kreise (bis $r = 5{,}5$ cm) und stelle die Ergebnisse in einem Koordinatensystem dar. Was stellst du fest? Formuliere einen Zusammenhang zwischen Radius und Flächeninhalt von Kreisen. Begründe deine Aussage.

18. Für zehn gleich große Meerschweinchenboxen stehen 6 m Zaun zur Verfügung. Es sollen alle äußeren und inneren Abtrennungen aus diesem Zaun gefertigt werden.
Bei welchen Abmessungen entsteht für jedes Meerschwein die größtmögliche Fläche?

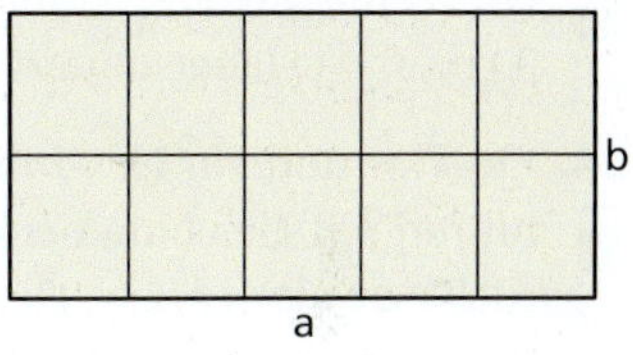

19. Eine Regenrinne hat einen Querschnitt in Form einer Parabel mit der Gleichung $y = 0{,}24x^2 - 6$.
Um berechnen zu können, welche Wassermenge die Rinne aufnehmen kann, muss die Querschnittsfläche A mit der Länge der Rinne $l = 12$ m multipliziert werden.

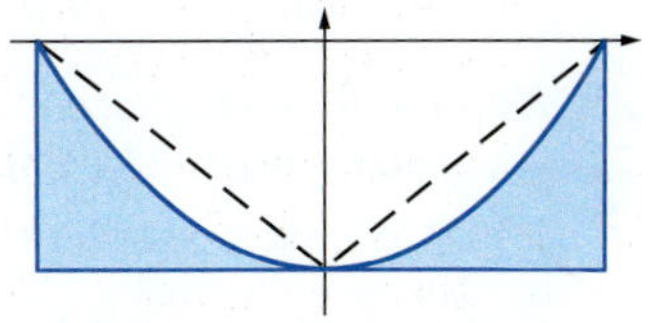

a) Gib die Gleichung der Parabel an und skizziere die Parabel in einem Koordinatensystem.
b) Der Querschnitt der Rinne kann vereinfacht durch ein Dreieck bzw. ein Rechteck ersetzt werden. Berechne die Wassermenge mithilfe dieser „Ersatzfiguren".
c) Zeichne eine andere Figur ein, mit der sich der Querschnitt genauer beschreiben lässt.

20. Peter will sich einen Drachen mit größtmöglicher Fläche bauen. Er hat für die Diagonalen e und f eine Leiste von 1 m Länge zur Verfügung.
Wie müssen die Leisten geteilt werden?

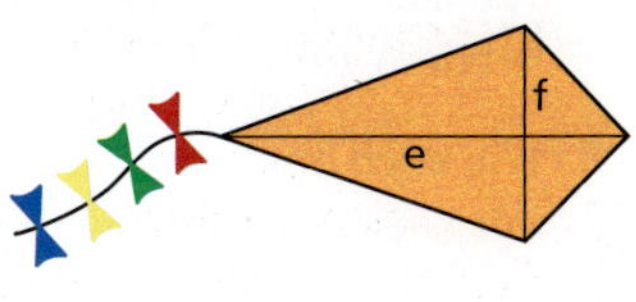

21. Für einen rechteckigen Hundezwinger stehen 20 m Zaun zur Verfügung. Der Zwinger soll die größtmögliche Grundfläche erhalten.

a) Berechne die Seitenlänge b, wenn die Seite a eine Länge von 1 m, 2 m, 3 m, 4 m, 5 m oder 6 m hat.

b) Skizziere den Zwinger für die sechs Möglichkeiten aus a) und berechne jeweils den Flächeninhalt.
Bei welchen Abmessungen erhält man den größtmöglichen Flächeninhalt?

c) Gib den Flächeninhalt des Rechtecks nur in Abhängigkeit von der Seitenlänge a an.
Ersetze dazu zuerst die Seite b mithilfe der Formel für den Umfang.

Sachaufgaben zu technischen und wirtschaftlichen Problemen

22. Beschreibe die Bewegung der Fahrzeuge mit folgenden Weg-Zeit-Diagrammen:

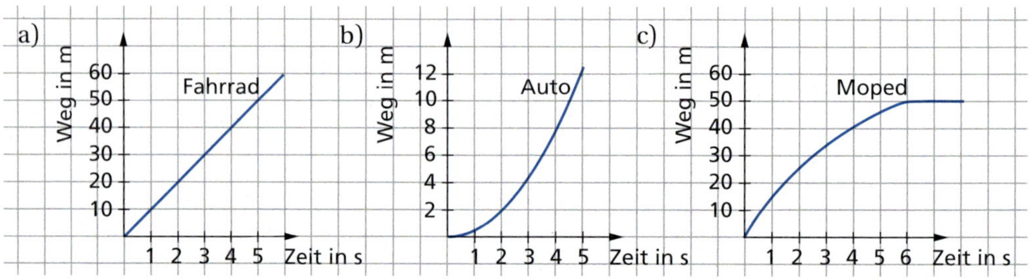

23. Nach dem Ende der Bauarbeiten kann ein Zug auf der 140 km langen Strecke von Ort A nach Ort B eine um 30 $\frac{km}{h}$ höhere Geschwindigkeit fahren. Dadurch verringert sich die Fahrzeit um 90 min. Wie lange dauert jetzt eine Fahrt und wie hoch ist die Geschwindigkeit?

24. Ein Pkw und ein Lkw brachen zur gleichen Zeit zu einer 240 km entfernten Stadt auf. Beide fuhren mit gleichbleibender Geschwindigkeit, wobei der Pkw 30 km mehr in der Stunde zurücklegte als der Lkw. Der Lkw erreichte das Ziel 1 h 20 min nach dem Pkw.
Wie groß war die Geschwindigkeit beider Fahrzeuge? Wie lange war jeder unterwegs?

25. Für eine Klassenfahrt stehen einer 9. Klasse 472,50 € zur Verfügung. Da zwei Schüler nicht an der Fahrt teilnehmen können, erhöht sich der für jeden Schüler bereitstehende Betrag um 1,40 €. Wie viele Schüler besuchen diese 9. Klasse?

26. Julia zahlte Ende des Jahres 625,00 € auf ihr Konto ein. Nach zwei Jahren war ihr Guthaben auf 676,00 € angewachsen. Wie hoch war der für beide Jahre gültige Zinssatz, wenn die Zinsen des ersten Jahres im zweiten Jahr mitverzinst wurden?

27. Wie groß ist ein Guthaben, das im Jahr 378,00 € Zinsen bringt, wenn man mit einem um 1260,00 € größeren zweiten Guthaben ebenfalls nur dieselben Zinsen erzielt, weil der Zinssatz bei dem größeren Guthaben um 1 % niedriger ist?

28. Wie hoch muss der Zinssatz mindestens sein, wenn ein Guthaben von 8 425,50 € in zwei Jahren mit Zinseszins auf etwa 9 375,00 € angewachsen sein soll?

29. Der Preis eines Freizeitanzugs wird von zuerst 72,50 € zweimal um den gleichen Prozentsatz auf 35,52 € gesenkt. Um welchen Prozentsatz wurde der Preis jeweils gesenkt?

30. Die nebenstehende Abbildung zeigt einen Teil einer Hochspannungsleitung in ansteigendem Gelände. Der durchhängende Draht beschreibt annähernd eine Parabel.
Welchen Abstand von der Erdoberfläche hat die Leitung am tiefsten Punkt?

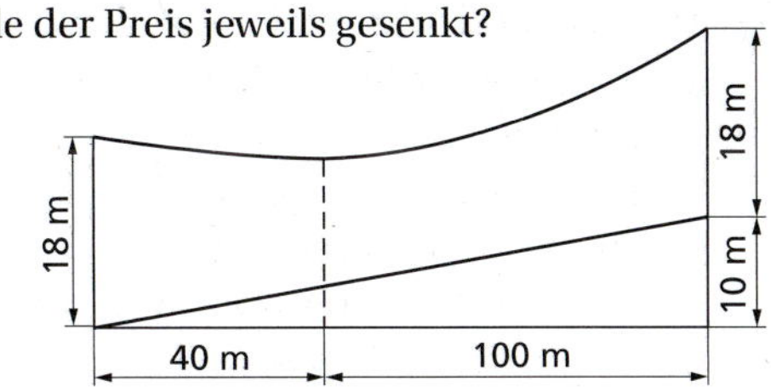

31. Eine Wasserrutsche soll folgende Bedingungen erfüllen:
- Auf den letzten vier Metern soll die Rutsche die Form einer Parabel mit der Gleichung $y = \frac{1}{8}x^2$ haben.
- Auf dem Abschnitt von vier bis zehn Metern soll die Rutsche gerade sein.

a) Welche Gerade beschreibt das fehlende Stück der Rutsche so, dass die Gerade im Punkt (4 m | 2 m) ohne Knick in die Parabel übergeht?

b) Wie hoch wird die Rutsche bei einer waagerechten Ausdehnung von 10 m?

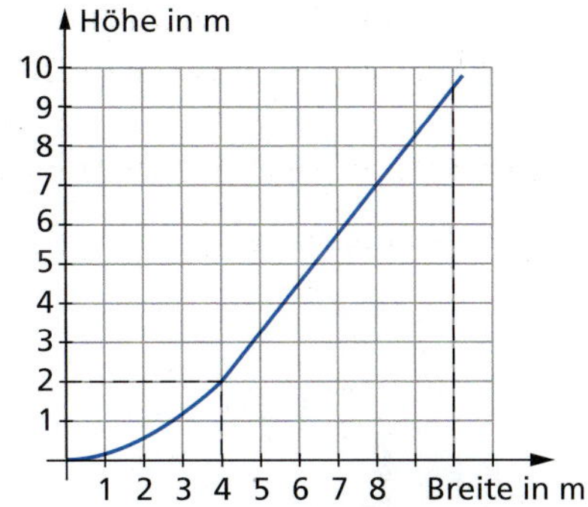

32. Das Bild zeigt die 8 m hohe Konstruktion einer Eisenbahnbrücke. Dabei spannt sich der Bogen in Form einer Parabel über eine Straße. Eisenpfeiler tragen die Schienenkonstruktion.

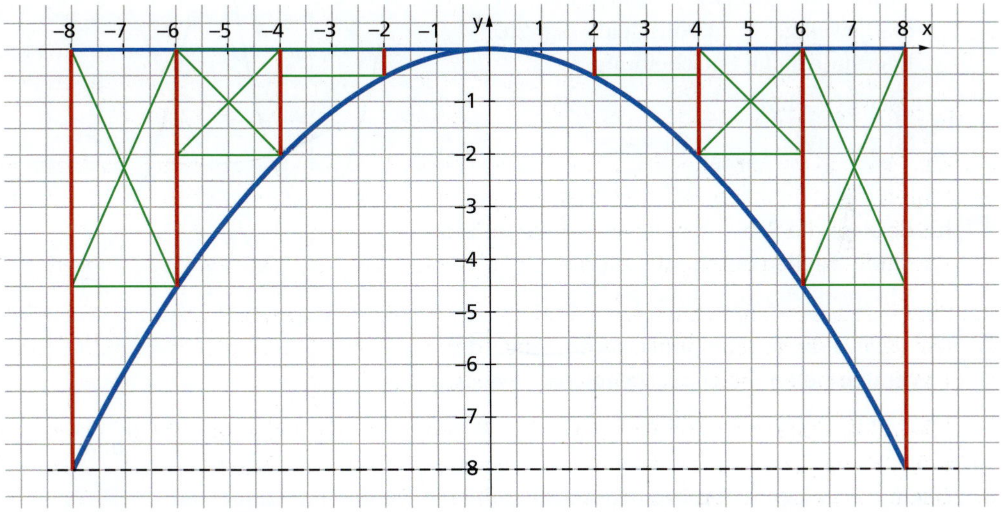

a) Ermittle die Gleichung der Parabel im obigen Koordinatensystem.

b) Alle zwei Meter müssen senkrechte Eisenpfeiler zur Verstärkung eingebaut werden. Wie viele Pfeiler müssen hergestellt werden? Welche Länge haben sie jeweils?

c) Berechne die Längen der Pfeiler.

d) Prüfe, ob unter der Brücke Busse auf einer zweispurigen oder vierspurigen Straße fahren können. Gib die Maße an, die du beim Prüfen verwendet hast.

Teste dich selbst

1. a) Löse die quadratischen Gleichungen.

① $x^2 - 225 = 0$ ② $x^2 + 25x = 0$ ③ $x^2 + 12 = 0$ ④ $x^2 - \frac{81}{100} = 0$ ⑤ $2x^2 + 3{,}4x = 0$

b) Welche Bedeutung haben die jeweiligen Lösungspaare x_1 und x_2 bezüglich der grafischen Darstellung der zugehörigen quadratischen Funktionen?

2. Bestimme die Lösungsmenge.

a) $x^2 - 6 = 0$ b) $y^2 - 12 = 2$ c) $x^2 - 6x = 0$ d) $z^2 + 8z = 14$ e) $y^2 - 6y = -22$

3. Kontrolliere Claras Hausaufgaben.

a)
$x^2 - 4x = 12 \quad | + 4$
$x^2 - 4x + 4 = 16$
$(x - 2)^2 = 4$
$x - 2 = 4$ oder $x - 2 = -4$
$x_1 = 6; \quad x_2 = -2$
$L = \{6; 2\}$

b)
$4y^2 - 20y = -64 \quad | :4$
$y^2 - 5y = 16 \quad | + 6{,}25$
$y^2 - 5y + 6{,}25 = 16$
$(y - 2{,}5)^2 = 16$
$y_{1;2} = 2{,}5 \pm 4$
$L = \{1{,}5; 6{,}5\}$

c)
$3z^2 - 9z = 0 \quad | + 9z$
$3z^2 = 9z \quad | :3z$
$z = 3$
$L = \{3\}$

4. Ermittle, für welche a der Wert der Terme am größten oder am kleinsten wird.

a) $a^2 - 2$ b) $3a^2 - 6a - 9$ c) $3 + 5{,}5a - a^2$

5. Löse die Gleichungen mithilfe der Lösungsformel.

a) $y^2 - y - 20 = 0$ b) $3a^2 + 9a + 7 = 0$ c) $x^2 + 6x + 5 = 0$ d) $2x^2 - 5x - 42 = 0$

6. a) Ordne den grafischen Darstellungen die jeweilige Funktionsgleichung zu. Begründe deine Entscheidung.

① $y = (x - 4{,}5)^2$ ② $y = (x - 2)^2 - 1$
③ $y = -4x^2$ ④ $y = 2x^2 + 1$
⑤ $y = x^2 - 2x + 1$ ⑥ $y = 2x - 2$

b) Ermittle die Scheitelpunktskoordinaten und die Nullstellen durch Ablesen.

c) Überprüfe die Ergebnisse rechnerisch.

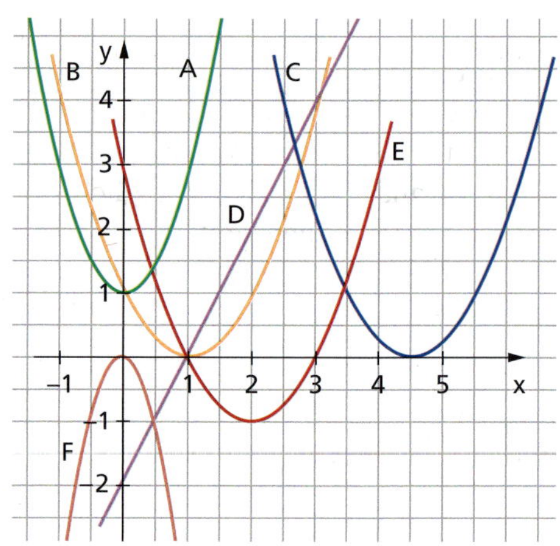

7. Gib jeweils die Scheitelpunktskoordinaten, den Stauchungs- oder Streckungsfaktor, die Lage der Parabel und Anzahl der Nullstellen an.

a) $y = 3x^2 - 2$ b) $y = -0{,}1x^2 + 4$ c) $y = -2x^2 - 1$ d) $y = 0{,}5x^2 - 1{,}5$

8. Gib die Scheitelpunktskoordinaten der Graphen folgender Funktionen an:

a) $y = (x + 3)^2 - 7$ b) $y = (x - 1)^2 - 2$ c) $y = (x + 8)^2$ d) $y = (x - 0{,}5)^2 + 1{,}5$

9. Berechne die Scheitelpunktskoordinaten und die Nullstellen. Zeichne die Graphen.

a) $y = x^2 + 6x + 5$ b) $y = x^2 - 10x + 11$ c) $y = x^2 + 7x + 6$ d) $y = x^2 - x - 2$

10. Löse die quadratischen Gleichungen.

a) $\frac{5}{3}x - \frac{1}{3} = x^2 + \frac{2}{3}x - \frac{7}{3}$ b) $x^2 = 4x - 3$ c) $x^2 + 2x = 3$

11. Die Graphen zweier quadratischer Funktionen schneiden einander.
Ermittle sowohl grafisch als auch rechnerisch die Koordinaten der Schnittpunkte.
Vergleiche die Lösungen miteinander.
$y = f(x) = x^2 + 4x + 6$ und $y = g(x) = x^2 + 6x + 8$

12. Gib die Gleichung der Parabel $y = f(x) = ax^2 + bx + c$ durch die Punkte A, B und C an.
a) $A(0|0)$; $B(1|5)$; $C(-1|-3)$
b) $A(0|-2)$; $B(4|2)$; $C(-2|2)$

13. Stelle Gleichungen auf und löse die Textaufgaben.

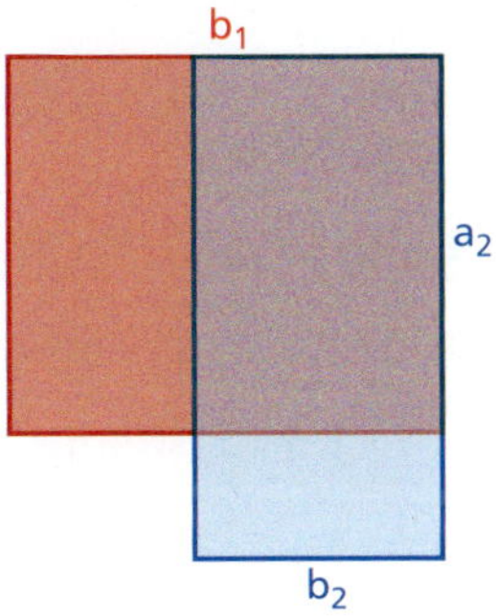

a) Die Summe zweier Zahlen ist 8, ihr Produkt ist 15.
b) Die Summe zweier Zahlen ist $\frac{11}{12}$, ihr Produkt ist $\frac{1}{6}$.
c) Wenn man in einem Rechteck mit der Flächenmaßzahl 99 FE die kürzere Seite um 2 LE vergrößert und die längere Seite um 3 LE verkürzt, so ist die neue Flächenmaßzahl um 11 FE kleiner als vorher. Berechne die Maßzahlen der Seitenlängen des ursprünglichen Rechtecks.
d) Für ein Rechteck gilt A = 143 FE und u = 48 LE. Ermittle die Abmessungen des Rechtecks.

14. Gib eine Funktionsgleichungen an. Der Graph sei eine verschobene Normalparabel.
a) Der Graph von f_1 hat den Scheitelpunkt $S(-1{,}5|2)$.
b) Der kleinste Funktionswert von f_2 ist $f(-2) = -4$.
c) Die Schnittpunkte des Graphen von f_3 mit der x-Achse liegen bei $(-1|0)$ und $(-3|0)$.
d) Der Graph f_4 schneidet die y-Achse im Punkt $P(0|3)$. Eine Nullstelle ist $x_0 = 1$.

15. Im Garten soll eine Laube gebaut werden, die eine rechteckige Fläche von 25,00 m^2 einnehmen wird. Ermittle die Abmessungen der Grundfläche der Laube, bei denen am wenigsten Material für die Einfassung des Fundamentes verbraucht wird. Dies ist dann der Fall, wenn die Grundfläche den kleinstmöglichen Umfang hat.
a) Berechne den Umfang der Grundfläche der Laube für b = 1 m; b = 2 m; b = 3 m; b = 4 m; b = 5 m und b = 6 m.
b) Stelle die Funktion, die die Abhängigkeit des Umfangs der Laube von einer Seitenlänge beschreibt, grafisch dar und lies den kleinsten Funktionswert ab.

16. Bei Geysiren kann man sehen, wie das Wasser senkrecht nach oben herausgestoßen wird. Die momentane Höhe des Wassers eines Geysirs kann man mit der Gleichung $h = f(t) = -9{,}81t^2 + 23{,}5t$ beschreiben. Wenn die Zeit in Sekunden angegeben wird, erhält man die Höhe in Meter.

a) Ermittle, welche maximale Höhe der Geysir erreichen kann. Gib die zugehörige Zeit an.
b) Berechne, in welcher Höhe sich das ausgetretene Wasser nach einer Sekunde befindet.
Begründe, ob es zu diesem Zeitpunkt nach oben steigt oder sich bereits wieder nach unten bewegt.
c) Ermittle, nach wie viel Sekunden das Wasser wieder auf den Boden auftrifft.

Das Wichtigste im Überblick

Quadratische Funktionen

Allgemeine Form

$y = \underline{a \cdot x^2} + \underline{b \cdot x} + \underline{c} \qquad (a \neq 0)$

- c: absolutes Glied
- $b \cdot x$: lineares Glied
- $a \cdot x^2$: quadratisches Glied

Normalform

$y = x^2 + p \cdot x + q$

Scheitelpunkt:

$S\left(-\frac{p}{2} \,\middle|\, -\left(\frac{p}{2}\right)^2 + q\right)$

Spezialfälle

$\mathbf{y = a \cdot x^2}$

Für $a > 1$: Parabel wird gestreckt.

Für $a = 1$: $y = x^2$ (Normalparabel)

Für $0 < a < 1$: Parabel wird gestaucht.

Für $a < 0$: Spiegelung an der x-Achse

Scheitelpunkt: $S(0\,|\,0)$

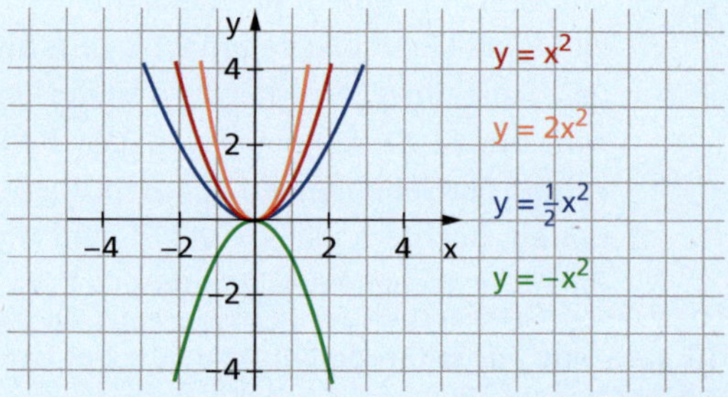

$\mathbf{y = x^2 + c}$ **(kongruent zur Normalparabel)**

c gibt die Verschiebung entlang der y-Achse an.

Scheitelpunkt: $S(0\,|\,c)$

$c > 0 \rightarrow$ keine Nullstelle

$c = 0 \rightarrow$ eine Nullstelle

$c < 0 \rightarrow$ zwei Nullstellen

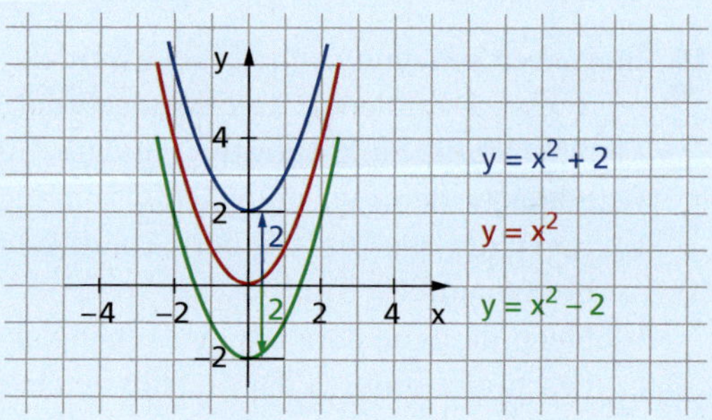

Scheitelpunktsform

$\mathbf{y = (x + d)^2}$ **(kongruent zur Normalparabel)**

$-d$ gibt die Verschiebung entlang der x-Achse an.

Scheitelpunkt: $S(-d\,|\,0)$

eine Nullstelle $x_0 = -d$

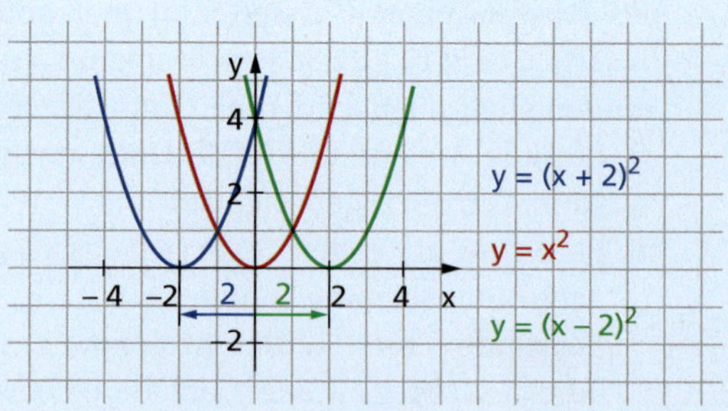

$y = (x + d)^2 + e$ (kongruent zur Normalparabel)

$-d$ gibt die Verschiebung entlang der x-Achse

e gibt die Verschiebung entlang der y-Achse an.

Scheitelpunkt: $S(-d \mid e)$

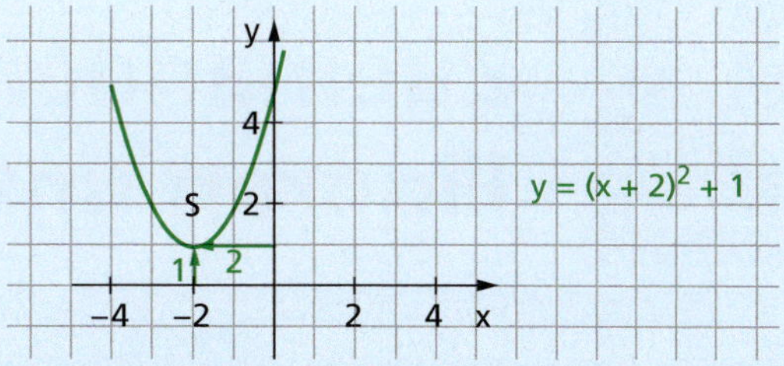

Quadratische Gleichungen

Allgemeine Form: $ax^2 + bx + c = 0$

Normalform: $x^2 + px + q = 0$

Lösungsformel: $x_{1;2} = -\frac{p}{2} \pm \sqrt{\left(\frac{p}{2}\right)^2 - q}$;

(Diskriminante) $D = \left(\frac{p}{2}\right)^2 - q$

Lösen quadratischer Gleichungen durch Berechnungen, durch Umformungen und durch inhaltliche Überlegungen

Lösungsformel

$x^2 + 8x + 15 = 0$

$x_{1;2} = -\frac{8}{2} \pm \sqrt{\left(\frac{8}{2}\right)^2 - 15}$

$x_{1;2} = -4 \pm \sqrt{16 - 15}$

$x_{1;2} = -4 \pm \sqrt{1}$

$x_{1;2} = -4 \pm 1$

$x_1 = -3$

$x_2 = -5$

$L = \{-3; -5\}$

Umformen

$3(x + 1)^2 - 15 = 0 \quad |:3$

$(x + 1)^2 - 5 = 0$

$[(x + 1) + \sqrt{5}][(x + 1) - \sqrt{5}] = 0$

$x_1 + 1 + \sqrt{5} = 0$

$x_1 = -1 - \sqrt{5}$

$x_2 + 1 - \sqrt{5} = 0$

$x_2 = -1 + \sqrt{5}$

$L = \{-1 - \sqrt{5}; -1 + \sqrt{5}\}$

Ein Produkt ist 0, wenn ein Faktor 0 ist.

$(x + 7)(x - 2) = 0$

$x + 7 = 0$

$x_1 = -7$

$x - 2 = 0$

$x_2 = 2$

$L = \{-7; 2\}$

Anzahl der Lösungen und Diskriminantenuntersuchungen; (Diskriminante $D = \left(\frac{p}{2}\right)^2 - q$)

$D > 0$	$D = 0$	$D < 0$
$x_1 = -\frac{p}{2} + \sqrt{D}$ $x_2 = -\frac{p}{2} - \sqrt{D}$	$x_1 = x_2 = -\frac{p}{2}$	$\sqrt{D}$ für $D < 0$ n. def.
zwei Lösungen	genau eine Lösung	keine Lösung
$L = \left\{-\frac{p}{2} + \sqrt{D}; -\frac{p}{2} - \sqrt{D}\right\}$	$L = \left\{-\frac{p}{2}\right\}$	$L = \{\}$

4 Zueinander ähnliche Figuren untersuchen

Pantograf
Zum Kopieren, Vergrößern oder Verkleinern können sogenannte Pantografen verwendet werden.
„Pantograf" bedeutet wörtlich aus dem Griechischen übersetzt „Allesschreiber".
Informiert euch im Internet oder in Nachschlagewerken wie ein Pantograf aufgebaut ist, wo er heute noch eingesetzt wird und wie man ihn verwendet.

Verpackungen
Der Durchmesser und die Höhe einer zylinderförmigen Dose beeinflusst ihren Materialbedarf und ihr Fassungsvermögen.
Entscheidet und begründet, wann eurer Meinung nach zwei Dosen zueinander ähnlich sind. Wie ändert sich der Raum- bzw. der Oberflächeninhalt solcher Dosen, wenn Durchmesser und Höhe gleichzeitig verdoppelt werden?

Höhenmessung
Der griechische Mathematiker THALES VON MILET soll schon im Altertum mithilfe eines Stabes und dessen Schattenlänge die Höhe der ägyptischen Cheopspyramide ermittelt haben.
Vergleicht die in der Zeichnung hervorgehobenen (blauen) Dreiecke miteinander.
Nennt Gemeinsamkeiten und Unterschiede dieser Dreiecke.

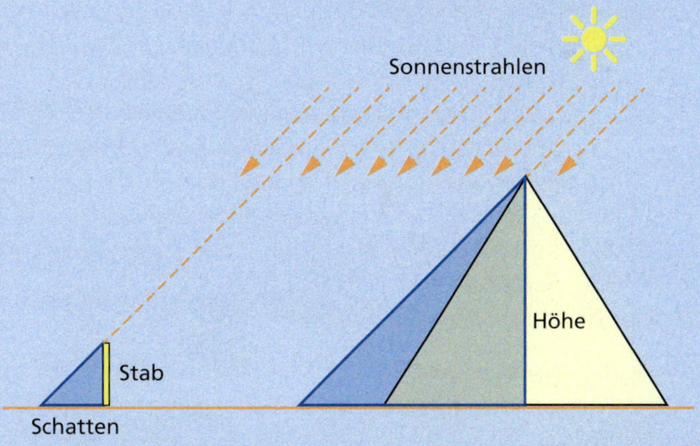

Arbeiten mit Hilfsmitteln beim Erkennen von Zusammenhängen

Dokumentiert eure Ergebnisse, druckt sie zu Hause aus und erstellt Poster mit allen Ergebnissen und entsprechenden Erklärungen.

Arbeiten mit dynamischer Geometriesoftware

1. Zeichnet in einer dynamischer Geometriesoftware ein Dreieck ABC und legt auf der Seite $\overline{AC}$ einen (beweglichen) Punkt P fest. Konstruiert die Parallele zu $\overline{BC}$ durch P und den Schnittpunkt Q der Parallelen mit der Seite $\overline{AB}$. Bewegt den Punkt P und beobachtet das Verhalten des Dreiecks APQ.

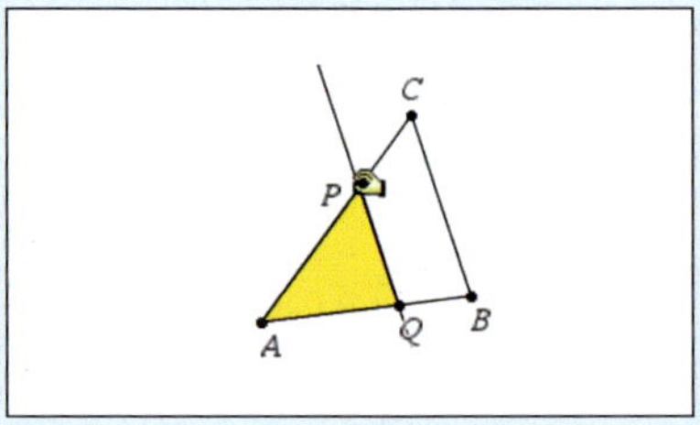

Beantwortet folgende Fragen. Nutzt dazu auch die Werkzeuge aus dem *„Menü - Messung"*.

a) Gebt gemeinsame Eigenschaften der Dreiecke ABC und AQP an.
b) Ergänzt folgenden Lückentext im Heft zu einer wahren Aussage: Wenn P der Mittelpunkt von $\overline{AC}$ ist, dann liegt Q genau ...
c) Gib an, in welchem Verhältnis Q die Seite $\overline{AB}$ teilt, wenn gilt: $\overline{AP} = \frac{1}{4} \cdot \overline{AC}$
d) Welches Verhältnis haben die Flächeninhalte der Dreiecke ABC und APQ zueinander, wenn gilt: $\overline{AP} = 2 \cdot \overline{AC}$
e) Bewegt einen der Eckpunkte des Dreiecks ABC und beobachtet das Verhalten des Dreiecks. Überprüft dann, welche Auswirkungen diese Veränderungen auf die Antworten der Fragen a) bis d) haben.

2. Zeichnet ein beliebiges Vieleck (Polygon) und führt mit dem Werkzeug *„Abbildungen"* eine zentrische Streckung des Vielecks mit dem Streckungsfaktor k = 2 an einem Punkt Z durch.

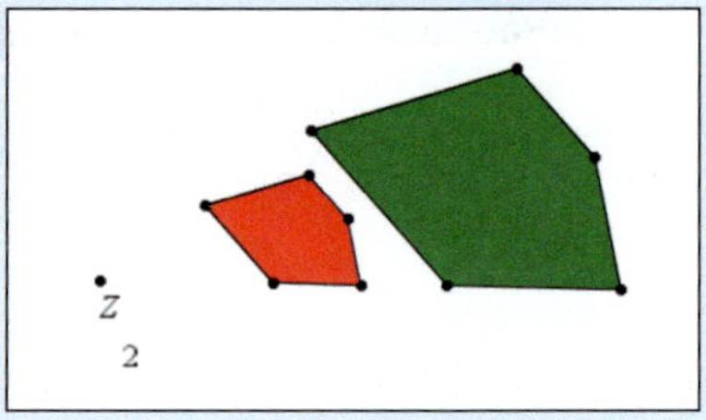

Vergleiche Abschnitt 4.1 auf Seite 113.

a) Verändert zuerst die Lage des Streckungszentrums Z und dann die Lage bzw. die Gestalt der Originalfigur. Beobachtet die Veränderungen an der Bildfigur.
b) Beschreibt die gemeinsamen Eigenschaften von Original- und Bildfigur.
c) Entscheidet, in welchen Eigenschaften sich Original- und Bildfigur unterscheiden.
d) Ändert den Streckungsfaktor k und überprüft, welche Auswirkungen diese Veränderungen auf die Antworten der Fragen b) und c) haben.
e) Quantifiziert eure Beobachtungen durch Messen von Winkelgrößen, Streckenlängen und Flächeninhalten. Nutzt dazu Werkzeuge aus dem *„Menü - Messung"*.

Arbeitshinweise zum Zeichnen und Konstruieren geometrischer Figuren sind auf Seite 110 *„Dreiecke zeichnen und Parallelen zu Dreieckseiten konstruieren"* zu finden.

Arbeiten mit einem CAS-Rechner.

3. Zeichnet den Graph der Funktion $y = f(x) = \frac{1}{2} \cdot x$.
Legt dann auf der x-Achse den Punkt Q(6 | 0) fest und zeichnet eine Senkrechte durch Q zur x-Achse. Ermittelt die Koordinaten des Schnittpunkts P der Senkrechten mit f. Zeichnet △ OPQ sowie $\overline{OQ}$, $\overline{QP}$ und $\overline{OP}$.
Ermittelt mit den Messwerkzeugen die Längen dieser Strecken und den Flächeninhalt des Dreiecks. Haltet die Messergebnisse in einer Tabelle fest.

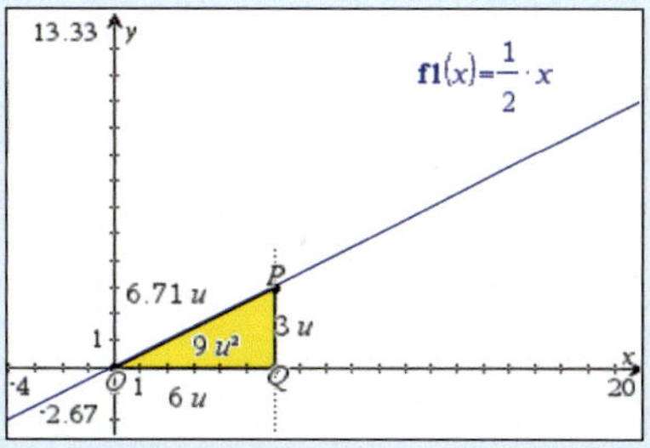

Länge von $\overline{OQ}$	6 LE	12 LE	18 LE	…
Länge von $\overline{QP}$	3 LE			
Länge von $\overline{OP}$	6,71 LE			
Flächeninhalt von △ OQP				

a) Bewegt den Punkt Q so, dass die Länge von $\overline{OQ}$ verdoppelt (verdreifacht) wird. Tragt jeweils die Ergebnisse für die Streckenlängen und den Flächeninhalt in eine Tabelle ein.
b) Welche Größen des Dreiecks bleiben dabei konstant?
c) Gebt eine andere lineare Funktion ein, deren Graph auch durch den Koordinatenursprung geht. Wiederholt die Messungen sowie ihre Auswertung für diese neue Funktion.

Arbeiten mit Grafiken in Textverarbeitungsprogrammen

4. Erstellt ein Dokument mit einem Textverarbeitungsprogramm und fügt ein Foto aus einer Datei ein.
a) Bewegt die Markierungspunkte der Ecken des Rahmens und beschreibt, wie sich die Grafik verändert.
b) Bewegt die Markierungspunkte der Seitenmitten des Rahmens. Beschreibt, wie sich die Grafik verändert.

Arbeiten mit Papier und Bleistift

5. Zeichnet in ein Koordinatensystem ein Rechteck ABCD.
a) Zeichnet dann ein Rechteck AEFG dessen Länge und Breite im gleichen Verhältnis stehen, wie die Länge und Breite des Rechtecks ABCD und dessen kürzere Seite doppelt so groß (halb so groß) wie die kürzere Seite des Rechtecks ABCD ist. Gib an, in welchem Verhältnis die längeren Seiten beider Rechtecke zueinander stehen.

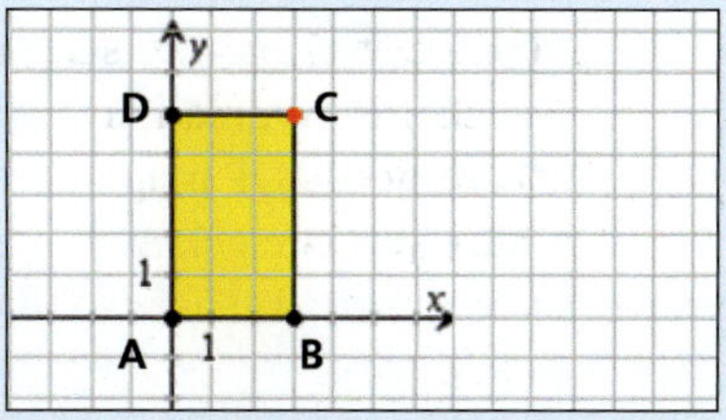

b) Vergleicht die Flächeninhalte beider Rechtecke miteinander. Zeichnet ein Rechteck AHIK, dessen Flächeninhalt doppelt so groß wie der des Rechtecks ABCD ist. Vergleicht die Seitenlängen des Rechtecks AHIK mit denen des Rechtecks ABCD.

Dreiecke zeichnen und Parallelen zu Dreieckseiten konstruieren

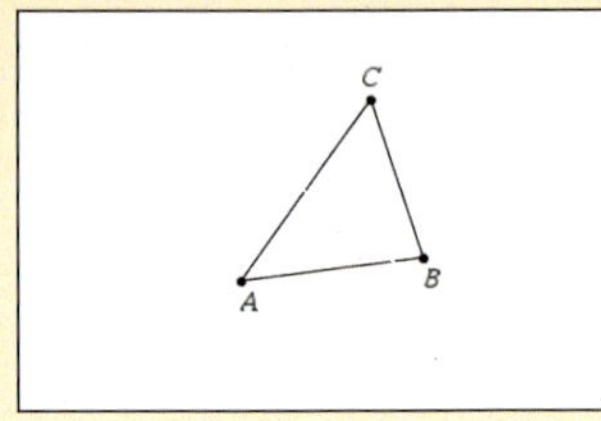

Öffnet im TI-Nspire die Applikation *„Geometry"*. Wählt *„Menü – Formen – Dreieck"* und zeichnet ein beliebiges Dreieck. Nach Anklicken des Symbols in der linken oberen Ecke des Bildschirms wird eine Hilfe angezeigt:

> Dreieck: Klicken Sie auf die drei Eckpunkte (oder geben Sie jeweils '(' gefolgt von Koordinaten ein); die UMSCHALTTASTE schränkt die Seite auf 15°-Schritte ein

Hinweis:
Befehle werden immer mit (esc) beendet. Setzt zum Bezeichnen eines Eckpunkts des Originaldreiecks den Kursor auf diesen Punkt, wählt unter (ctrl) (menu) den Befehl *„Beschriftung"* und setze in das Textfeld die Bezeichnung ein. Großbuchstaben werden nach vorherigem Drücken der (⇧shift) erzeugt.

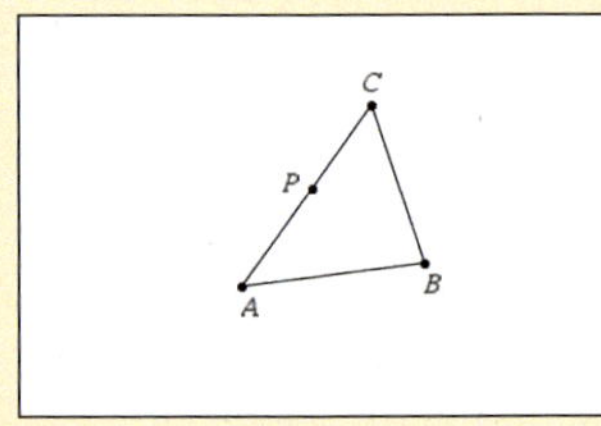

Wählt *„Menü – Punkte&Geraden"* und legt Punkt P auf Seite $\overline{AC}$ fest.
Nach Anklicken des Symbols in der linken oberen Ecke des Bildschirms wird eine Hilfe angezeigt:

> Punkt auf: Klicken Sie auf das Objekt und dann auf die Stelle, an der Sie den Punkt erzeugen möchten

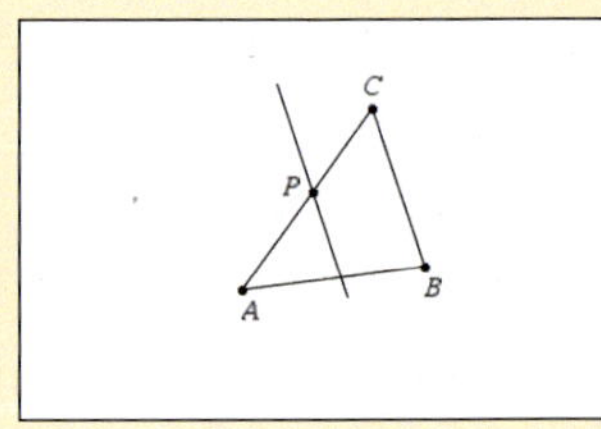

Wählt *„Menü – Konstruktion – Parallele"* und konstruiert eine Parallele zu $\overline{CB}$ durch P.
Nach Anklicken des Symbols in der linken oberen Ecke des Bildschirms wird eine Hilfe angezeigt:

> Parallele: Klicken Sie auf die Gerade und dann auf den Punkt, durch den die Parallele verlaufen soll (oder geben Sie '(' gefolgt von Koordinaten ein)

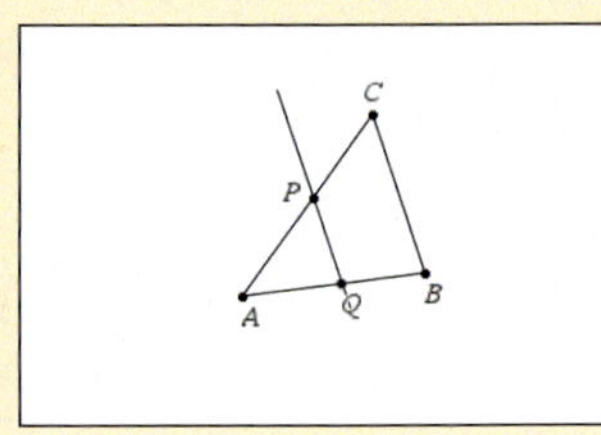

Wählt *„Menü – Punkte&Geraden – Schnittpunkt"* und konstruiert den Schnittpunkt Q von $\overline{AB}$ und der Parallelen.
Nach Anklicken des Symbols in der linken oberen Ecke des Bildschirms wird eine Hilfe angezeigt:

> Schnittpunkt(e): Klicken Sie auf den ersten und dann auf den zweiten Graphen

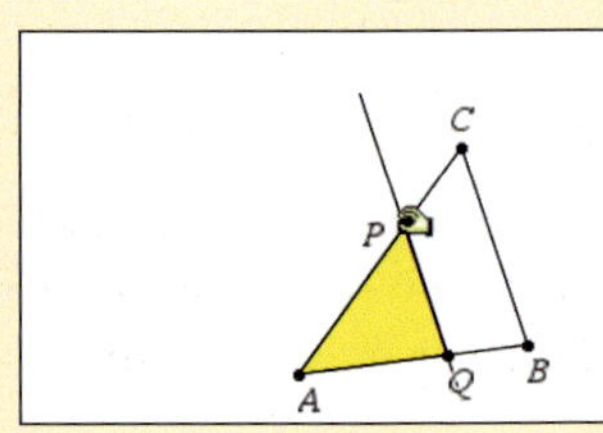

Wählt *„Menü – Formen – Dreieck"* und erzeugt das Dreieck AQP durch Anklicken der Punkte A, Q und P.
Verseht das Dreieck AQP mit einer Füllfarbe.
Markiert dazu das Dreieck AQP mit dem Kursor und wählt unter (ctrl) (menu) den Befehl *„Farbe – Füllfarbe"*.

Um Streckenlängen, Winkelgrößen und Flächeninhalte messen zu können, müssen die entsprechenden Objekte, an denen das passieren soll, erst konstruiert werden.
Die Messwerkzeuge finden sich unter *„Menü – Messung"*.

Kongruenzsätze für Dreiecke

Mithilfe der Kongruenzsätze für Dreiecke kann geprüft werden, ob zwei Dreiecke deckungsgleich (zueinander kongruent) sind. Dabei werden immer drei geeignete Bestimmungsstücke verglichen.

Zwei Dreiecke sind zueinander kongruent,

① wenn sie in allen drei Seiten übereinstimmen **(sss)**,

② wenn sie in zwei Seiten und dem eingeschlossenen Winkel übereinstimmen **(sws)**,

③ wenn sie in einer Seite und den beiden anliegenden Winkeln übereinstimmen **(wsw)**,

④ wenn sie in zwei Seiten und dem der größeren Seite gegenüberliegenden Winkel übereinstimmen **(SsW)**.

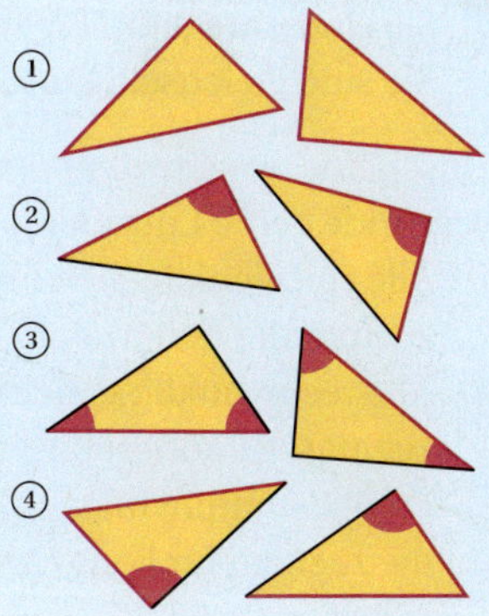

Ein Dreieck mit den drei in den Kongruenzsätzen genannten Stücken ist eindeutig konstruierbar, wenn keine weiteren Widersprüche, z. B. beim Prüfen der Dreiecksungleichung auftreten.

Maßstäbe und Streckenverhältnisse

Beim Vergrößern (Verkleinern) von Figuren werden alle Strecken im gleichen Verhältnis vergrößert (verkleinert). Die Winkelgrößen bleiben dabei unverändert. Das Größenverhältnis von Bildstrecke zu Originalstrecke ist der Maßstab einer Vergrößerung (Verkleinerung).

Landkarten sind maßstäbliche Verkleinerungen.

<table>
<tr><td rowspan="4">Der Maßstab einer Landkarte ist das Verhältnis einer Strecke auf der Karte zur gleichen Strecke in der Wirklichkeit.</td><th>Bild</th><th>Original</th></tr>
<tr><td>1 cm</td><td>1 km</td></tr>
<tr><td colspan="2">Maßstab: 1 : 100 000</td></tr>
<tr><td colspan="2">Gesprochen: 1 zu 100 000</td></tr>
</table>

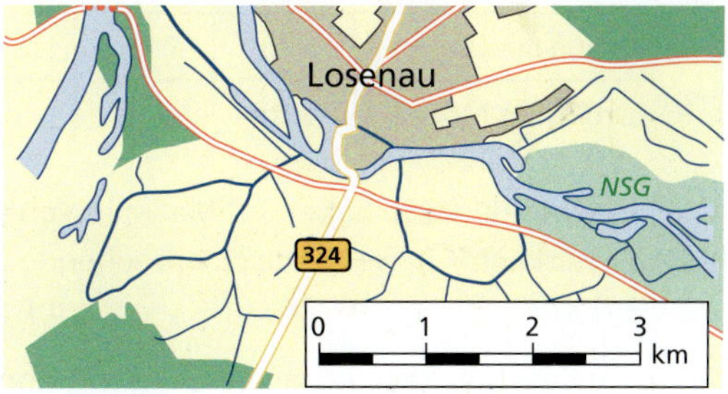

Verhältnisgleichungen lösen

Eine Verhältnisgleichung kann durch „Überkreuzmultiplizieren“ in eine Produktgleichung umgeformt werden. Dabei wird die Verhältnisgleichung mit dem Produkt beider Nenner multipliziert.

Verhältnisgleichung: $\frac{a}{b} = \frac{c}{d}$ $\quad | \cdot b \cdot d$

Produktgleichung: $a \cdot d = c \cdot d$

Aufgaben

1. Zeichne zwei zueinander kongruente Dreiecke, die folgende Bedingungen erfüllen:
a) Sie sind gleichschenklig und stumpfwinklig.
b) Sie sind unregelmäßig und rechtwinklig.
c) Sie sind gleichseitig und rechtwinklig.

2. Entscheide, welche der folgenden Aussagen wahr ist. Begründe deine Entscheidung.
a) Alle spitzwinklig-gleichschenkligen Dreiecke sind zueinander kongruent.
b) Alle rechtwinklig-gleichschenkligen Dreiecke sind zueinander kongruent.
c) Es gibt stumpfwinklig-gleichschenklige Dreiecke, die zueinander kongruent sind.

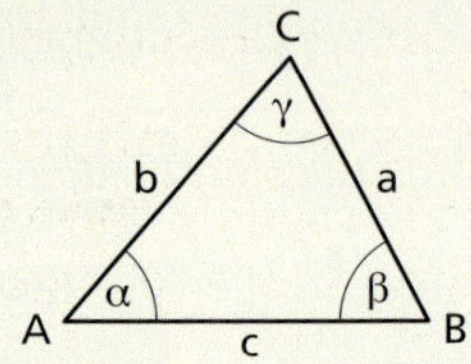

gleichseitig (a = b; b = c; a = c)
unregelmäßig (z. B.: $a \neq b \neq c$)
gleichschenklig (z. B.: $a = b \neq c$)
spitzwinklig (z. B.: $0° < \gamma < 90°$)
rechtwinklig (z. B.: $\gamma = 90°$)
stumpfwinklig (z. B.: $90° < \gamma < 180°$)

3. Entscheide und begründe, ob Dreiecke mit den gegebenen Stücken eindeutig festgelegt sind.
a) $a = 4{,}5$ cm; $b = 3{,}5$ cm; $\gamma = 25°$
b) $a = 2{,}5$ cm; $b = 3{,}5$ cm; $c = 6{,}5$ cm
c) $c = 4{,}7$ cm; $\beta = 35°$; $\gamma = 50°$
d) $a = 7{,}5$ cm; $b = 4{,}5$ cm; $\beta = 60°$

4. Gib ein drittes Stück so an, dass ein Dreieck eindeutig festgelegt ist. Konstruiere dann das Dreieck und begründe deine Entscheidung jeweils mit einem Kongruenzsatz.
a) $c = 3$ cm; $b = 4$ cm
b) $\alpha = 45°$; $a = 4{,}5$ cm
c) $\alpha = 50°$; $\beta = 60°$
d) $c = 5{,}6$ cm; $\beta = 75°$

5. Übertrage die Tabelle in dein Heft und fülle sie aus:

Maßstab			1:10	1:100	1:2	2:1	1:20	1:50
Größe am Original	50 m	2 km	2 m		10 cm		2,5 m	
Größe am Modell	5 cm	2 m		2 cm		10 cm		5,5 cm

6. Eine Wanderkarte hat einen Maßstab von 1 : 25 000. Berechne die Entfernung zweier Punkt in der Wirklichkeit, wenn die entsprechende Strecke auf der Karte folgende Länge hat:
a) 1 cm b) 15 cm c) 5,5 cm d) 6,3 cm e) 0,7 cm

7. Berechne den Abstand zweier Punkte A und B auf einer Karte mit einem Maßstab von 1 : 50 000, wenn die Luftline zwischen diesen beiden Punkten in der Wirklichkeit folgende Länge hat:
a) 10 km b) 150 km c) 333 km d) 1 500 m e) 7,7 km

8. Ermittle die Lösungsmenge folgender Gleichungen:
a) $\frac{x}{7} = \frac{10}{35}$ b) $\frac{3}{x} = \frac{9}{5}$ c) $\frac{20}{3} = \frac{15}{x}$ d) $\frac{x}{0{,}2} = \frac{1{,}5}{0{,}5}$ e) $\frac{0{,}6}{3x} = \frac{5}{20}$

9. Stelle jede Gleichung nach der rot gekennzeichneten Strecke um.
a) $\frac{a}{b} = \frac{c}{d}$ b) $\frac{3\text{ cm}}{5\text{ cm}} = \frac{a}{6\text{ cm}}$ c) $\frac{\overline{CD}}{\overline{AD}} = \frac{\overline{BE}}{\overline{AE}}$ d) $\frac{\overline{AB}}{\overline{AC}} = \frac{\overline{BE}}{\overline{CD}}$ e) $\frac{\overline{AB}}{6\text{ cm}} = \frac{4\text{ cm}}{2{,}5\text{ cm}}$

10. Ein Pkw benötigt für eine Strecke von 100 km etwa 7,8 Liter Kraftstoff. Wie viel Liter Kraftstoff sind unter gleichen Bedingungen für eine Strecke von 225 km erforderlich?

4.1 Die zentrische Streckung

Figuren vergrößern und verkleinern

Mit einer Taschenlampe könnt ihr Schatten von Gegenständen an eine Wand projizieren. Überlegt, welche Abmessungen und welche Flächeninhalte die Schatten im Vergleich zum Originalgegenstand haben.

Maßstäbliche Vergrößerungen bzw. Verkleinerungen von Figuren lassen sich zum Beispiel mithilfe eines Quadratrasters oder mithilfe von Projektionsstrahlen erzeugen.

Verkleinere △ABC im Maßstab 1:3.

Die Anzahl der Kästchen für die Seitenlängen wird gedrittelt.

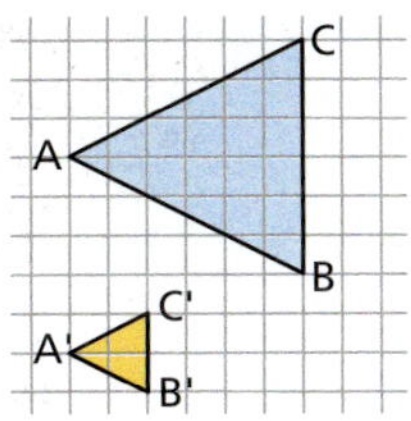

$\overline{A'B'}$ ist z. B. $\frac{1}{3}$ so lang wie $\overline{AB}$.

Vergrößere △ABC im Maßstab 3:1.

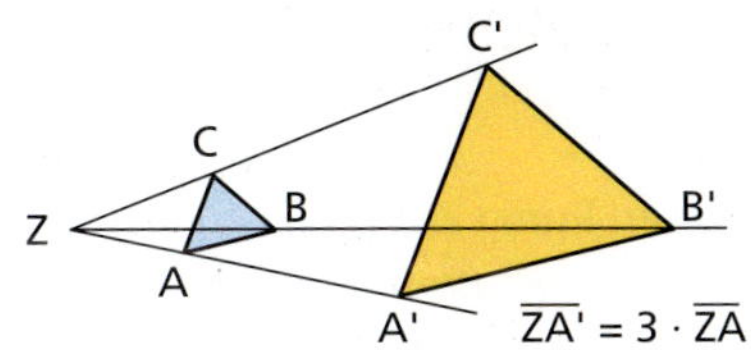

$\overline{ZA'}$ ist z. B. dreimal so lang wie $\overline{ZA}$.

Eigenschaften zentrischer Streckungen

Eine **zentrische Streckung** (Z; k) mit dem **Streckungszentrum** Z und dem **Streckungsfaktor** k (k > 0) ist eine Abbildung, die jedem Punkt A einen Bildpunkt A' zuordnet:

1. Für A ≠ Z liegt A', auf dem Strahl $\overrightarrow{ZA}$.
2. $\overline{ZA'} = k \cdot \overline{ZA}$
3. Z' = Z

Für k = 1 sind Bildstrecke und Originalstrecke gleich lang.

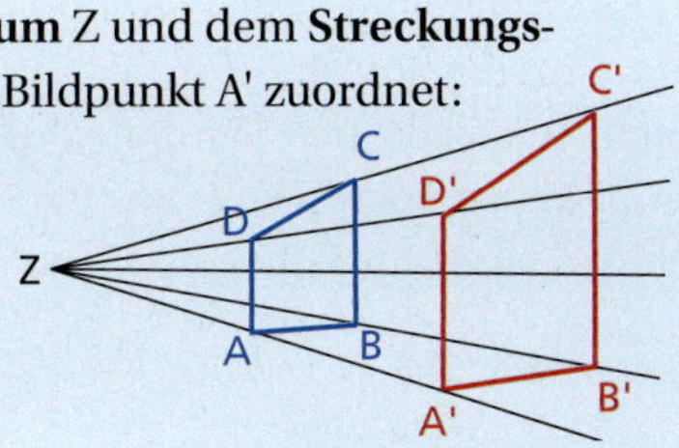

Für zentrische Streckungen gilt:

- Winkelgrößen werden nicht verändert. *(Winkeltreue)*
- Die Parallelität von Strecken bleibt erhalten. *(Parallelentreue)*
- Eine Bildstrecke ist k-mal so lang wie ihre Originalstrecke. *($a' = k \cdot a$)*
- Der Flächeninhalt eines Bildes ist k^2-mal so groß wie der des Originals. *($A' = k^2 \cdot A$)*

Probiere es selbst:

1. Führe zentrische Streckungen eines Dreiecks mit dem TI-Nspire aus (vgl. Seite 114). Veranschauliche die Eigenschaften der zentrischen Streckung. Präsentiere deine Ergebnisse.

2. Zeichne in ein Koordinatensystem das Trapez ABCD mit A(1 | 1), B(4 | 1), C(4 | 3), D(2 | 3).
a) Konstruiere das Bild von ABCD bei der zentrischen Streckung (Z; k) mit k = 1,5 und Z(0; 0).
b) Gib den Flächeninhalt des Trapezes ABCD und den des Trapezes A'B'C'D' an.

Zentrische Streckungen mit dem TI-Nspire ausführen

Öffnet im TI-Nspire die Applikation *„Geometry“*. Wählt *„Menü - Formen - Dreieck“* und zeichnet ein beliebiges Dreieck.
Nach Anklicken des Symbols in der linken oberen Ecke des Bildschirms wird eine Hilfe angezeigt:

> Dreieck: Klicken Sie auf die drei Eckpunkte (oder geben Sie jeweils '(' gefolgt von Koordinaten ein); die UMSCHALTTASTE schränkt die Seite auf 15°-Schritte ein

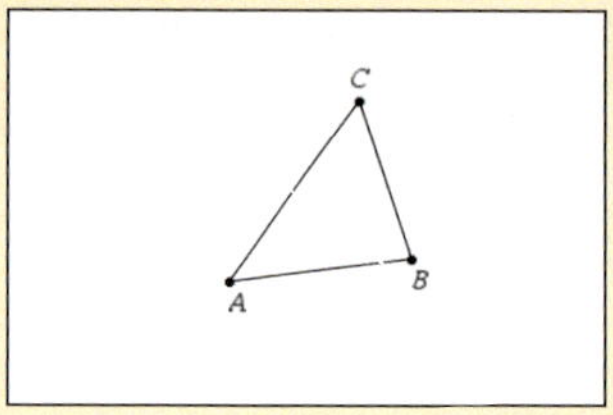

Hinweis:
Befehle werden immer mit (esc) beendet. Setzt zum Bezeichnen eines Eckpunkts des Originaldreiecks den Kursor auf diesen Punkt, wählt unter (ctrl) (menu) den Befehl *„Beschriftung“* und setze in das Textfeld die Bezeichnung ein. Großbuchstaben werden nach vorherigem Drücken der (⇧shift) erzeugt.

Setzt dann den Punkt Z für das Streckungszentrum.
Wählt dazu *„Menü - Punkte&Geraden- Punkt“*.
Gebt den Streckungsfaktor k ein.
Wählt dazu *„Menü - Aktionen - Text“*.
Gebt in das Textfeld den Zahlenwert für k ein und bestätigt ihn mit (enter).

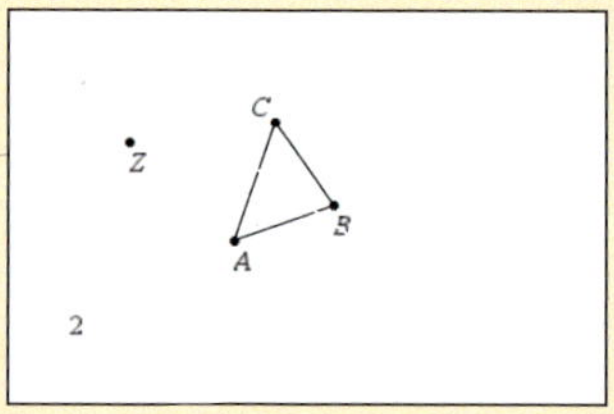

Wählt schließlich *„Menü - Abbildung - Streckung“* und führt die Streckung aus.
Nach Anklicken des Symbols in der linken oberen Ecke des Bildschirms wird eine Hilfe angezeigt:

> Streckung: Klicken Sie auf das Objekt, dann auf das Streckungszentrum (oder geben Sie '(' gefolgt von Koordinaten ein) und anschließend auf den Streckungswert (oder geben Sie ihn ein)

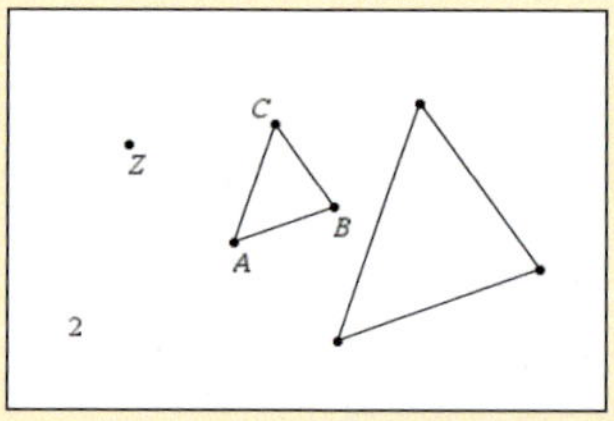

Setzt zum Bezeichnen eines Eckpunkts des Bilddreiecks den Kursor auf einen Eckpunkt, wählt unter (ctrl) (menu) den Befehl *„Beschriftung“* und setzt in das Textfeld die Bezeichnung ein.
Großbuchstaben werden wieder nach vorherigem Drücken der (⇧shift) erzeugt.
Figuren können mit Füllfarben versehen werden. Fahrt dazu die Figur mit dem Kursor an und wählt unter (ctrl) (menu) den Befehl *„Farbe - Füllfarbe“*.

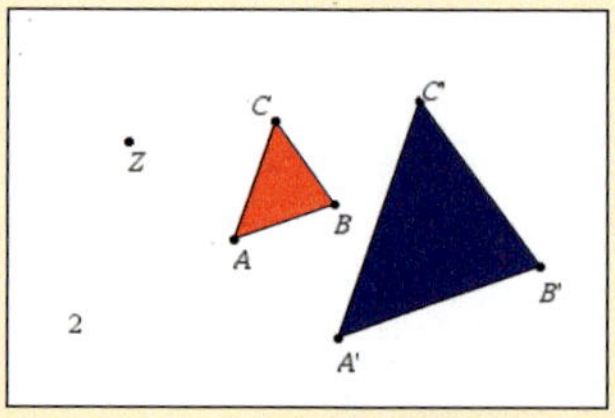

Hinweise:
- Das Originaldreieck bzw. das Streckungszentrum lassen sich jeweils anfassen und bewegen bzw. verändern. Die Bildfigur ändert sich dann entsprechend.
- Nach Anklicken der Zahl für den Streckungsfaktor kann ihr Wert verändert werden.
- Zentrische Streckungen können auch in der Applikation *„Graphs“* ausführt werden.

Konstruktionen mithilfe zentrischer Streckungen

Mithilfe zentrischer Streckungen lassen sich Figuren konstruieren, von denen Streckenverhältnisse bekannt sind. Zuerst wird eine Hilfsfigur konstruiert, bei der eine der gegebenen Angaben unberücksichtigt bleibt. Danach erfolgt eine zentrische Streckung dieser Hilfsfigur unter Nutzung der vorher nicht verwendeten Angabe.

Konstruiere ein Dreieck ABC, für das gilt:
$b : c = 3 : 4$; $\alpha = 60°$; $h_a = 4{,}5$ cm

Planfigur:

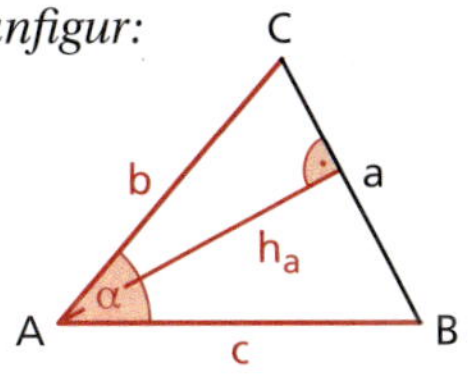

Konstruktion:

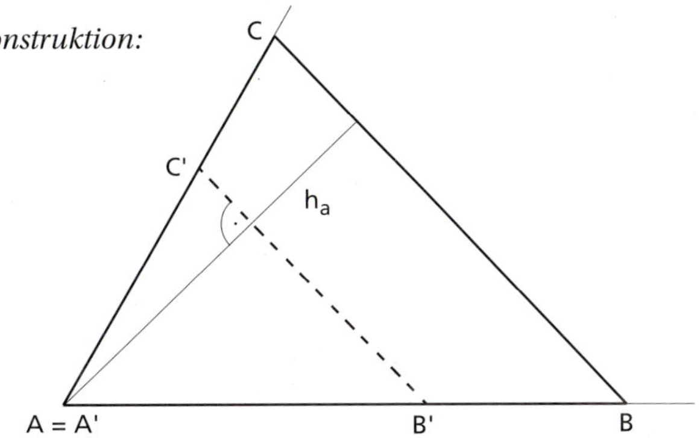

Hilfsfigur kann das Dreieck A'B'C' mit $\overline{A'B'} = c' = 4$ cm, $\overline{A'C'} = b' = 3$ cm und $\alpha = 60°$ sein.

Dann erfolgt eine zentrische Streckung (A; k) von Dreieck A'B'C' mit $k = \frac{h_a}{h'_a}$.

Probiere es selbst:

Fertige eine ausführliche Konstruktionsbeschreibung für die Konstruktion des Dreiecks ABC aus vorherigem Beispiel an.

Die Eigenschaften zentrischer Streckungen können auch genutzt werden, um Figuren zu zeichnen, die in anderen Figuren einbeschrieben sein sollen. Dynamische Geometrieprogramme können dabei hilfreich sein.

Zeichne zu einem gleichseitigen Dreieck ABC ein einbeschriebenes Quadrat MNLK.
Arbeitsschritte:

1. Ich zeichne das Dreieck ABC.
2. Ich zeichne den Mittelpunkt E von $\overline{AB}$.
3. Ich zeichne auf $\overline{AB}$ ein Quadrat mit der Symmetrieachse EC.
4. Ich zeichne die Strahlen $\overrightarrow{EH}$ und $\overrightarrow{EJ}$ und benenne die Schnittpunkte mit den Seiten $\overline{BC}$ und $\overline{AC}$ des Dreicks ABC mit L und K.
5. Ich fälle die Lote von L und K auf $\overline{AB}$ und benenne die Schnittpunkte mit $\overline{AB}$ mit N und M.
6. Das Quadrat MNLK ist das gesuchte Quadrat.

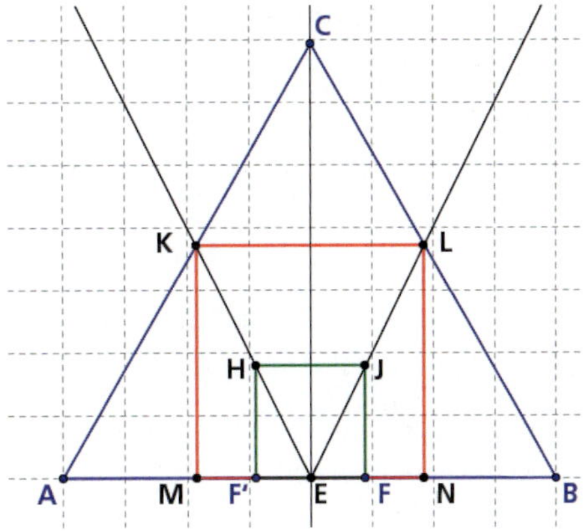

Erste Schritte

1. Zeichne ein 3 cm langes und 4 cm breites Rechteck ABCD.
a) Vergrößere es mithilfe einer zentrischen Streckung im Maßstabe 3 : 2. Wähle als Streckungszentrum einen Eckpunkt des Rechtecks.
b) Verkleinere es mithilfe einer zentrischen Streckung im Maßstabe 2 : 3. Wähle als Streckungszentrum den Schnittpunkt der Diagonalen des Rechtecks.

2. Zeichne die Punkte A(2 | 0), B(4 | 3), C(4 | 5) und D(2 | 5) in ein Koordinatensystem.
a) Verbinde die Punkte zum Viereck ABCD. Gib Umfang und Flächeninhalt des Vierecks an.
b) Vergrößere das Viereck ABCD mit einer zentrischen Streckung Z(A; k) und k = 2.
c) Gib die Koordinaten der Eckpunkte des Bildvierecks A'B'C'D' an.

3. Entscheide und begründe, ob ein Rechteck ABCD mit $\overline{AB}$ = 2,5 cm und $\overline{BC}$ = 4,5 cm Bild vom Rechteck EFGH mit $\overline{EF}$ = 22,5 cm und $\overline{GH}$ = 12,5 cm bei einer zentrischen Streckung sein kann.

4. Zeichne einen Rhombus mit den Diagonalenlängen 6 cm und 4 cm. Beschreibe diesem Rhombus ein Quadrat ein, dessen Eckpunkte auf den Seiten vom Rhombus liegen.

5. Zeichne jeweils zwei Dreiecke mit den gegebenen Eigenschaften.
a) a : b : c = 3 : 4 : 5
b) a : c = 3 : 4 und β = 100°

Weiterführende Aufgaben

1. Konstruiere im I. Quadranten eines Koordinatensystems zwei Kreise, deren Radien sich zueinander verhalten wie 2 : 3. Jeder Kreis soll jeweils beide Koordinatenachsen berühren. Verwende gegebenenfalls ein dynamisches Geometrieprogramm zum Lösen der Aufgabe.

2. Zeichne einen Halbkreis mit einem Radius von r = 5 cm.

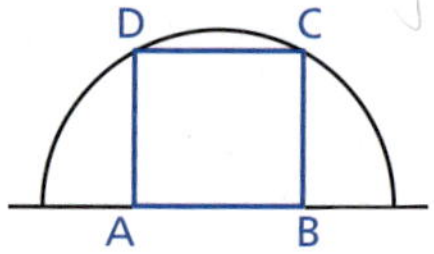

a) Beschreibe diesem Halbkreis ein Quadrat ein. Zwei Eckpunkte dieses Quadrates sollen auf dem Durchmesser, zwei auf der Halbkreislinie liegen.
b) Beschreibe diesem Kreis ein Rechteck mit einem Seitenverhältnis von 3 : 2 ein. Zwei Eckpunkte dieses Rechteck sollen auf dem Durchmesser, zwei auf der Halbkreislinie liegen.

3. Vom Dreieck ABC soll mithilfe einer zentrischen Streckung Z(A; k) ein Bilddreieck A'B'C' für k = 3; $\overline{AC}$ = 3 cm; $\overline{BB'}$ = 4 cm und $\overline{B'C'}$ = 6 cm gezeichnet werden.
a) Fertige eine Skizze an und kennzeichne die gegeben Stücke farbig.
b) Ermittle die Streckenlängen $\overline{CC'}$, $\overline{BC}$ und $\overline{AB}$ rechnerisch.
c) Berechne und vergleiche die Umfänge und Flächeninhalte der Dreiecke ABC und A'B'C'.

4. Ein Quadrat ABCD mit dem Digonalenschnittpunkt M wird von Z aus zentrisch gestreckt. Fertige eine Skizze an und bestimme den Streckungsfaktor k.
a) Z = A und M = C'
b) Z = B und D = M'

5. Konstruiere jeweils ein Dreieck mit den gegebenen Eigenschaften.
a) a : c = 1 : 2; β = 90°; h_b = 3,5 cm
b) b : c = 2 : 1; α = 60°; h_b = 5 cm
c) c : b = 2 : 3; α = 30°; h_c = 3 cm
d) b : c = 2 : 1; α = 120°; h_a = 4,5 cm

4.2 Ähnlichkeit von Figuren

Mit zentrischen Streckungen werden für Streckungsfaktoren $0 < k < 1$ maßstäbliche Verkleinerungen, für $k > 0$ maßstäbliche Vergrößerungen erzeugt. Original und Bild haben dabei immer die gleiche Form. Solche Figuren heißen zueinander ähnlich.

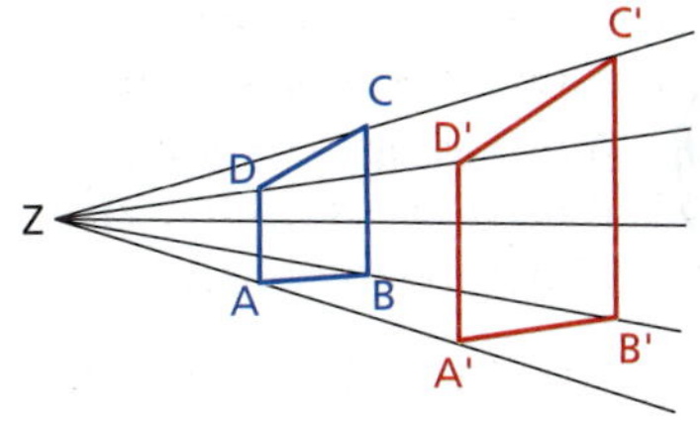

Eigenschaften zueinander ähnlicher Figuren untersuchen

Zwei Figuren F_1 und F_2 heißen **zueinander ähnlich,** wenn sie durch eine maßstäbliche Vergrößerung oder durch eine maßstäbliche Verkleinerung auseinander hervorgegangen sind. Das konstante Verhältnis der Bildstrecken zu einander entsprechenden Originalstrecken heißt **Ähnlichkeitsfaktor** k.

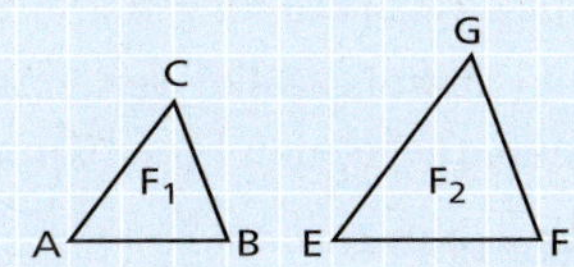

Schreibweise: $F_1 \sim F_2$

Sprechweise: F_1 und F_2 sind zueinander ähnlich.

Ist F_2 ähnlich zu F_1 mit dem Ähnlichkeitsfaktor k, dann ist F_1 ähnlich zu F_2 mit dem Ähnlichkeitsfaktor $\frac{1}{k}$.

Es gilt:
Sind **zwei Figuren zueinander ähnlich,**
- dann haben zwei beliebige **Strecken** in der Originalfigur **das gleiche Verhältnis,** wie die entsprechenden Strecken in der Bildfigur,
- dann sind einander entsprechende **Winkel gleich groß.**

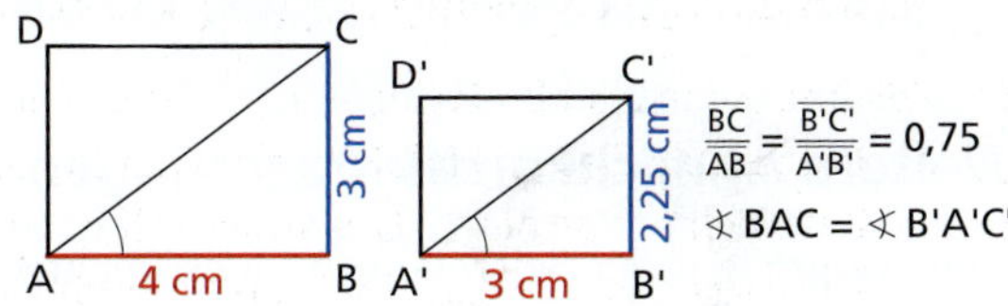

Beachte:
Es gibt Figuren, die in allen entsprechenden Winkeln übereinstimmen, trotzdem nicht ähnlich zueinander sind.

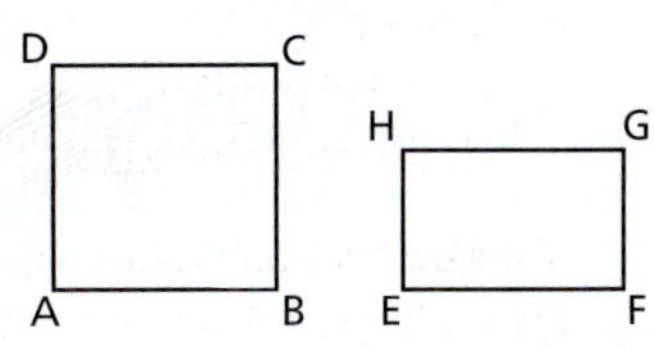

Probiere es selbst:

1. Zeichne zwei zueinander ähnliche Rechtecke. Berechne den Ähnlichkeitsfaktor. Beachte, dass jedes der beiden Rechtecke das Bild des anderen Rechtecks sein kann.

2. Vergrößere jede Figur aus Aufgabe 1 im Maßstab 1 : 3. Verkleinere dann das entstandene Bild im Maßstab 2 : 1. Gib die Ähnlichkeitsfaktoren zwischen den Ausgangs- und der Endfiguren an.

3. Prüfe und begründe, ob die beiden Rechtecke ABCD bzw. EFGH zueinander ähnlich sind.
a) $\overline{AB} = 2{,}5$ cm; $\overline{BC} = 3$ cm; $\overline{EF} = 6{,}6$ cm; $\overline{GH} = 4{,}4$ cm
b) $\overline{AB} = 12{,}1$ cm; $\overline{BC} = 26{,}4$ cm; $\overline{EF} = 2{,}2$ cm; $\overline{GH} = 4{,}8$ cm

Hauptähnlichkeitssatz für Dreiecke

Bei Rechtecken kann aus der Gleichheit der Innenwinkel nicht auf deren Ähnlichkeit geschlossen werden. Bei Dreiecken ist das dagegen möglich. Zwei Dreiecke müssen nur in zwei Winkeln übereinstimmen, da sie nach dem Innenwinkelsatz dann auch im dritten Innenwinkel übereinstimmen.

Hauptähnlichkeitssatz
Dreiecke sind zueinander ähnlich, wenn sie in zwei Winkeln übereinstimmen.

Zueinander ähnliche Dreiecke stimmen auch überein:
- in ihren drei Seitenverhältnissen,
- in den Verhältnissen zweier Seiten und dem eingeschlossenen Innenwinkel,
- im Verhältnis zweier Seiten und dem der größeren der Seite gegenüberliegenden Innenwinkel.

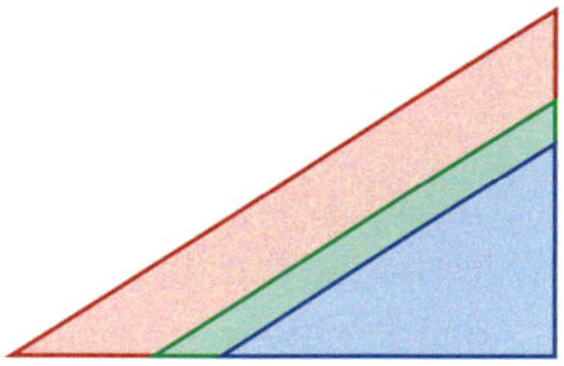

Zwei sowohl form- als auch flächengleiche Dreiecke sind zueinander kongruent. Zwei lediglich formgleiche Dreieck sind zueinander ähnlich. Somit ist die Kongruenz von Dreiecken ein Sonderfall der Ähnlichkeit mit dem Ähnlichkeitsfaktor $k = 1$.

Probiere es selbst:

1. Zeichne jeweils zwei zueinander ähnliche Dreiecke.
a) $\beta = 45°$ und $\gamma = 90°$ b) $a:b:c = 1:2:3$ c) $a:c = 1:2$ und $\beta = 100°$

2. Prüfe, ob $\triangle ABC$ mit $\sphericalangle CAB = 42°$; $\overline{AC} = 6$ cm; $\sphericalangle BCA = 76°$ und $\triangle DEF$ mit $\sphericalangle DEF = 62°$; $\overline{EF} = 3$ cm; $\sphericalangle FDE = 42°$ zueinander ähnlich sind.

Weitere Ähnlichkeitsbetrachtungen

Beim Vergrößern der Seitenlängen eines Rechtecks vergrößert sich sowohl dessen Umfang als auch dessen Flächeninhalt.

Rechteck A'B'C'D' ist zu Rechteck ABCD ähnlich.
Gib den Ähnlichkeitsfaktor an und berechne von jedem Rechteck den Umfang und den Flächeninhalt.

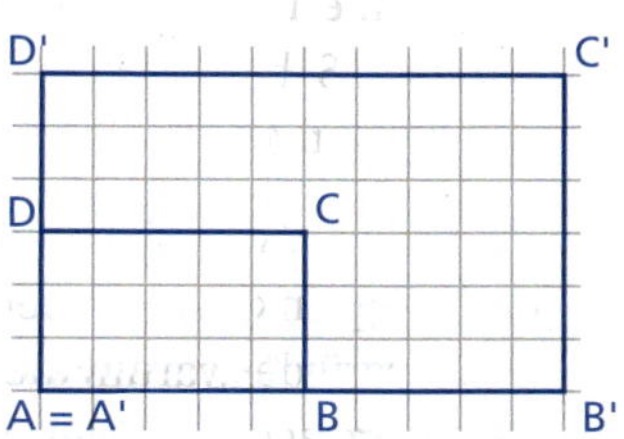

$k = \frac{\overline{C'D'}}{\overline{CD}} = 2$

Rechteck ABCD:

$u = 2 \cdot (\overline{AB} + \overline{BC}) = 8$ cm
$A = \overline{AB} \cdot \overline{BC} = 3{,}75$ cm^2

Rechteck AB'C'D':

$u = 2 \cdot (\overline{AB'} + \overline{B'C'}) = 16$ cm
$A = \overline{AB'} \cdot \overline{B'C'} = 15$ cm^2

Eine Figur F_2 ist zu einer Figur F_1 ähnlich mit dem Ähnlichkeitsfaktor k.

Für die Umfänge gilt:	*Für die Flächeninhalte gilt:*	*Für die Rauminhalte gilt:*
$u_2 = k \cdot u_1$	$A_2 = k^2 \cdot A_1$	$V_2 = k^3 \cdot V_1$

Erste Schritte

1. Zeichne das Dreieck ABC mit A(0 | 0), B(3 | 2), C(1 | 4) und das Dreieck DEF mit D(9 | 6), E(3 | 12), F(0 | 0) in ein und dasselbe Koordinatensystem ein.

a) Begründe, dass eine zentrische Streckung vorliegt.

b) Ermittle das Streckungszentrum und den Streckungsfaktor.

c) Begründe, dass beide Dreiecke zueinander ähnlich sind.

d) In welchem Verhältnis stehen die Umfänge und die Flächeninhalte der beiden Dreiecke zueinander?

2. Zeichne das Dreieck ABC mit A(-1 | 3), B(3 | 2), C(1 | -1) in ein Koordinatensystem.

a) Strecke das Dreieck ABC mit vom Streckungszentrum Z(1 | 1) so, dass B'(6 | 3,5) Bildpunkt von B ist. Gib den Streckungsfaktor und die Koordinaten der Bildpunkte C' und D' an.

b) Strecke das Dreieck ABC mit vom Streckungszentrum Z(3 | 0) so, dass C'(2 | -0,75) Bildpunkt von C ist. Gib den Streckungsfaktor und die Koordinaten der Bildpunkte A' und B' an.

3. Gib die Seitenlängen von drei rechtwinkligen Dreiecke an, die zueinander ähnlich sind.

4. Zeichne ein 12,2 cm langes und 8,4 cm breites und ein 12,6 cm langes und 18,3 cm breites Rechteck. Zeige, dass beide Rechtecke zueinander ähnlich sind.

a) Ermittle die Umfänge und die Flächeninhalte der beiden Rechtecke.

b) Bilde die Verhältnisse der Umfänge und der Flächeninhalte der beiden Rechtecke.

Weiterführende Aufgaben

1. Entscheide und begründe, ob folgende Aussagen wahr sind:

a) Alle gleichseitigen Dreiecke sind zueinander ähnlich.

b) Alle rechtwinkligen Dreiecke sind zueinander ähnlich.

c) Zwei zueinander kongruente Rechtecke sind auch zueinander ähnlich.

d) Zwei zueinander ähnliche Quadrate sind auch zueinander kongruent.

2. Mit einer Messlatte, einem Maßband und einem Peilgerät wurden die in der Zeichnung angegebenen Maßangaben ermittelt. Berechne die Höhe des Baumes. Schreibe den Lösungsweg mit Begründungen ausführlich auf.

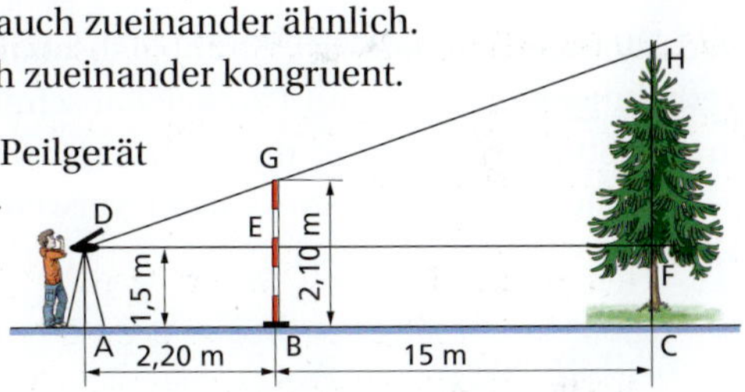

3. Zeichne in $\triangle ABC$ mit $\overline{AB} = 6$ cm, $\overline{AC} = 8$ cm und $\sphericalangle BAC = 90°$ die Höhe h_a ein und bezeichne den Fußpunkt auf der Seite $\overline{BC}$ mit D.

a) Begründe, warum die Dreiecke $\triangle ABC$, $\triangle ABD$ und $\triangle ADC$ zueinander ähnlich sind.

b) Übertrage die folgenden Gleichungen in dein Heft und ergänze sie zu wahren Aussagen:

(I) $\overline{AB} : \overline{BC} = \mathbf{x} : \overline{AB}$ (II) $\overline{DC} : \overline{AC} = \overline{AC} : \mathbf{y}$

c) Forme aus Aufgabe b) die Gleichung (I) nach $\overline{AB}^2$ und die Gleichung (II) nach $\overline{AC}^2$ um.

4. In einem Rechteck mit einem Flächeninhalt von 14,7 cm² beträgt die längere der beiden Seiten 4,2 cm. In einem dazu ähnlichen Rechteck wurde die längere der beiden Seiten mit 21,0 cm gemessen. Berechne die Maße der beiden kürzeren Seiten beider Rechtecke.

4.3 Strahlensätze

Streckenverhältnisse bei zentrischen Streckungen untersuchen

Das Dreieck ZBD ist das Bild vom Dreieck ZAC bei der zentrischen Streckung (Z; k). Beide Dreiecke sind einander ähnlich.
Für die Seitenverhältnisse der beiden Dreiecke gilt:

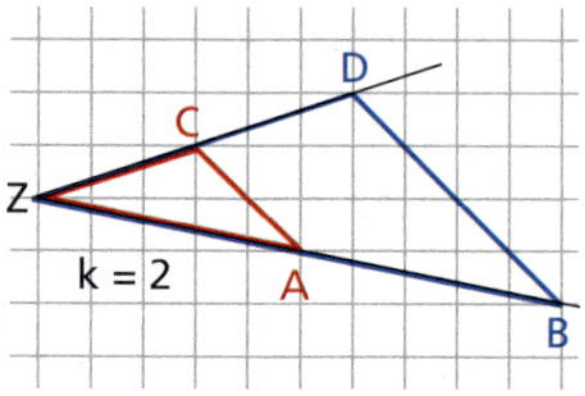

$\frac{\overline{ZA}}{\overline{ZB}} = \frac{\overline{AC}}{\overline{BD}} = \frac{\overline{ZC}}{\overline{ZD}} = k$

Da der Hauptähnlichkeitssatz gilt, sind die beiden Seiten $\overline{AC}$ und $\overline{BD}$ parallel zueinander.
Eine Figur aus Strahlen mit gemeinsamen Anfangspunkt Z, die von Parallelen geschnitten werden, heißt **Strahlensatzfigur** mit dem Anfangspunkt Z.

Die Strecken $\overline{ZA}$, $\overline{ZB}$, $\overline{ZC}$, $\overline{ZD}$, $\overline{AB}$ und $\overline{CD}$ sind **Strahlenabschnitte.** Die auf dem gleichen Strahl liegende Strecken $\overline{ZA}$, $\overline{AB}$ und $\overline{ZB}$ sowie $\overline{ZC}$, $\overline{CD}$ und $\overline{ZD}$ sind **gleich liegend.** Die Strecken $\overline{AC}$ und $\overline{BD}$ sind **Parallelenabschnitte.** Dem Parallelenabschnitt $\overline{AC}$ zugeordnet sind die Strahlenabschnitte $\overline{ZA}$ und $\overline{ZC}$, dem Parallelenabschnitt $\overline{BD}$ die Strahlenabschnitte $\overline{ZB}$ und $\overline{ZD}$.

Probiere es selbst:

Gegeben ist ein Dreieck ABC mit A(1 | 7), B(3 | 6) und C(3,5 | 8) in einem Koordinatensystem. Zeichne mithilfe der zentrischen Streckung (A; 2) das Bild vom Dreieck ABC. Kennzeichne dann jeweils mit unterschiedlichen Farben Parallelenabschnitte, gleich liegende Strahlenabschnitte und Strahlenabschnitte, die den Parallelenabschnitten zugeordnet sind.

Strahlensätze

Verhältnisgleichungen mit Strahlenabschnitten sowie Verhältnisgleichungen mit Parallelenabschnitten treten in zwei Strahlensätzen auf, die zur Untersuchung der Eigenschaften zentrischer Streckungen verwendet werden können.

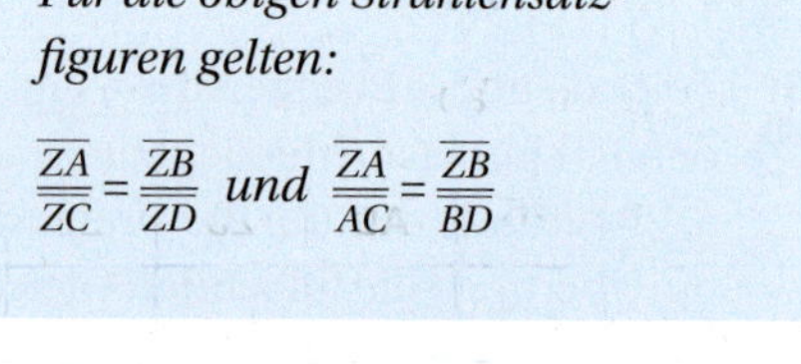

1. Strahlensatz
In einer Strahlensatzfigur sind die Verhältnisse der *Abschnitte auf einem Strahl* genau so groß wie die Verhältnisse der gleich liegenden *Abschnitte auf dem anderen Strahl.*

Für die obigen Strahlensatzfiguren gelten:

$\frac{\overline{ZA}}{\overline{ZC}} = \frac{\overline{ZB}}{\overline{ZD}}$ *und* $\frac{\overline{ZA}}{\overline{AC}} = \frac{\overline{ZB}}{\overline{BD}}$

2. Strahlensatz
In einer Strahlensatzfigur sind die Verhältnisse der *Parallelenabschnitte* genau so groß wie die Verhältnisse der zugeordneten *Strahlenabschnitte ein und desselben Strahls.*

Für die obigen Strahlensatzfiguren gelten:

$\frac{\overline{AB}}{\overline{CD}} = \frac{\overline{ZA}}{\overline{ZC}}$ *und* $\frac{\overline{AB}}{\overline{CD}} = \frac{\overline{ZB}}{\overline{ZD}}$

Probiere es selbst:

Schreibe vier gültige Verhältnisgleichungen nach dem 1. Strahlensatz und vier gültige Verhältnisgleichungen nach dem 2. Strahlensatz für die abgebildete Figur auf.

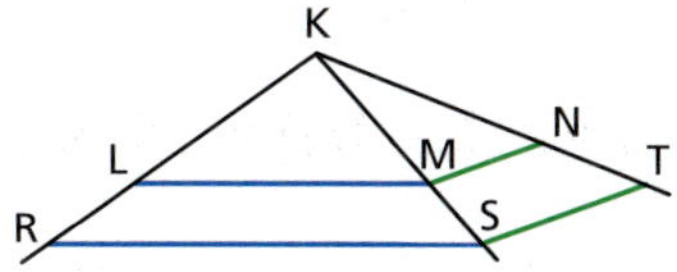

Berechnungen mithilfe der Strahlensätze

An einem Beispiel wird gezeigt, wie Aufgaben unter Nutzung der Strahlensätze sowohl ohne als auch mithilfe eines Computeralgebrasystems (CAS) gelöst werden können.

Berechne die Länge $\mathbf{x} = \overline{\mathbf{AB}}$ für die in der Zeichnung angegebenen Maßangaben.

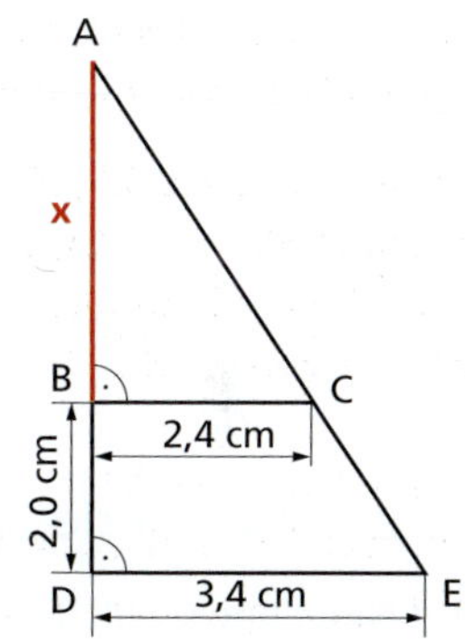

Lösung ohne CAS:

1.	$\dfrac{\overline{AB}}{\overline{AD}} = \dfrac{\overline{BC}}{\overline{DE}}$	| Überkreuzmultiplizieren
2.	$\overline{AB} \cdot \overline{DE} = \overline{BC} \cdot \overline{AD}$	| Messwerte einsetzen
3.	$x \cdot 3{,}4\text{ cm} = 2{,}4\text{ cm} \cdot (x + 2{,}0\text{ cm})$	| Vereinfachen
4.	$3{,}4x\text{ cm} = 2{,}4x\text{ cm} + 4{,}8\text{ cm}^2$	| $- 2{,}4x$ cm
5.	$1x\text{ cm} = 4{,}80\text{ cm}^2$	| : 1 cm
6.	$x = 4{,}80\text{ cm}$	

Lösung mit CAS:

solve $(x \cdot 3.4 = 2.4 \cdot (x + 2), x)$ $\quad x = 4.8$
oder
solve $\left(\frac{x}{x+2} = \frac{2.4}{3.4}, x\right)$ $\quad x = 4.8$

Probiere es selbst:

Übertrage die Tabelle in dein Heft und fülle sie aus.

	$\overline{ZA}$	$\overline{ZD}$	$\overline{AD}$	$\overline{ZB}$	$\overline{ZE}$	$\overline{BE}$	$\overline{ZC}$	$\overline{ZF}$	$\overline{CF}$
a)	2 m	3 m		4 m			5 m		
b)		5,6 m	2,2 m		6 m				3 m
c)	3,3 m		2,2 m	3,5 m			3,7 m		
d)		9 m	4 m		8 m				8,5 m
e)	2,5 m		2,5 m			3 m			35 dm

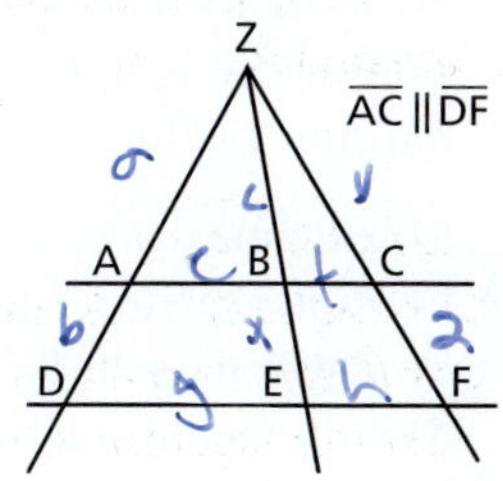

Erste Schritte

1. Stelle jede Gleichung nach der rot gekennzeichneten Strecke um.

a) $\overline{\mathbf{AB}} : \overline{CD} = \overline{EF} : \overline{GK}$ b) $\overline{AB} : \overline{BE} = \overline{AC} : \overline{\mathbf{CD}}$ c) $\overline{AE} : \overline{\mathbf{ED}} = \overline{AB} : \overline{BC}$ d) $\overline{AD} : \overline{AE} = \overline{\mathbf{CD}} : \overline{BE}$

2. Ermittle zeichnerisch die Länge der Strecke **x** und prüfe das Messergebnis rechnerisch.

a)

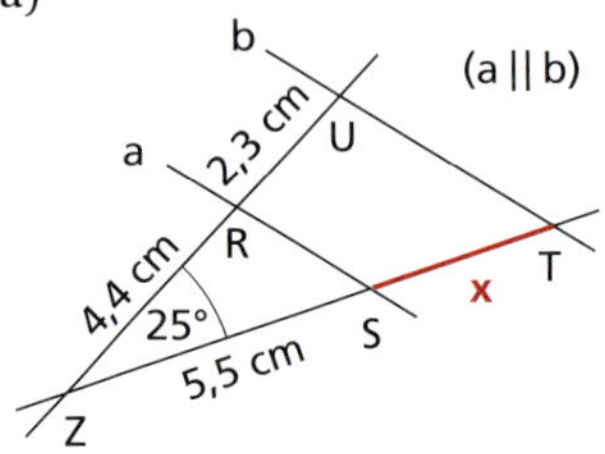

b)

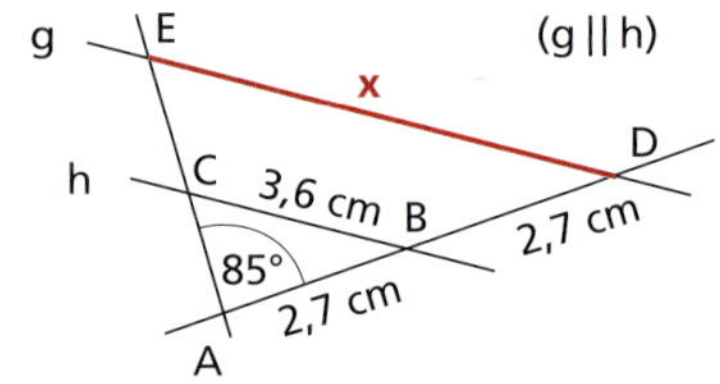

3. Entscheide und begründe, welche Aussagen für Strahlensatzfiguren wahr, welche falsch sind.

a) Strahlenabschnitte in einer Strahlensatzfigur beginnen immer im Anfangspunkt.

b) Strahlenabschnitte, die zu Parallellenabschnitte gehören, beginnen stets im Anfangspunkt.

c) Zu jedem Parallelenabschnitt gehört immer genau ein Strahlenabschnitt.

Weiterführende Aufgaben

1. Berechne x. Gib dazu immer eine Verhältnisgleichung an und löse diese.

a)

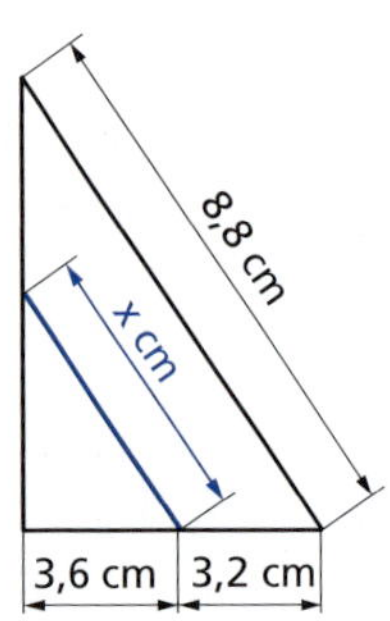

b)

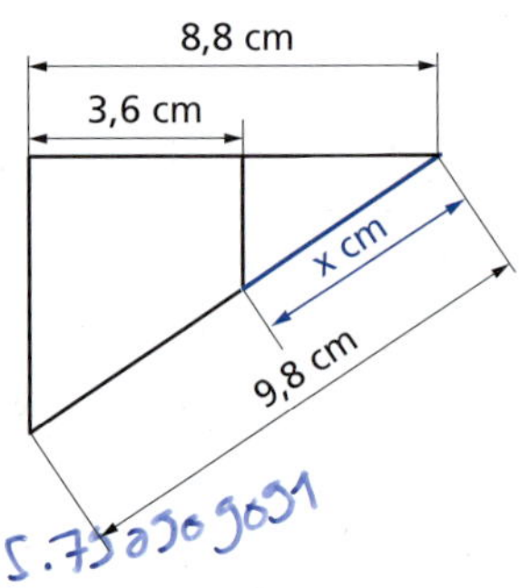

c)

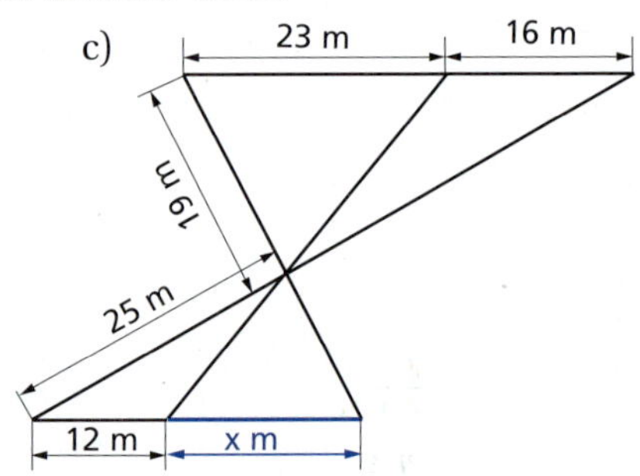

2. Ermittle die Breite **x** eines Flusses für die in der Tabelle dargestellten Messwerte sowohl zeichnerisch als auch rechnerisch. Begründe, warum das gewählte Peilverfahren zum Ziel führt.

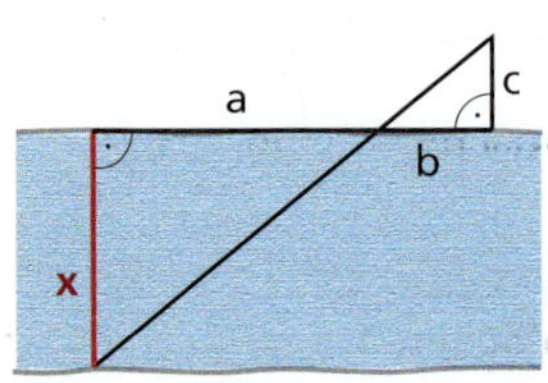

a	15 m	8 m	10 m
b	21 m	13,5 m	96 m
c	65 m	32 m	45 m

3. a) Zeichne das $\triangle ABC$ mit A(−3 | −2), B(5 | −1) und C(1 | 4) in ein Koordinatensystem.

b) Konstruiere die drei Seitenhalbierenden und gib die Koordinaten ihres Schnittpunktes an.

c) Zeige, dass die Seitenhalbierenden im $\triangle ABC$ einander im Verhältnis 2 : 1 schneiden.

d) Entscheide und begründe, in welchem Verhältnis die Seitenhalbierenden eines gleichseitigen Dreiecks einander schneiden.

4.4 Trigonometrische Beziehungen an Dreiecken

Winkel und Seitenverhältnisse am rechtwinkligen Dreieck

Alle rechtwinkligen Dreiecke sind zueinander ähnlich, wenn sie in einem spitzen Innenwinkel übereinstimmen. Laut Strahlensatz ist das Verhältnis einander entsprechender Seiten bei festem Innenwinkel α immer gleich groß (konstant).

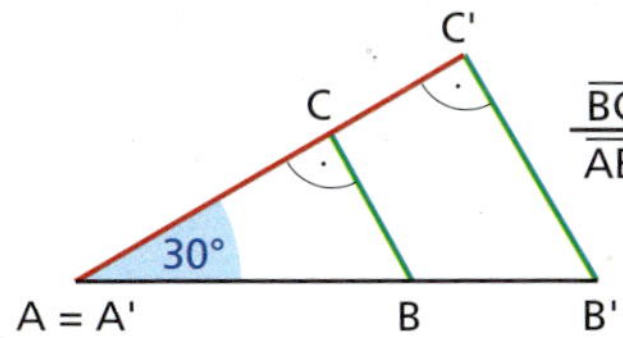

$$\frac{\overline{BC}}{\overline{AB}} = \frac{\overline{B'C'}}{\overline{A'B'}} = \text{konstant}$$

Zur Beschreibung eines betrachteten Innenwinkels werden die Seiten eines rechtwinkligen Dreiecks genauer benannt. Die *längste Seite* ist die **Hypotenuse,** die einem spitzen Innenwinkel *gegenüberliegende Seite* ist die **Gegenkathete** und die andere (anliegende) Seite ist die **Ankathete**.

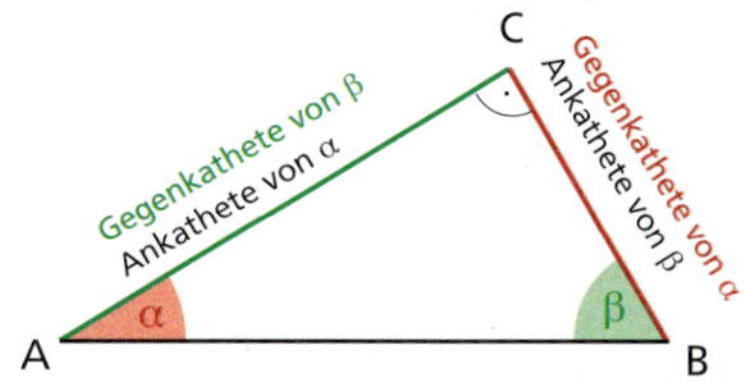

Probiere es selbst:

Zeichne in ein gleichseitiges Dreieck ABC die Höhe $\overline{CD}$ auf die Seite $\overline{AB}$. Gib zum ∢ DAC bzw. zum ∢ ACD im Dreieck ADC und zum ∢ CBD bzw. zum ∢ DCB im Dreieck BDC jeweils die Hypotenuse, die Gegenkathete und die Ankathete an.

Der Sinus, der Kosinus und Tangens eines Winkels

Für α und β in einem rechtwinkligen Dreieck ABC mit γ = 90 °sind folgende Gleichungen gültig:

$$\sin\alpha = \frac{\text{Gegenkathete von }\alpha}{\text{Hypotenuse}} = \frac{a}{c} \quad \text{und} \quad \sin\beta = \frac{\text{Gegenkathete von }\beta}{\text{Hypotenuse}} = \frac{b}{c}$$

$$\cos\alpha = \frac{\text{Ankathete von }\alpha}{\text{Hypotenuse}} = \frac{b}{c} \quad \text{und} \quad \cos\beta = \frac{\text{Ankathete von }\beta}{\text{Hypotenuse}} = \frac{a}{c}$$

$$\tan\alpha = \frac{\text{Gegenkathete von }\alpha}{\text{Ankathete von }\alpha} = \frac{a}{b} \quad \text{und} \quad \tan\beta = \frac{\text{Gegenkathete von }\beta}{\text{Ankathete von }\beta} = \frac{b}{a}$$

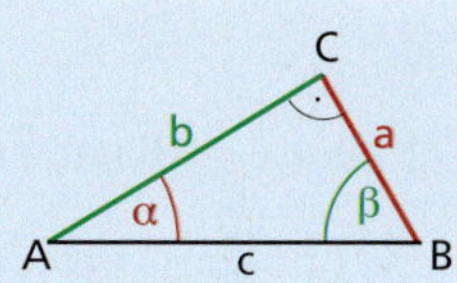

Schreibweise:	sin α	cos α	tan α
Sprechweise:	sinus Alpha	kosinus Alpha	tangens Alpha

Somit gehört zu jedem Winkel zwischen 0° und 90° genau ein Sinuswert, genau ein Kosinuswert und genau ein Tangenswert. Die Werte sin 30°, cos 30° und tan 30° können z. B. näherungsweise zeichnerisch ermittelt werden, indem ein beliebiges rechtwinkliges Dreieck mit α = 30° gezeichnet und die Quotienten der entsprechenden Seitenlängen gebildet werden. Genauere Näherungswerte liefern Taschenrechner. Achte darauf, dass der Winkelmodus DEG eingestellt ist. DEG ist die Abkürzung für DEGREE und heißt Gradmaß.

Aufgabe:	sin 30°	cos 30°	tan 30°	sin 60°	cos 60°	tan 60°
Ergebnis auf drei Dezimalstellen gerundet:	0,5	0,866	0,577	0,866	0,5	1,732

Mit einem Taschenrechner kann auch der zu einem Sinus-, Kosinus- bzw. Tangenswert gehörende Winkel zwischen 0° und 90° berechnet werden. Verwende dazu die Tasten (⇧shift) bzw. (2nd) und (sin), (cos) und (tan). Prüfe, ob der Taschenrechner auf Gradmaß eingestellt ist. Die Berechnung von Sinus-, Kosinus- und Tangenswerten mit dem TI-Nspire wird auf Seite 125 näher erläutert."

Aufgabe:	$\sin\alpha = 0{,}82$	$\cos\alpha = 0{,}44$	$\tan\alpha = 1{,}5$	$\sin\alpha = 0{,}18$	$\cos\alpha = 0{,}56$
Ergebnis auf eine Dezimalstelle gerundet:	55,1°	63,9°	56,3°	10,4°	55,9°

Probiere es selbst:

Berechne auf zwei Dezimalstellen genau.

a) $\sin 55{,}3°$ b) $\cos 33{,}5°$ c) $\tan 0{,}2°$ d) $2 \cdot \sin 44°$ e) $\tan(2 \cdot 22{,}3°)$
f) $\sin\alpha = 0{,}31$ g) $\tan\beta = 25$ h) $\cos\gamma = 0{,}999$ i) $2 \cdot \sin\alpha = 0{,}61$ j) $\tan\beta^2 = 33$

Winkelgrößen und Seitenlängen rechtwinkliger Dreiecke berechnen

Gesuchtes und Gegebenes sollten immer in Planfiguren gekennzeichnet werden.

Berechne vom Dreieck ABC mit $c = \overline{AB} = 12$ cm und $\alpha = 30°$ die Länge der Seite $a = \overline{AC}$ auf eine Dezimalstelle.

Planfigur:

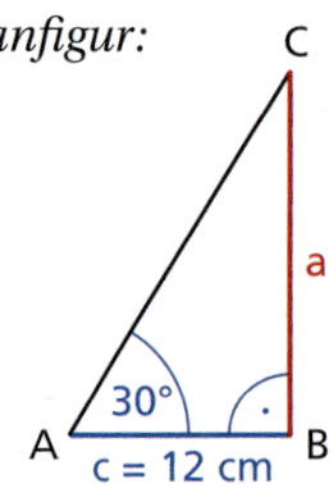

Lösung ohne CAS: $\tan\alpha = \frac{a}{c} \rightarrow a = c \cdot \tan\alpha \rightarrow a = 12\text{ cm} \cdot \tan 30°$

$a = 6{,}928\ldots$ cm

Lösung mit CAS:

$12 \cdot \tan(30°)$	$4 \cdot \sqrt{3}$
$12 \cdot \tan(30°)$	6.9282

Die Seite $a = \overline{AB}$ hat eine Länge von etwa 6,9 cm.

Berechne vom Dreieck ABC mit $b = \overline{AC} = 10{,}6$ cm und **c** $= \overline{AB} = 4{,}5$ cm die Größen der beiden Innenwinkel $\alpha = \sphericalangle BAC$ und $\gamma = \sphericalangle ACB$ auf eine Dezimalstelle.

Planfigur:

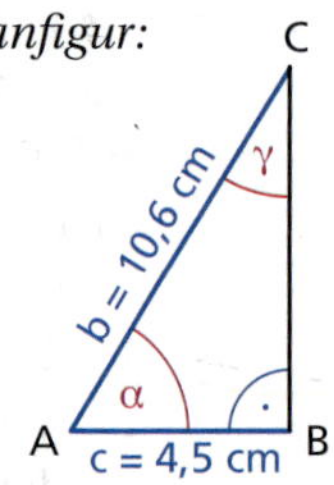

Lösung ohne CAS: $\sin\gamma = \frac{c}{b} \rightarrow \sin\gamma = \frac{4{,}5\text{ cm}}{10{,}6\text{ cm}} = 0{,}4245\ldots$

$\gamma \approx 25{,}1°$

$\alpha = 90° - \gamma = 64{,}9°$

Lösung mit CAS:

$\sin^{-1}\left(\frac{4.5}{10.6}\right)$	25.1208
90 – 25.120810114404	64,8792

Die fehlenden Innenwinkel haben etwa eine Größe von 25,1° bzw. von 64,9°.

Probiere es selbst:

Berechne die fehlenden Seitenlängen und Winkelgrößen vom Dreieck ABC für:

a) $a = 12{,}7$ cm; $b = 4{,}9$ cm; $\gamma = 90°$
b) $c = 10{,}5$ cm; $\beta = 40{,}3°$; $\gamma = 90°$

Trigonometrische Berechnungen mit dem TI-Nspire

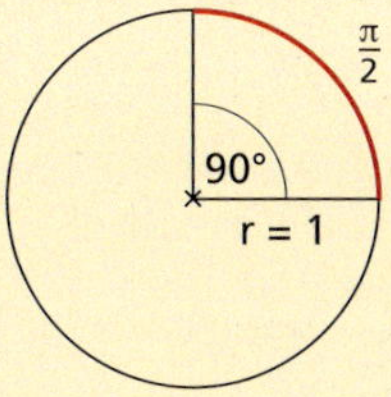

Winkelgrößen werden meistens im **Gradmaß** angegeben.
Einem rechten Winkel werden dabei 90° zugeordnet.
Winkel können auch im **Bogenmaß** angegeben werden.
Einem rechten Winkel wird dabei die Länge des Bogens vom Viertel eines Einheitskreises $\frac{\pi}{2}$ zugeordnet. $\frac{\pi}{2}$ ist eine reelle Zahl.
Eine im Unterricht nur selten verwendete Angabe ist das **Gon (früher „Neugrad“).** Einem rechten Winkel werden dabei 100 Gon zugeordnet.

Der TI-Nspire kann alle drei Winkelmaße interpretieren. Beim Rechnen mit Sinus-, Kosinus- und Tangenswerten muss immer entschieden werden, welches Winkelmaß verwendet werden soll.

Gradmaß prüfen (einstellen):
„Menü – Einstellungen – Dokumenteinstellungen“
Winkel auf *„Grad“* einstellen und mit *„Standard“* bestätigen. Dass Gradmaß ist dann bis auf Widerruf in allen Dokumenten und im Scratchpad eingestellt.

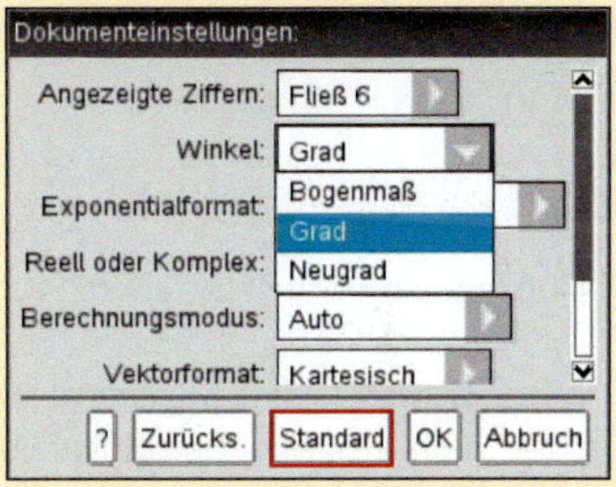

Die Anwendung *„Calculator“* öffnen.
Die trigonometrischen Beziehungen sin, cos und tan sind unter (trig) zu finden. Im Unterricht werden nur die rot markierten Funktionen verwendet.

sin	cos	tan	csc	sec	cot
$\sin^{-1}$	$\cos^{-1}$	$\tan^{-1}$	$\csc^{-1}$	$\sec^{-1}$	$\cot^{-1}$

1. Grundaufgabe:
Berechnen von Sinus-, Kosinus- und Tangeswerten bei gegeben Winkeln.
Beispiele: *Berechne sin 54,2°, cos 30° und tan 45°.*

2. Grundaufgabe:
Berechnen von Winkeln bei gegeben Sinus-, Kosinus- und Tangeswerten.
Beispiel: *sin α = 0,4*
Wähle $\sin^{-1}$ unter (trig), gib 0.4 ein und drücke (enter).
Ergebnis: *α = 23,5782 °.*
Beachte: Die „Hochzahl – 1“ kann bei den Umkehrfunktionen nicht mit der Taste (^) eingefügt werden. Die jeweilige Umkehrfunktion muss unter (trig) aufgerufen werden.

Hinweis:
Man kann die Dokumenteneinstellung auch generell auf Bogenmaß belassen. Will man z. B. sin(30°) berechnen, muss die Einheit „Grad“ mit eingegeben werden. Das Symbol für Gradmaß ist unter (?!▶) zu finden. Hat man die Größe eines Winkels in Bogenmaß berechnet, wird das Bogenmaß nach Division durch 1° in das Gradmaß umgewandelt.

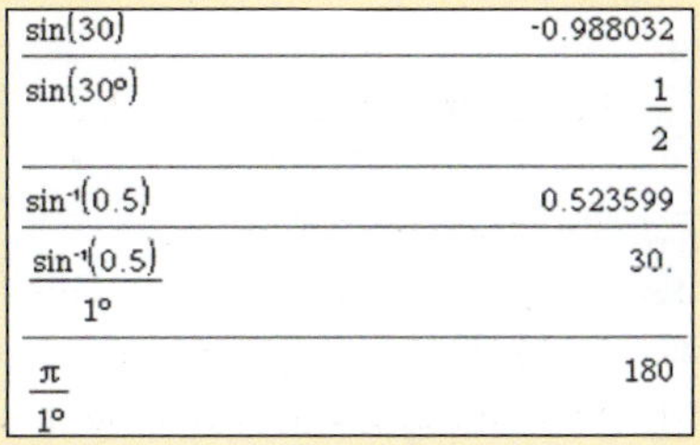

Erste Schritte

1. Ermittle mit dem Taschenrechner jeweils auf vier Dezimalstellen.

a) $\sin 54{,}6°$ b) $\sin 0{,}25°$ c) $\sin 89{,}8°$ d) $\sin(3 \cdot 15°)$ e) $3 \cdot \cos 15°$
f) $\cos 54{,}6°$ g) $\tan 0{,}25°$ h) $\cos 89{,}8°$ i) $\tan(3 \cdot 15°)$ j) $3 \cdot \tan 15°$

2. Berechne die Größen der Winkel α, β, γ, δ und ε auf zwei Dezimalstellen.

a) $\sin\alpha = 0{,}87$ b) $\tan\beta = 15$ c) $\cos\gamma = 0{,}222$ d) $\sin 2\delta = 0{,}33$
e) $5 \cdot \cos\varepsilon = 4{,}5$ f) $\cos\alpha^2 = 0{,}5$ g) $\tan\frac{\beta}{2} = 15$ h) $(\sin 3\gamma)^2 = 0{,}64$

3. Die beiden Katheten eines rechtwinkligen Dreiecks sind 6 cm und 2,5 cm lang. Berechne die Länge der Hypotenuse und die Größen der drei Innenwinkel des Dreiecks.

4. Stelle jede Gleichung schrittweise nach der angegebenen Variablen um.

a) $\tan\beta = \frac{b}{a}$ (nach a) b) $\cos\alpha = \frac{b}{c}$ (nach c) c) $c = \frac{a}{\sin\alpha}$ (nach sin α)

5. Zeichne die Figur ABCDEF in dein Heft.

a) Erläutere dein Vorgehen mit eigenen Worten.
b) Zeichne nach gleichem Verfahren das nächste Dreieck AFG.
c) Berechne die Längen der Strecken $\overline{AC}$, $\overline{AD}$, $\overline{AE}$ und $\overline{AF}$ sowie die Größen der Winkel ∢ CAD, ∢ ADC, ∢ DAE, ∢ AED, ∢ EAF und ∢ AFE.
d) Finde einen Zusammenhang für die rot gekennzeichneten Strecken.

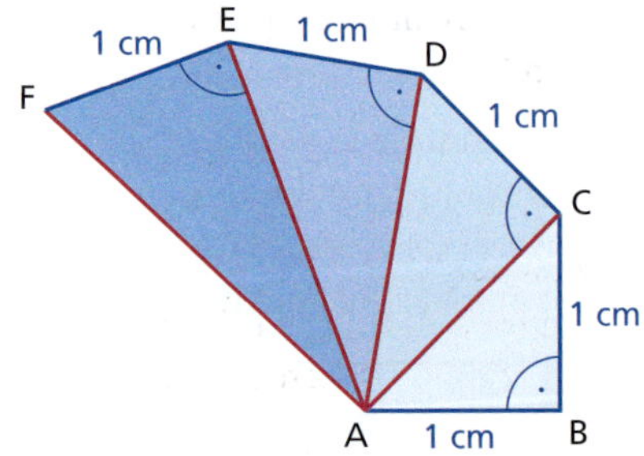

Weiterführende Aufgaben

1. Zeige, dass die Gleichung $\tan\alpha = \frac{\sin\alpha}{\cos\alpha}$ für alle Winkel $0° < \alpha < 90°$ gültig ist.

2. a) Prüfe ob die Gleichungen $\sin 30° = \frac{1}{2} \cdot \sqrt{1}$, $\cos 45° = \frac{1}{2} \cdot \sqrt{2}$, gültig sind.

b) Ermittle einen spitzen Winkel, dessen Sinuswert $\frac{1}{2} \cdot \sqrt{2}$ beträgt.

c) Ermittle einen spitzen Winkel, dessen Kosinuswert $\frac{1}{2}$ beträgt.

d) Gib eine natürliche Zahl n an, für die die Gleichung $\sin 60° = \frac{1}{2} \cdot \sqrt{n}$ wahr ist.

3. Für Winkel zwischen 0° und 90° gibt es einen Winkel ε, für den die Gleichung cos ε = tan ε gültig ist. Ermittle die Größe des Winkels ε auf verschiedenen Wegen und erläutere jeweils dein Vorgehen.

4. Berechne die Höhe eines Baumes, der bei einem Sonnenstand von 44° einen Schatten von 28,5 m hat.

5. Berechne die Körperhöhe einer quadratischen Pyramide mit einer Grundfläche von 121 m^2, deren Seitenkante einen Neigungswinkel von 30° hat.

6. Zeichne in einen Würfel mit einer Seitenkante von 5,0 cm eine Raumdiagonale ein und berechne die Größe des Winkels, den die Raumdiagonale mit einer Körperkante hat.

4.5 Probleme mithilfe der Ähnlichkeit modellieren und lösen

Probleme aus der Mathematik

Flächeninhalte vergleichen

Gegeben ist ein beliebiges Dreieck ABC. Die Punkte D und E sind Mittelpunkte der Dreieckseiten $\overline{AC}$ und $\overline{BC}$. In welchem Verhältnis stehen die Flächeninhalte des Vierecks ABED und des Dreiecks DEC zueinander? Begründe deine Entscheidung.

Lösungsstrategie – Vorwärtsarbeiten:

Planfigur:

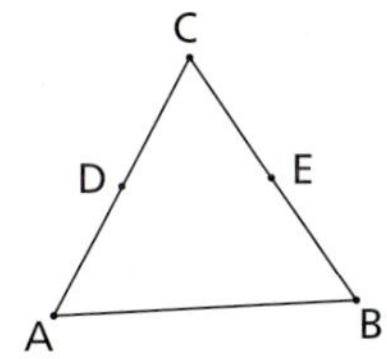

Voraussetzung:

Ich weiß, dass die Punkte D und E Mittelpunkte der beiden Seiten $\overline{AC}$ und $\overline{BC}$ sind. Beide Seiten haben den gemeinsamen Anfangspunkt C.

Schlussfolgerungen und Begründungen:

Das Dreieck DEC muss durch zentrische Streckung am Streckungszentrum C mit dem Streckungsfaktor $k = \frac{1}{2}$ aus dem Dreieck ABC hervorgegangen sein. Aufgrund der Eigenschaften für Flächeninhalte bei zentrischen Streckungen gilt:

Der Flächeninhalt vom Dreieck DEC ist $\frac{1}{4}$-mal so groß wie der des Dreiecks ABC.

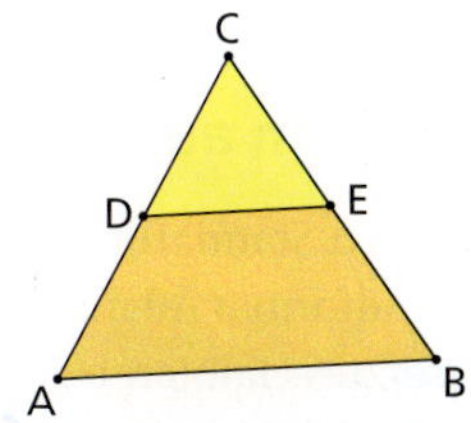

Beim Subtrahieren der Flächeninhalte der Dreiecke ABC und DEC erhält man den Flächeninhalt des Vierecks ABED mit $\frac{3}{4}$ vom Flächeninhalt des Dreiecks ABC. Die Flächeninhalte von Viereck ABED und vom Dreieck DEF stehen somit im Verhältnis 3 : 1 zueinander.

Flächen- und Rauminhalte berechnen

Werden bei einem Quader alle Kantenlängen verdoppelt, so vervierfacht sich sein Grundflächeninhalt. Es passen achtmal so viele Ausgangsquader in den vergrößerten Quader hinein. Im Vergleich zum Ausgangsquader hat sich das Volumen verachtfacht.

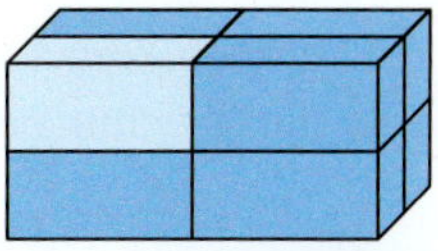

Zeige, dass sich bei einem Würfel der Oberflächeninhalt 9-mal und das Volumen 27-mal vergrößern, wenn sich seine Kantenlängen verdreifachen.

Es gilt: $a' = 3 \cdot a$; $A_O = 6 \cdot a^2$; $V = a^3$

Oberfläche: $A'_O = 6 \cdot a'^2 = 6 \cdot (3 \cdot a)^2 = 6 \cdot 9 \cdot a^2 = 9 \cdot 6 \cdot a^2 = 9 \cdot A_O$

Volumen: $V = a^3 = (3 \cdot a)^3 = 27 \cdot a^3 = 27 \cdot V$

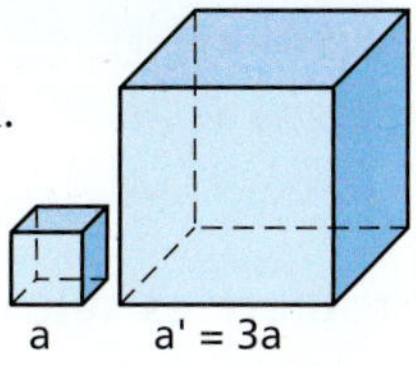

Probiere es selbst:

Wie verhalten sich die Oberflächen- bzw. Rauminhalte dreier Würfel deren Kantenlängen sich wie 1 : 2,5 : 4 verhalten?

Problem aus der Technik

Berechne die Breite des Flusses x für a = 30 m, b = 14 m und c = 80 m. Begründe dein Vorgehen.

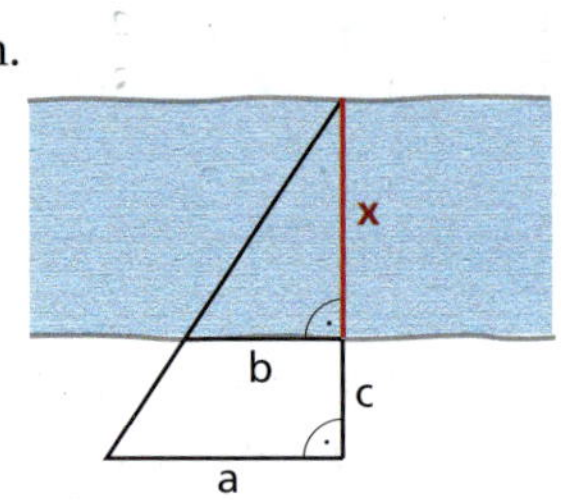

Lösungsstrategie – Rückwärtsarbeiten:

Voraussetzung: Es liegt eine Strahlensatzfigur vor.

Schlussfolgerungen und Begründungen:
Die Strecke x ist ein Strahlenabschnitt in der Strahlensatzfigur.
Es gilt:

$\frac{a}{b} = \frac{x+c}{x}$ | Zahlenwerte einsetzen

$\frac{30}{14} = \frac{x+80}{x}$ | Überkreuzmultiplizieren

$30 \cdot x = 14 \cdot (x + 80)$ | Ausmultiplizieren

$30 \cdot x = 14 \cdot x + 1\,120$ | Ordnen

$16 \cdot x = 1\,120$ | : 16

$x = 70$

Lösung der Gleichung mit dem TI-Nspire:

$\text{solve}\left(\frac{30}{14} = \frac{x+80}{x}, x\right)$ $x=70$

Antwortsatz: Der Fluss ist 70 m breit.

Probe: Anfertigen einer maßstabsgerechte Zeichnung mit dem Geodreieck.

Problem aus dem Alltag

Bei den Standardpapiergrößen im DIN-Format werden ausgehend vom Grundformat A0 mit den Seitenlängen 118,9 cm und 84,1 cm durch fortgesetztes Halbieren zueinander ähnliche Rechtecke erzeugt.

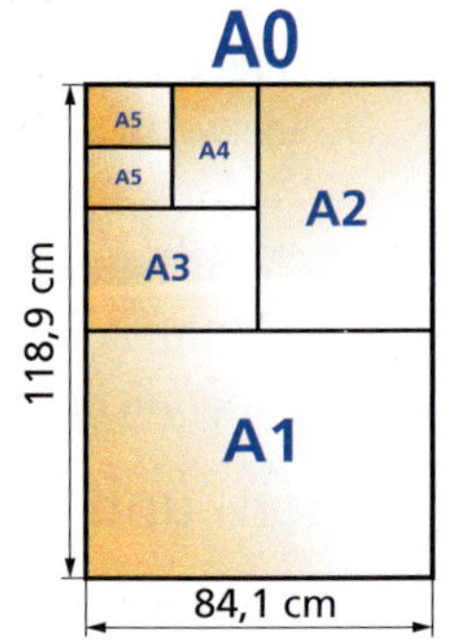

Ermittle die Seitenverhältnisse bei jedem dieser DIN-Formate und berechne sowohl ihre Abmessungen als auch ihre Flächeninhalte.

Wenn a die längere und b die kürzere der beiden Seiten ist, gilt:

$a : b = b : \frac{a}{2} \quad \rightarrow \quad \frac{a^2}{2} = b^2 \quad \rightarrow \quad \frac{a^2}{b^2} = 2 \quad \rightarrow \quad \frac{a}{b} = \sqrt{2} \quad \rightarrow \quad b = \frac{a}{\sqrt{2}}$

Beginnend mit a = 118,9 cm lassen sich durch fortgesetztes Einsetzen in die Gleichung alle Seitenlängen berechnen.

DIN	A0	A1	A2	A3	A4	A5
Seite a in dm	11,89	8,41	5,94	4,20	2,97	2,10
Seite b in dm	8,41	5,94	4,20	2,97	2,10	1,48
Flächeninhalt A in dm^2	100	50	25	12,5	6,24	3,11

Rechnungen mit dem TI-Nspire:

$a := 11.89$ 11.89

$a := \frac{a}{\sqrt{2}}$ 8.4075

$a := \frac{a}{\sqrt{2}}$ 5.945

Probiere es selbst:

DIN-C-Formate werden oft für Versandtaschen und Kuverts verwendet. Die Seitenverhältnisse stimmen mit denen der DIN-A-Formate überein. Die längste Seite beim C0-Format beträgt 129,7 cm. Berechne die Seitenlängen der Formate DIN-C0, DIN- C1, DIN-C2, DIN-C3, DIN-C4 und DIN-C5. Vergleiche deine Ergebnisse mit entsprechenden Angaben im Internet.

Erste Schritte

1. Der Schatten eines Turms ist 5,20 m lang. Ein 1,60 m großer Mensch, der neben dem Turm steht, hat einen Schatten von 95 cm. Berechne die Höhe des Turms und prüfe zeichnerisch.

2. Über einen See soll eine Brücke gebaut werden. Folgende Streckenlängen wurden gemessen: $\overline{PA} = 85$ m, $\overline{PB} = 100$ m und $\overline{PD} = 210$ m.

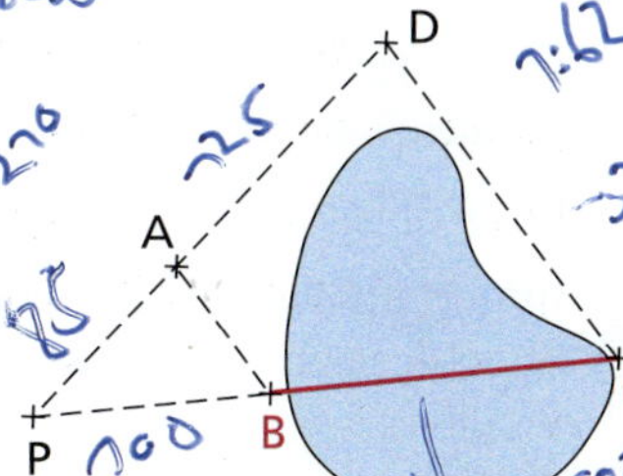

a) Welche Bedingung müssen $\overline{AB}$ und $\overline{CD}$ erfüllen, damit die Dreiecke $\triangle PAB$ und $\triangle PDC$ zueinander ähnlich sind?

b) Fertige eine maßstabsgerechte Zeichnung an und ermittle die Länge von $\overline{BC}$ zeichnerisch.

c) Berechne, wie weit B und C voneinander entfernt sind.

3. Berechne den Oberflächeninhalt, das Volumen und die Masse eines Aluminiumwürfels mit einer Dichte von $2{,}7\,\frac{g}{cm^3}$ und einer Kantenlänge von 3,5 cm.

a) Um wie viel Prozent vergrößern sich Oberflächeninhalt, Volumen und Masse bei Verdopplung der Kantenlänge?

b) Um wie viel Zentimeter wird die Kantenlänge bei Halbierung des Volumens kleiner?

Weiterführende Aufgaben

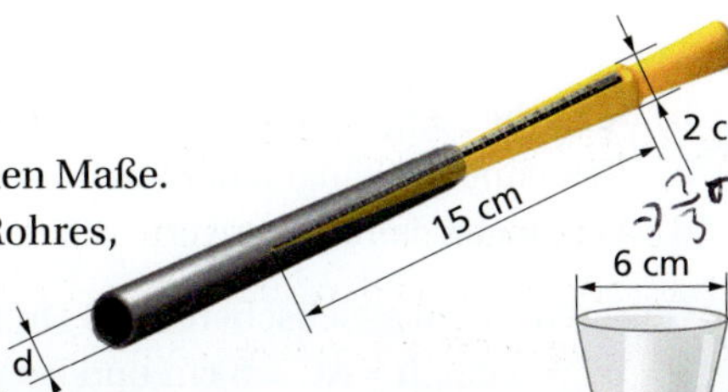

1. Ein Messkegel hat die in der Zeichnung angegebenen Maße.

a) Berechne den (inneren) Durchmesser d eines Rohres, in das der Messkegel 6,6 cm hineinpasst.

b) Wie viel Zentimeter des Messkegels würden sich beim Messen noch außerhalb eines Rohres mit einem (inneren) Durchmesser von 1,2 cm befinden?

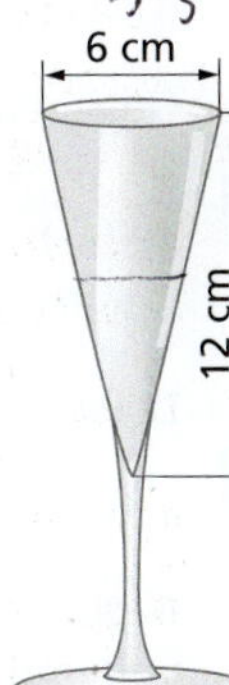

2. Berechne, wie viel Milliliter Flüssigkeit in das abgebildete Glas passen.

a) Wie viel Milliliter bleiben im Glas, wenn es bis zur halben Höhe geleert wird?

b) Wie viel Milliliter müssen nachgefüllt werden, damit es wieder bis zu 75 % der Gesamthöhe gefüllt ist?

3. An Kopiergeräten lassen sich Vergrößerungen und Verkleinerungen durchführen. Die „Zoomangaben" beziehen sich dabei auf Längenangaben.

a) Gib die Ähnlichkeitsfaktoren für die „Zoomangaben" 50 %, 71 %, 120 % und 200 % an.

b) Bei welcher „Zoomangabe" erfolgt eine Verkleinerung bzw. eine Vergrößerung im Maßstab 1 : 4, 3 : 8, 7 : 9, 3 : 2 bzw. 9 : 5?

c) Wie lassen sich Verkleinerungen von 40 % bzw. Vergrößerungen von 275 % erreichen, wenn nur Einstellungen zwischen 50 % und 200 % möglich sind?

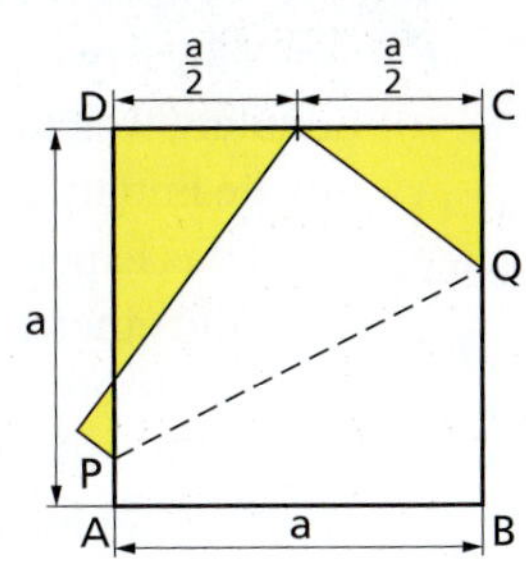

4. Faltet man ein quadratisches Blatt Papier ABCD an der Geraden PQ so, dass der Punkt B genau auf dem Mittelpunkt der Seite $\overline{CD}$ liegt, so entstehen drei rechtwinklige Dreiecke. Zeige, dass ihre drei Seiten jeweils im Verhältnis 3 : 4 : 5 zueinander stehen.

4.6 Gemischte Aufgaben

1. Entscheide und begründe, unter welchen Bedingungen die beiden angegebenen Figuren zueinander ähnlich sind. Skizziere jeweils ein Beispiel im Heft.
a) zwei gleichseitige Dreiecke
b) zwei gleichschenklige Dreiecke
c) zwei rechtwinklige Dreiecke
d) zwei Quadrate
e) zwei Rechtecke
f) zwei Rhomben

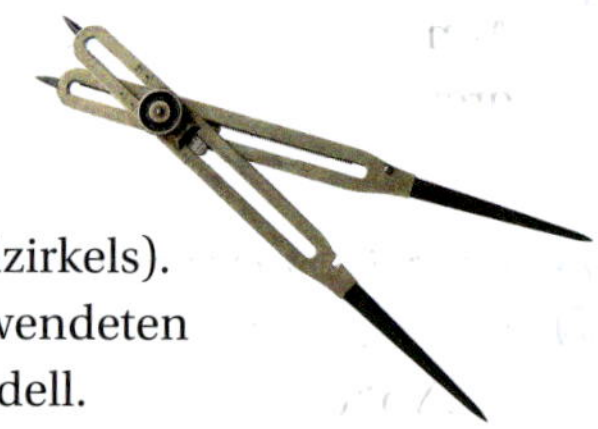

2. Informiert euch im Internet oder in Nachschlagewerken über Einsatzmöglichkeiten eines Reduktionszirkels (Proportionalzirkels). Erläutert seine Wirkungsweise unter Einbeziehung der dabei verwendeten mathematischen Zusammenhänge an einem selbst gebauten Modell.

3. Zeichne ein beliebiges rechtwinkliges Dreieck ABC mit $\sphericalangle BCA = 90°$. Fälle das Lot von C auf $\overline{AB}$ und bezeichne den Schnittpunkt des Lotes und $\overline{AB}$ mit D. Zeige, dass die Dreiecke $\triangle ABC$, $\triangle ADC$ und $\triangle DBC$ zueinander ähnlich sind.

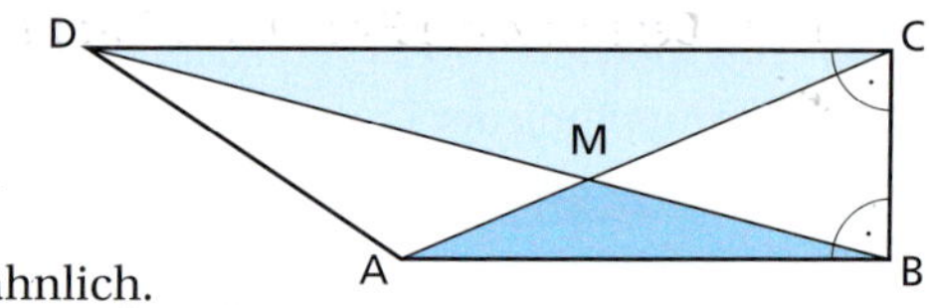

4. Zeige, dass die Dreiecke $\triangle ABM$ und $\triangle CDM$ einander ähnlich sind.

5. Die vier rechtwinkligen Dreiecke sind einander ähnlich.
a) Zeichne die Figur.
b) Miss die Längen der Strecken a, b und x.
c) Berechne die Längen der Strecken a, b und x.
d) Vergleiche deine Messwerte mit deinen errechneten Werten.

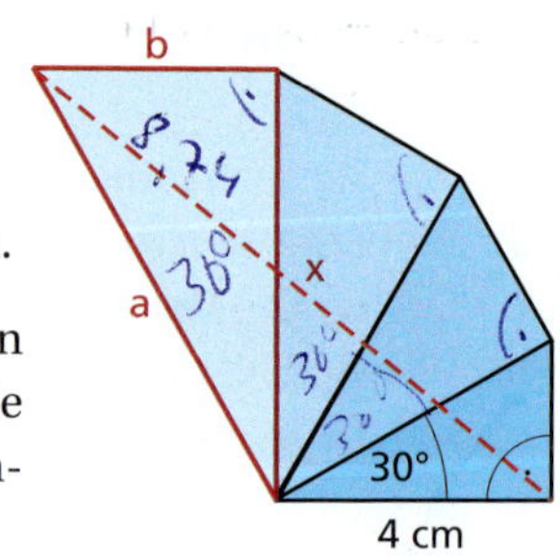

6. Gegeben ist ein gleichschenkliges Dreieck mit den Seitenlängen $a = \overline{BC} = 8$ cm, $b = \overline{AC} = 8$ cm und $c = \overline{AB} = 10$ cm. Berechne die Höhe h_c, die Innenwinkelgrößen, den Umfang und den Flächeninhalt des Dreiecks ABC.

7. Beim Drachenviereck ABCD ist die Diagonale $e = \overline{BD}$ mit einer Länge von 5,4 cm dreimal so lang wie die Diagonale $f = \overline{AC}$. Berechne die Länge der Diagonale f, die Längen aller Seiten, die Größen aller Innenwinkel, den Flächeninhalt und den Umfang des Drachenvierecks.

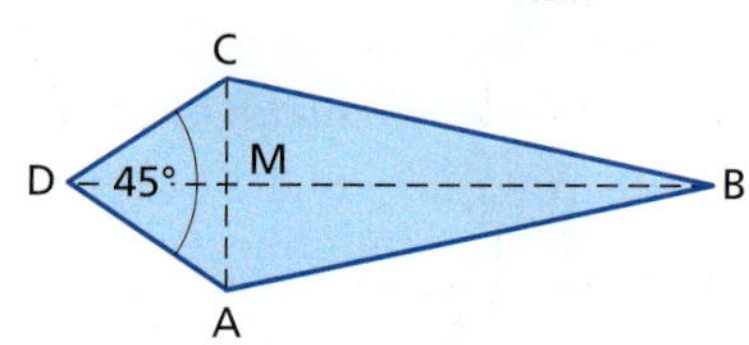

8. Unser Mond hat einen mittleren Durchmesser von 3 476 km. Bei Vollmond soll eine Münze soweit vom Auge eines Beobachters gehalten werden, dass die gesamte Mondfläche genau von der Münze bedeckt wird. Der Durchmesser einer 2-Euro-Münze beträgt z. B. 25,75 mm.
a) Erläutert, welche beiden Maßangaben noch notwendig sind, um die Entfernung zum Mond berechnen zu können.
b) Führt das Experiment zuerst mit einer 2-Euro-Münze, dann mit einer 2-Cent-Münze durch und berechnet mit den gemessenen Längen jeweils den Abstand zum Mond.
c) Vergleicht und erläutert eure Ergebnisse mit Angaben über den Abstand Erde – Mond im Internet.

9. Ein Holzkeil wird zum Feststellen einer Tür unter die Tür geschoben. Berechne die Höhe des Luftspaltes unter der Tür.

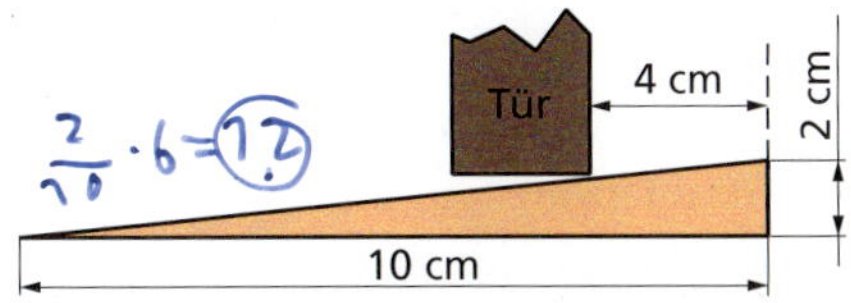

10. Zeichne das Dreieck ABC mit A(0 | 0), B(4 | 2) und C(2 | 4) in ein Koordinatensystem und führe die zentrische Streckung (A | 2) aus. Das Bilddreieck A'B'C' soll dann am Streckungszentrum A' mit dem Streckungsfaktor k = 1,5 gestreckt werden. Bezeichne das dabei entstandene Bilddreieck mit △ A"B"C". Gib eine zentrische Streckung an, bei der △ A"B"C" aus △ ABC in nur einem Schritt entsteht. Veranschauliche alles in einem dynamischen Geometrieprogramm.

11. Ein 4,5 cm langer, 6,5 cm breiter und 3,5 cm hoher Quader wird mit dem Streckungsfaktor k = 1,5 zentrisch gestreckt. Berechne die Längen der Seitenkanten, den Oberflächeninhalt und das Volumen des Bildquaders.

12. Die Spitze D eines Turms wird zweimal angepeilt. Im Punkt A beträgt der Peilwinkel 5°, im Punkt B beträgt der Peilwinkel 10°. Berechne die Höhe h des Turms, für den Fall, dass die beiden Punkte A und B genau 320 m voneinander entfernt sind.

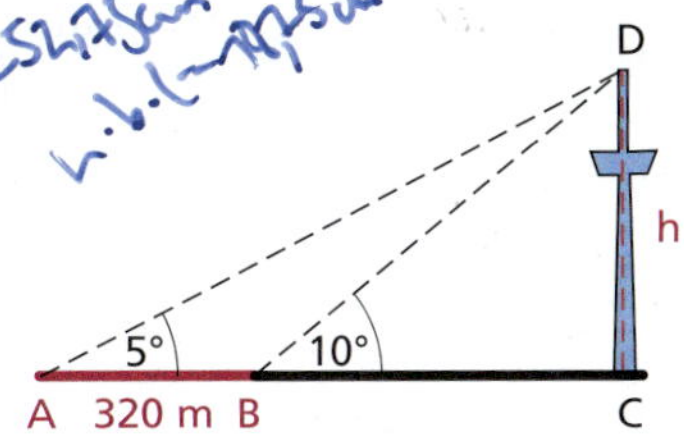

13. Ein Straußenei ist 3-mal so lang und 3-mal so breit wie ein Hühnerei. Entscheide und begründe, um das Wievielfache sich die Oberflächen- und Rauminhalte beider Eier unterscheiden.

14. Für zwei Dreiecke △ ABC und △ A'B'C' gilt: $a : c = b' : a'$ und $\beta = \alpha$
Entscheide und begründe, ob die beiden Dreiecke zueinander ähnlich sind.

15. Konstruiere ein Dreieck ABC für das gilt:
$a : b = 1 : 2$; $\gamma = 50°$ und $h_a = 6$ cm

16. Die Flächeninhalte zweier zueinander ähnlicher gleichseitiger Dreiecke verhalten sich wie 1 : 8. Ihre Umfänge unterscheiden sich genau um 5,5 cm. Berechne die Umfänge und die Flächeninhalte der beiden Dreiecke.

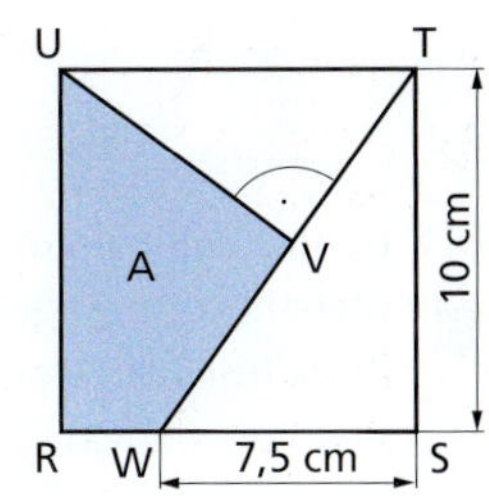

17. Berechne den Inhalt der farbigen Teilfläche des Quadrats RSTU.

18. Bei einer vierarmigen Wäschespinne sind sechs von innen nach außen immer größer werdende Leinen gespannt.

a) Zeichne die Draufsicht der Wäschespinne in einem selbst gewähltem Maßstab.

b) Berechne die Länge der äußeren Leine.

c) Ermittle, wie viel Meter Leine es insgesamt sind.

d) Entscheide und begründe, wie viele Handtücher mit einer Breite von 40 cm insgesamt straff aufgehängt werden können. Die Metallarme sollen dabei nicht „überspannt“ und zwischen zwei Handtüchern soll immer ein Abstand von etwa 5 cm eingehalten werden.

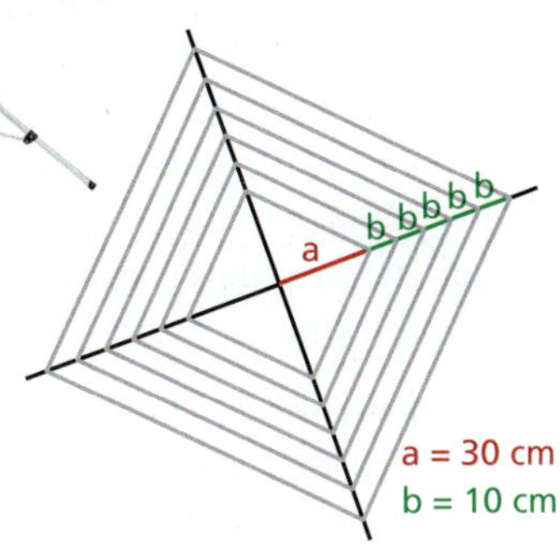

Teste dich selbst

1. Übertrage in dein Heft und kennzeichne in jeder Zeichnung eine Strahlensatzfigur farbig. Verwende für Strahlenabschnitte, für Parallelenabschnitte und für das Zentrum verschiedene Farben.

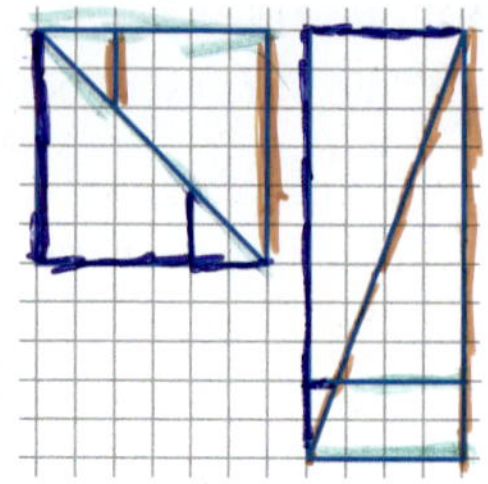

2. Entscheide, ob die folgenden Figuren immer zueinander ähnlich sind:

a) alle gleichseitigen Dreiecke
b) alle rechtwinkligen Dreiecke
c) alle Quadrate
d) alle Rechtecke
e) alle Würfel
f) alle Halbkugeln

3. Erläutere, warum die Kongruenz ein Sonderfall der Ähnlichkeit ist.

4. Zeichne das Dreieck ABC in dein Heft. Zeichne dann ein dazu ähnliches Dreieck mit dem Ähnlichkeitsfaktor $k = 1{,}5$ und den Eckpunkten A', B' und C'.

a) Gib das Streckungszentrum und die Koordinaten des Bilddreiecks A'B'C' an.
b) Ermittle von beiden Dreiecken sowohl die Umfänge als auch die Flächeninhalte.

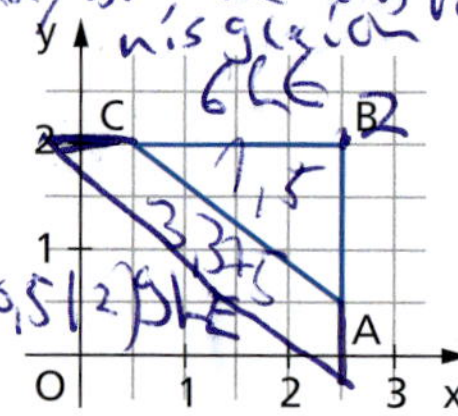

5. Berechne die Längen der gekennzeichneten Strecken x auf eine Dezimalstelle.

a)
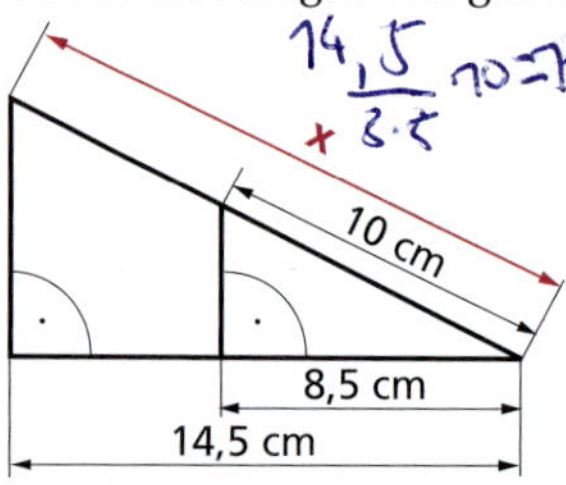

b)
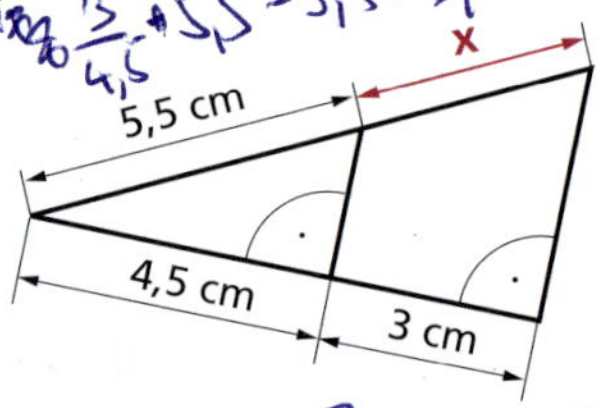

c)
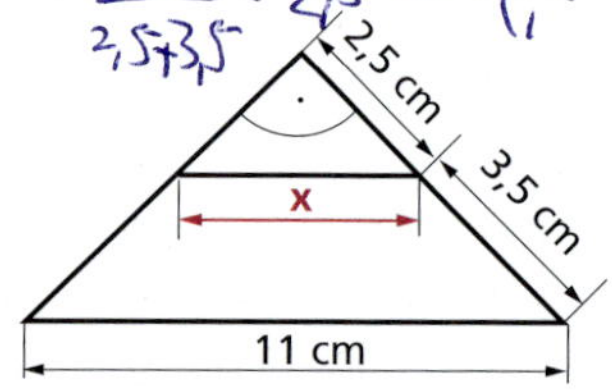

6. Beim Anspitzen entsteht an einem Ende des Bleistifts eine kegelförmige Spitze. Berechne, wie weit die Bleistiftmine nach dem Anspitzen aus dem Holz herausragt.

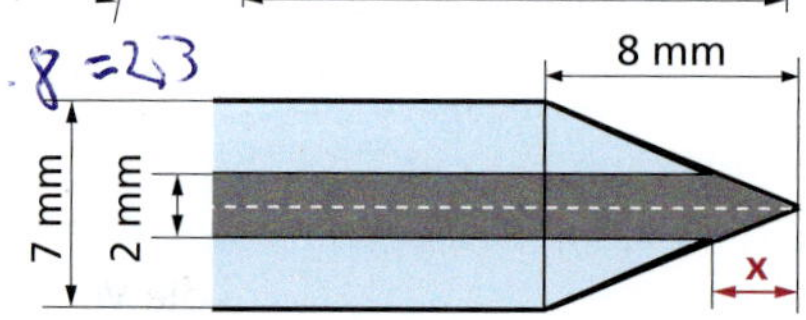

7. Zeichne ein rechtwinkliges Dreieck RTS mit $\sphericalangle STR = 90°$ und fälle das Lot von T auf $\overline{RS}$. Der Schnittpunkt des Lotes mit $\overline{RS}$ sei U. Zeige, dass die beiden Dreiecke △ RST und △ RUT zueinander ähnlich sind.

8. Von der Regenrinne eines Gartenhauses soll zum Ablaufen des Wassers eine Kette senkrecht zum Erdboden führen. Die Regenrinne hat zur Hauswand einen Abstand von 15 cm. Berechne, welche Länge der Kette mindestens haben muss, damit sie am Erdboden befestigt werden kann.

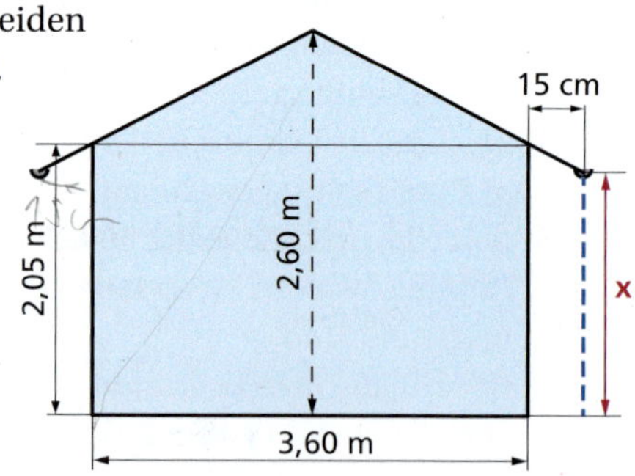

9. a) Berechne den Sinus-, den Kosinus- und den Tangenswert von $\alpha = 75°$.
b) Berechne alle spitzen Winkel α für die gilt:
① $\sin \alpha = 0{,}5$ ② $\cos \alpha = 0{,}5$ ③ $\tan \alpha = 0{,}5$

Eigenschaften zueinander ähnlicher Figuren

Zwei Figuren F_1 **und** F_2 **sind zueinander ähnlich** (formgleich), wenn sie durch maßstäbliche Vergrößerung oder Verkleinerung mit dem Faktor k auseinander hervorgehen. *Es gilt:*

- einander entsprechende **Winkel sind gleich groß**
- einander entsprechende **Seiten haben gleiches Verhältnis** $\frac{a}{a'} = \frac{1}{k}$
- einander entsprechende **Flächeninhalte verhalten sich wie** $\frac{1}{k^2}$
- einander entsprechende **Raumninhalte verhalten sich wie** $\frac{1}{k^3}$

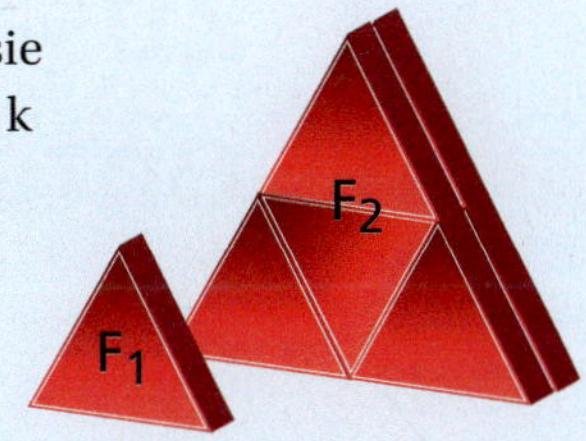

$F_1 \sim F_2$

Die **Kongruenz** ist ein **Sonderfall der Ähnlichkeit** mit dem Ähnlichkeitsfaktor 1.

Eigenschaften zentrischer Streckungen

Bei einer **zentrische Streckung** werden alle Strecken des Originals mit dem **Streckungsfaktor k** vergrößert oder verkleinert. Es gilt die **Parallelentreue** und die **Winkeltreue.**

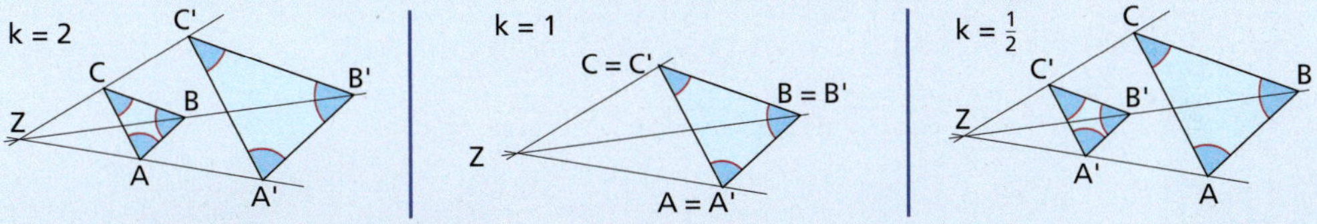

Hauptähnlichkeitssatz für Dreiecke

Dreiecke sind zueinander ähnlich, wenn sie in **zwei Innenwinkeln** übereinstimmen.
Der **Kongruenzsatz wsw** ist ein **Sonderfall des Hauptähnlichkeitssatzes.**

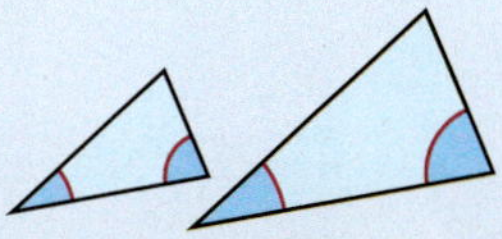

$\alpha + \beta + \gamma = 180°$

Strahlensätze

In einer Strahlensatzfigur sind die Verhältnisse:

- der **Abschnitte auf einem Strahl** genau so groß wie die Verhältnisse der gleich liegenden **Abschnitte auf dem anderen Strahl,**
- der **Parallelenabschnitte** genau so groß wie die Verhältnisse der zugeordneten **Strahlenabschnitte ein und desselben Strahls.**

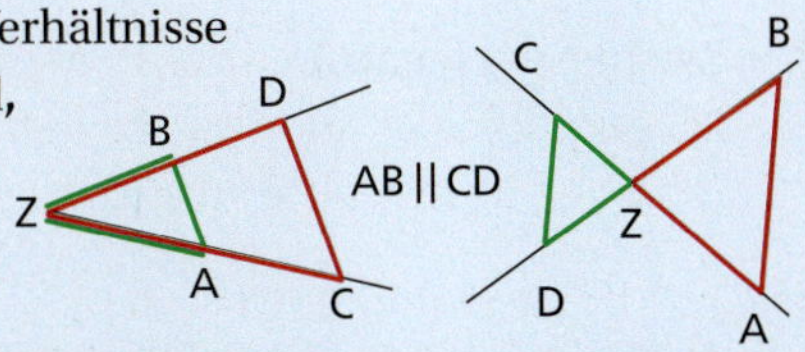

Seiten-Winkel-Beziehungen für rechtwinklige Dreiecke

Begriff	Gleichung	
Sinus α	$\sin\alpha = \frac{a}{c}$	$\left(\frac{\text{Gegenkathete}}{\text{Hypotenuse}}\right)$
Kosinus α	$\cos\alpha = \frac{b}{c}$	$\left(\frac{\text{Ankathete}}{\text{Hypotenuse}}\right)$
Tangens α	$\tan\alpha = \frac{a}{b}$	$\left(\frac{\text{Gegenkathete}}{\text{Ankathete}}\right)$

Es gilt: $\sin\alpha = \cos\beta$ und $\cos\alpha = \sin\beta$

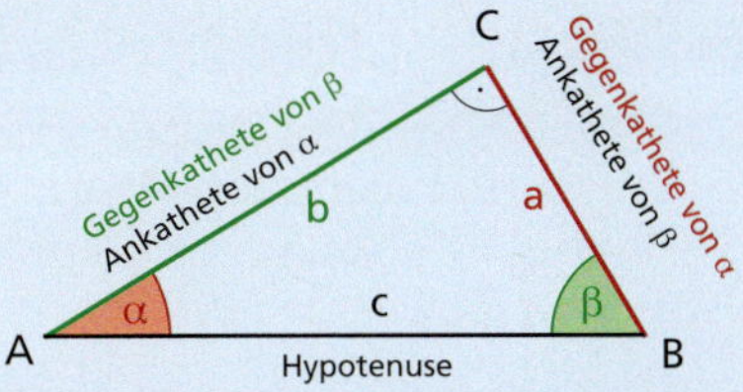

5 Zusammengesetzte Körper untersuchen

Eine besondere Festung
Das im Südosten Italiens gelegene Schloss „Castel del Monte“ hat eine besondere Gestalt.
Beschreibt die Gestalt vom Castel del Monte. Informiert euch über die Originalmaße des Gebäudes und skizziert es in einem selbst gewählten Maßstab.

turner's cub
Der hier abgebildete Körper wurde mit einem Laserstrahl aus einem Würfel herausgeschnitten.
Zeichnet den Körper sowohl im Grundriss als auch im Aufriss. Vergleicht beide Ansichten miteinander.

Oktaeder
Hier ist ein Netz von einem der fünf platonischen Körper abgebildet. Bei platonischen Körpern sind alle Begrenzungsflächen regelmäßige und deckungsgleiche Vielecke.
Erläutert, welche Eigenschaften dieser Körper hat.
Skizziert zwei weitere Netze dieses Körpers.

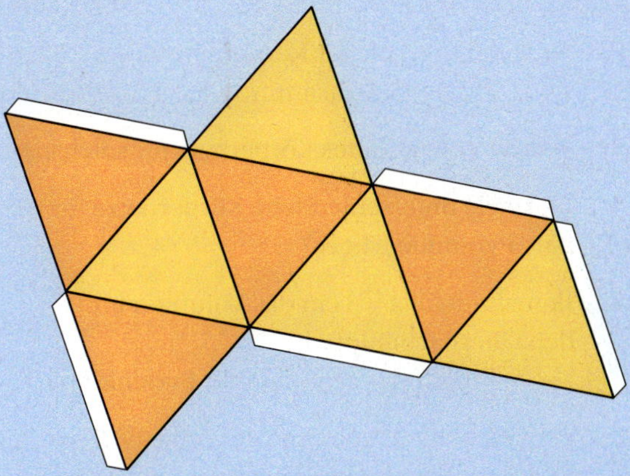

Der 3-Pyramiden-Würfel

Ein Würfel kann in drei zueinander kongruente Pyramiden zerlegt werden. Jede dieser Pyramiden hat als Grundfläche eine Begrenzungsfläche und als Höhe eine Seitenkante vom Würfel. Die Spitze jeder Pyramide befindet sich somit genau senkrecht über einem Eckpunkt ihrer Grundfläche. Die drei Pyramiden sind zueinander kongruent. Sie können bei entsprechender Lage wieder zum Würfel zusammengesetzt werden.

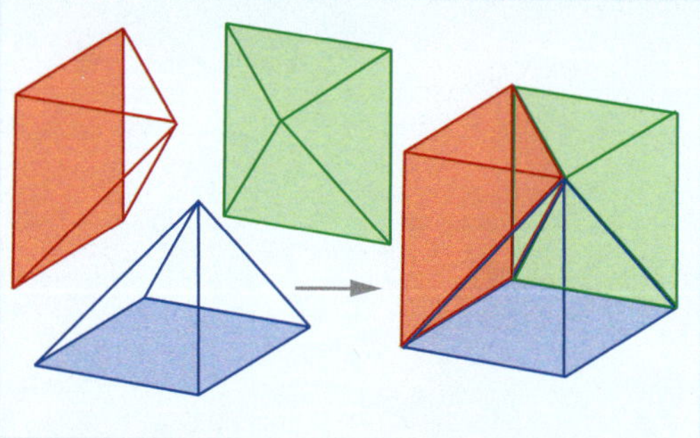

Für das Volumen des Würfels gilt:

Würfel	$V = a^3$

Für das Volumen der Pyramide gilt:

Pyramide	$V = \frac{1}{3} \cdot a^2 \cdot h = \frac{1}{3} \cdot a^2 \cdot a = \frac{1}{3} \cdot a^3$

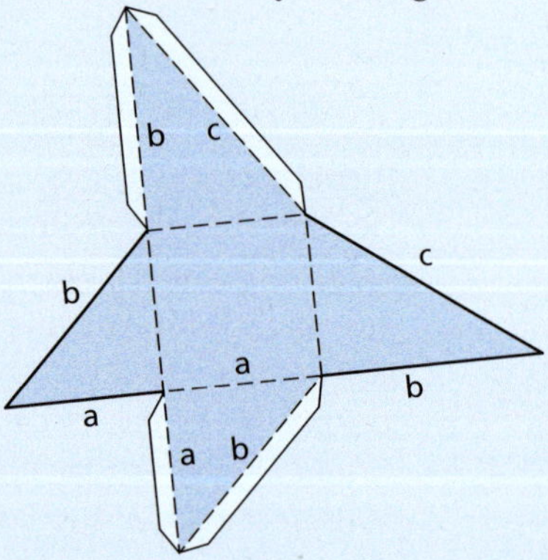

Die nebenstehende Zeichnung zeigt das Körpernetz einer solchen Pyramide.
Die Seite b ist die Diagonale einer Begrenzungsfläche des Würfels, die Seite c ist die Raumdiagonale des Würfels.

Für die Seitenlängen b und c gilt:

$b = a \cdot \sqrt{2}$

$c = \sqrt{a^2 + b^2}$

1. Leitet die Formel für die Flächendiagonale eines Quadrates und die Formel für die Raumdiagonale eines Würfels her.

2. Zeichnet drei solcher Körpernetze für a = 5 cm auf Zeichenpapier, schneidet sie aus und klebt sie zu Pyramiden zusammen. Fügt dann die drei Pyramiden zu einem Würfel zusammen.

3. Skizziert ein anderes Körpernetz für solch eine Pyramide.

4. Wie viele unterschiedliche Körpernetze für solch eine Pyramide gibt es?

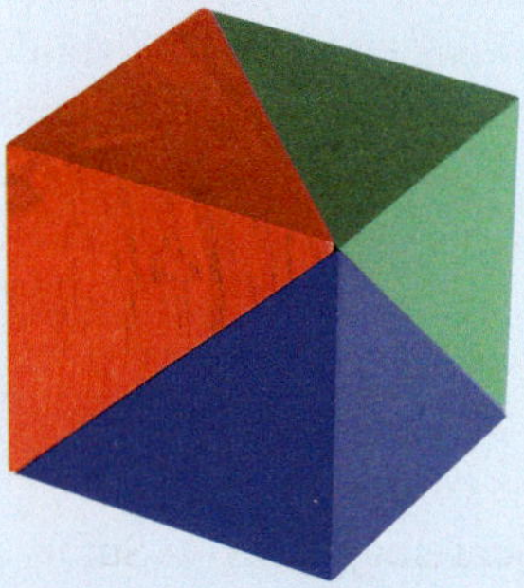

5. Berechnet für a = 5 cm das Volumen und den Oberflächeninhalt:
a) des Würfels b) der drei Pyramiden

6. Vergleicht die Ergebnisse der Aufgabe 5 miteinander und formuliert wahre Aussagen.

Der binomische Würfel und das pascalsche Dreieck

Ein binomischer Würfel besteht aus acht Teilkörpern:

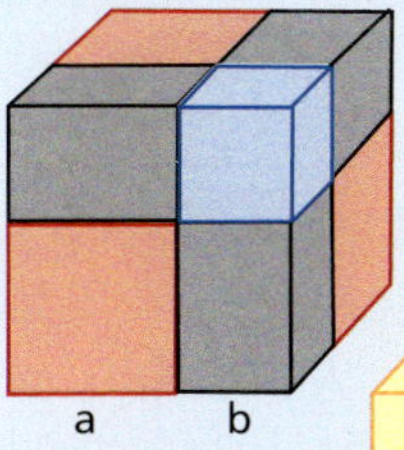

- ein (gelber) Würfel mit der Kantenlänge a
- ein (blauer) Würfel mit der Kantenlänge b
- drei (schwarze) Quader mit den Grundflächen b^2 und den Höhen a

drei (rote) Quader mit den Grundflächen a^2 und den Höhen b

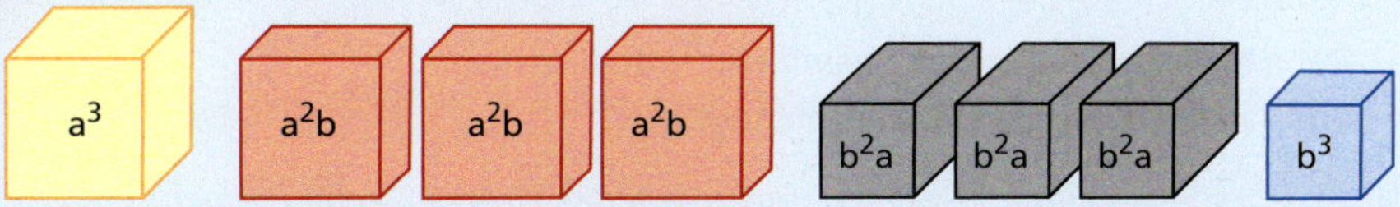

Hinweis:
Der gelbe Körper ist hier im Schrägbild des binomischen Würfels nicht erkennbar, da er von den anderen Teilkörpern verdeckt wird.

Für das Volumen des binomischen Würfels gilt:
$V = (a + b)^3 = a^3 + 3 \cdot a^2 \cdot b + 3 \cdot a \cdot b^2 + b^3$

1. Zeigt, dass die Formel auch gültig ist für:
a) a = 5 cm und b = 2 cm b) a = b = 4 cm
c) a = 1,5 cm und b = 0,5 cm

2. Zeigt, dass die obige Formel auch für a = 0 oder für b = 0 gilt.

3. Schreibt die folgenden Terme ohne Klammern:
a) $(a + b) \cdot (a + b)$ b) $(a + b) \cdot (a^2 + 2ab + b^2)$ c) $(a + b) \cdot [(a + b) \cdot (a + b)]$

4. Baut einen binomischen Würfel für a = 5 cm und b = 2 cm.

In der Mathematik ist ein in Binom *(lat. bi, zwei; nomen, Name)* eine Summe oder eine Differenz aus zwei Gliedern. Der Term $(a + b)^3$ ist also die dritte Potenz des Binoms a + b.

Die beim binomischen Würfel gefundene Formel ist auch an dem nach BLAISE PASCAL (1623 bis 1662) benannten pascalschen Dreieck erkennbar. Hier sind Zusammenhänge für das Umformen von Binomen erkennbar.

$$(a + b)^0 = 1$$
$$(a + b)^1 = 1a^1 + 1b^1$$
$$(a + b)^2 = 1\,a^2 + 2a^1b^1 + 1b^2$$
$$(a + b)^3 = 1a^3 + 3a^2b^1 + 3a^1b^2 + 1b^3$$
$$(a + b)^4 = 1a^4 + 4a^3b^1 + 6a^2b^2 + 4a^1b^3 + 1b^4$$
$$(a + b)^5 = 1a^5 + 5a^4b^1 + 10a^3b^2 + 10a^2b^3 + 5a^1b^4 + 1b^5$$
...

5. Beschreibt den Aufbau des pascalschen Dreiecks und erläutert, welche Zusammenhänge erkennbar sind.

6. Schreibt jeweils als Summe (ohne Klammern) und kontrolliert mit einem CAS-Rechner:
a) $(2 + b)^3$ b) $(x - y)^3$ c) $(2x + 1)^3$ d) $(a + 2b)^4$ e) $(5a + 3b)^5$

Rückblick

Einfache geometrische Körper darstellen und berechnen

Darstellungsarten:

- Beim **Körpernetz** werden alle *Begrenzungsflächen zusammenhängend in eine Ebene* abgewickelt.
- Beim **Zweitafelbild** wird der Körper von *oben (Grundriss)* und von *vorn (Aufriss)* gezeichnet.
- Beim **Schrägbild** werden *Tiefenlinien um 45° geneigt* und *auf die Hälfte verkürzt* gezeichnet.

Unterscheide zwischen *gesuchten* und *gegebenen Größen*, stelle *Formeln* gegebenenfalls um, *setze* die gegebenen Größen *in* die *Formel ein, berechne.*

Prisma

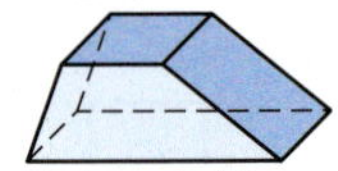

(Schrägbild)

Aufriss

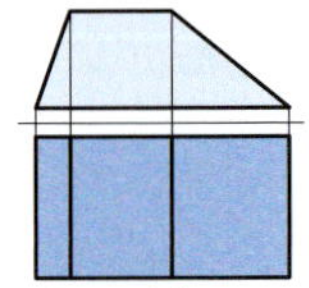

Grundriss

Quader	**Dreiseitiges Prisma**	**Rechteckige Pyramide**
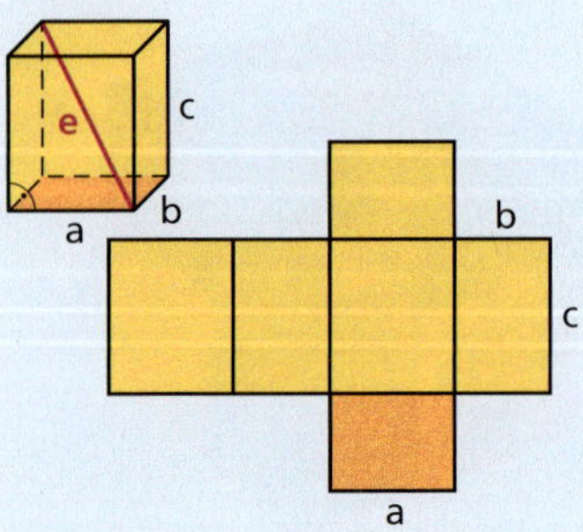	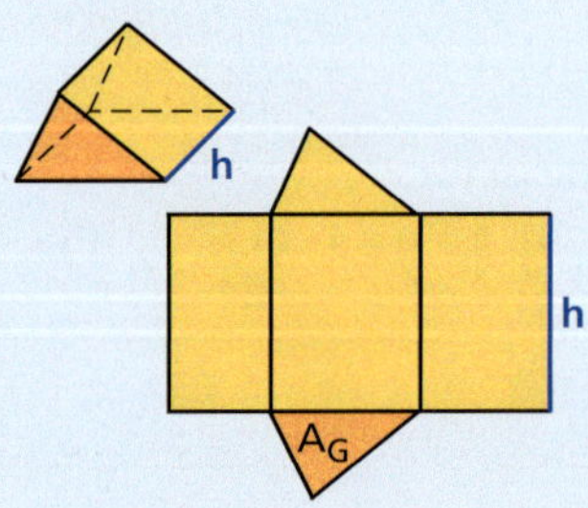	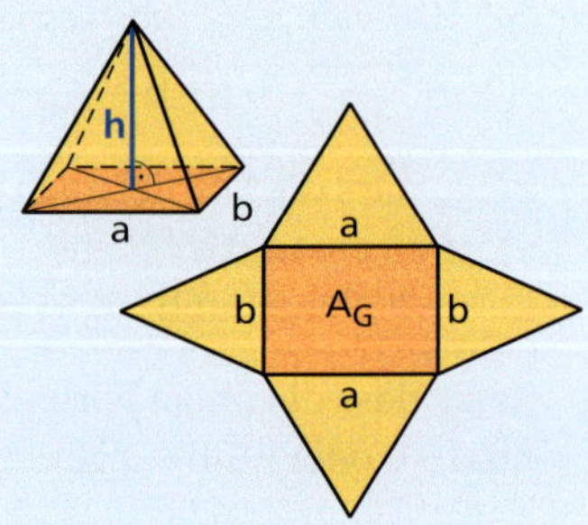
$V = a \cdot b \cdot c$	$V = A_G \cdot h$	$V = \frac{1}{3} \cdot a \cdot b \cdot h$
$A_O = 2 \cdot (ab + ac + bc)$	$A_O = 2 \cdot A_G + A_M$	$A_O = A_G + A_M$

Kreiszylinder	**Kreiskegel**	**Kugel**
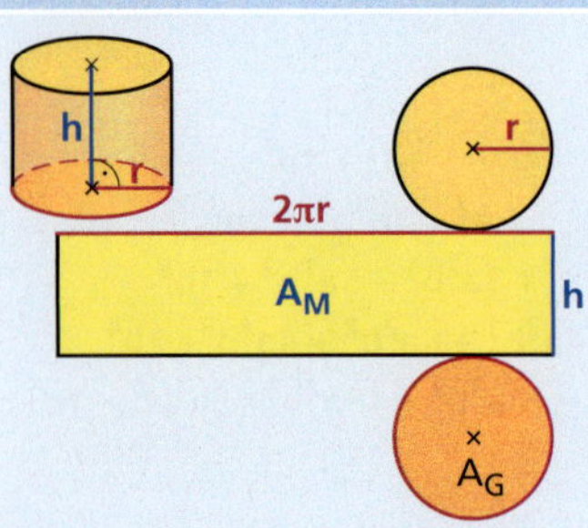	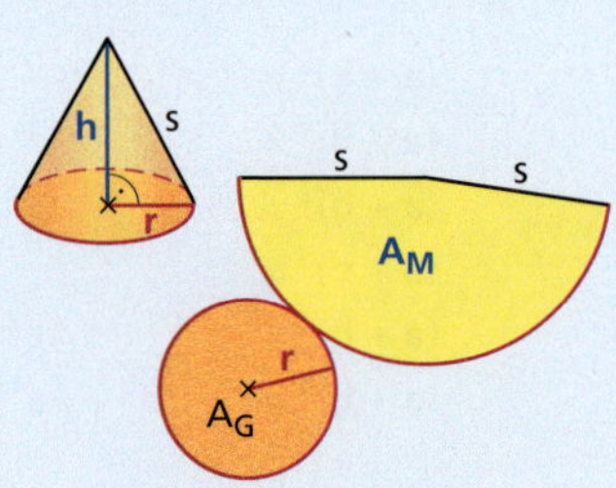	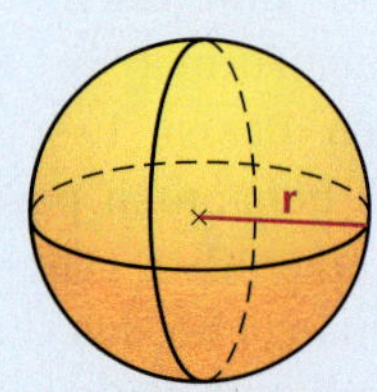
$V = \pi \cdot r^2 \cdot h$	$V = \frac{1}{3}\pi \cdot r^2 \cdot h$	$V = \frac{4}{3}\pi \cdot r^3$
$A_O = 2 \cdot A_G + A_M$	$A_O = A_G + A_M$	$A_O = 4 \cdot \pi \cdot r^2$

Aufgaben

1. Was passt hier nicht in die Aufzählung? Begründe deine Entscheidung.
a) Kegel – Kugel – Kreis
b) Prisma – Zylinder – Pyramide

2. Erstelle jeweils eine Checkliste, die alle wichtigen Schritte zum Lösen der folgenden Aufgabe für einen Gegenstand enthält:
a) Beschreibe sein Aussehen und stelle ihn zeichnerisch dar.
b) Berechne sein Volumen und seinen Oberflächeninhalt.
c) Wähle einen Gegenstand aus deiner Umgebung, arbeite die Checklisten ab und präzisiere die Listen gegebenenfalls.

3. Beschreibe jeden Körper möglichst genau, zeichne ihn dann in einer anderen Darstellungsart und berechne sein Volumen.
Entnimm die erforderlichen Maße der Zeichnung.

a)
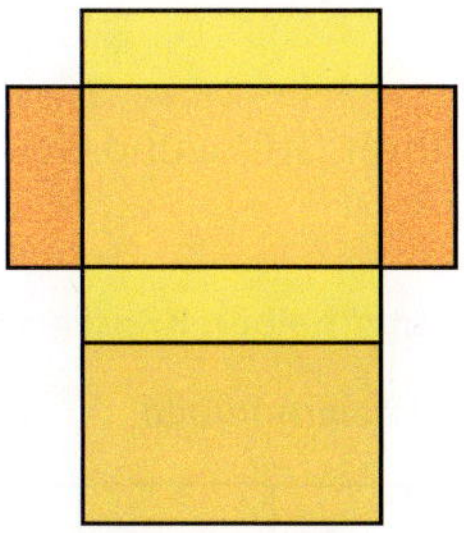

b)
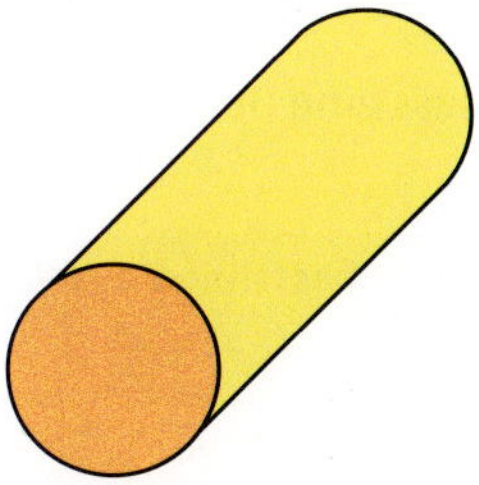

c)
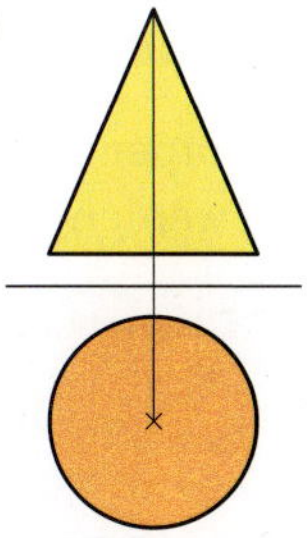

4. Prüfe und begründe, ob alle Abbildungen Netze eines dreiseitigen Prismas sind.
Finde weitere Netze.

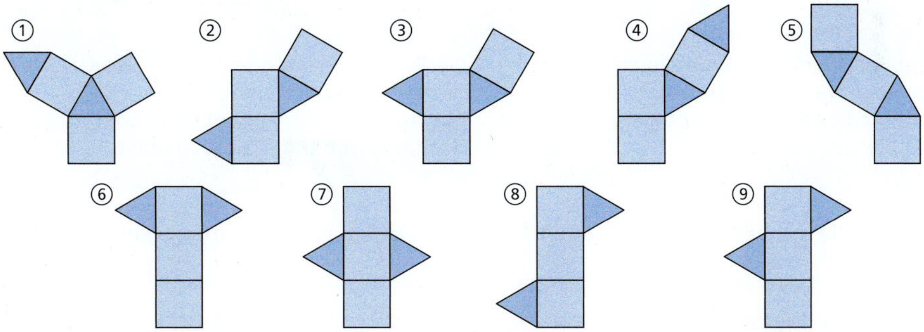

5. a) Schreibe deinen Namen mit Großbuchstaben etwa so, wie in der Abbildung.
b) Erläutere, was dabei beachtet werden sollte.

5.1 Zusammengesetzte Körper zeichnerisch darstellen

Formen einfacher geometrischer Körper lassen sich an vielen Gegenständen erkennen. Den hier abgebildete Amboss, der als Unterlage beim Schmieden von Metall dient, kann man sich aus drei Körpern zusammengesetzt denken. Von links nach rechts betrachtet aus einem **Prisma**, einem **Quader** und einem „halben" **Kreiskegel.**

Um solche Körper zeichnerisch darzustellen zu können, müssen die einzelnen Bestandteile gezeichnet werden. Wähle dazu eine *möglichst anschauliche Perspektive,* zeichne dann die Bestandteile des Körpers einzeln dünn vor und kennzeichne zum Schluss **nicht sichtbare Kanten** durch **gestrichelte Linien.** Hebe **sichtbaren Kanten** durch **dickere Linien** hervor.

Schrägbilder und Zweitafelbilder zeichnen

Betrachte Körper möglichst so, dass eine Begrenzungsfläche in wahrer Größe und Gestalt gezeichnet werden kann.

Zusammengesetzter Körper bestehend aus Prisma, Quader und halben Kreiskegel	
Schrägbild	**Zweitafelbild**
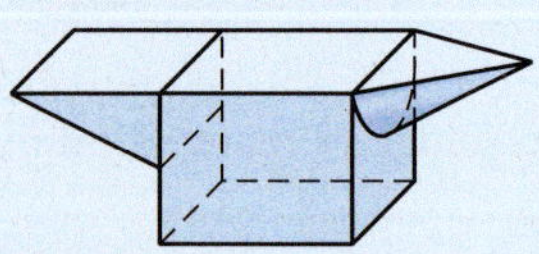	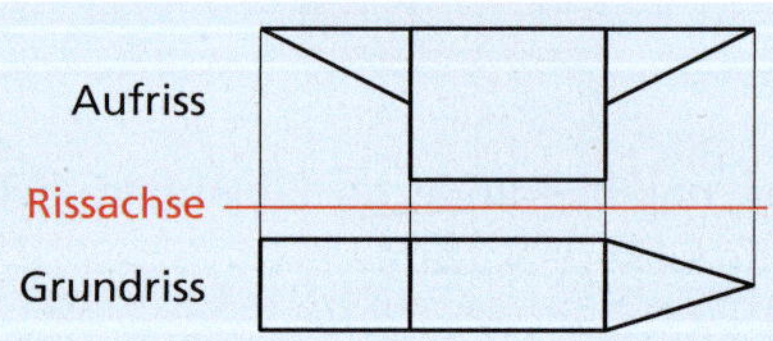
Bei Schrägbildern sind alle **Tiefenlinien** um **45° geneigt** und **auf die Hälfte** verkürzt. Nicht sichtbare Kanten werden durch gestrichelte Linien dargestellt.	Bei Zweitafelbildern trennt die **Rissachse** den **Grundriss** und den **Aufriss** voneinander. Der Aufriss ist die **Ansicht von vorn** und der Grundriss ist die **Ansicht von oben.**

Auch Gegenstände mit herausgeschnittenen Teilen lassen sich als zusammengesetzte Körper interpretieren.

Zusammengesetzter Körper bestehend aus Quader und Zylinder	
Gegenstand (Mühlespiel)	**Zweitafelbild**
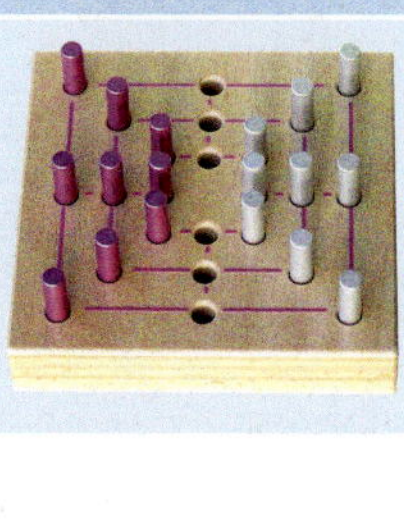	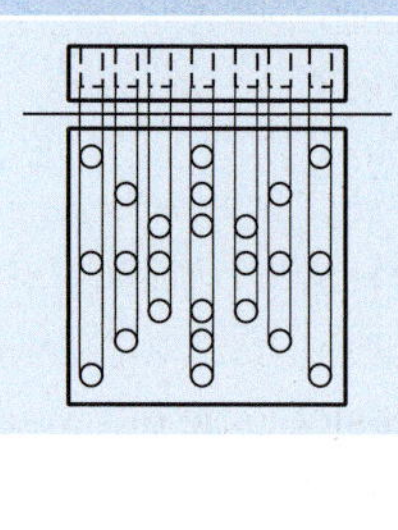

Probiere es selbst:

Zeichne das Körpernetz auf Zeichenkarton und schneide es aus. Falte und klebe es dann an den Klebefalzen zu einem Körper zusammen. Stelle den Körper in einer selbst gewählten Lage sowohl im Schrägbild als auch im Zweitafelbild zeichnerisch dar.

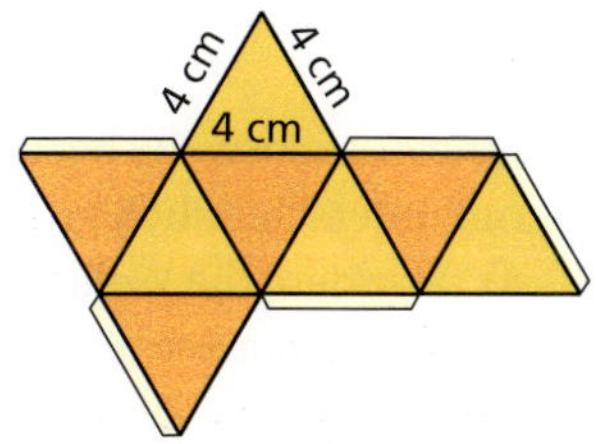

Erste Schritte

1. Nenne und skizziere Gegenstände deiner Umgebung, die aus folgenden geometrischen Grundfiguren zusammengesetzt sind als Beispiele für zusammengesetzte Körper:
a) Quader und Prisma
b) Prisma und Pyramide
c) Zylinder und Kegel
d) Kegel und Kegel

2. Beschreibe die zusammengesetzten Körper und skizziere jeweils einen Grundriss und einen Aufriss.

a)
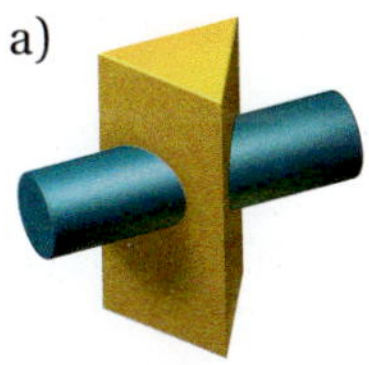

b)
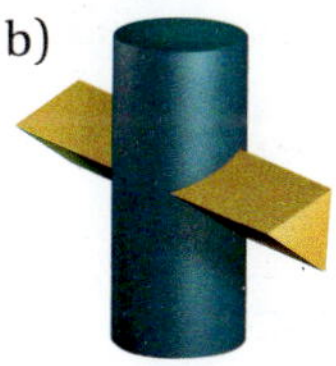

c)

3. Skizziere den Aufriss (Draufsicht) folgender Gebäude:
a) Pantheon (Italien)
b) Pyramide (Mexico)
c) Stadion (Deutschland)

4. Entscheide und begründe, welche der folgenden Aussagen für das abgebildete Werkstück zutreffen. Korrigiere die falschen Aussagen.
a) Ein Teil davon ist ein Zylinder.
b) Die Bohrung ist kreisförmig.
c) Sein Grundriss ist ein Rechteck.
d) Er ist zusammengesetzt.

5. Beschreibe die im Zweitafelbild dargestellten Körper ①, ② und ③.

①

②
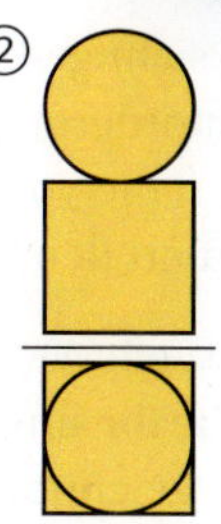

③
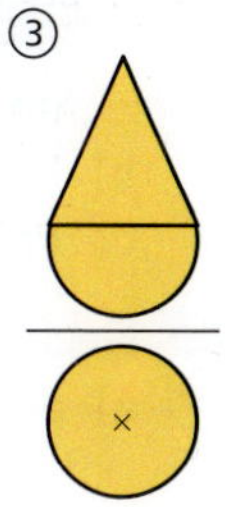

6. Zeichne jeweils ein Schrägbild.
a) Auf einem Würfel mit einer Kantenlänge von 4 cm steht eine quadratische Pyramide, bei der alle Kanten 4 cm lang sind.
b) Genau in der Mitte eines 6 cm langen, 3 cm breiten und 2 cm hohen Quaders befindet sich eine durchgängige Bohrung mit einem Durchmesser von 2 cm.

Weiterführende Aufgaben

1. Eine Antriebswelle besteht aus mehreren Zylindern mit unterschiedlich großen Durchmessern.

a) Skizziere die Welle mit selbst gewählten Maßen im Schrägbild.

b) Zeichne ein Zweitafelbild der Welle.

2. Aus den sechs Bausteinen kann der sogenannte Teufelsknoten zusammengesetzt werden.

a) Wähle zwei Bausteine und zeichne jeweils ein Schrägbild davon.

b) Entscheide, zu welchen der Bausteine die folgenden Zweitafelbilder gehören:

(A)
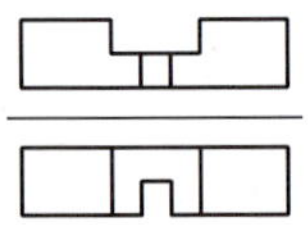

(B)
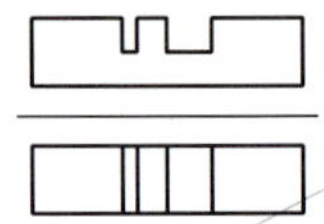

3. Jeder der abgebildeten Körper soll durch einen ebenen Schnitt in mindestens zwei Teilkörper zerlegt werden.

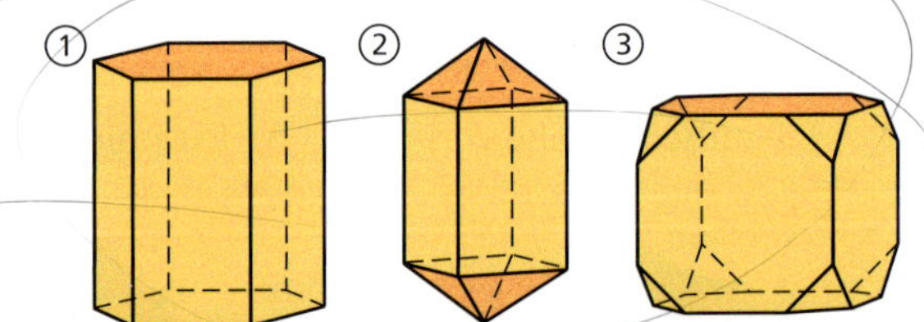

a) Führe solch eine Zerlegung gedanklich durch und skizziere sie im Heft.

b) Beschreibe die bei dieser Zerlegung auftretenden Teilkörper.

4. Interpretiere die Glasschale als zusammengesetzten Körper.

a) Beschreibe, aus welchen geometrischen Grundformen die Schale zusammengesetzt ist und welche Lage diese Grundformen zueinander haben.

b) Zeichne ein Zweitafelbild der Glasschale.

5. Flaschenkorken gibt es in vielen Variationen. Sie können häufig als zusammengesetzte Körper interpretiert werden.

a) Bildet Gruppen und entwickelt in jeder Gruppe drei Vorschläge für solche Korken. Berücksichtigt dabei die verschiedene Einsatzmöglichkeiten und Anforderungen.

b) Erläutert die Vor- und Nachteile eurer drei Vorschläge.

c) Präsentiert den besten Entwurf euren Mitschülern.

6. Gegeben ist ein Werkstück im Schrägbild.

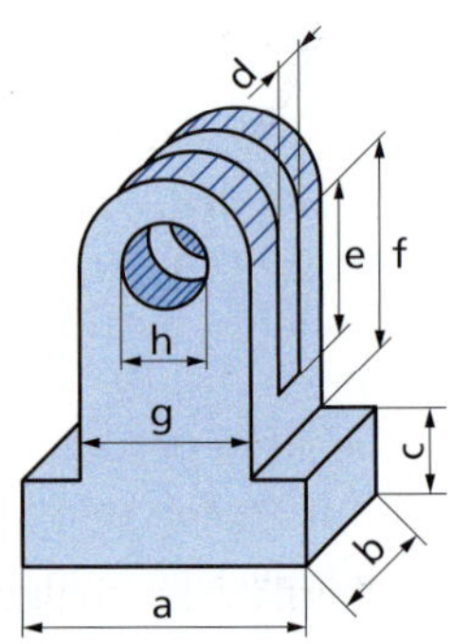

a) Schreibe dir sinnvolle Längen für die gekennzeichneten Strecken auf.

b) Skizziere mit diesen Maßangaben ein Schrägbild und ein Zweitafelbild im Maßstab 1 : 1.

5.2 Berechnungen an zusammengesetzten Körpern

Der Lötstab des Lötkolbens hat als zusammengesetzter Körper die Form eines Kreiszylinders mit aufgesetztem Kreiskegel. Beim Berechnen von Raum- und Oberflächeninhalten können alle notwendigen Berechnungen an den Teilkörpern durchgeführt werden. Zum Schluss wird alles wieder „zusammengefügt“.

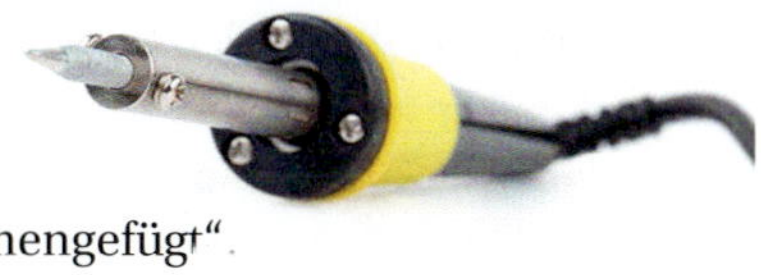

Rauminhalte zusammengesetzter Körper berechnen

Der Lötstab eines Lötkolbens mit einem Durchmesser von 0,8 cm und einer Gesamtlänge von 6,5 cm hat eine 1,5 cm lange Spitze. Zeichne alles Bekannte in eine Planfigur ein und berechne das Volumen des Metallstabs. Gib das Endergebnis in Kubikmillimeter an.

Ges.: V_{Ges} in mm^3 *Geg.:* $d = 0{,}8\ cm;\ h = 6{,}5\ cm;\ h_1 = 1{,}5\ cm$

Planfigur:

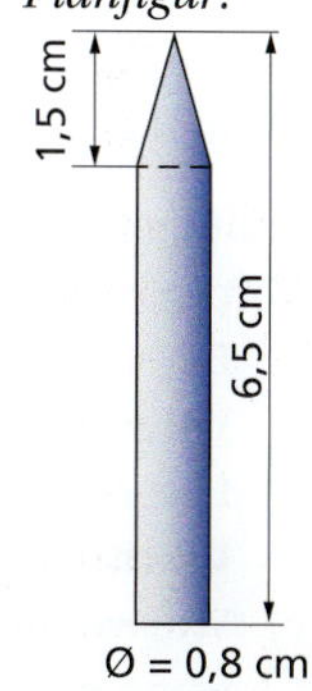

Lösung ohne CAS: $V_{Ges} = V_Z + V_K$

Kreiszylinder:

$V_Z = \pi \cdot r^2 \cdot h_Z$

$V_Z = \pi \cdot (0{,}4\ cm)^2 \cdot (6{,}5\ cm - 1{,}5\ cm)$

$V_Z = 2{,}513...\ cm^3$

Kreiskegel:

$V_K = \frac{\pi}{3} \cdot r^2 \cdot h_K$

$V_K = \frac{\pi}{3} \cdot (0{,}4\ cm)^2 \cdot 1{,}5\ cm$

$V_K = 0{,}251...\ cm^3$

$V_{Ges} = V_Z + V_K = 2{,}513...\ cm^3 + 0{,}251...\ cm^3 = 2{,}764...\ cm^3$

Der Lötstab hat ein Volumen von etwa 2 800 mm^3.

Lösung mit CAS:

$v1 := \pi \cdot (0.4)^2 \cdot (6.5-1.5)$	2.51327
$v2 := \frac{\pi}{3} \cdot (0.4)^2 \cdot 1.5$	0.251327
$v1+v2$	2.7646

Oberflächeninhalte zusammengesetzter Körper berechnen

Berechne den Oberflächeninhalt des Lötstabs. Gib das Endergebnis in Quadratmillimeter an.

Ges.: A_O in mm^2 *Geg.:* $d = 0{,}8\ cm;\ h = 6{,}5\ cm;\ h_1 = 1{,}5\ cm$

Lösung: $A_O = A_G + A_{M(Zylinder)} + A_{M(Kegel)}$

$A_G = \pi \cdot r^2 = \pi \cdot (0{,}4\ cm)^2 = 0{,}5026...\ cm^2$

$A_{M(Zylinder)} = 2\pi \cdot r \cdot h_{Zylinder} = 2\pi \cdot 0{,}4\ cm \cdot 5{,}0\ cm = 12{,}5632...\ cm^2$

$A_{M(Kegel)} = \pi \cdot r \cdot s = \pi \cdot r \cdot (\sqrt{r^2 + h_{Kegel}{}^2}) = 1{,}9508...\ cm^2$

$A_O = A_G + A_{M(Zylinder)} + A_{M(Kegel)} = 15{,}0166...\ cm^2$

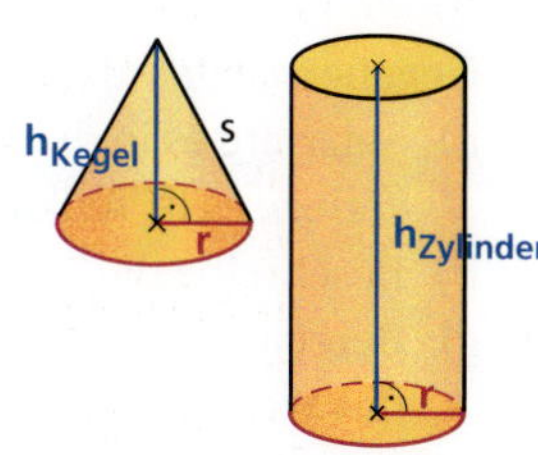

Der Oberflächeninhalt des Lötstabs beträgt etwa 15 000 mm^2.

Probiere es selbst:

Die folgenden Körper sind aus Einheitswürfeln zusammengesetzt:

①

②
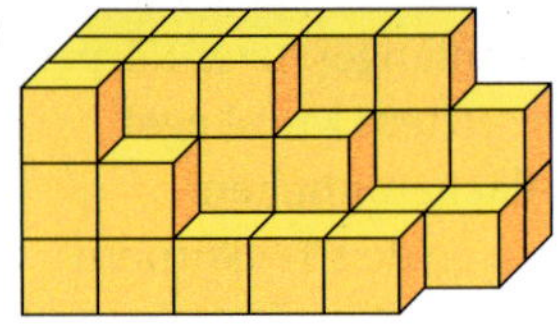

③

Gib jeweils das Volumen und den Oberflächeninhalt der Körper ①, ② und ③ an.

Erste Schritte

1. a) Erläutere, aus welchen Teilkörpern die abgebildeten Körper zusammengesetzt sind.
b) Stelle jeweils eine Formel für die Berechnung des Volumens und des Oberflächeninhalts der abgebildeten Körper auf.

①

②
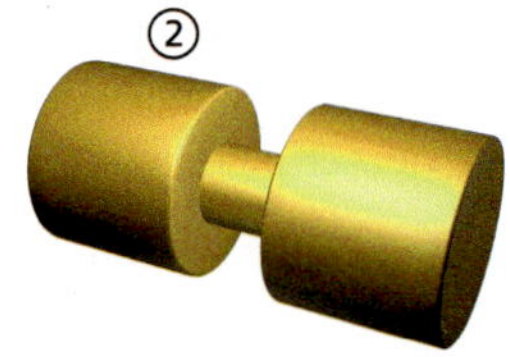

2. Erläutere, aus welchen Teilfiguren der nebenstehende Körper zusammengesetzt ist.
a) Berechne das Volumen des Körpers. Beschreibe dein Vorgehen.
b) Berechne den Oberflächeninhalt des Körpers. Beschreibe dein Vorgehen.
c) Wie verändert sich das Gesamtvolumen des Körpers, wenn man den mittleren Zylinder nur halb so hoch, aber dafür doppelt so breit macht und die beiden angesetzten Körper entsprechend anpasst? Die Höhe des Kegels soll sich dabei aber nicht verändern. Erläutere deine Überlegungen.

Maße in Zentimeter
Maßstab 1:5

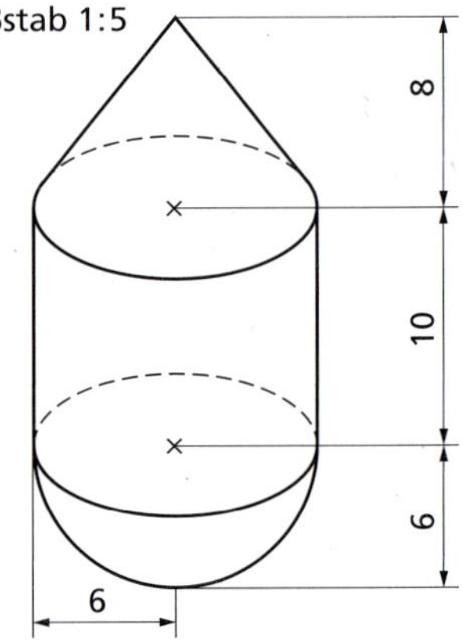

3. Ein Partyzelt mit einer Gesamthöhe von 4,0 m ist 5,0 m lang und 5,0 m breit. Die Höhe einer senkrechten Seitenfläche beträgt 2,4 m. Berechne folgende Größen:
a) die Stellfläche für das Zelt
b) das Innenvolumen des Zeltes
c) die Größe der Zeltplane (mit Fenster und Tür)

4. Gegeben ist das abgebildete Werkstück.
a) Skizziere es in deinem Heft und zerlege es in Teilkörper.
b) Beschreibe die Teilkörper.
c) Berechne das Volumen des Werkstücks für a = 2 cm.
d) Berechne das Volumen des Werkstücks für a = 12,5 cm.

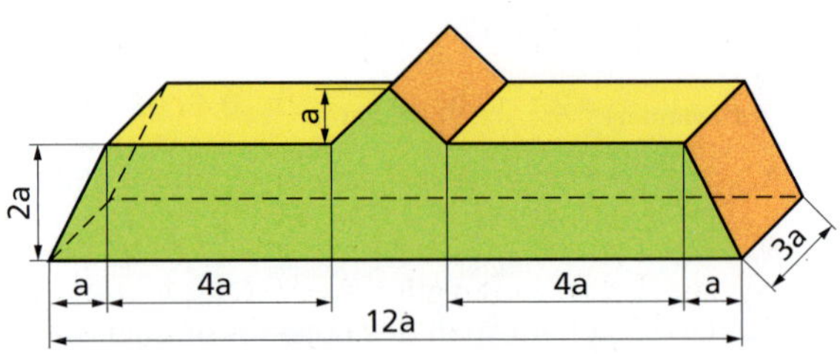

Weiterführende Aufgaben

1. Setzt aus leeren Streichholzschachteln unterschiedliche Körper zusammen.
a) Skizziert diese Körper im Schrägbild und im Zweitafelbild.
b) Prüft und begründet, ob sich das Volumen bzw. der Oberflächeninhalt von Körpern aus gleich vielen Schachteln bei unterschiedlichen Zusammensetzungen ändern.

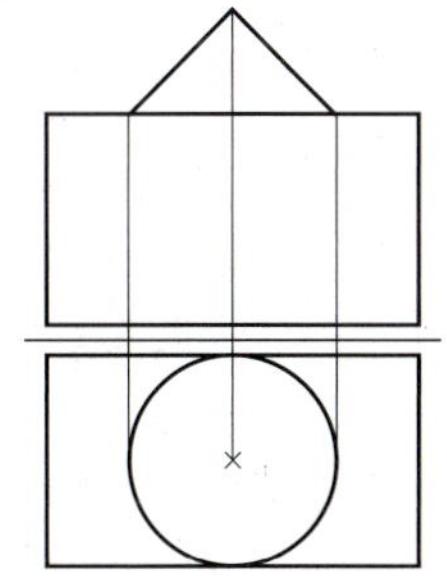

2. Beim nebenstehende Werkstück aus Aluminium ist an einen Quader ein Kegel angesetzt. Das Zweitafelbild zeigt das Werkstück im Maßstab 1 : 4.
a) Ermittle aus der Zeichnung die Maße des Werkstücks.
b) Zeichne ein Schrägbild.
c) Berechne die Masse des Werkstücks ($\varrho = 2{,}7\,\frac{\text{g}}{\text{cm}^3}$).

3. Erläutere, aus welchen Teilkörpern die nebenstehenden Werkstücke bestehen. Berechne das Volumen und den Oberflächeninhalt von jedem Werkstück. (Alle Maße sind in Millimeter angegeben.)

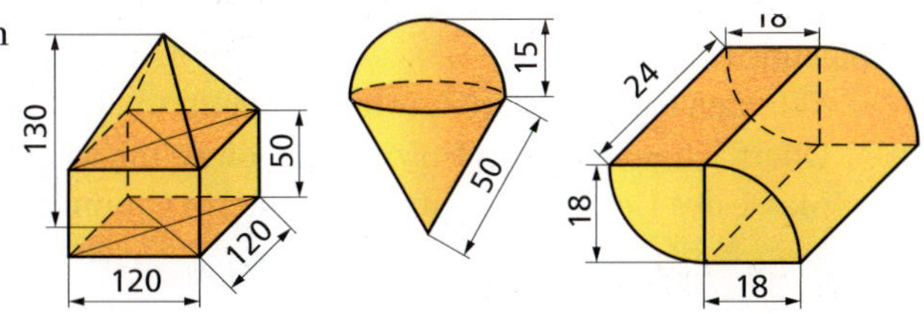

4. Der Quarzkristall besteht aus einem regelmäßigen sechsseitigen Prisma mit einer Grundkantenlänge a = 1,7 cm und einer Höhe h = 6,2 cm. Daran sind zwei Pyramiden angesetzt, deren Seitenkanten s = 2,5 cm betragen. Der Kristall hat eine Masse von 145 g.
a) Berechne die Dichte von Quarz.
b) Vergleiche deinen errechneten Wert mit den Werten eines Nachschlagewerks.

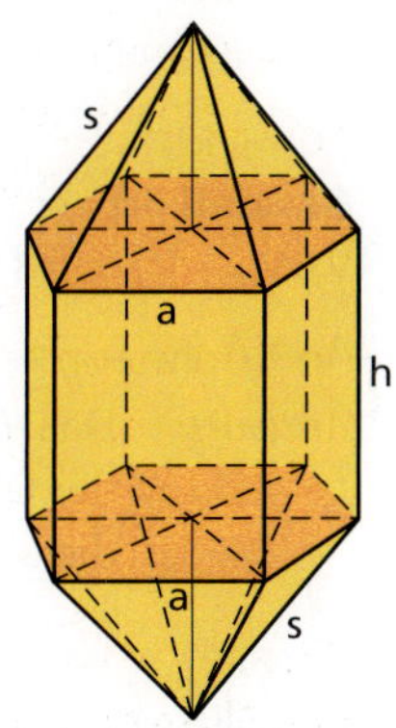

5. Ein Würfel mit einem Volumen von 125 cm³ wird genau passend auf ein Prisma mit quadratischer Grundfläche gesetzt. Welche Höhe muss das Prisma haben, damit ein Gesamtvolumen von 600 cm³ entsteht?

6. Aus einem Würfel mit einer Kantenlänge von 7,0 cm wird die größtmögliche Kugel gefräst.
a) Wie groß ist ihr Volumen?
b) Berechne den Oberflächeninhalt der Kugel.
c) Gib den entstandenen „Abfall" als Anteil des Würfelvolumens an.

7. Entscheide und begründe, welche der folgenden Aussagen auf den abgebildeten Salzstreuer zutreffen. Korrigiere falsche Aussagen.
a) Seine Grundfläche ist ein Quadrat.
b) Sein Glaskörper hat annähernd die Form eines Rechtecks.
c) Der Metallverschluss ist (h – b) cm hoch.
d) Für das Volumen gilt: $V = a^2 \cdot b + \frac{1}{4}\pi \cdot (\sqrt{2} \cdot a)^2 \cdot h$

5.3 Probleme mithilfe zusammengesetzter Körper modellieren und lösen

Zusammengesetzte Körper interpretieren

Gegenstände mit herausgeschnittenen Teilen können ebenfalls als zusammengesetzte Körper interpretiert werden.
Auch in solchen Fällen können alle notwendigen Berechnungen an den Teilkörpern durchgeführt werden.

In einem Holzwürfel mit einer Dichte von $0{,}6\,\frac{g}{cm^3}$ und einer Kantenlänge von 7,0 cm ist in der Mitte ein rundes Teelicht mit einem Durchmesser von 4,0 cm und einer Höhe von 1,5 cm eingelassen.

Zeichne eine Planfigur mit Maßangaben und berechne folgende Größen:
- Volumen des Holzwürfels (ohne Teelicht) in Kubikzentimter
- Oberflächeninhalt des Holzwürfels (ohne Teelicht) in Quadratzentimeter
- Masse des Holzwürfels (ohne Teelicht) in Gramm

Planfigur:

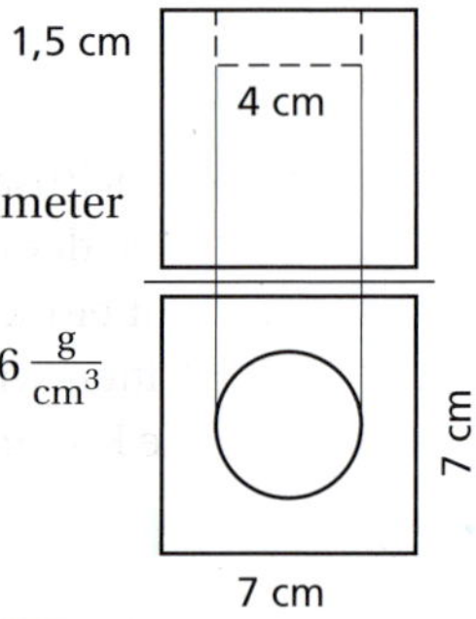

Ges.: V; A_O; m *Geg.:* $a = 7{,}0$ cm; $d = 4{,}0$ cm; $h = 1{,}5$ cm; $\varrho = 0{,}6\,\frac{g}{cm^3}$

Würfel:
$V_W = a^3 = 343\ cm^3$
$A_{O(Würfel)} = 6 \cdot a^2 = 294\ cm^2$

Zylinder:
$V_Z = \frac{\pi}{4} \cdot d^2 \cdot h \approx 18{,}8\ cm^3$
$A_{M(Zylinder)} = \pi \cdot d \cdot h \approx 18{,}8\ cm^2$

Gesamtkörper:
$V = V_W - V_Z = 343\ cm^3 - 18{,}8\ cm^3 \approx 324\ cm^3$
$A_O = A_{O(Würfel)} + A_{M(Zylinder)} = 294\ cm^2 + 18{,}8\ cm^2 = 312{,}8\ cm^2$

Antwort: Das Volumen des Körpers beträgt etwa $324\ cm^3$, der Oberflächeninhalt ungefähr $312{,}8\ cm^2$ und die Masse etwa 200 g.

Masse:
$V = 324\ cm^3$
$\varrho = 0{,}6\,\frac{g}{cm^3}$
$\varrho = \frac{m}{V}$
$m = \varrho \cdot V$
$m \approx 194\ g$

Probiere es selbst:

1. Hier siehst du drei aus Einheitswürfeln zusammengesetzte Körper.
a) Entscheide und begründe, aus wie vielen Einheitswürfeln jeder Körper besteht.
b) Ergänze jeden Körper gedanklich zu einem möglichst kleinen Würfel und gib die Anzahl der dafür benötigten Einheitswürfel an.

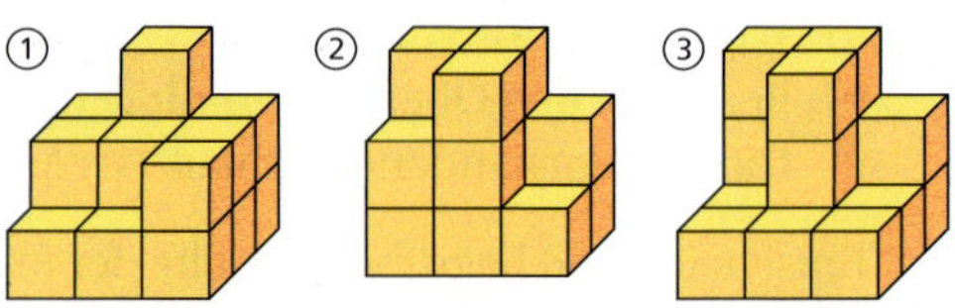

2. Berechne Volumen V und Oberflächeninhalt A_O des abgebildeten Körper. Es ist ein mit drei Bohrungen versehener Quader. (Die Maße sind in Zentimeter angegeben.)

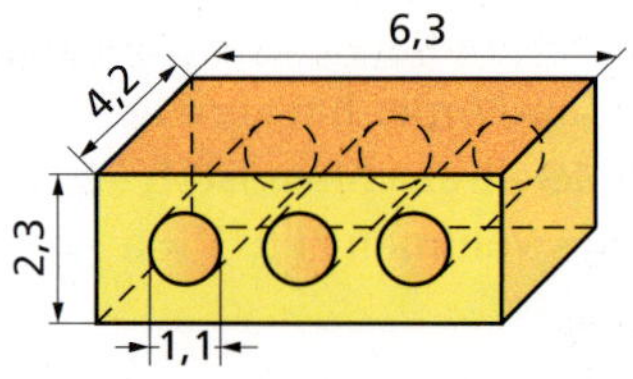

Restkörper berechnen

Bei vielen Gegenständen sind häufig geometrische Formen unübersehbar. Die hier abgebildete Salatschüssel hat die Form einer Halbkugel. Beim Halbieren einer Kugel bleibt als **Restkörper** eine **Halbkugel** übrig.

Restkörper	Zweitafelbild	Analyse
Halbkugel: 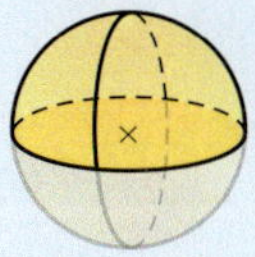	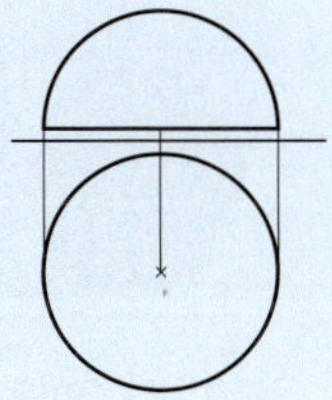	Das Volumen V einer Halbkugel ist die **Hälfte des Kugelvolumens:** $V = \frac{2}{3}\pi r^3$ Der Oberflächeninhalt A_O einer Halbkugel ist die Summe des Flächeninhalts der größten Schnittfläche der Kugel (Kreisfläche) und dem **halben Oberflächeninhalt** der Kugel: $A_O = 2\pi r^2 + \pi r^2 = 3\pi r^2$

Ein interessanter Zusammenhang besteht z. B. zwischen dem Restkörper, der entsteht, wenn aus einem Kreiszylinder mit r = h ein Kegel entsprechend der Abbildung herausgeschnitten wird und einer Halbkugel mit dem Radius r. Beide Körper haben das gleiche Volumen.

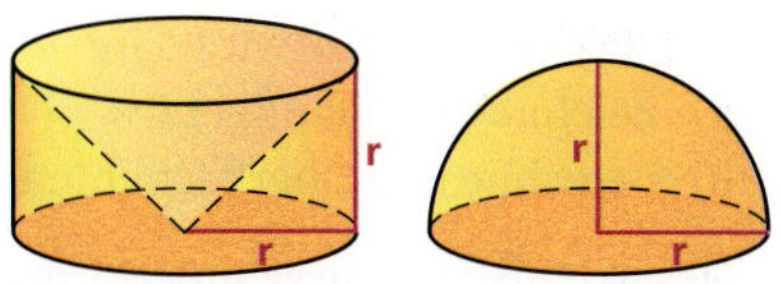

Kreiszylinder	Kreiskegel	Restkörper
$V_Z = \pi \cdot r^2 \cdot h$ $V_Z = \pi \cdot r^2 \cdot r = \pi \cdot r^3$	$V_K = \frac{\pi}{3} \cdot r^2 \cdot h$ $V_K = \frac{\pi}{3} \cdot r^2 \cdot r = \frac{\pi}{3} \cdot r^3$	$V_R = V_Z - V_K = \pi \cdot r^3 - \frac{\pi}{3} \cdot r^3$ $V_R = \frac{2}{3} \cdot \pi \cdot r^3$

Ein Kreiszylinder aus Aluminium soll eine kegelförmige Vertiefung so wie in der Abbildung erhalten.
Die Dichte von Aluminium beträgt $\varrho = 2{,}7\,\frac{g}{cm^3}$.
Berechne die Masse des dabei entstandenen Restkörpers.

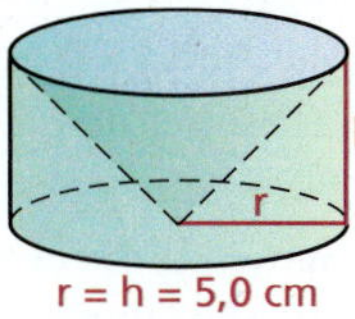

Ges.: $m_{Restkörper}$ *Geg.:* r = h = 5,0 cm

Lösung: $\varrho = \frac{m}{V}$ → $m = \varrho \cdot V = \varrho \cdot \frac{2}{3}\pi r^3 = 2{,}7\frac{g}{cm^3} \cdot \frac{2}{3}\pi \cdot (5{,}0\text{ cm})^3 = 706{,}85\ldots\text{ g}$

Antwort: Die Masse des Restkörpers beträgt etwa 707 g.

Probiere es selbst:

Beschreibe, was für „Körper" beim Drehen der abgebildeten Flächen um die gekennzeichnete Rotationsachse entstehen.
Berechne jeweils das Volumen des entstehenden Körpers. Entnimm dazu die erforderlichen Maße der Zeichnung.

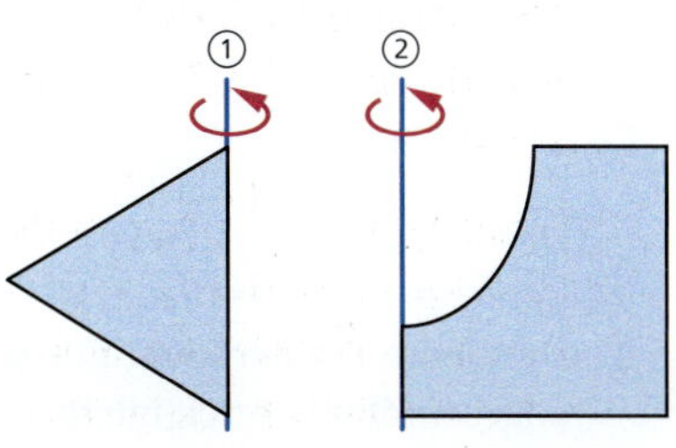

Erste Schritte

1. Eine quadratische Pyramide mit einer Grundfläche von 16 cm^2 und einer Körperhöhe von 4 cm soll zum kleinstmöglichen Würfel ergänzt werden.

a) Fertige eine Skizze an und berechne sowohl den Rauminhalt der Pyramide als auch den des Würfels.

b) Berechne, welchen Anteil der Rauminhalt des „Ergänzungskörpers“ am Rauminhalt des Würfels hat. Gib das Ergebnis in Prozent an.

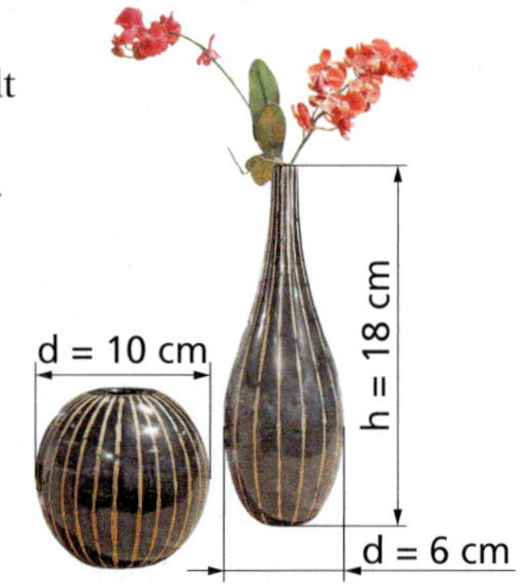

2. Jede der beiden Vasen soll bruchgesichert mit möglichst wenig Materialaufwand einzeln verpackt werden.

a) Entwirf für jede Vase eine Verpackung und skizziere diese mit möglichen Maßangaben.

b) Erläutere deine Überlegungen und dein Vorgehen.

3. Aus einem würfelförmigen Styroporblock mit der Kantenlänge 40 cm wurde eine 30 cm hohe regelmäßige quadratische Pyramide herausgeschnitten, deren Boden eine Kantenlänge von 35 cm hat. Diese wird dann oben auf einen identischen Styroporblock aufgeklebt.

a) Zeichne eine Planfigur.

b) Berechne den Oberflächeninalt dieses Gebildes.

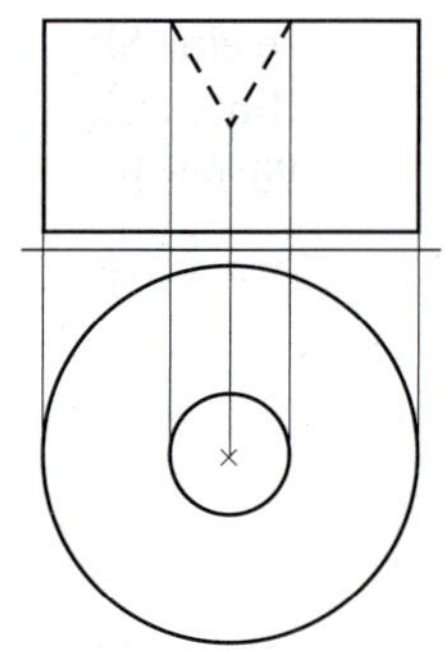

4. Das nebenstehende zylinderförmigen Werkstück aus Stahl mit einer Dichte von $\varrho = 7{,}85\ \frac{g}{cm^3}$ hat in der Mitte eine kegelförnige Bohrung und ist im Maßstab 1 : 4 gezeichnet.

a) Ermittle aus der Zeichnung die Maße des Werkstücks.

b) Zeichne ein Schrägbild des Werkstücks.

c) Berechne die Masse des Werkstücks.

5. Zeichne von der Schneehütte mit Eingang ein Zweitafelbild im Maßstab 1 : 10 mit solchen Maßangaben, dass ein Erwachsener in der Mitte der Hütte bequem stehen kann.

a) Berechne, wie viel Liter Luft eine Person in der Schneehütte etwa zur Verfügung hat.

b) Um die Oberfläche der Hütte vor starker Sonneneinstrahlung zu schützen, soll sie mit einer Plane abgedeckt werden. Berechne, wie viel Quadratmeter Plane dazu etwa erforderlich sind.

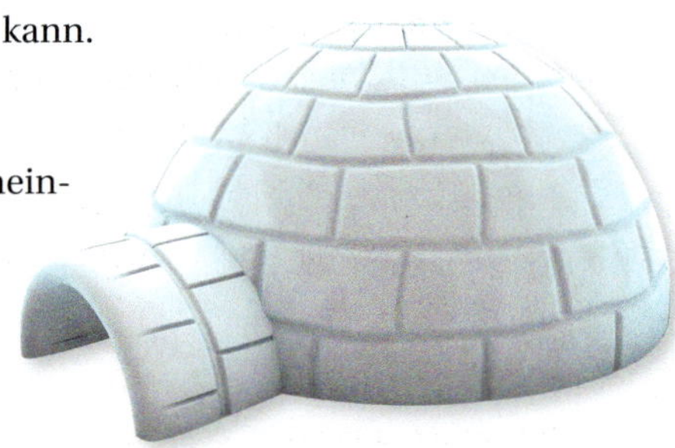

Weiterführende Aufgaben

1. a) Skizziere das Schrägbild einer geraden Pyramide mit rechteckiger Grundfläche deren (schräg zur Spitze verlaufende) Körperkanten 25 cm lang sind. Die Seitenlängen der Grundfläche betragen 12 cm und 18 cm.

b) Berechne das Volumen und den Oberflächeninhalt dieser Pyramide.

c) Der obere Teil der Pyramide wird parallel im Abstand von 15 cm zur Grundfläche abgeschnitten. Berechne das Volumen des unteren Pyramidenteils, der dann übrig bleibt.

2. Das Zelt vom Wanderzirkus Canrolli hat die Form eines Zylinders mit aufgesetztem Kegel. Aus wettertechnischen Gründen reicht das Dach etwa 30 cm über den Rand der Seitenwände hinaus.

a) Berechne, wie viel Quadratmeter Zeltplane insgesamt benötigt wurden.

b) Aus Sicherheitsgründen wurden pro Person etwa 6 m^3 Luft im Zelt geplant. Gib an, wie viele Personen sich in dem Zelt höchstens aufhalten dürfen.

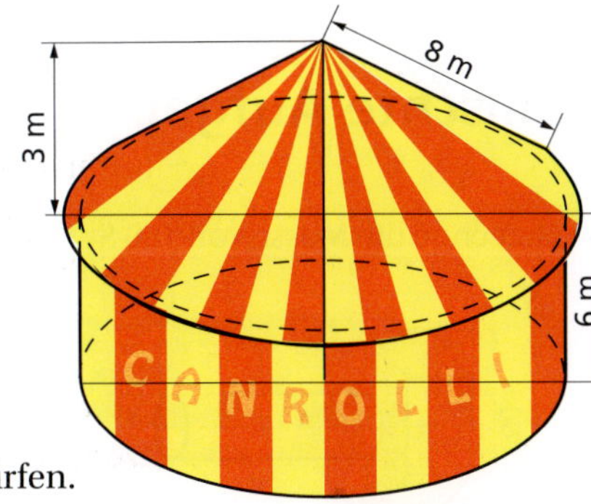

3. Aus einem Aluminiumwürfel mit einer Kantenlänge von 12,0 cm wird die größtmögliche Kugel gefräst.

a) Ermittle, wie groß ist das Volumen der Kugel ist.

b) Berechne den Oberflächeninhalt der Kugel.

c) Gib den „Abfall“ als Anteil vom Würfelvolumen an.

d) Berechne die Masse der Kugel.

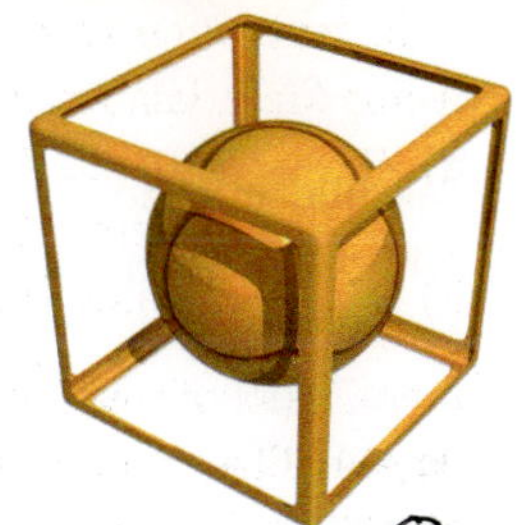

4. Aus einem Würfel mit einem Volumen von 200 cm^3 soll die größtmögliche quadratische Pyramide gefräst werden.

a) Fertige eine Skizze an und berechne den Rauminhalt der Pyramide. Berechne, welchen Anteil der Rauminhalt der Pyramide am Rauminhalt des Würfels hat. Gib das Ergebnis in Prozent an.

5. a) Eine Abflussrinne setzt sich aus mehreren 1,20 m langen Betonteilen zusammen.

b) Zeichne ein Zweitafelbild eines Betonteils im Maßstab 1 : 10.

c) Prüfe rechnerisch, ob eine 6 m lange Rinne mehr oder weniger als 60 Liter aufnehmen kann.

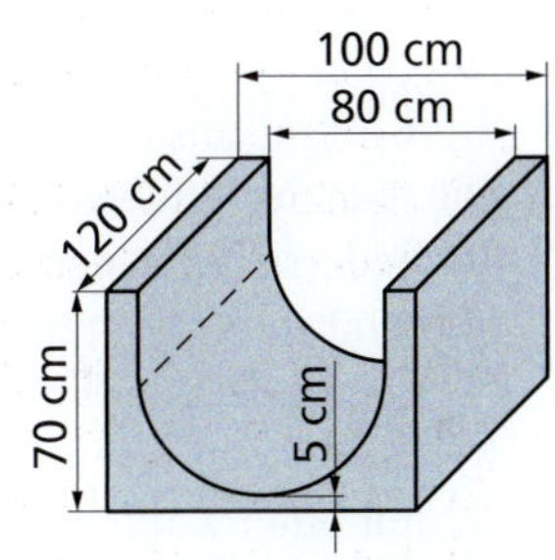

6. Informiere dich über den berühmten Magdeburger Halbkugelversuch OTTO VON GUERICKES. Berechne das Volumen einer dieser Halbkugeln mit einem Durchmesser von einer drei viertel Magdeburger Elle.

7. The diameter of a Bowlingball is at most 8.5 inches and its weight is from 6 lbs to 16 lbs. The length of a bowling alley is 60 feet. How many rotations takes the bowlingball before reaching the bowlingpins at the end of the course?

8. Eine Metallbaufirma stellt 2 mm dicke Halterungen aus Edelstahl mit einer Dichte von 7,98 $\frac{kg}{dm^3}$ her.

a) Erstelle ein Datenblatt mit allen wichtigen Angaben für das Werkstück. Entnimm die Maße der Zeichnung.

b) Prüfe und begründe, ob die Angabe „ca. 250 g pro Halterung“ stimmt.

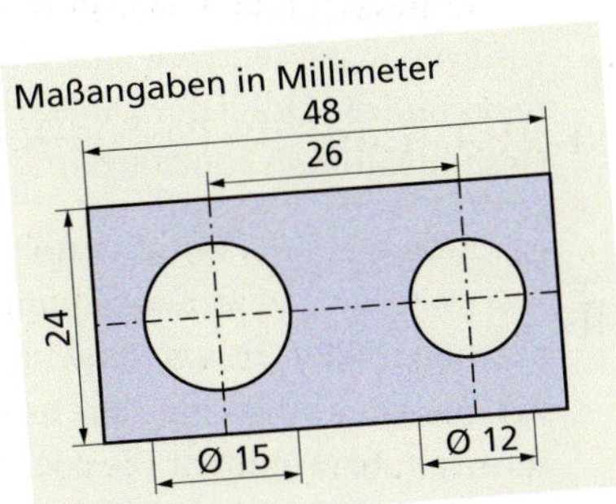

Gemischte Aufgaben

1. Berechne die Masse von 100 Stück des Stahlkörpers. Stahl hat eine Dichte von $\varrho = 7{,}8\,\frac{\text{g}}{\text{cm}^3}$.

a)

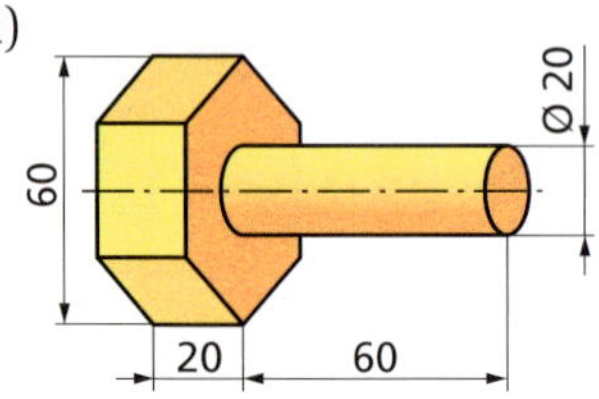

b)

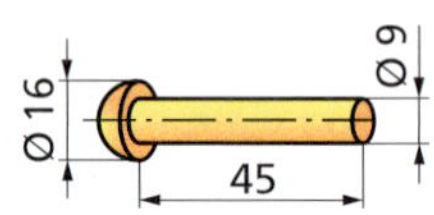

c)

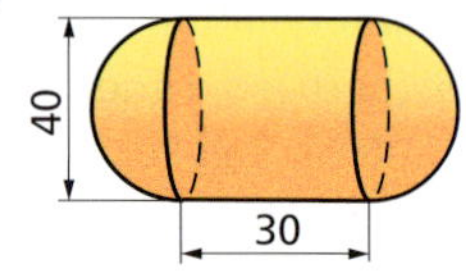

(Maßangaben in Millimeter)

2. Das Bild entstand in China. Im Zentrum eines Kraters liegt ein Auto. Die Straße war nach einer Unterspülung zusammengebrochen. Das Loch ist gut 5 m Meter tief und hat einen Durchmesser von rund 15 m.

a) Schätze, wie viel Kubikmeter Erdreich weggespült worden sind.

b) Entscheide und begründe, wie viele Lkw-Ladungen Füllmaterial herangeschafft werden müssen, um dieses Loch wieder zu füllen. Recherchiere, wie groß das Fassungsvermögen eines Lkws ist.

3. Die hier abgebildete Tüte in Form eines Tetraeders enthält getrocknete Aprikosen.

a) Schätzt das Volumen einer solchen Tüte. Begründet eure Entscheidung.

b) Fertigt mehrere gleich große Tetraeder mit einer Kantenlänge von jeweils 6 cm aus Zeichenkarton an.

c) Prüft, wie viele solcher Tetraeder in eine würfelförmigen Kiste mit einer Kantenlänge von 60 cm maximal passen.

4. Ein Tetraeder mit einem Volumen von 100 cm^3 wird genau passend auf eine Dreiecksäule gesetzt. Berechne die Höhe der Säule bei einem Gesamtvolumen von 200 cm^3.

5. Jeder dieser Äpfel hat einen Durchmesser von etwa 12 cm. Ein Kubikzentimeter eines frischen Apfels bringt ungefähr 0,8 g auf die Waage. Entscheide und begründe, wie schwer und wie hoch die hier aufgebaute Apfelpyramide etwa ist.

6. Die Abbildung zeigt den Querschnitt einer 80 cm langen Truhe.

a) Berechne das Fassungsvermögen der Truhe.

b) Berechne den Flächeninhalt der Begrenzungsflächen. Entscheide und begründe, welche der Farbdosen für den Anstrich dieser Flächen ausreicht, wenn ca. 5 % mehr Farbe eingeplant werden.

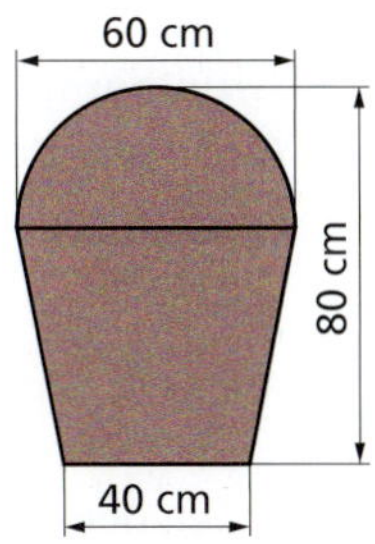

7. Ihr habt 6 m Draht zur Verfügung und sollt damit ein Kantenmodell einer quadratischen Pyramide bauen. Erläutert und begründet, wie eine solche Pyramide aussehen könnte, wenn der gesamte Draht verwendet werden soll.

8. Maja meint, dass höchstens 2 Liter der gelben Flüssigkeit in die Kugel passen, ohne dass sie beim Einsetzen des Zylinders überläuft. Prüfe und begründe, ob Maja recht hat.

9. Fertigt von jedem der folgenden Körper eine Skizze an und beschreibt, wie sich bei jedem Körper der Oberflächen- und der Rauminhalt in Abhängigkeit vom Durchmesser ändern.

a) Aus einem Würfel wird eine Halbkugel herausgefräst, deren Durchmesser genau so groß ist wie die Kantenlänge des Würfels.

b) Aus einem Zylinder wird eine quadratische Pyramide herausgeschnitten.
Es gilt: $d_{Zylinder} = h_{Zylinder}$; $a_{Pyramide} = h_{Pyramide} = \frac{1}{2} \cdot d_{Zylinder}$

10. Gegeben sind Graphen, die die Abhängigkeit der Füllhöhe von der Zeit beim Befüllen zusammengesetzter Hohlkörper mit Wasser zeigen. Beschreibe, welche Formen die Körper haben.

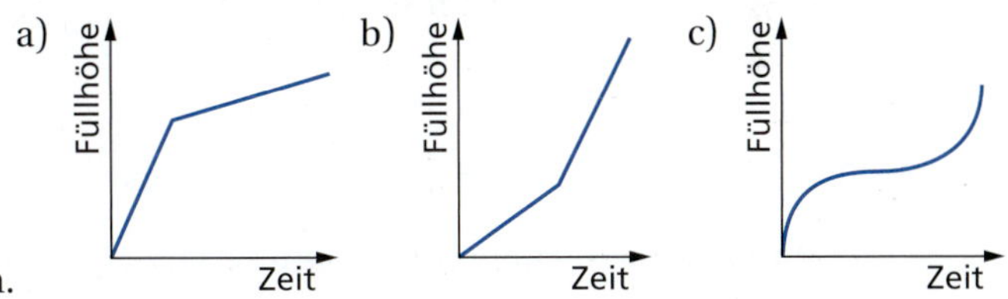

11. Bei einer Kunstausstellung wurden drei Kegel hintereinander aufgestellt, der vordere Kegel mit einer Höhe von 4,2 m und einem Grundkreisdurchmesser von 3 m. Jeder weitere Kegel war 25 % kleiner als sein Vorgänger. Alle Kegel erhielten gleiche Anstriche, im „unteren Drittel“ grün, im „mittleren Drittel“ gelb und im „oberen Drittel“ blau.

a) Berechne die Höhe jedes dieser Kegel.

b) Berechne, wie viel Quadratmeter insgesamt gelb gestrichen wurden.

c) Ermittle, wie viel Liter blaue Farbe insgesamt benötigt wurden, wenn mit 0,8 Liter etwa 1 m² gestrichen werden können, aus Wetterschutzgründen aber zweimal gestrichen werden musste.

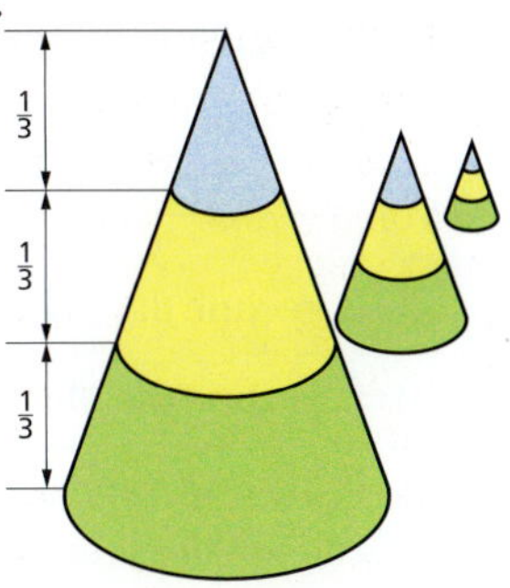

Teste dich selbst

1. Beschreibe, aus welchen geometrische Grundformen, die abgebildeten Gegenstände ① und ② bestehen könnten.

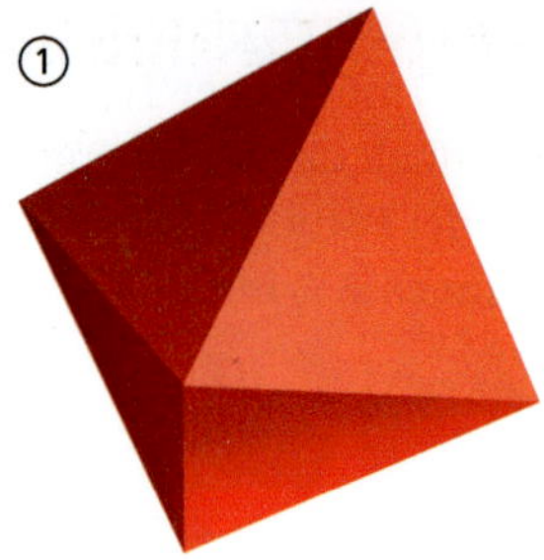

2. Zeichne ein Schrägbild eines Würfels, auf dem eine quadratische Pyramide steht. Die Grundflächen beider Körper sollen deckungsgleich sein.

3. a) Erläutere die Besonderheiten eines Zeltdachs, eines Walmdachs und eines Krüppelwalmdachs.

b) Skizziere jede Dachform im Aufriss.

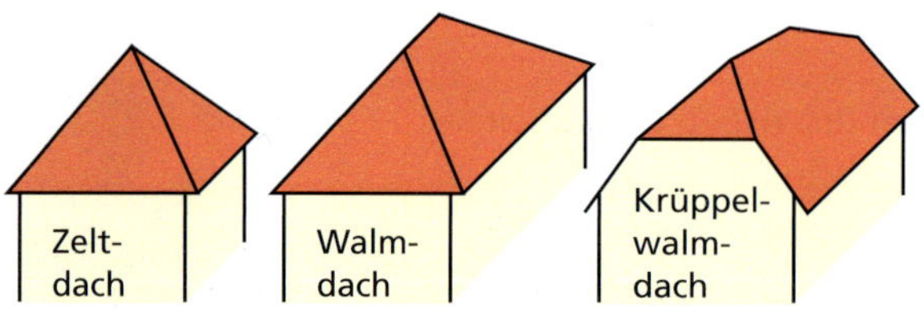

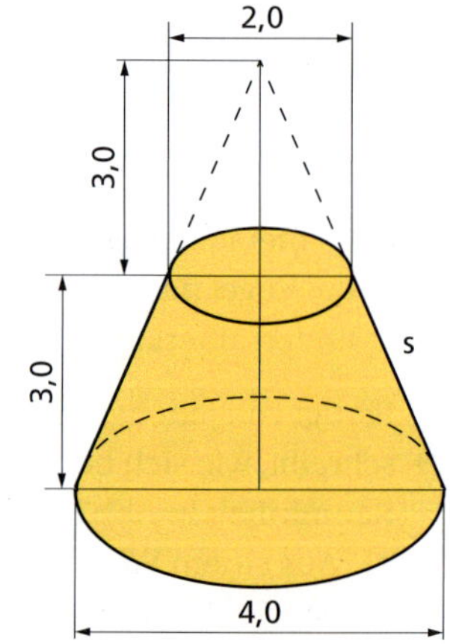

4. Von einem Kegel wurde die Spitze abgeschnitten. Berechne das Volumen des gelben Restkörpers. Die Maße sind in Zentimeter angegeben.

5. Durch Abschneiden der Ecken eines Würfels ist der nebenstehende 14-Flächner entstanden, bei dem jede Kante 4 cm lang ist.

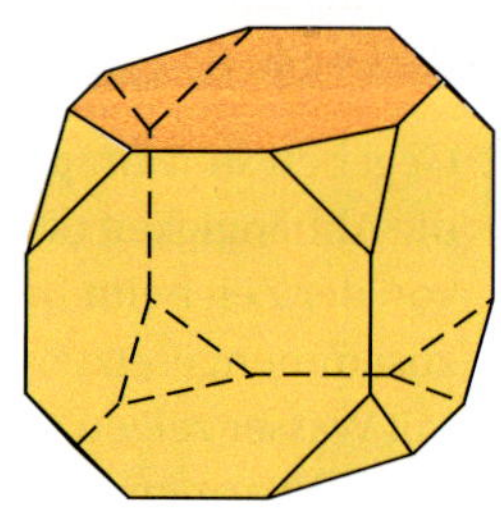

a) Zeichne ein Zweitafelbild des Körpers.

b) Berechne die Länge aller Kanten des Körpers.

c) Ermittle die Kantenlänge des ursprünglichen Würfels.

6. Das nebenstehende Werkstück aus Stahl besteht aus einem Kegel, aus einem Zylinder und aus einer Halbkugel. Stahl hat eine Dichte von $\varrho = 7{,}85\,\frac{\text{g}}{\text{cm}^3}$.

Querschnitt:

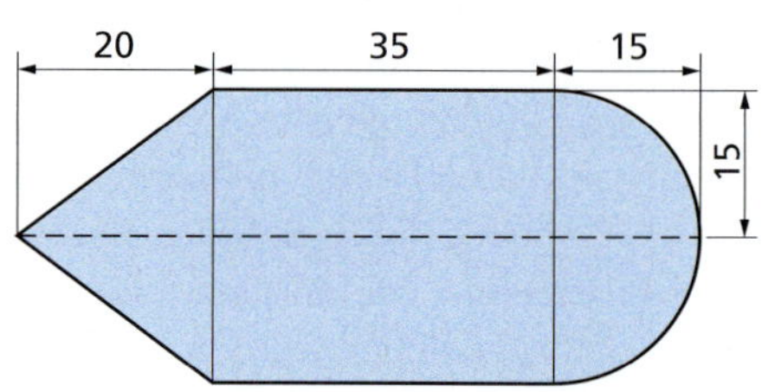

Maßangaben in Millimeter

a) Berechne das Volumen des Werkstücks.

b) Berechne die Masse des Werkstücks.

c) Prüfe und begründe, ob du eine Kiste mit 100 solcher Werkstücke heben kannst.

Zusammengesetzte Körper beschreiben

Zusammengesetzte Körper können in geometrische Grundfiguren (Würfel, Quader, Prisma, Pyramide, Kreiszylinder, Kreiskegel, Kugel) oder in Teilkörper davon zerlegt werden.

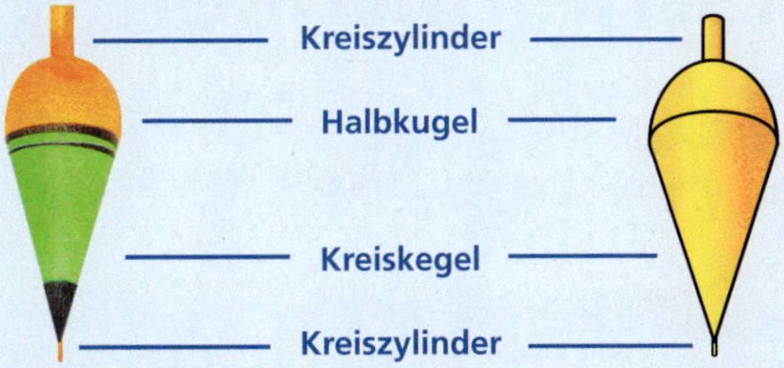

Zusammengesetzte Körper zeichnerisch darstellen

Zusammengesetzte Körper bestehen aus mehreren Teilfiguren.

Der Quader hat zwei gleich große zylinderförmige Bohrungen.

Schrägbild

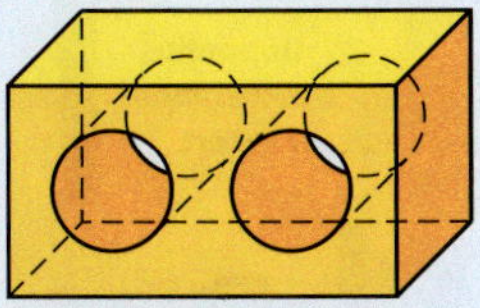

Kavalierperspektive

Bei Schrägbildern sind alle **Tiefenlinien** um **45° geneigt** und **auf die Hälfte verkürzt.** Nicht sichtbare Kanten werden durch gestrichelte Linien dargestellt.

Zweitafelbild

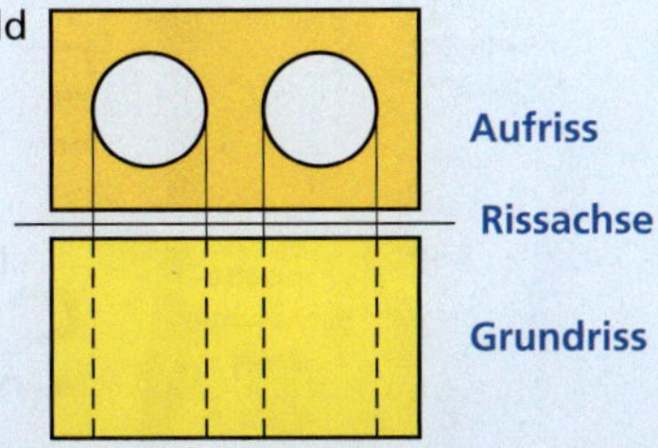

Bei Zweitafelbildern trennt die **Rissachse** den **Grundriss** und den **Aufriss** voneinander. Der Aufriss ist die **Ansicht von vorn** und der Grundriss ist die **Ansicht von oben.**

Zusammengesetzte Körper berechnen

Köperzerlegung:
Zwei gleich große Trapeze bilden die Grundfläche.

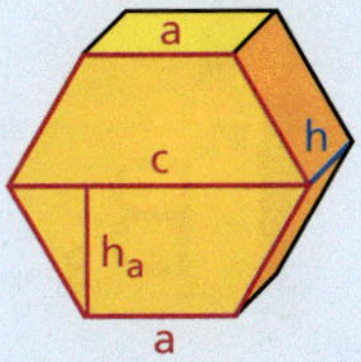

Grundfläche des Prismas:

$A_G = 2 \cdot \frac{(a + c)}{2} \cdot h_a = (a + c) \cdot h_a$

Volumen des Prismas:

$V = A_G \cdot h = (a + c) \cdot h_a \cdot h$

Körperergänzung:
Vier gleich große Dreiecke und die Grundfläche bilden ein Quadrat.

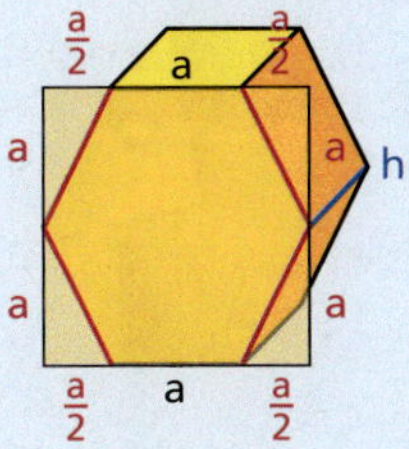

$A_G = (2a)^2 - 4 \cdot \frac{\frac{a}{2} \cdot a}{2} = 4a^2 - a^2 = 3a^2$

$V = A_G \cdot h = 3a^2 \cdot h$

6 Mit Zufall und Wahrscheinlichkeit rechnen

Berechenbarkeit des Glücks

Baron Chevalier de Méré (1607 bis 1685) stellte beim Würfeln mit einem Würfel fest, dass es sich lohnt, darauf zu wetten, dass bis spätestens zum vierten Wurf eine „6“ aufgetreten ist. Er konnte sich das nicht erklären und teilte dies 1654 dem Mathematiker Blaise Pascal (1623 bis 1662) mit. Pascal beschäftigte sich daraufhin mit dem Problem.

Erklärt die Beobachtungen von Chevalier de Méré.
Legt einen Wetteinsatz fest und prüft in mehreren Spielen, wer auf lange Sicht gewinnt.

Wahrscheinlichkeit

Ob ein Neugeborenes ein Junge oder ein Mädchen wird, möchten viele Eltern schon vor der Geburt wissen.
Eine Familie hat drei Kinder.
Ermittelt, wie groß die Wahrscheinlichkeit ist, dass alle drei Kinder Mädchen sind.

Erwartungswert

Ein Bekleidungsshop wirbt mit diesem Glücksrad um Kunden. Durch Drehen des Glücksrades kann man einen Einkaufsgutschein gewinnen.
Wie groß ist die Chance auf einen 20 €-Gutschein?
Mit welchen Gesamtausgaben für Einkaufsgutscheine muss der Shop rechnen, wenn 160 (200) Kunden das Glücksrad gedreht haben?
Der Shop fordert für jedes Drehen des Glücksrades einen Einsatz von 50 Eurocent. Diese Einnahmen will er für einen guten Zweck spenden. Berechne den durchschnittlichen Gewinn des Spielers beim einmaligen Drehen.

Wir simulieren mit Glücksrädern

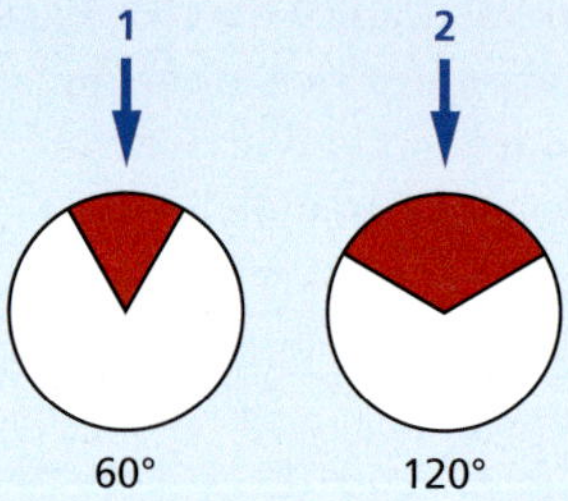

Während einer langen Flaute will der Kapitän eines Piratenschiffs für Unterhaltung sorgen. Er stellt zwei Glücksräder auf und fordert seine Matrosen zu Glücksspielen auf. Jedes Glücksrad hat einen roten und einen weißen Sektor.
Beim Glücksrad 1 beträgt die Größe des Zentriwinkels für den roten Sektor 60°, beim Glücksrad 2 sind es 120°.

Der Kapitän schlägt folgende Gewinnspiele vor:

Gewinnspiel (1):
Glücksrad 1 wird gedreht. Wenn der Pfeil auf den roten Sektor zeigt, erhält der Spieler fünf Goldstücke. Zeigt der Pfeil auf den weißen Sektor, muss er ein Goldstück an den Kapitän bezahlen.

Gewinnspiel (2):
Glücksrad 2 wird gedreht. Wenn der Pfeil auf den roten Sektor zeigt, erhält der Spieler drei Goldstücke. Zeigt der Pfeil auf den weißen Sektor, muss er zwei Goldstücke an den Kapitän bezahlen.

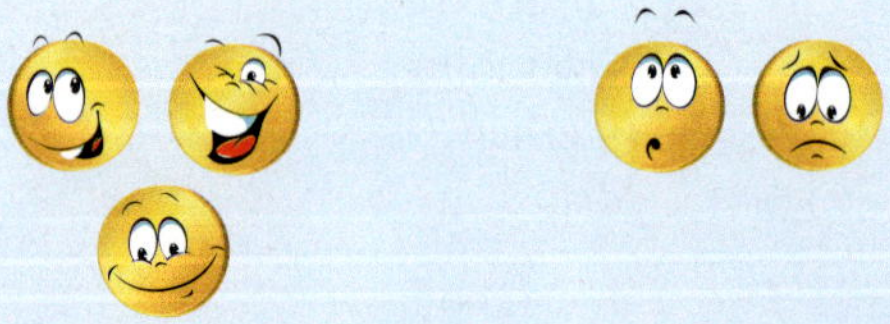

Gruppe 1 – Theoriegruppe

- Überlegt, wie hoch der durchschnittliche theoretische Gewinn bei den Gewinnspielen (1) und (2) ist, wenn man jedes Glücksrad 600-mal dreht. Begründet dann, welches Glücksrad für den Spieler vorteilhafter ist.
- Erfindet und begründet ein Gewinnspiel für das gleichzeitige Drehen beider Glücksräder, bei dem der Spieler auf lange Sicht einen durchschnittlichen Gewinn von einem halben Goldstück pro Spiel macht. Erläutert dann eure Überlegungen.
- Stellt eure Ergebnisse auf einem Poster übersichtlich dar.

Gruppe 2 – Simulation durch Würfelexperimente

- Beschreibt, wie man das Drehen der Glücksräder durch das Werfen von Würfeln simulieren kann. Statt der Goldstücke werden Streichhölzer „gewonnen" oder „verloren".
- Plant die Durchführung entsprechender Zufallsexperimente für die Gewinnspiele (1) und (2) und führt sie in möglichst großer Anzahl durch. Wie oft wurde „Rot" bzw. „Weiß" simuliert? Wie viele Streichhölzer hat am Ende jeder Spieler?
- Protokolliert die Ergebnisse der Experimente und erläutert diese euren Mitschülern.
- Stellt eure Ergebnisse auf einem Poster übersichtlich dar.

Gruppe 3 – Dreimaliges Drehen untersuchen

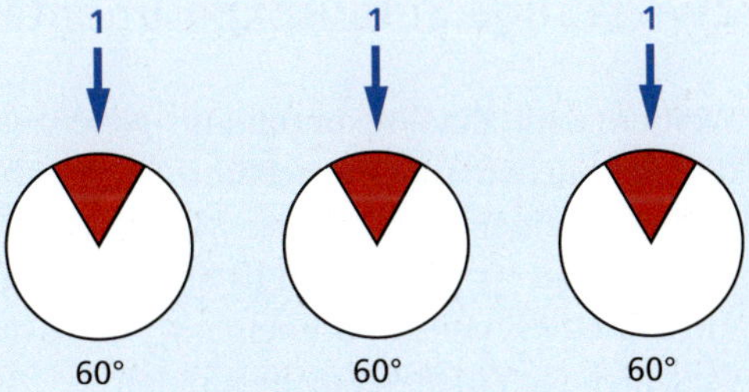

Der Kapitän hat sich noch ein weiteres Gewinnspiel (3) ausgedacht: Das Glücksrad 1 soll bei diesem Spiel dreimal gedreht werden. Bei jeder Drehung wird die angezeigte Farbe notiert.

- Zeichnet ein Baumdiagramm und erstellt eine Tabelle sowohl für die auftretenden Ergebnisse als auch für die zugehörigen Wahrscheinlichkeiten.
- Ordnet den folgenden Ereignissen dieses Zufallsexperimentes die zugehörigen Wahrscheinlichkeiten zu:

  A: Keinmal „Rot"
  B: Genau einmal „Rot"
  C: Genau zweimal „Rot"
  D: Dreimal „Rot"

- Überlegt, ob sich das Gewinnspiel (3) „auf lange Sicht" mit folgendem Gewinnplan für den Spieler lohnt:
  Der Spieler erhält 200 Goldstücke, wenn er dreimal „Rot" gedreht hat, sonst muss er ein Goldstück an den Kapitän zahlen.
- Erläutert eure Überlegungen und stellt diese auf einem Poster übersichtlich dar.

Gruppe 4: – Kommt der Prinz frei?

Der Kapitän hält von seinem letzten Raubzug noch einen Prinzen gefangen. Weil die Gewinnspiele bisher gut für ihn gelaufen sind, hat er gute Laune und will dem Gefangenen eine Chance geben, durch ein Experiment frei zu kommen.

Er sagt:
„Ich gebe dir fünf gleichartige Kugeln, zwei gelbe und drei rote Kugeln, sowie zwei Urnen. Du kannst die Kugeln beliebig auf die beiden Urnen verteilen, aber so, dass keine Urne leer bleibt. Dann wird mein Bootsmann zuerst eine der beiden Urnen auswählen und anschließend aus dieser Urne mit verbundenen Augen eine Kugel ziehen. Zieht er eine rote Kugel, so wirst du als Sklave verkauft, zieht er eine gelbe Kugel, so sollst du frei sein. Überlege dir, wie du die Kugeln verteilen willst. Du hast eine Stunde Bedenkzeit."

- Überlegt, wie der Prinz die Kugeln auf die Urnen verteilen müsste, damit seine Chance auf die Freilassung möglichst groß wird.
- Schreibt die Geschichte zu Ende.
- Erläutert eure Überlegungen und stellt diese auf einem Poster übersichtlich dar.

Zweistufige Zufallsexperimente

Werden zwei Zufallsexperimente gleichzeitig oder nacheinander ausgeführt, so spricht man von einem *zweistufigen Zufallsexperiment*. Dabei ist es egal, ob es sich zweimal um dasselbe Zufallsexperiment oder um zwei verschiedene Zufallsversuche handelt.

Zweistufige Zufallsexperimente lassen sich durch Baumdiagramme veranschaulichen. Jeder Pfad in einem Baumdiagramm gehört zu einem zusammengesetzten Ergebnis des zweistufigen Zufallsexperiments.

Beispiele:

Zwei Münzen werden gleichzeitig geworfen.

Geburt von zwei Kindern einer Familie.

Zweifacher Münzwurf:

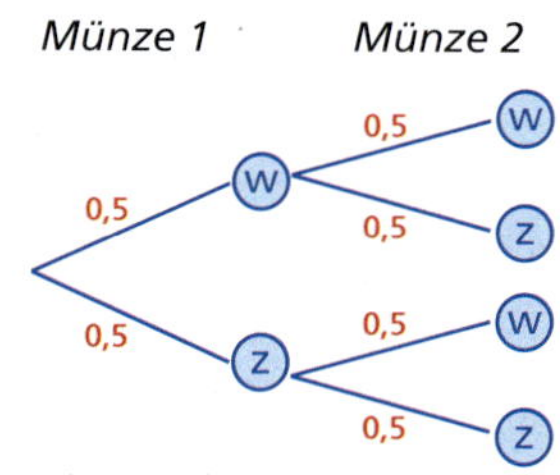

Ergebnismenge:
$\Omega = \{(w; w), (w; z), (z; w), (z; z)\}$

1. Pfadregel (Produktregel):
In einem vollständigen Baumdiagramm ist die Wahrscheinlichkeit für ein zusammengesetztes Ergebnis gleich dem Produkt der Wahrscheinlichkeiten längs des Pfades.

1. Pfadregel:
$P((w; w)) = 0{,}5 \cdot 0{,}5 = 0{,}25$

2. Pfadregel (Summenregel):
Bilden mehrere zusammengesetzte Ergebnisse ein Ereignis, so ist die Wahrscheinlichkeit dieses Ereignisses gleich der Summe der Wahrscheinlichkeiten der einzelnen zusammengesetzten Ergebnisse.

2. Pfadregel:
E: mindestens einmal „Wappen"
$P(E) = P(\{(w; z), (z; w), (w; w)\})$
$P(E) = 0{,}25 + 0{,}25 + 0{,}25 = 0{,}75$
oder:
$P(E) = 1 - P(\overline{E})$
$\overline{E}$: nie ein „Wappen"
$P(E) = 1 - P(\{(z; z)\}) = 1 - 0{,}25 = 0{,}75$

Beim Anwenden der Pfadregeln muss beachtet werden, ob es sich um ein *Ziehen ohne* oder um ein *Ziehen mit Zurücklegen* handelt.

Es ist zu prüfen, ob der Ausgang des ersten Zufallversuchs die Wahrscheinlichkeiten des zweiten Zufallversuchs beeinflusst oder nicht.

Aus einer Urne mit vier grünen und zwei roten Kugeln wird zweimal nacheinander eine Kugel gezogen.

Die Farbe wird jeweils notiert.
Wie groß ist die Wahrscheinlichkeit, zwei rote Kugeln zu ziehen, wenn mit der zuerst gezogenen Kugel folgendermaßen verfahren wird:
a) Sie wird zurückgelegt.
b) Sie wird nicht zurückgelegt.

Mit Zurücklegen:

$P(\{(r; r)\}) = \frac{2}{6} \cdot \frac{2}{6} = \frac{1}{9}$

Ohne Zurücklegen:

$P((r; r)) = \frac{2}{6} \cdot \frac{1}{5} = \frac{1}{15}$

Aufgaben

1. Gib für folgende Zufallsexperimente jeweils die Ergebnismenge an:

a) Werfen eines Würfels b) Werfen einer Münze

c) Ziehen einer Karte aus einem gemischten und verdeckt liegenden Skatspiel

d) Geburt eines Kindes d) Geburt von Zwillingen

2. Ein (idealer) Würfel wird zweimal geworfen.
Gib für folgende Ereignisse entweder die Menge oder die Bedingung an:

a) E: Die Augensumme soll 4 sein.

b) E = {(1; 2); (2; 3); (3; 4) (4; 5); (5; 6)}

c) E: Das Produkt der Zahlen soll 6 sein.

d) E = {(1; 1); (2; 2); (3; 3); (4; 4); (5; 5); (6; 6)}

e) E: Die Augensumme soll 5 sein.

f) E = {(1; 2); (2; 4); (3; 6)}

3. Ein Würfel wird mehrfach geworfen. Es zeigen sich folgende Zahlen:
5; 1; 2; 2; 5; 4; 6; 3; 2; 5; 6; 2; 1; 3; 5; 4; 6; 4; 4; 1; 3; 5; 1; 6; 4
Mit welcher absoluten bzw. relativen Häufigkeit treten die einzelnen Zahlen auf?

4. Entscheide und begründe, wie groß ist die Wahrscheinlichkeit für folgende Ergebnisse ist:

a) Mit einem Würfel wird eine gerade Zahl geworfen.

b) Aus einem Skatspiel wird eine Karte gezogen, auf der eine Person abgebildet ist.

c) Beim zweimaligem Werfen einer Münze liegt zweimal Wappen oben.

5. Frau Schulze hat in ihrem Kühlschrank noch drei Eier, von denen ein Ei faul ist. Sie will sich zum Mittagessen zwei Spiegeleier zubereiten.
Zeichne ein Baumdiagramm und gib an, wie groß die Wahrscheinlichkeit ist, dass beide Spiegeleier „gute" Eier (nicht faul) sind.

6. In einer Urne befinden sich rote und weiße Kugeln. Ermittle die Wahrscheinlichkeit dafür, dass beim Ziehen zweier Kugeln mindestens eine weiße Kugel ausgewählt wird.
Unterscheide dabei ein „Ziehen mit Zurücklegen" und ein „Ziehen ohne Zurücklegen".

	a)	b)	c)	d)	e)	f)
rote Kugeln	5	10	20	25	1	a
weiße Kugeln	5	20	10	100	99	b

7. Von 30 Schülern der Klasse 9a haben fünf Schüler ihre Hausaufgaben in Mathematik nicht und sieben Schüler nur unvollständig angefertigt. Aus Zeitgründen wählt die Lehrerin nach dem Zufallsprinzip ein Heft zur Kontrolle aus.
Ermittle die Wahrscheinlichkeit für folgende Ergebnisse:

a) Es ist ein Heft mit unvollständiger Hausaufgabe.

b) Es ist ein Heft mit vollständiger Hausaufgabe.

c) Es ist ein Heft ohne Hausaufgabe.

6.1 Mehrstufige Zufallsexperimente

In Familien mit drei Kindern kann es drei, zwei, ein oder kein Mädchen geben.
Die Wahrscheinlichkeiten für diese vier Fälle können mithilfe eines dreistufigen Baumdiagramms ermittelt werden. Wir nehmen an, dass Mädchen- und Jungengeburten gleichwahrscheinlich sind. (In Wirklichkeit ist in die Deutschland die aus langjährigen Statistiken ermittelte Wahrscheinlichkeit für eine Jungengeburt etwas größer als 0,5.)

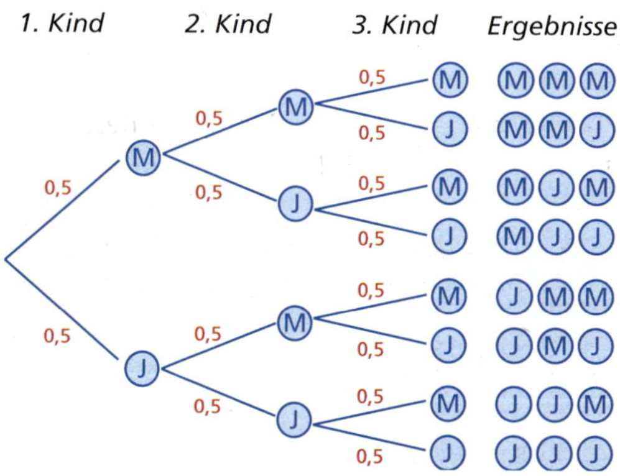

Die Wahrscheinlichkeit für drei Mädchengeburten wird nach der 1. Pfadregel berechnet:
$P(\{(M;M;M)\}) = 0{,}5 \cdot 0{,}5 \cdot 0{,}5 = 0{,}125$

Um die Wahrscheinlichkeit für zwei Mädchengeburten bei drei Kindern zu berechnen, brauchen wir die 1. und die 2. Pfadregel:
$P(\{(M;\,M;\,J),\,(M;\,J;\,M),\,(J;\,M;\,M)\})$
$= 0{,}5^3 + 0{,}5^3 + 0{,}5^3 = 0{,}375$

1. Pfadregel (Produktregel): Die Wahrscheinlichkeit eines Ergebnisses in einem mehrstufigen Zufallsexperiment ist gleich dem Produkt der Wahrscheinlichkeiten längs des Pfades im Baumdiagramm, der diesem Ergebnis entspricht.

2. Pfadregel (Summenregel): Die Wahrscheinlichkeit eines Ergebnisses bei einem mehrstufigen Zufallsexperiment ist gleich der Summe der Wahrscheinlichkeiten derjenigen Ergebnisse, die zu dem Ereignis gehören.

Probiere es selbst

1. Berechne die Wahrscheinlichkeiten der folgenden Ereignisse für eine Familie mit drei Kindern:
a) Es sind drei Jungen. b) Es ist genau ein Junge. c) Es ist höchstens ein Junge.

2. In einer Urne befinden sich vier grüne und zwei rote Kugeln. Mit geschlossenen Augen werden nacheinander und ohne Zurücklegen drei Kugeln gezogen.
Zeichne und beschrifte ein Baumdiagramm für diesen Zufallsversuch.
Berechne die Wahrscheinlichkeiten für folgende Ergebnisse:
a) Unter den gezogenen Kugeln ist genau eine rote Kugel.
b) Es werden mindestens zwei grüne Kugeln gezogen.
c) Die zweite gezogene Kugel ist die erste rote Kugel.

Mehrstufige Zufallsversuche können viele Stufen bzw. viele Äste haben. Oft wird die Veranschaulichung mit vollständigen Baumdiagrammen unübersichtlich. In solchen Fällen können vereinfachte Baumdiagramme verwendet werden.

Vereinfachtes Baumdiagramm

Ein idealer Würfel wird sechsmal geworfen. Es soll die Wahrscheinlichkeit bestimmt werden, dass dabei folgende Ergebnisse auftreten:

a) Es wird keine „6“ geworfen. (k6) b) Es wird mindesten eine „6“ geworfen. (e6)

Die Pfade für die Ergebnisse eine 1, 2, 3, 4 oder 5 zu werfen, werden unter dem Pfad „keine 6“ (k6) zusammengefasst. Nach der 2. Pfadregel hat der Pfad „k6“ die Wahrscheinlichkeit $\frac{5}{6}$.

Vereinfachtes Baumdiagramm:

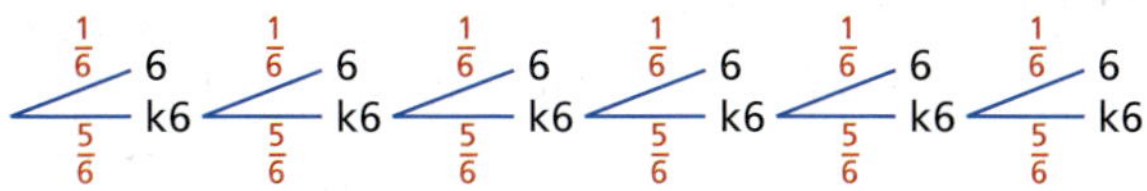

a) Für die gesuchte Wahrscheinlichkeit muss dieser Pfad sechsmal durchlaufen werden. Nach der 1. Pfadregel gilt P(keine „6“ in sechs Würfen) = $\left(\frac{5}{6}\right)^6 \approx 0{,}335$

b) „Mindestens eine Sechs“ ist gleichbedeutend damit, dass außer dem Pfad „keine Sechs“ alle anderen Pfade für die Berechnung der zugehörigen Wahrscheinlichkeit infrage kommen. Man kann die Wahrscheinlichkeit P(mindestens eine Sechs) deshalb auch über die „Gegenwahrscheinlichkeit“ berechnen:
P(mindestens eine Sechs) = 1 – P(keine Sechs) = $1 - \left(\frac{5}{6}\right)^6 \approx 0{,}665$

Erste Schritte

1. Aus einem Skatspiel (32 Karten) werden nacheinander und ohne Zurücklegen drei Karten gezogen. Ermittle die Wahrscheinlichkeit dafür, dass drei Buben gezogen werden. Zeichne dazu ein vereinfachtes Baumdiagramm.

2. Ein Würfel wird fünfmal geworfen. Zeichne jeweils ein vereinfachtes Baumdiagramm und berechne die Wahrscheinlichkeiten.
E1: Es wird fünfmal eine Eins geworfen. E2: Es wird jedes Mal eine gerade Zahl geworfen.
E3: Es wird mindestens einmal eine Sechs geworfen.

3. Beim Spiel „Stille Post“ werden Nachrichten so zwischen Personen durch Flüstern weitergegeben, dass die anderen sie nicht hören können. Eine Nachricht soll bei jeder Übermittlung mit einer Wahrscheinlichkeit von 0,95 richtig weitergeleitet werden. Ermittle die Wahrscheinlichkeit, mit der diese Nachricht beim zwanzigsten Mitspieler richtig ankommt. Zeichne dazu ein vereinfachtes Baumdiagramm.

4. a) Erfahrungsgemäß trifft Chris den Korb beim Basketball bei jedem Wurf mit einer Wahrscheinlichkeit von 0,7. Eine Trainingsserie besteht aus acht Würfen. Zeichne jeweils ein vereinfachtes Baumdiagramm und berechne die Wahrscheinlichkeiten.
A: Chris trifft mit jedem Wurf. B: Der vierte Wurf ist sein erster Treffer.

b) Chris will bei einer Serie mit einer Wahrscheinlichkeit von 0,2 alle acht Würfe im Korb „versenken“. Ermittle die dafür notwendige Trefferwahrscheinlichkeit pro Wurf.

Ereignisse durch „und" bzw. „oder" verknüpfen

Ein Würfel wird einmal geworfen. Folgende Ereignisse werden betrachtet:
A: Es wurde eine Primzahl geworfen.
B: Die geworfene Augenzahl ist kleiner als „3".

Ergebnismenge: $\Omega = \{1; 2; 3; 4; 5; 6\}$
$A = \{2; 3; 5\}$ $B = \{1; 2\}$

Zum Ereignis **„A und B"** (geschrieben $\mathbf{A \cap B}$) gehören alle Ergebnisse von Ω, die sowohl eine Primzahl als auch kleiner als 3 sind, also nur das Ergebnis 2.
$A \cap B = \{2\}$

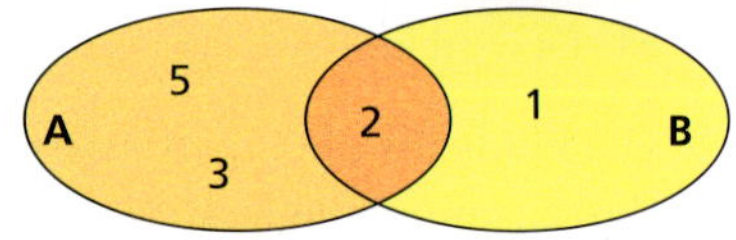

Zum Ereignis **„A oder B"** (geschrieben $\mathbf{A \cup B}$) gehören alle Ergebnisse von Ω, die eine Primzahl oder die kleiner als 3 sind.
$A \cup B = \{1; 2; 3; 5\}$

Zum Ereignis „A und B" (geschrieben $A \cap B$) gehören alle Ergebnisse von Ω, die sowohl zu A als auch zu B gehören:
Die Schreibweise $A \cap B$ bedeutet **Durchschnittsmenge.**

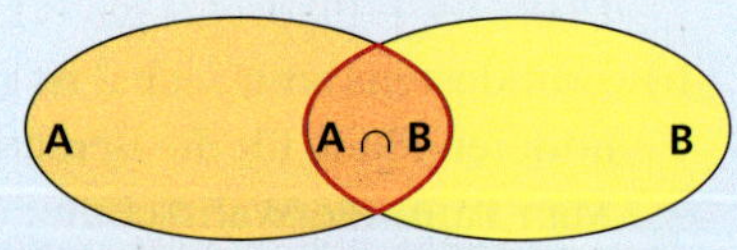

Zum Ereignis „A oder B" (geschrieben $A \cup B$) gehören alle Ergebnisse von Ω, die zu mindestens einem der Ereignisse A und B gehören. (Das „oder" ist hier also im nicht ausschließenden Sinne zu verstehen, im Gegensatz zu „entweder - oder".
Die Schreibweise $A \cup B$ bedeutet **Vereinigungsmenge.**

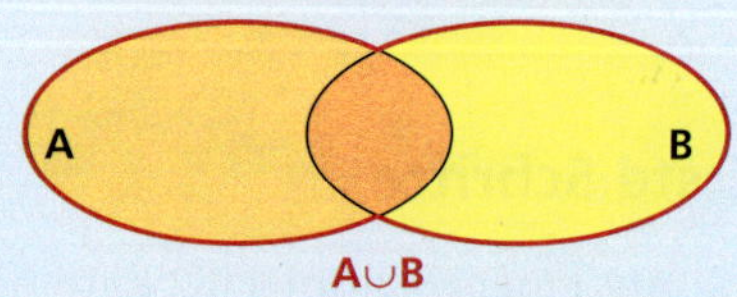

Probiere es selbst:

1. Ein Würfel wird einmal geworfen. Es treten folgende Ereignisse auf:
A: Es wurde eine gerade Zahl geworfen.
B: Die geworfene Augenzahl ist größer als „2".
a) Gib die Ereignisse in Mengenschreibweise und in Worten an.
b) Beschreibe sowohl die Ereignisse $A \cup B$ als auch die Ereignisse $A \cap B$.
c) Gib die Gegenereignisse von A, B, $A \cup B$ bzw. $A \cap B$ an.

2. Ein Flugzeug besitzt zwei Triebwerke. Drücke die folgenden Ereignisse symbolisch mithilfe der Zeichen „$\cap$" und „$\cup$" bzw. von Gegenereignissen aus.
A bedeutet: „Das Triebwerk 1 arbeitet einwandfrei."
B bedeutet: „Das Triebwerk 2 arbeitet einwandfrei."
a) Alle Triebwerke arbeiten einwandfrei.
b) Mindestens ein Triebwerk arbeitet einwandfrei.
c) Nicht alle Triebwerke arbeiten einwandfrei.

Additionssatz

Beim Berechnen von Wahrscheinlichkeiten zweier Ereignisse A und B, die mit „oder“ verknüpft sind, gilt: $\mathbf{P(A \cup B)}$

Es sind zwei Fälle zu unterscheiden:

1. Fall (sich gegenseitig ausschließende Ereignisse):

An einer Schule mit 500 Schülern gibt es 80 Schüler, die Fußball und 60 Schüler, die Handball spielen. Kein Schüler spielt sowohl Handball als auch Fußball. Ermittle die Wahrscheinlichkeit, dass ein zufällig ausgewählter Schüler Fußball oder Handball spielt.

Vierfeldertafeln stellen solche Sachverhalte übersichtlich dar. Gegebene Werte sind rot eingetragen, die anderen Werte ergeben sich durch Subtraktion bzw. Addition in der Zeile bzw. Spalte.

	Handball	kein Handball	Summe
Fußball	0	80	80
kein Fußball	60	360	420
Summe	60	440	500

	H	$\overline{H}$	Summe
F	$F \cap H$	$F \cap \overline{H}$	80
$\overline{F}$	$\overline{F} \cap H$	$\overline{F} \cap \overline{H}$	
Summe	60		500

Aus der Tabelle lassen sich die relativen Häufigkeiten bzw. Wahrscheinlichkeiten leicht ablesen:

F: „Schüler spielt Fußball.“ mit $P(F) = \frac{80}{500} = \frac{4}{25} = 0{,}16$

H: „Schüler spielt Handball.“ mit $P(H) = \frac{60}{500} = \frac{3}{25} = 0{,}12$

Die Ereignisse F und H sind *unvereinbar*, denn es gibt keinen Schüler, der beide Ballsportarten betreibt. Die Ereignisse F und H *schließen sich gegenseitig aus:* $F \cap H = \{\}$

$P(F \cap H) = P(F) + P(H) = \frac{80}{500} + \frac{60}{500} = 0{,}16 + 0{,}12 = 0{,}28$

Für die Wahrscheinlichkeiten zweier unvereinbarer Ereignisse ($A \cap B = \{\}$) gilt der **spezielle Additionssatz:**

$P(A \cup B) = P(A) + P(B)$

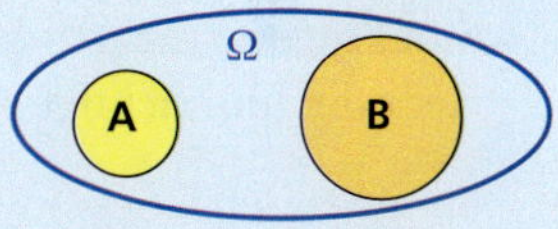

2. Fall (sich nicht ausschließende Ereignisse):

In einer Schule mit 500 Schülern gibt es 50 Schüler, die im Chor singen und 30 Schüler, die ein Instrument spielen. Von den 30 Instrumentalisten singen zehn im Chor mit. Ermittle die Wahrscheinlichkeit, dass ein zufällig ausgewählter Schüler im Chor singt oder ein Instrument spielt.

C: „Schüler singt im Chor.“
$P(C) = \frac{50}{500} = 0{,}1$

I: „Schüler spielt ein Instrument.“
$P(I) = \frac{30}{500} = \frac{3}{50} = 0{,}06$

Vierfeldertafel	Chor	nicht im Chor	Summe
Instrument	10	20	30
kein Instrument	40	430	470
Summe	50	450	500

Die Ereignisse C und I sind *nicht unvereinbar*, denn es gibt Schüler, die sowohl ein Instrument spielen, als auch im Chor mitsingen. Man kann dieses Ereignis mithilfe des Durchschnitts $C \cap I$ beschreiben. Die Ereignisse C und I *schließen einander nicht aus*, es gilt:

$P(C \cap I) = \frac{10}{500} = \frac{1}{50} = 0{,}02$

Damit die Schüler, die sowohl singen als auch ein Instrument spielen, nicht doppelt gezählt werden, muss ihr Anteil einmal subtrahiert werden:

$P(C \cup I) = \frac{50 + 30 - 10}{500} = \frac{7}{50} = 0{,}14$ bzw. $P(C \cup I) = P(C) + P(I) - P(C \cap I) = 0{,}1 + 0{,}06 - 0{,}02 = 0{,}14$

Für die Wahrscheinlichkeiten beliebige Ereignisse A und B gilt der **Additionssatz** in allgemeiner Form:

$P(A \cup B) = P(A) + P(B) - P(A \cap B)$

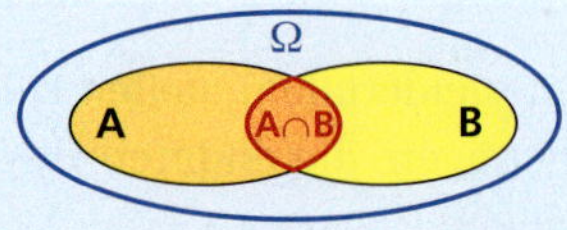

Probiere es selbst:

Zwei Würfel werden gleichzeitig geworfen. Als Gewinn zählt jeder Wurf, bei dem beide Augenzahlen gleich sind oder bei dem die Summe der Augenzahlen mindestens 10 ist. Ermittle die Wahrscheinlichkeit für einen Gewinn.

Erste Schritte

1. Aus einem gut gemischten Skatspiel mit 32 verdeckten Karten wird eine Karte zufällig ausgewählt. Ermittle die Wahrscheinlichkeit folgender Ereignisse:

A = {Kartenfarbe ist Kreuz} B = {gezogene Karte ist ein Bube}
C = {Karte ist eine Dame oder Kreuz} D = {Karte ist ein „Ass“ oder „Kreuz“}

2. Ein „Multiple-Choice-Test“ enthält zehn Fragen mit je drei Antwortmöglichkeiten. Bei fünf Fragen ist sich ein Prüfling sicher, jeweils die richtige Antwort zu wissen. Bei den restlichen fünf Fragen kreuzt er je eine Antwort zufällig an. Ermittle die Wahrscheinlichkeit, dass dabei vier oder fünf richtige Antworten sind.

3. Beim Werfen eines (idealen) Würfels mit den Augenzahlen 1 bis 6 werden die Ereignisse A = {es fällt eine Zahl kleiner 5} und B = {es fällt eine gerade Zahl} beobachtet.

a) Gib P(A) und P(B) an. b) Ermittle $P(A \cup B)$.

c) Gib die Wahrscheinlichkeit für das Gegenereignis $\overline{A}$ an.

4. Ein Glücksrad aus zwölf gleich großen Segmenten (von 1 bis 12 durchnummeriert) wird gedreht und bleibt dann bei einer Zahl stehen.

A: Die Zahl ist gerade. B: Die Zahl ist dreistellig.
C: Die Zahl ist eine Primzahl. D: Die Zahl ist größer oder gleich 8.
E: Die Zahl ist durch 3 teilbar.

a) Gib jeweils die zugehörige Ergebnismenge an und berechne die Wahrscheinlichkeit.

b) Gib jeweils das Gegenereignis als Menge an und berechne die Wahrscheinlichkeit.

5. In einem Geschäft werden Kugelschreiber verkauft. Jeder Kugelschreiber ist mit einer Wahrscheinlichkeit von 0,03 unbrauchbar. Jemand kauft vier Stück. Ermittle die Wahrscheinlichkeit, dass mindesten drei davon brauchbar sind.

Abhängige und unabhängige Ereignisse

Beim Berechnen von Wahrscheinlichkeiten zweier Ereignisse A und B, die mit *„und“* verknüpft sind gilt: **$P(A \cap B)$.**
Auch hier sind zwei Fälle zu unterscheiden.

1. Fall („Ziehen mit Zurücklegen“):

In einer Urne sind vier grüne und zwei rote Kugeln. Es werden nacheinander zwei Kugeln *mit Zurücklegen* gezogen. Ermittle die Wahrscheinlichkeit dafür, dass im ersten Zug eine rote und im zweiten Zug eine grüne Kugel gezogen wird.

Die erste Kugel steht nach dem Zurücklegen wieder zur Verfügung. Somit beeinflusst das Ergebnis der ersten Ziehung die Wahrscheinlichkeiten für die zweite Ziehung *nicht*. Die Ergebnisse beider Ziehungen sind *unabhängig* voneinander.

R: „Im ersten Zug eine rote Kugel ziehen.“ $P(R) = P(\{rr, rg\}) = \frac{1}{3} \cdot \frac{1}{3} + \frac{1}{3} \cdot \frac{2}{3} = \frac{1}{3}$

G: „Im zweiten Zug eine grüne Kugel ziehen.“ $P(G) = P(\{rg, gg\}) = \frac{1}{3} \cdot \frac{2}{3} + \frac{2}{3} \cdot \frac{2}{3} = \frac{2}{3}$

Nach der 1. Pfadregel gilt: $P(R \cap G) = P(\{rg\}) = \frac{1}{3} \cdot \frac{2}{3} = \frac{2}{9}$

Es gilt hier also: $P(R) \cdot P(G) = P(R \cap G)$

2. Fall („Ziehen ohne Zurücklegen“):

Aus einer Urne werden zwei Kugeln gezogen. Die zuerst gezogene Kugel wird *nicht zurückgelegt*. Ermittle die Wahrscheinlichkeit dafür, dass zuerst eine rote und dann eine grüne Kugel gezogen wird.

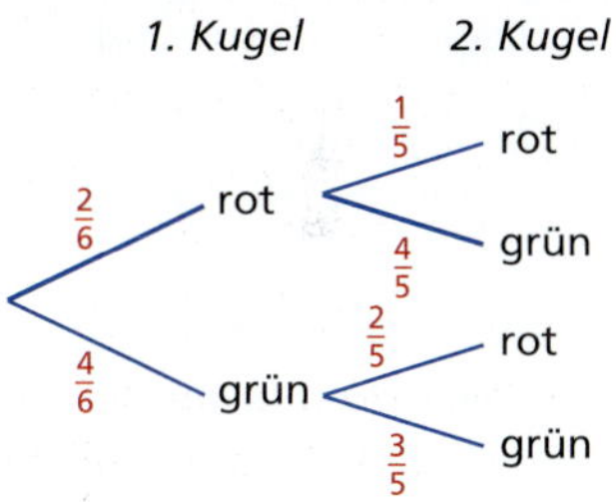

Nach dem ersten Zug befindet sich eine Kugel weniger in der Urne. Gleichzeitig wird die Anzahl der Kugeln der zuerst gezogenen Farbe um eins kleiner. Das Ergebnis der ersten Ziehung beeinflusst also die Wahrscheinlichkeiten im zweiten Zug. Die Wahrscheinlichkeiten bei der zweiten Ziehung sind *abhängig* vom Ergebnis der ersten Ziehung.

R: „Im ersten Zug eine rote Kugel ziehen.“ $P(R) = P(\{rr, rg\}) = \frac{1}{3} \cdot \frac{1}{5} + \frac{1}{3} \cdot \frac{4}{5} = \frac{5}{15} = \frac{1}{3}$

G: „Im zweiten Zug eine grüne Kugel ziehen.“ $P(G) = P(\{rg, gg\}) = \frac{1}{3} \cdot \frac{4}{5} + \frac{2}{3} \cdot \frac{3}{5} = \frac{10}{15} = \frac{2}{3}$

Nach der 1. Pfadregel gilt: $P(R \cap G) = P(\{rg\}) = \frac{1}{3} \cdot \frac{4}{5} = \frac{4}{15}$

Es gilt nicht $P(R) \cdot P(G) = P(R \cap G)$, denn $\frac{1}{3} \cdot \frac{2}{3} \neq \frac{4}{15}$

Allgemein gilt:

Zwei Ereignisse A und B sind voneinander stochastisch unabhängig, wenn die Wahrscheinlichkeit, dass beide Ereignisse eintreten, gleich dem Produkt ihrer Einzelwahrscheinlichkeiten ist: $P(A \cap B) = P(A) \cdot P(B)$

Untersuchungen von Sachverhalten auf Unabhängigkeit

In einer Schule mit 500 Schülern gibt es 50 Schüler, die im Chor singen und 30 Schüler, die ein Instrument spielen. Von den 30 Instrumentalisten singen a) zehn, b) drei im Chor.

C: „Ein zufällig ausgewählter Schüler singt im Chor".

I: „Ein zufällig ausgewählter Schüler spielt ein Instrument".

Prüfe, ob die Ereignisse C und I unabhängig voneinander sind.

Zu a)

Vierfeldertafel	Chor	nicht im Chor	Summe
Instrument	10	20	30
kein Instrument	40	430	470
Summe	50	450	500

$P(C) = \frac{50}{500} = 0{,}1$ $\qquad P(I) = \frac{30}{500} = \frac{3}{50} = 0{,}06$

Für „Schüler singt im Chor und spielt ein Instrument." gilt: $\quad P(C \cap I) = \frac{10}{500} = \frac{1}{50} = 0{,}02.$

Weiter gilt: $\quad P(C) \cdot P(I) = 0{,}1 \cdot 0{,}06 = 0{,}006 \neq 0{,}02.$

Die Ereignisse C und I sind *abhängig voneinander.*

Zu b)

Vierfeldertafel	Chor	nicht im Chor	Summe
Instrument	3	27	30
kein Instrument	47	423	470
Summe	50	450	500

Für „Schüler singt im Chor und spielt ein Instrument." gilt: $\quad P(C \cap I) = \frac{3}{500} = 0{,}006$

Weiter gilt: $\quad P(C) \cdot P(I) = 0{,}1 \cdot 0{,}06 = 0{,}006 = P(C \cap I)$

Die Ereignisse C und I sind *unabhängig voneinander.*

Der Anteil der Instrumentalisten an allen Schülern der Schule $\left(\frac{30}{500}\right)$ ist genauso groß wie der Anteil der Instrumentalisten an den Chorschülern $\left(\frac{3}{50}\right)$.

Unabhängigkeit wird vorausgesetzt

Bei manchen Situationen wird die Unabhängigkeit von Ereignissen vorausgesetzt, damit man mit dem Produkt der Wahrscheinlichkeiten rechnen kann.

Das Bauteil einer Maschine arbeitet mit einer Zuverlässigkeit von 99 %. Ermittle, mit welcher Zuverlässigkeit ein System aus 20 solcher Bauteilen arbeitet, die hintereinander (in Reihe) geschaltet sind. Es wird vorausgesetzt, dass die Bauteile unabhängig voneinander funktionieren.

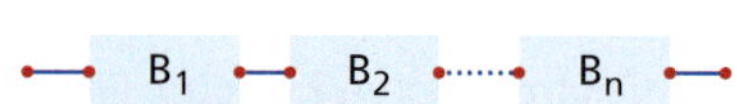

Das System funktioniert nur dann, wenn jedes Bauteil funktioniert:

$P(B_1 \cap B_2 \cap \ldots \cap B_{20}) = P(B_1) \cdot P(B_2) \cdot \ldots \cdot P(B_{20}) = 0{,}99^{20} \approx 0{,}82.$

Dabei ist B_i: „Das i-te Bauteil funktioniert." mit $P(B_i) = 0{,}99$ und $i = 1, 2, \ldots, 20$.

Beachte:

Unvereinbarkeit und Unabhängigkeit von Ereignissen beschreiben nicht Dasselbe. Unvereinbarkeit bezieht sich auf die Ereignisse selbst $(A \cap B) = \{\,\}$), während Unabhängigkeit eine Eigenschaft ihrer Wahrscheinlichkeiten ist mit $(P(A \cap B) = P(A) \cdot P(B))$.

Probiere es selbst:

1. Aus einem Skatspiel mit 32 Karten werden nacheinander und ohne Zurücklegen blind zwei Karten gezogen.

a) Ermittle die Wahrscheinlichkeit dafür, dass es sich dabei um zwei „Asse" handelt.

b) Berechne die Wahrscheinlichkeit dafür, zuerst ein „As" und dann einen „König" zu ziehen.

c) Bestimme die Wahrscheinlichkeit dafür, zwei „Asse" oder zwei „Könige" zu ziehen.

2. Zwei ideale Würfel werden geworfen. Untersuche folgende Ereignisse auf Unabhängigkeit.

A: Die Augensumme ist gerade B: Zwei gleiche Augenzahlen

3. Eine Maschine besteht aus zehn Baugruppen, die unabhängig voneinander arbeiten. Jede Baugruppe fällt mit der Wahrscheinlichkeit 0,04 aus. Fällt eine der Baugruppen aus, so funktioniert die Maschine nicht mehr.

a) Ermittle, mit welcher Wahrscheinlichkeit die Maschine funktioniert.

b) Mit welcher Wahrscheinlichkeit müssen die Baugruppen mindestens arbeiten, wenn die Maschine mit einer Wahrscheinlichkeit von mindestens 98 % funktionieren soll?

Erste Schritte

1. In einer Schule mit 180 Mädchen und 200 Jungen sind 30 % der Mädchen und 40 % der Jungen in einem Sportverein organisiert. Berechne die Wahrscheinlichkeiten folgender Ereignisse:

E: „Ein zufällig befragtes Kind dieser Schule ist in einem Sportverein organisiert."

F: „ Ein zufällig ausgewähltes Sportvereinsmitglied dieser Schule ist ein Mädchen."

G: „Ein zufällig befragtes Kind der Schule ist männlich und nicht im Sportverein organisiert."

2. In einem Großmarkt werden 2 500 Fahrräder angeboten. 700 wurden von der Firma A, 1 200 von der Firma B und der Rest von der Firma C hergestellt. Davon weisen 10 der Firma A, 40 der Firma B und 30 der Firma C Lackschäden auf.
Wie groß ist die Wahrscheinlichkeit, dass ein beliebig gewähltes Fahrrad:

a) von der Firma B stammt und Lackschäden besitzt,

b) von der Firma A hergestellt wurde,

c) von der Firma C ohne Lackschäden geliefert wurde,

d) überhaupt Lackschäden hat?

3. Beim Sportfest wird auf eine Torwand geschossen. Lucas hat eine Treffsicherheit von 80 %. Er schießt dreimal hintereinander auf die Torwand. Fertige ein Baumdiagramm an und berechne die Wahrscheinlichkeit, dass Lucas wie folgt trifft:

a) Er trifft zweimal hintereinander.

b) Er trifft nur einmal.

c) Er trifft gar nicht.

6.2 Erwartungswert und Standardabweichung

Eine Unfallversicherung erhebt einen jährlichen Beitrag von 60 €. Ein Unfall verursacht der Versicherung Kosten von durchschnittlich 2 500 € (einschließlich des Beitrages von 60 €). Erfahrungsgemäß verunglücken innerhalb einer Jahresfrist etwa 1 % der Versicherten. Diese relative Häufigkeit kann bei gleichbleibenden Bedingungen als Wahrscheinlichkeit für das Unfallgeschehen im nächsten Jahr angesehen werden. Es ist zu erwarten, dass von 100 abgeschlossenen Versicherungsverträgen ein Vertrag zur Schadensregulierung herangezogen wird. Der zu erwartende Gewinn beträgt pro 100 Versicherungsverträgen 3 440 € im Jahr. Somit sind es pro Versicherungsvertrag 34,40 €.

Es gilt:

$60\,€ \cdot 0{,}99 + (-2\,500\,€) \cdot 0{,}01 = 34{,}40\,€$

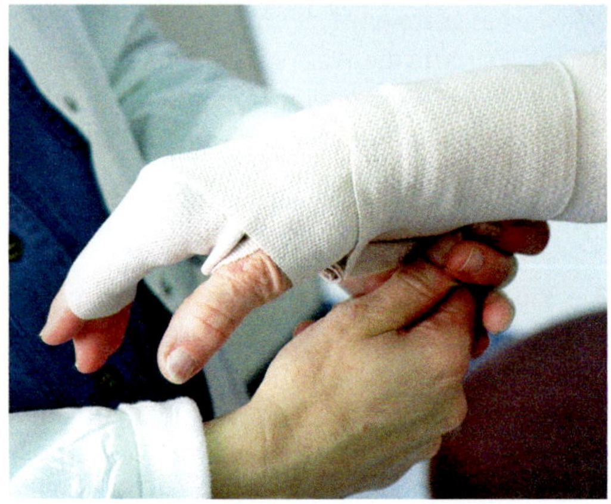

Vorgang: Unfallgeschehen

Ergebnisse	kein Unfall	Unfall
Gewinn in Euro	60	–2500
Wahrscheinlichkeit	0,99	0,01

Zufallsgröße

Ein betrachtetes Merkmal eines zufälligen Vorgangs heißt auch **Zufallsgröße,** wenn die Merkmalswerte reelle Zahlen oder Größen sind. Oft werden den Ergebnissen eines zufälligen Vorgangs auch Zahlenwerte zugeordnet, um damit eine unterschiedliche Wichtung der Ergebnisse vorzunehmen. So wird bei finanziellen Entscheidungen als Zufallsgröße der Gewinn bzw. der Verlust betrachtet, der beim Eintreten der jeweiligen Ergebnisse entsteht.

Zufallsgrößen werden im Allgemeinen mit X oder Y bezeichnet.

Aus seinen Erfahrung beim Einkauf weiß ein Obsthändler, dass von den gelieferten Äpfeln eines Großhändlers 70 % sehr gut, 20 % gut, 8 % minderwertig und die restlichen Äpfel verfault sind. Er kauft die Äpfel für 1 € pro Kilogramm ein und verkauft nur die mit sehr guter Qualität für 2,49 € pro Kilogramm und die mit guter Qualität für 1,49 € pro Kilogramm.
Die minderwertigen Äpfel verkauft er nicht. Der Qualität der Äpfel wird so der mögliche Gewinn pro Kilogramm (und diesem die zugehörige Wahrscheinlichkeit) zugeordnet.

Vorgang:	*Merkmal:* Qualität	*Zufallsgröße:* Gewinn pro kg	*Wahrscheinlichkeit:*
Lieferung von Äpfeln	sehr gut	+ 1,49 €	0,70
	gut	+ 0,49 €	0,20
	minderwertig	– 1,00 €	0,08
	verfault	– 1,00 €	0,02

Der Erwartungswert einer Zufallsgröße

Ist die Wahrscheinlichkeitsverteilung der Zufallsgröße X bekannt, kann man den **Erwartungswert E (X)** der Zufallsgröße berechnen.

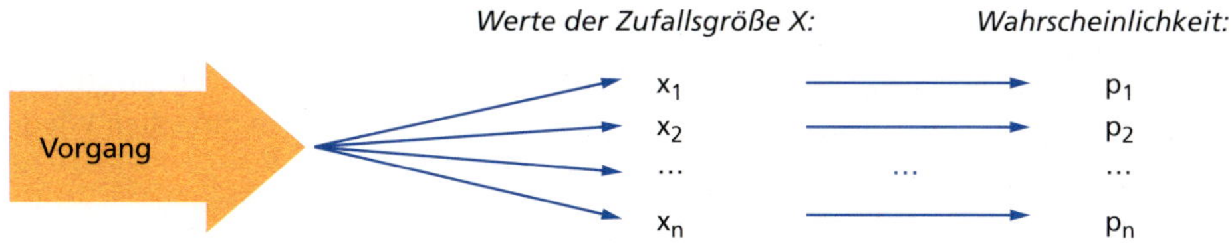

Der **Erwartungswert einer Zufallsgröße X** ist die Summe der Produkte aus den Werten der Zufallsgröße und den Wahrscheinlichkeiten der Werte:
$E(X) = x_1 \cdot p_1 + x_2 \cdot p_2 + \ldots + x_n \cdot p_n$

Der Erwartungswert gibt den Wert der Zufallsgröße an, der bei einmaligem Ablauf des zufälligen Vorgangs zu erwarten ist. Dies ist ein Wert, der bei einem einzelnen Vorgang oft gar nicht eintreten kann. Daraus lässt sich aber ein zu erwartender Wert bei mehrfacher Wiederholung berechnen.

Für jedes Kilogramm der gelieferten Äpfel kann der Obsthändler mit einer Wahrscheinlichkeit von 70 % einen Gewinn von 1,49 €, mit einer Wahrscheinlichkeit von 20 % einen Gewinn von 0,49 € und mit einer Wahrscheinlichkeit von 10 % einen Verlust von 1,00 € erwarten.

Ergebnisse: Qualitätsgruppen	Werte der Zufallsgröße: Gewinn pro kg in €	Wahrscheinlichkeit
sehr gut	+ 1,49	0,70
gut	+ 0,49	0,20
unverkäuflich	– 1,00	0,10

Der Erwartungswert der Zufallsgröße Gewinn pro Kilogramm (G) beträgt:
$E(G) = 1{,}49\,\frac{€}{kg} \cdot 0{,}70 + 0{,}49\,\frac{€}{kg} \cdot 0{,}20 + (-1{,}00\,\frac{€}{kg} \cdot 0{,}10) = 1{,}041\,\frac{€}{kg}$
Der Obsthändler kann also theoretisch für jedes gelieferte Kilogramm Äpfel einen Gewinn von etwa 1,04 € erwarten.
Bei 500 kg beträgt die Gewinnerwartung 520 € und bei 1 000 kg sind es 1040 €.

Den Erwartungswert kannst du auch berechnen, indem du von einer geeigneten Anzahl von Wiederholungen ausgehst und mit den Wahrscheinlichkeiten die zu erwartenden absoluten Häufigkeiten der Ergebnisse berechnest.
Bei einer geplanten Menge von 1 000 kg kann der Händler z. B. mit 70 %, also mit 700 kg Äpfeln, in sehr guter Qualität rechnen und den in der Tabelle berechneten Gewinn erwarten.
Daraus lässt sich der durchschnittliche Gewinn pro Kilogramm berechnen.

Qualität	Menge in kg	Gewinn pro kg	Gewinn in €
sehr gut	700	+ 1,49 €	1 043,00
gut	200	+ 0,49 €	98,00
unverkäuflich	100	– 1,00 €	– 100,00
Summe:	1 000		1 041,00

Gewinn pro Kilogramm: 1041,00 €: 1 000 = 1,041 €

Erwartungswert und arithmetisches Mittel

Der Erwartungswert ist, wie die Wahrscheinlichkeit, ein theoretischer Wert, der eine Prognose für den künftigen Verlauf zufälliger Vorgänge erlaubt, wenn sich die Bedingungen nicht ändern. Werden die Daten des tatsächlichen Verlaufs des Vorganges ausgewertet, so entspricht die relative Häufigkeit der eingetretenen Ergebnisse ihrer erwarteten Wahrscheinlichkeit und das arithmetische Mittel der Werte der Zufallsgröße entspricht ihrem Erwartungswert. Der Erwartungswert ist das zu erwartende arithmetische Mittel der Werte der Zufallsgröße bei mehrfachen Wiederholungen.

Der Obsthändler hat 500 kg Äpfel zu 1,00 € pro Kilogramm vom bisherigen Lieferanten eingekauft und erwartet einen Gewinn von 1,041 € pro Kilogramm. Die Tabelle zeigt die relativen Häufigkeiten der Qualitätsgruppen, die sich nur wenig von den erwarteten Wahrscheinlichkeiten unterscheiden.

Qualitätsgruppe	Menge in kg	Gewinn pro kg in €	h_i in %
sehr gut	340	1,49	68
gut	105	0,49	21
minderwertig	55	−1,00	11
Summe	500		100

Der Händler konnte alle Äpfel mit guter und sehr guter Qualität zum Preis von 2,49 € bzw. von 1,49 € verkaufen.

Es ergibt sich ein durchschnittlicher Gewinn pro eingekauftem Kilogramm.

$\overline{x} = \frac{1}{500\,\text{kg}}(340\,\text{kg} \cdot 1{,}49\,\frac{€}{\text{kg}} + 105\,\text{kg} \cdot 0{,}49\,\frac{€}{\text{kg}} + 55\,\text{kg} \cdot (-1{,}00\,\frac{€}{\text{kg}}))$

$\overline{x} = 0{,}68 \cdot 1{,}49\,\frac{€}{\text{kg}} + 0{,}21 \cdot 0{,}49\,\frac{€}{\text{kg}} + 0{,}11 \cdot (-1{,}00\,\frac{€}{\text{kg}}) = 1{,}0061$

Das arithmetische Mittel liegt unter dem Erwartungswert.
Der Anteil der Äpfel mit sehr guter Qualität war um 2 % geringer, der Anteil mit guter Qualität dafür nur 1 % größer als erwartet.

Der Erwartungswert kann analog zum arithmetischen Mittel als „Schwerpunkt" gedeutet werden.

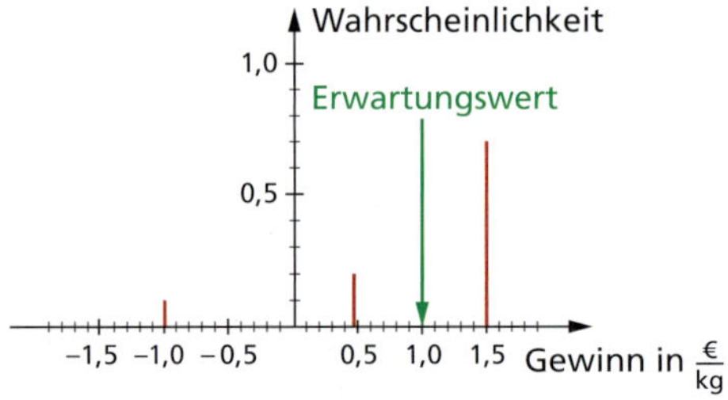

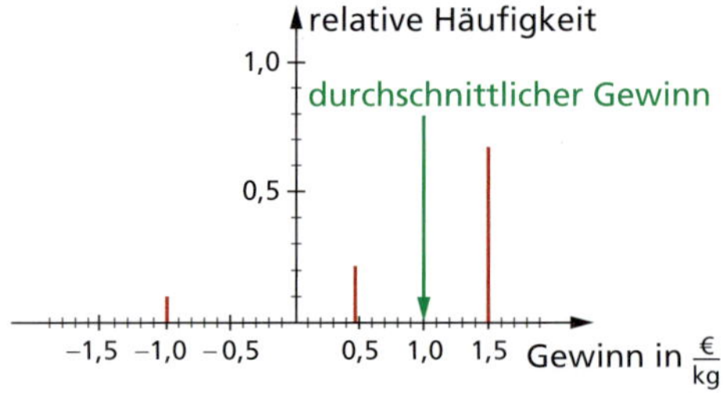

Ohne dass sich der zufällige Vorgang zunächst selbst ändert, kann man oft eine Veränderung des Erwartungswertes der Zufallsgröße durch Veränderung ihrer Werte erreichen.

Wenn der Obsthändler auch die minderwertigen Äpfel ($p = 0{,}08$) zum Einkaufspreis, also ohne Gewinn verkauft, erhöht sich der zu erwartende Gewinn auf 1,121 € pro Kilogramm:

$E(G) = 1{,}49\,\frac{€}{\text{kg}} \cdot 0{,}7 + 0{,}49\,\frac{€}{\text{kg}} \cdot 0{,}2 + 0\,\frac{€}{\text{kg}} \cdot 0{,}08 + (-1{,}00\,\frac{€}{\text{kg}}) \cdot 0{,}02 = 1{,}121\,\frac{€}{\text{kg}}$

Der Erwartungswert ändert sich ebenfalls, wenn sich durch Veränderung der Bedingungen des Vorgangs die Wahrscheinlichkeitsverteilung unmittelbar ändert.

Wenn der Obsthändler den Zulieferer wechselt, könnte sich auch die Wahrscheinlichkeit der einzelnen Qualitätsgruppen ändern. Bei der angegebenen Wahrscheinlichkeitsverteilung erhöht sich bei gleichen Preisen der Erwartungswert des Gewinns auf 1,191 € pro Kilogramm.

Qualitätsgruppen	Gewinn pro kg in €	Wahrscheinlichkeit
sehr gut	1,49	0,85
gut	0,49	0,05
unverkäuflich	– 1,00	0,10

$$E(G) = 1{,}49\,\frac{€}{kg}\cdot 0{,}85 + 0{,}49\,\frac{€}{kg}\cdot 0{,}05 + (-1{,}00)\,\frac{€}{kg}\cdot 0{,}1 = 1{,}191\,\frac{€}{kg}$$

Erwartungswert und faires Spiel

Ein Spiel wird als fair bezeichnet, wenn der Erwartungswert für den Gewinn gleich 0 ist.

Bei einem „Glücksautomaten" mit drei Bildfenstern gibt es nur die beiden Bildmotive „Kleeblatt" und „Niete" (Smiley), die jeweils mit gleicher Wahrscheinlichkeit auftreten.
In nebenstehender Skizze sind die möglichen Gewinne dargestellt.
Es gibt noch vier weitere Bildkombinationen (3 Nieten; 3 mal zwei Nieten und ein Kleeblatt), die zum Verlust des Einsatzes führen.
Damit sind es also insgesamt acht Möglichkeiten.
Der Erwartungswert des Gewinns hängt von der Ausschüttung für einen Haupt- bzw. Kleingewinn ab.

Einsatz: 2,00 €

1 Hauptgewinn:

3 Kleingewinne:

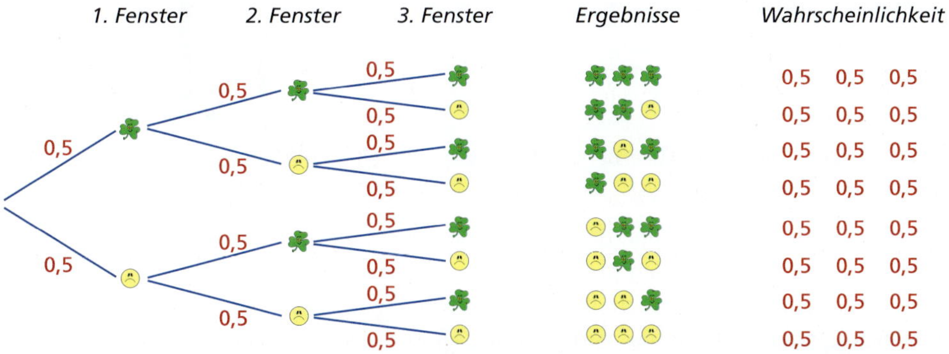

Der Einsatz beträgt 2 €. Es wird der Gewinn für folgende drei Auszahlungsvarianten berechnet:
(1) Hauptgewinn: Auszahlung 6 €, Kleingewinne: Auszahlung 4 €
(2) Hauptgewinn: Auszahlung 6 €, Kleingewinne: Auszahlung 3 €
(3) Hauptgewinn: Auszahlung 7 €, Kleingewinne: Auszahlung 3 €

	Gewinn (Ausschüttung minus Einsatz in Euro)			
Ergebnis	(1)	(2)	(3)	Wahrscheinlichkeit
Hauptgewinn	6 – 2 = 4	6 – 2 = 4	7 – 2 = 5	$\frac{1}{8}$ = 12,5 %
Kleingewinn	4 – 2 = 2	3 – 2 = 1	3 – 2 = 1	$\frac{3}{8}$ = 37,5 %
Verlust	0 – 2 = –2	0 – 2 = –2	0 – 2 = –2	$\frac{4}{8}$ = 50,0 %

Erwartungswerte: (1): $E(G) = 0{,}125 \cdot 4 + 0{,}375 \cdot 2 - 0{,}5 \cdot 2 = 0{,}25$
(2): $E(G) = 0{,}125 \cdot 4 + 0{,}375 \cdot 1 - 0{,}5 \cdot 2 = -0{,}125$
(3): $E(G) = 0{,}125 \cdot 5 + 0{,}375 \cdot 1 - 0{,}5 \cdot 2 = 0$

Gewinnplan (1) bringt dem Spieler einen Gewinn von durchschnittlich 25 Cent pro Spiel, Gewinnplan (2) verschafft dem Spielautomatenbesitzer einen Gewinn von 12,5 Cent pro Spiel und Gewinnplan (3) würde zu einem fairen Spiel führen, bei dem auf lange Sicht keiner verliert.

Probiere es selbst:

Chris hat sich ein Gewinnspiel zum Werfen dreier idealer Münzen ausgedacht: Der Spieler zahlt einen Einsatz von 2 €. Er gewinnt, wenn er dreimal „Zahl" wirft, sonst verliert er das Spiel.

a) Beschreibe die Zufallsgröße G: „Gewinn des Spielers" durch eine Tabelle und ein Diagramm, wenn im Gewinnfall 10 € und sonst nichts ausgezahlt wird.
b) Berechne für die Auszahlungsfestlegung in Teilaufgabe a) den Erwartungswert des Spiels.
c) Wie hoch müsste die Auszahlung sein, damit das Spiel fair ist?

Standardabweichung

In einer Schule in Absurdistan wurde in drei neunten Klassen die gleiche Leistungskontrolle geschrieben.

Note	1	2	3	4	5	6
Anzahl 9a	0	0	22	0	0	0
Anzahl 9b	3	5	12	4	2	1
Anzahl 9c	12	1	0	0	2	7

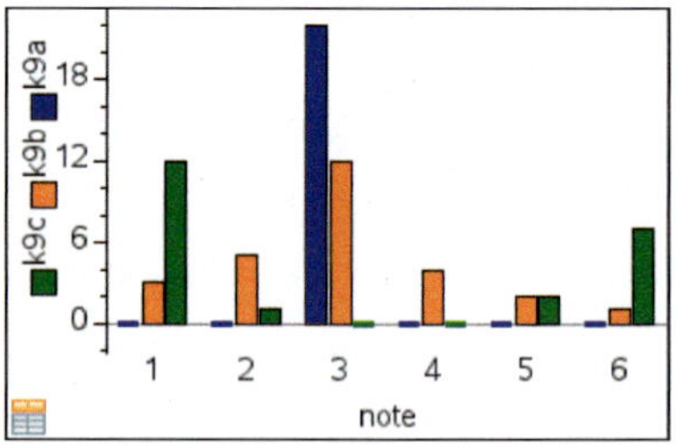

Der Schulleiter wundert sich: In allen drei Klassen wurde der gleiche Notendurchschnitt von 3,0 erzielt. Trotzdem unterscheiden sich die Ergebnisse stark voneinander. In der 9a gab es nur die Note „3", in der 9c kam die „3" gar nicht vor, in der 9b erreichten zwölf Schüler eine „3". Die Noten der anderen Schüler der 9b und der 9c verteilen sich sehr unterschiedlich um den Mittelwert „3".

Man spricht auch von der **Streuung** der Daten um den Mittelwert. Der Notendurchschnitt wird als arithmetisches Mittel berechnet.

Der Erwartungswert von Zufallsgrößen kann bekanntlich als zu erwartendes arithmetisches Mittel der Werte der Zufallsgrößen bei mehrfachen Wiederholungen aufgefasst werden.
Nun soll erläutert werden, wie man der Streuung um den Erwartungswert ein mathematisches Maß geben kann.

Zur Vereinfachung beschränken wir uns im folgenden Beispiel auf die Untersuchung von zwei Zufallsgrößen X_1 und X_2, die beide den gleichen Erwartungswert haben.

X_1 ist gegeben durch:

x_k	2	3	4
p_k	0,25	0,5	0,25

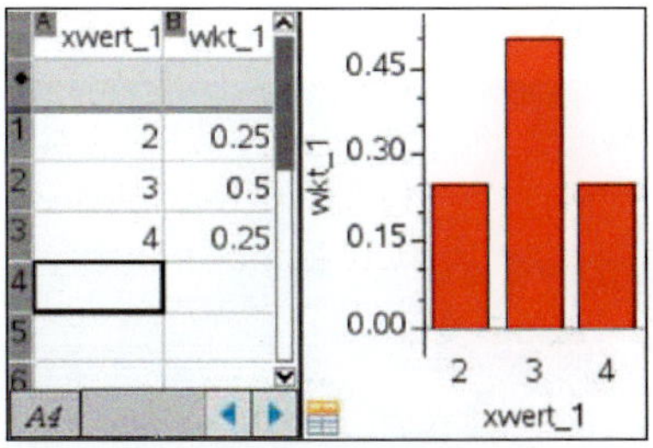

Erwartungswert:

$E(X_1) = 2 \cdot 0{,}25 + 3 \cdot 0{,}5 + 4 \cdot 0{,}25 = 3$

X_2 ist gegeben durch:

x_k	1	2	3	4	5
p_k	0,1	0,2	0,4	0,2	0,1

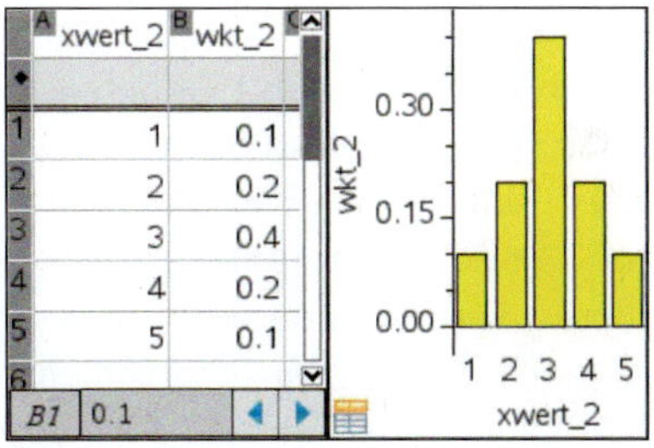

Erwartungswert:

$E(X_2) = 1 \cdot 0{,}1 + 2 \cdot 0{,}2 + 3 \cdot 0{,}4 + 4 \cdot 0{,}2 + 5 \cdot 0{,}1 = 3$

Obwohl beide Zufallsgrößen den gleichen Erwartungswert $E(X_1) = E(X_2) = 3$ haben, unterscheiden sich ihre Wahrscheinlichkeitsverteilungen in ihrer *Streuung*. Die Werte der Zufallsgröße X_2 streuen mehr um den Erwartungswert als die Werte der Zufallsgröße X_1.
Um ein Maß für diese Streuung zu erhalten, betrachtet man zunächst die Abweichungen der Werte der Zufallsgröße vom Mittelwert, indem man die Differenzen $x_k - E(X)$ für alle k bildet.
Damit sich dabei nicht negative und positive Abweichungen gegenseitig aufheben, werden die Differenzen quadriert. Man erhält die Quadrate $(x_k - E(X))^2$. Durch das Quadrieren wird außerdem bewirkt, dass Abweichungen größer als eins mehr und Abweichungen kleiner als eins weniger ins Gewicht fallen. Jedes dieser Quadrate wird nun mit der zugehörigen Wahrscheinlichkeit multipliziert: $(x_k - E(X))^2 \cdot p_k$

Anschließend werden alle diese Produkte aufsummiert.

Dadurch entsteht eine Zahl $V(x) = (x_1 - E(X))^2 \cdot p_1 + (x_2 - E(X))^2 \cdot p_2 + \ldots + (x_n - E(X))^2 \cdot p_n$

Die Zahl $V(x) = (x_1 - E(X))^2 \cdot p_1 + (x_2 - E(X))^2 \cdot p_2 + \ldots + (x_n - E(X))^2 \cdot p_n$ wird als Maß für die Streuung verwendet und heißt **Varianz V(X).**
Die Wurzel aus V(X) wird als **Standardabweichung σ_X** bezeichnet:
$\sigma_X = \sqrt{V(X)} = \sqrt{(x_1 - E(X))^2 \cdot p_1 + (x_2 - E(X))^2 \cdot p_2 + \ldots + (x_n - E(X))^2 \cdot p_n}$

Berechne Varianz und Standardabweichung für oben angegebene Zufallsgrößen.

$V(X_1) = (2-3)^2 \cdot 0{,}25 + (3-3)^2 \cdot 0{,}5 + (4-3)^2 \cdot 0{,}25 = 0{,}5 \Rightarrow \sigma_{X_1} = \sqrt{0{,}5} \approx 0{,}707$

$V(X_2) = (1-3)^2 \cdot 0{,}1 + (2-3)^2 \cdot 0{,}2 + (3-3)^2 \cdot 0{,}4 + (4-3)^2 \cdot 0{,}2 + (5-3)^2 \cdot 0{,}1 = 1{,}2$

$\Rightarrow \sigma_{X_2} = \sqrt{1{,}2} \approx 1{,}095$

Probiere es selbst:

1. Bestimme Erwartungswert, Varianz und Standardabweichung der Zufallsgröße X.

x_k	–2	–1	0	1	2
p_k	0,1	0,2	0,1	0,4	0,2

2. Bestimme die Standardabweichungen für die Noten in den Klassen 9a, 9b und 9c aus dem Eingangsbeispiel „Schule in Absurdistan".

Erste Schritte

1. Der Kraftstoffverbrauch eines Pkw beträgt:
Stadtverkehr: 5,4 Liter pro 100 km
Landstraße: 4,8 Liter pro 100 km
Autobahn: 6,0 Liter pro 100 km
Herr Möller ist Vertreter und weiß, dass er seinen Dienst-Pkw zu 40 % im Stadtverkehr, zu 50 % auf Landstraßen und zu 10 % auf Autobahnen benutzt. Frau Werners Zweitwagen desselben Typs wird zu 70 % im Stadtverkehr und zu 30 % auf Landstraßen gefahren.

   a) Gib an, welcher Kraftstoffverbrauch bei den beiden Autos zu erwarten ist.
   b) Erläutere, wie sich der Kraftstoffverbrauch beim Pkw von Herrn Möller ändert, wenn er statt Autobahnen auch Landstraßen nutzen würde.

2. Ein Obsthändler hat eine Lieferung von 200 kg Orangen erhalten. Davon sind 60 % ausgezeichnet, 30 % sind minderwertig, aber verkäuflich. Der Rest ist unverkäuflich. Der Händler kauft die Orangen für 0,50 € pro Kilogramm. Bestimme den zu erwartenden Gewinn des Händlers beim Verkauf der 200 kg Orangen, wenn er die ausgezeichneten Orangen für 1,49 € pro Kilogramm und die minderwertigen Orangen für 0,49 € pro Kilogramm verkauft.

3. Ein Bratwurstverkäufer kann seinen Grill in der Geschäftszone aufstellen, wo er einen durchschnittlichen täglichen Gewinn von 100 € erreicht, oder einen Stand in Strandnähe eröffnen. Der Verkauf in Strandnähe ist sehr wetterabhängig. Bei Sonnenschein steigt der Tagesgewinn auf 250 €, bei mäßigem Wetter auf 125 €. Bei Regenwetter wird der Stand nicht betrieben.
An den 120 Tagen der Sommersaison, die der Stand in Betrieb sein soll, kann man mit 25 % Regentagen, mit 35 % mäßigem Wetter und mit 40 % Sonnentagen rechnen.
   a) Bestimme den zu erwartenden Gewinn in den Sommermonaten.
   b) Entscheide dich für den günstigeren Standort der kommenden Saison und begründe deine Entscheidung.

Arbeiten mit Listen – ein interaktives Notes-Arbeitsblatt erstellen

Das Berechnen der Kenngrößen *Erwartungswert, Varianz* und *Standardabweichung* einer Zufallsgröße ist sehr rechenaufwändig. Ein interaktives Notes-Arbeitsblatt mit einem CAS-Rechner kann diese Rechnungen sehr erleichtern.

Öffne ein Notes-Arbeitsblatt. Mit (ctrl) (M) wird eine „Mathe-Box" eingerichtet. In diesen Mathe-Boxen kann man rechnen wie in der Anwendung Calculator. Wird ein Eintrag in der Mathe-Box mit (enter) abgeschlossen, so erfolgt sofort seine Auswertung. Die Auswertungen sind in dem Bildschirmabdruck in grüner Farbe zu erkennen. Wird in einer Mathe-Box eine Variable definiert, z. B. mit dem „Ergibtzeichen" [:=], so steht die Variable in den anderen Mathe-Boxen zur Verfügung und kann dort weiter mit ihrem „Inhalt" verwendet werden.

Hier soll die Einrichtung des Notes-Arbeitsblattes am Beispiel der Zufallsgröße X erläutert werden:

x_k	1	2	3	4
p_k	0,1	0,2	0,4	0,3

```
xk:={1,2,3,4} ▸ {1,2,3,4}
pk:={0.1,0.2,0.4,0.3} ▸ {0.1,0.2,0.4,0.3}
ex:=sum(xk·pk) ▸ 2.9
vx:=sum((xk−ex)^2·pk) ▸ 0.89
σx:=√vx ▸ 0.943398
```

- Öffne eine Mathe-Box und definiere eine Liste *xk* mit den Werten der Zufallsgröße.
- Öffne eine Mathe-Box und definiere eine Liste *pk* mit den zugehörigen Wahrscheinlichkeiten.
- Öffne eine Mathe-Box und berechne den Erwartungswert E(X) durch ex := sum(xk · pk)
  (Durch xk · pk werden die Elemente der beiden Listen xk und pk elementeweise miteinander multipliziert. Es entsteht eine neue Liste, deren Elemente diese Produkte sind.
  Der Befehl *sum(liste)* berechnet die Summe aller Elemente der Liste.)
- Öffne eine Mathe-Box, und berechne die Varianz V(X).
  Definiere die Variable vx, so wie das auf dem Bildschirmabdruck zu erkennen ist.
- Öffne eine Mathe-Box und berechne die Standardabweichung σ_X.
  Das Wurzelzeichen kannst du über die Vorlagentaste (Vorlagen) einfügen.
- Speichere die Datei unter einem geeigneten Namen ab.

Der Erwartungswert der Zufallsgröße X ist E(X) = 2,9, die Varianz ist V(X) = 0,89 und die Standardabweichung ist $\sigma_X \approx 0{,}94$.

Gibst du für x_k und p_k neue Listen ein, so werden sofort die zugehörigen Kenngrößen berechnet, ohne dass du nochmal alle Formeln neu eingeben muss.

Beachte:
Die Listen x_k und p_k müssen immer die gleiche Anzahl an Elementen (gleiche Länge) haben. Wenn zwischenzeitlich beim Ändern einer der Listen die Anzeige „Dimensionsfehler" erscheint, dann liegt das daran, dass beide Listen nicht die gleiche Länge haben.

Hinweis:
Das oben beschriebene Verfahren des Arbeitens mit Listen lässt sich auch im Calculator des TI-Nspire oder bei anderen Rechnertypen, die mit Listen arbeiten können, im entsprechenden Rechenblatt realisieren.

Weiterführende Aufgaben

1. Ein Händler kauft Brote für 0,50 € pro Stück von einer Brotfabrik. Er verkauft 70 % der Brote am ersten Tag für 1,99 €, 15 % der Brote am zweiten Tag für 1,00 €, und 5 % der Brote am dritten Tag für 0,50 €. Den Rest verschenkt er später.

a) Berechne und deute den Erwartungswert des Gewinns.

b) Welchen Gewinn kann der Händler pro Woche erwarten, wenn er von Montag bis Freitag täglich 100 Brote einkauft, die er von Montag bis Samstag verkaufen kann?

2. Fanny hat einen Spielautomaten, bei dem sich zwei Räder mit jeweils vier Bildern unabhängig voneinander drehen. Auf jedem Rad sind die gleichen vier Bilder. Der Einsatz pro Spiel beträgt 10 Cent. Bleiben die zwei Räder auf dem gleichen Bild stehen, werden 50 Cent ausgezahlt.

a) Wird Fanny auf lange Sicht reich?

b) Welche Summe sollte Fanny auszahlen, um das Spiel fair zu gestalten?

c) Fanny möchte im Mittel nur 1,25 Cent pro Spiel gewinnen. Welchen Betrag kann sie nun bei gleichen Bildern auszahlen?

3. Eine Zufallsgröße X wird durch folgende Wahrscheinlichkeitsverteilung beschrieben. Ermittle den Erwartungswert, die Varianz und die Standardabweichung von X.

X = k	20	25	30	40
P(X = k)	0,2	0,1	0,4	0,3

4. Zucker wird automatisch in Tüten abgefüllt. Dazu werden zwei Maschinen M_1 und M_2 verwendet. Jede Maschine ist auf einen Sollwert von 1000 g eingestellt, trotzdem wird nicht jede Tüte mit genau 1 000 g befüllt, es gibt kleine Abweichungen. Bei einem Test an beiden Maschinen wurden folgende Ergebnisse erreicht. Welche Maschine hält die Vorgaben besser ein?

Füllgewicht in Gramm	985	990	995	1 000	1 005	1 010	1 015
Wahrscheinlichkeit bei M_1	0,02	0,08	0,15	0,50	0,15	0,08	0,02
Wahrscheinlichkeit bei M_2	0,02	0,02	0,21	0,50	0,21	0,02	0,02

5. Es werden zwei verschiedenfarbige Würfel geworfen. Berechne für die Zufallsgröße der Produkte oben liegender Augenzahlen die Wahrscheinlichkeitsverteilung, den Erwartungswert und die Standardabweichung. Beschreibe dann, wie du eine Simulation mit deinem CAS-Rechner dafür durchführen würdest.

6. Der Betreiber einer Seilbahn verlangt unterschiedliche Preise. Er weiß, dass von den täglich ca. 6 600 Fahrgästen etwa 40 % Erwachsene, 50 % Kinder und der Rest Schulgruppen sind.

Erwachsene:	8 €
Kinder:	4 €
Schulgruppen (pro Person):	3 €

a) Berechne den durchschnittlichen Gewinn pro Tag, wenn die täglichen Kosten bei 30 000 Euro liegen.

b) Der tägliche Gewinn soll bei gleichbleibenden Kosten auf 8 000 € steigen. Entwickle einen Vorschlag unter der Annahme, dass bei Erhöhung der Preise die Fahrgastzahlen um 10 % zurückgehen, die Anteile an Erwachsenen, Kindern und Gruppen aber gleich bleiben.

6.3 Probleme modellieren und lösen

Vierfeldertafeln lassen sich häufig gut einsetzen, um Probleme der Wahrscheinlichkeitsrechnung anschaulich und durchschaubar zu machen. Die beiden folgenden Zeitungsartikel verwenden überwiegend unterschiedliche Zahlenangaben, beschreiben aber denselben Sachverhalt.

Ein Drittel der 54 Schülerinnen und Schüler der Klassenstufe 9 des städtischen Gymnasiums sind Jungen.
Von den Jungen nehmen ca. 33 % an einer Arbeitsgemeinschaft teil, während dies bei sogar ca. 61 % der Mädchen der Fall ist.

Etwa 52 % der 54 Schülerinnen und Schüler der Klassenstufe 9 des städtischen Gymnasiums besuchen eine Arbeitsgemeinschaft. Während der Anteil der Jungen in den Arbeitsgemeinschaften bei ca. 21 % liegt, beträgt er bei den Mädchen ca. 79 %.

Der Zusammenhang zwischen den zwei Merkmalen *„Geschlecht"* und *„Teilnehmer einer Arbeitsgemeinschaft (AG)"* lässt sich in einer **Vierfeldertafel** darstellen. Mit dem Zahlenangaben des linken Zeitungsartikels wird eine Vierfeldertafel schrittweise vervollständigt.

	Junge	Mädchen	Summe
AG	6	22	28
Nicht AG	12	14	26
Summe	18	36	54

Ganz unten rechts wird die Summe 54 eintragen. Ein Drittel davon sind 18 Jungen.
Es gibt 36 Mädchen. Die untere Zeile ist somit vollständig. 33 % von 18 Jungen sind sechs Jungen, die in einer AG tätig sind, es sind 12 Jungen nicht in einer AG. Etwa 61 % der 36 Mädchen, das sind 22 Mädchen, sind in einer AG. Demzufolge sind 36 - 22 = 14 nicht in einer AG. Die mittlere Spalte ist ausgefüllt, die rechte Spalte ergibt sich dann durch Addition der Zahlenwerte.

Aus der Vierfeldertafel lässt sich ablesen:
- Der Anteil der AG-Teilnehmer unter allen Schülerinnen und Schülern der Klassenstufe 9 beträgt $\frac{28}{54} = \frac{14}{27} \approx 0{,}519$, also ca. 52 %.
- Der Anteil der Jungen unter den AG-Teilnehmern beträgt $\frac{6}{28} = \frac{3}{14} \approx 0{,}214$, etwa 21 %.
- Der Anteil der Mädchen unter den AG-Teilnehmern beträgt $\frac{22}{28} = \frac{11}{14} \approx 0{,}786$, also ca. 79 %.

Die Angaben lassen sich in zwei Baumdiagramme übertragen:

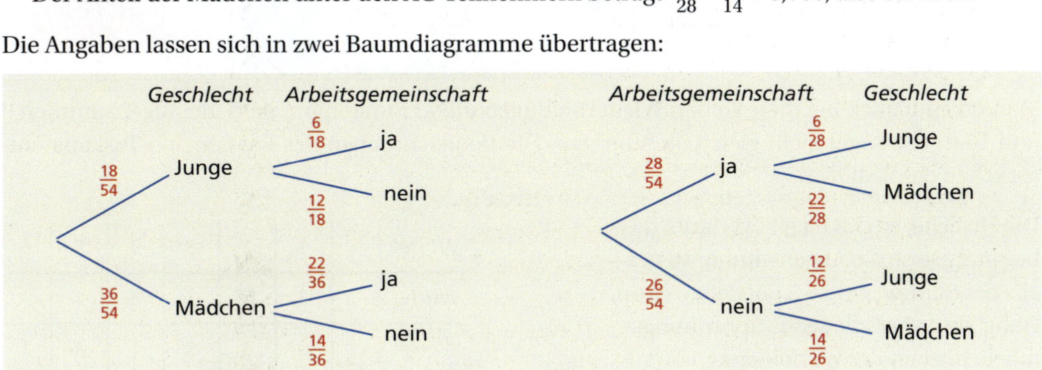

Man spricht von zueinander umgekehrten Baumdiagrammen.

Probiere es selbst

Die Vierfeldertafel enthält Informationen über die Essenversorgung eines Gymnasiums:

a) Übertrage die Vierfeldertafel in dein Heft und ergänze die fehlenden Informationen.

b) Bestimme die Wahrscheinlichkeiten folgender Ereignisse.
   A: Ein zufällig ausgewählter Junge nimmt an der Schulspeisung teil.
   B: Ein zufällig ausgewähltes Kind der Schule nimmt nicht an der Schulspeisung teil.

c) Zeichne die beiden zugehörigen Baumdiagramme mit ihren Pfadwahrscheinlichkeiten.

d) Formuliere zu jedem Baumdiagramm einen Text.

	Jungen	Mädchen	Summe
Schulessen	40		60
kein Schulessen			300
Summe		180	

Im folgenden Beispiel wird ein Zufallsexperiment durch Simulation mit einer Tabellenkalkulation veranschaulicht:

Der Fürst von Toskana fragte den berühmten Gelehrten Galileo Galilei (1564 bis 1642):
„Warum erscheint beim Werfen dreier Würfel die Summe 10 öfter als die Summe 9, obwohl beide Summen auf genau 6 Arten eintreten können?“

$10 = 1 + 3 + 6 = 1 + 4 + 5 = 2 + 2 + 6 = 2 + 3 + 5 = 2 + 4 + 4 = 3 + 3 + 4$

$9 = 1 + 2 + 6 = 1 + 3 + 5 = 1 + 4 + 4 = 2 + 2 + 5 = 2 + 3 + 4 = 3 + 3 + 3$

Die Anweisung
randInt(untere Grenze, obere Grenze, n)
erzeugt eine Liste mit n Elementen ganzzahliger Zufallszahlen.
Mit *randInt(1,6,500)* wird also eine Liste mit 500 „Würfelzahlen“ erzeugt.

```
randInt(1,6)                                  5
randInt(1,6,10)           {2,3,2,5,6,5,5,2,6,4}
randInt(1,6,500)
 {5,1,2,5,3,1,5,3,4,5,2,2,3,4,4,1,6,6,6,4,4,3,3▸
```

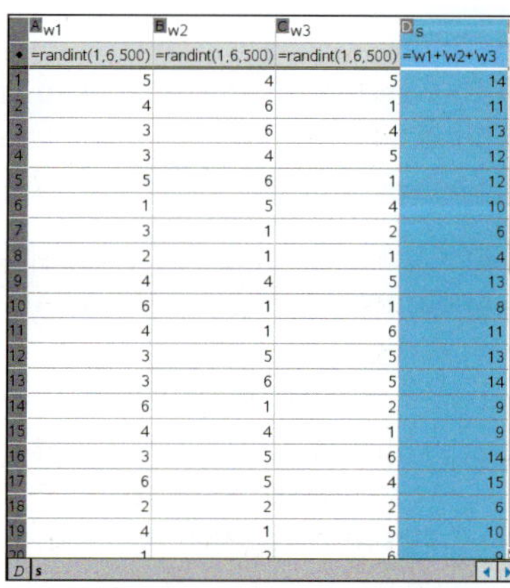

	A w1	B w2	C w3	D s
•	=randint(1,6,500)	=randint(1,6,500)	=randint(1,6,500)	='w1+'w2+'w3
1	5	4	5	14
2	4	6	1	11
3	3	6	4	13
4	3	4	5	12
5	5	6	1	12
6	1	5	4	10
7	3	1	2	6
8	2	1	1	4
9	4	4	5	13
10	6	1	1	8
11	4	1	6	11
12	3	5	5	13
13	3	6	5	14
14	6	1	2	9
15	4	4	1	9
16	3	5	6	14
17	6	5	4	15
18	2	2	2	6
19	4	1	5	10

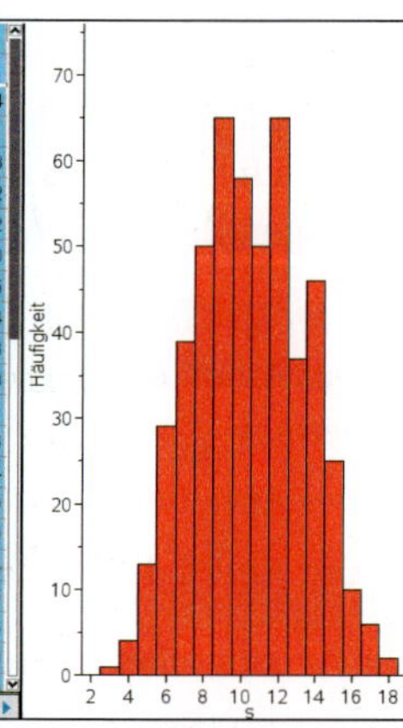

Die Ergebnisse werden als Schnellgraph (vgl. Seite 183) dargestellt.

Man erkennt auch bei mehrfachen Wiederholungen dieser Simulation, dass die Augensummen 9 und 10 in der Regel nicht gleich oft auftreten. Die Beobachtungen des Fürsten von Toskana entsprachen der Realität.

Die Ursache, so Galilei, liegt darin, dass beispielsweise die Augensumme 10 u. a. aus der Summe $1 + 3 + 5$ entstehen kann. Dafür sind aber alle sechs Anordnungsmöglichkeiten der Würfelergebnisse zu berücksichtigen.

Würfel 1	1	1	3	3	5	5
Würfel 2	3	5	1	5	1	3
Würfel 3	5	3	5	1	3	1

Insgesamt ergeben sich so 27 Möglichkeiten die Augensumme 10 zu würfeln (und nicht nur sechs, wie der Fürst angenommen hatte), und 25 Möglichkeiten für die Augensumme 9. Es gilt also:
P(Augensumme 10) = $\frac{27}{216}$ P(Augensumme 9) = $\frac{25}{216}$

Probiere es selbst:
Weise die Richtigkeit dieser Wahrscheinlichkeiten durch die Angabe aller Möglichkeiten, die Augensummen 10 und 9 zu werfen, nach.

Erste Schritte

1. In einer Schule wurde eine Umfrage durchgeführt, ob die Schülerinnen und Schüler regelmäßig zu Hause frühstücken. Dabei gab es folgende Ergebnisse:
Von 210 befragten Jungen gaben 30 an, zu Hause nicht zu frühstücken.
Bei den 280 befragten Mädchen waren es 40, die ohne Frühstück ihr Elternhaus verlassen.
a) Stelle die Ergebnisse in einer Vierfeldertafel dar.
b) Entwickle dazu die beiden zugehörigen Baumdiagramme.
c) Sind „Geschlecht" und „Frühstück zu Hause" voneinander unabhängige Ereignisse?

2. Ein Tetraederwürfel trägt auf seinen Seiten die Zahlen 1, 2, 3 und 4. Zwei solcher Würfel werden gleichzeitig geworfen. Notiert werden die Augenzahlen, die unten liegen. Aus ihnen wird jedes Mal die Augensumme gebildet. Berechne die Wahrscheinlichkeiten, mit denen die Augensummen auftreten. Teste durch Simulation deine Berechnungen.

6.4 Gemischte Aufgaben

1. Die Impfquote bei Grippeschutzimpfungen war mit durchschnittlich 43 % in den neuen Bundesländern (einschließlich Berlin) höher als in den alten Bundesländern mit 28 %. In den alten Bundesländern (ohne Berlin) leben etwa 80 % der Bevölkerung Deutschlands.

a) Stelle die Zusammenhänge zwischen den Merkmalen „Herkunft" (als erstes Merkmal) und „Grippeschutzimpfung" (als zweites Merkmal) in einem Baumdiagramm dar.
Ergänze die Pfadwahrscheinlichkeiten und gib die zugehörige Wahrscheinlichkeitsverteilung an. Übertrage die Ergebnisse dann in eine Vierfeldertafel.
b) Gib die Wahrscheinlichkeiten folgender Ereignisse an und deute sie im Baumdiagramm bzw. in der Vierfeldertafel:
A: Ein zufällig ausgewählter Bürger hat sich die Grippeschutzimpfung geben lassen.
B: Ein zufällig ausgewählter Bürger mit Grippeschutzimpfung stammt aus den alten Bundesländern.
c) Zeichne ein *umgekehrtes Baumdiagramm*, bei dem an erster Stelle die „Grippeschutzimpfung" und erst dann die „Herkunft" steht. Gib alle Pfadwahrscheinlichkeiten an. Nutze dazu die Vierfeldertafel.

2. Ein Zeitschriftenhändler verkauft eine Wochenzeitung mit folgender Erfahrung:

Nachfragen pro Woche	0	1	2	3	4	5 und mehr
Wahrscheinlichkeit	0,1	0,2	0,3	0,2	0,1	0,1

Der Händler kauft die Zeitung beim Verlag für 5,00 € und verkauft sie wieder für 9,80 €. Unverkaufte Exemplare kann er nicht wieder zurückgeben. Entscheide und begründe, ob der Händler wöchentlich zwei, drei oder vier Zeitschriften bestellen soll.

a) Berechne jeweils den zu erwartenden Gewinn.

b) Bedenke dabei auch, dass unzufriedene Kunden meistens verlorene Kunden sind.

3. An 160 Tagen im Jahr betreibt Frau Sommer einen Blumenstand. Der Verkauf hängt von vielen Faktoren ab, z. B. vom Wochentag, vom Wetter, vom Verkehrsaufkommen. Frau Sommer kauft die Sträuße für 3,75 € das Stück. Sie muss sich im Vertrag festlegen, ob sie täglich 100, 150, 180 oder 200 Sträuße abnehmen möchte. Sie verkauft ihre Sträuße für 7,50 € und weiß aus Erfahrung, dass sie an 40 Tagen etwa 200 Sträuße, an 80 Tagen etwa 120 Sträuße und an weiteren 40 Tagen etwa 80 Sträuße verkauft. Welche Vertragsbedingungen würdest du Frau Sommer empfehlen, wenn die nicht verkauften Sträuße als Verlust verbucht werden?

4. Die folgende Tabelle zeigt die auf Wochen gerundete Aufenthaltsdauer eines Patienten mit Hüftknochenbruch im Krankenhaus:

Aufenthaltsdauer in Wochen	3	4	5	6	7	8	9	10
Wahrscheinlichkeit	0,05	0,1	0,13	0,26	0,18	0,11	0,08	0,09

a) Mit welcher Wahrscheinlichkeit dauert der Krankenhausaufenthalt länger als 6 Wochen?

b) Skizziere die Wahrscheinlichkeitsverteilung in einem geeigneten Diagramm.

c) Berechne und interpretiere den Erwartungswert.

d) Bei Patienten, die älter als 60 Jahre sind, verlängert sich die Aufenthaltsdauer erfahrungsgemäß um 2 Wochen. Welcher Erwartungswert gilt für diese Altersgruppe?

5. Eine Firma stellt elektrische Spulen her. Die Herstellungskosten betragen 8,75 € pro Stück. Die Firma verkauft diese Spulen zum Preis von 15,00 €. Erfahrungsgemäß funktionieren 3 % der Spulen nicht einwandfrei. Der Geschäftsinhaber lässt folgende Varianten prüfen:

A: Jede Spule wird vor dem Verkauf kontrolliert. Das kostet pro Spule weitere 1,25 €. Danach wird die Funktion der Spule mit Sicherheit festgestellt. Die Spule kostet weiterhin 15,00 €.

B: Die Spulen werden ohne eine solche Kontrolle verkauft. Reklamiert ein Kunde eine defekte Spule, erhält er den Preis zurück und bekommt zusätzlich noch unentgeltlich eine der kontrollierten Spulen. Die defekte Spule hat für die Firma keinen Wert mehr.

Entscheide und begründe, welcher Fall für die Firma ökonomisch günstiger und welcher Fall vorteilhafter für die Kunden ist.

***6.** Die Sicherheit eines Flugzeuges wird durch die Wahrscheinlichkeit bestimmt, dass die Motoren im Zeitraum zwischen zwei Wartungen nicht ausfallen. Für jedes Triebwerk sei die Ausfallwahrscheinlichkeit 0,2 %. Entscheide und begründe ob ein zweimotoriges oder ein viermotoriges Flugzeug sicherer ist, wenn ein zweimotoriges noch mit einem Triebwerk bzw. ein viermotoriges noch mit zwei Triebwerken fliegt.

***7.** Eine Risikolebensversicherung versichert ihre Kunden für den Todesfall für einen Beitrag von 600 € jährlich, der immer am Jahresanfang fällig ist. Erfahrungsgemäß gibt es Todesfälle bei 2 % der Kunden pro Jahr. In diesem Fall werden 25 000 € ausgezahlt.

a) Berechne, welchen Gewinn die Versicherungsgesellschaft pro Versicherungsnehmer jährlich erwarten kann. Mit welchem maximalen Gewinn kann die Versicherungsgesellschaft bei 250 000 Versicherten jährlich rechnen?

b) Entscheide und Begründe, welchen Wert der Anteil der Todesfälle nicht übersteigen darf, damit die Versicherungsgesellschaft im Gewinnbereich bleibt.

c) Im vergangenen Jahr starben 4 % der Versicherungsnehmer. Die Gesellschaft sieht sich deshalb gezwungen, die Beiträge anzuheben.
Wie hoch müssten die jährlichen Beiträge sein, wenn die Gesellschaft bei veranschlagten 4 % Todesfällen einen Gewinn von 25 € pro Versicherungsnehmer erreichen will?

***8.** Bei einer Verkehrszählung wurde an einer Kontrollstelle festgestellt, dass 25 % der Fahrzeuge Lkw bzw. Kleintransporter, 60 % Pkw und der Rest sonstige Fahrzeuge waren. Ermittle die Wahrscheinlichkeit dafür, dass bei gleicher Zusammensetzung des Fahrzeugstroms für zwei vorbeifahrende Fahrzeuge Folgendes zutrifft:

a) Es sind genau zwei Pkw.

b) Es ist ein Pkw und ein Lkw bzw. Kleintransporter.

c) Es ist mindestens ein Pkw.

d) Es sind keine „sonstigen" Fahrzeuge darunter.

9. Eine Fabrik produziert Schrauben mit 2 Maschinen. 80 % der Schrauben werden mit einer neuen Maschine und einer Ausschussrate von 2 % hergestellt. Der Rest wird von einer älteren Maschine und einer Ausschussrate von 10 % gefertigt.

a) Erstelle ein Baumdiagramm.

b) Berechne mit welcher Wahrscheinlichkeit eine zufällig aus der Gesamtproduktion entnommene Schraube defekt ist.

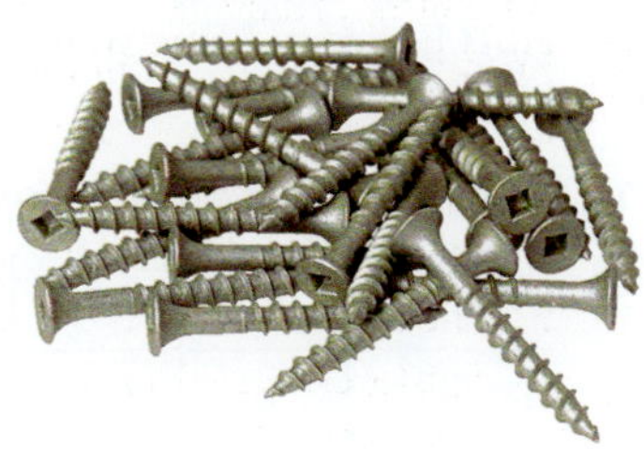

c) Ein Baumarkt nimmt der Fabrik die Schrauben nur ab, wenn sie ihren Ausschussanteil in der Gesamtproduktion auf 3 % senkt. Da auf die alte Maschine nicht verzichtet werden kann, wird diese noch einmal so gewartet, dass sich ihr Ausschussanteil verringert.
Welchen Wert darf die Ausschussquote der alten Maschine höchstens annehmen?

10. Bei einer Produktionskontrolle von 10000 Schrauben wurden Durchmesser und Längen gemessen. Es zeigte sich, dass 100 Schrauben falsche Durchmesser und falsche Längen hatten, weitere 250 Schrauben nur falsche Durchmesser und weitere 200 nur falsche Längen besaßen.

a) Berechne die Wahrscheinlichkeit dafür, dass eine der Produktion zufällig entnommene Schraube einen falschen Durchmesser und eine falsche Länge hat.

b) Berechne die Wahrscheinlichkeit dafür, dass eine der Produktion zufällig entnommene Schraube in Ordnung ist.

11. Beim „Mensch-ärgere-Dich-nicht"-Spiel benötigt man eine Sechs, um das Haus verlassen zu können. Jeder Spieler soll in jeder Runde nur einmal würfeln dürfen. Löse die folgenden Aufgaben, nachdem du die entsprechenden Baumdiagramme erstellt und die Pfade markiert hast. Mit welcher Wahrscheinlichkeit darfst du das Haus verlassen:

a) in der 1. Runde b) in der 1. oder 2. Runde c) erst in der 3. Runde

12. Ein Medikament hilft zu 90 % gegen Katzenschnupfen. Ein Tierarzt behandelt vier erkrankte Katzen mit diesem Medikament.

a) Mit welcher Wahrscheinlichkeit wird mindesten einer Katze geholfen?

b) Beantworte die Frage für 10 Katzen.

13. In einem Land ist eine Bohrung nach Erdöl mit einer Wahrscheinlichkeit von 0,15 erfolgreich.

a) Mit welcher Wahrscheinlichkeit hat man bei 3 Bohrungen bzw. bei 10 Bohrungen mindestens einen Erfolg?

b) Wie viele Bohrungen müsste man durchführen, um die Wahrscheinlichkeit, mindestens eine erfolgreiche Bohrung zu haben, auf 90 % zu erhöhen?

14. In den Monaten Dezember, Januar und Februar folgt auf einen trockenen Tag mit der Wahrscheinlichkeit 0,75 wieder ein trockener Tag und mit der Wahrscheinlichkeit 0,25 ein Tag, an dem es Niederschlag gibt. Nach einem Tag mit Niederschlag folgt mit der Wahrscheinlichkeit $\frac{2}{3}$ wieder ein solcher Tag und mit der Wahrscheinlichkeit $\frac{1}{3}$ ein trockener Tag.
Wie groß ist die Wahrscheinlichkeit, dass es nach einem trockenen Donnerstag am folgenden Sonntag keinen Niedersachlag gibt? Es liegen keine weiteren Wetterinformationen vor.

15. Eine Zufallsgröße X habe folgende Wahrscheinlichkeitsverteilung:

X = k	−2	0	2	4
P(X = k)	p	0,25	0,30	0,15

a) Wie groß ist p?

b) Berechne Erwartungswert und Standardabweichung von X.

Schnellgraph erstellen

Mit einem CAS-Rechner lässt sich das Würfeln mit idealen Spielwürfeln simulieren. Der Befehl *randint(u,o,n)* erzeugt eine Liste mit n ganzen Zahlen z mit $u \leq z \leq o$. Mit dem Befehl *Schnellgraph* werden diese Rohdaten sortiert. Die Ergebnisse können dann anschaulich als Balkendiagramm dargestellt und numerisch ausgewertet werden.

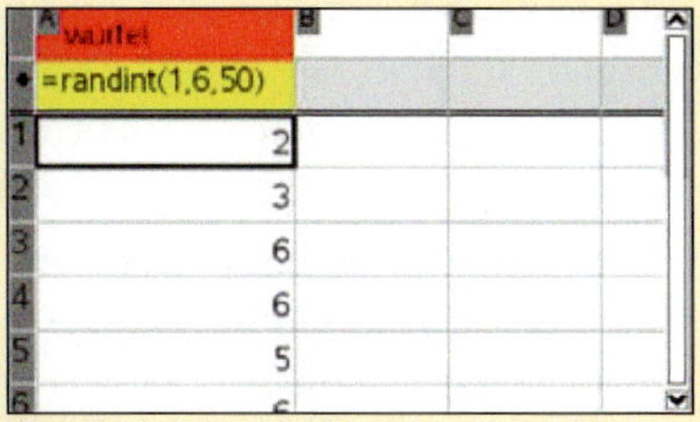

Mit *„Lists&Spreadsheet"* wird eine Tabelle geöffnet und ausgefüllt:
- Kopf der Spalte A mit Variablennamen, z. B. *würfel*
- Formel *=randint(1,6,50)*
- mit Taste enter 50 Zufallszahlen zwischen 1 und 6 erzeugen
- mit Tasten ctrl R Neuberechnung der Zufallszahlen.

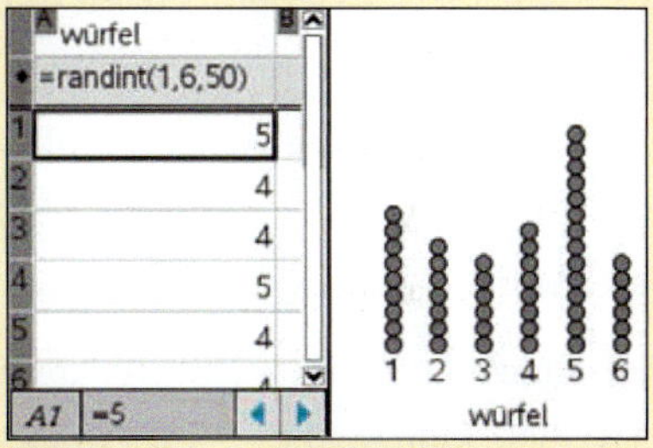

Mit menu-*Daten-Schnellgraph* wird das Ergebnis als Punktdiagramm angezeigt. Jeder Punkt symbolisiert ein Ergebnis. Schnellgraph und Tabelle teilen sich automatisch eine Seite. Zwischen den beiden Seitenhälften kann mit ctrl tab gewechselt werden.
Geht man auf die linke Seite, lässt sich mit ctrl R eine Neuberechnung veranlassen, die auch sofort in der grafischen Darstellung zu erkennen ist.

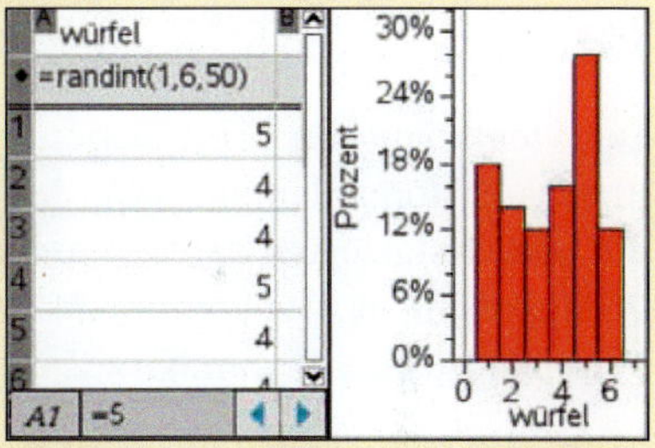

Über menu-*Plot-Typ-Histogramm* wird die Darstellung zu einem Balkendiagramm verändert. Unter menu-*Ploteigenschaften-Histogrammeigenschaften* lassen sich weitere Einstellungen vornehmen, z. B. lassen sich die Ergebnisse wahlweise in absoluter oder relativer Häufigkeit bzw. in Prozent anzeigen. Mit ctrl menu *Farbe- Füllfarbe* können **alle** Säulen eine andere Farbe erhalten.

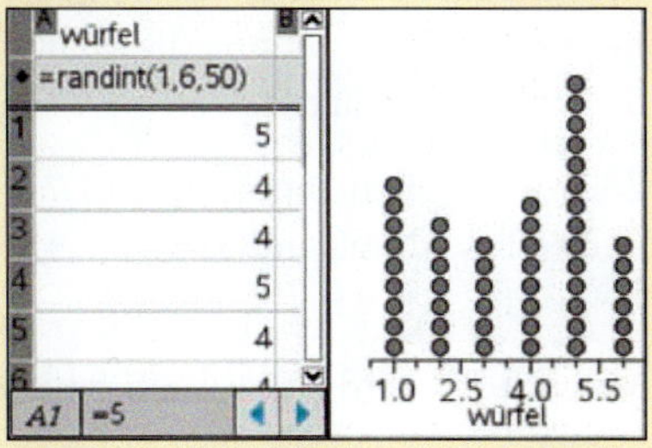

Eine etwas andere Gestalt erhält das Diagramm, wenn man auf die x-Achse geht und dort mit ctrl menu *Kategorisches X erzwingen* auswählt.
Die Würfelergebnisse werden jetzt nicht numerisch als Zahlen, sondern als Kategorien (Symbole, Arten) betrachtet und zunächst als Punktdiagramm dargestellt. Dieses Verfahren ist nur für kleine Anzahlen der Werte auf der horizontalen Achse sinnvoll.

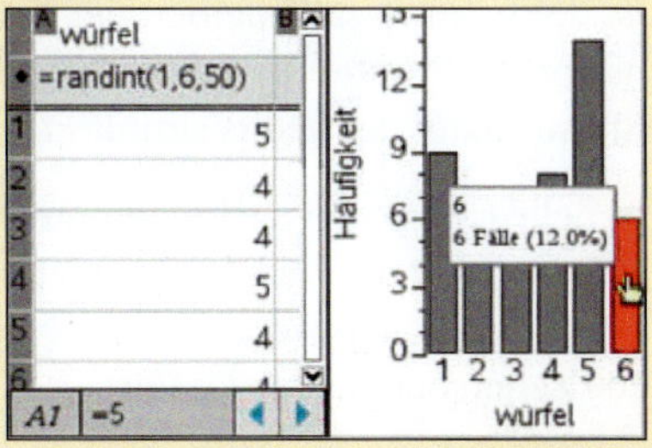

Über menu-*Plot-Typ-Histogramm* wird die Darstellung zu einem Balkendiagramm verändert. Auf der Hochachse wird die absolute Häufigkeit jeder Kategorie angegeben. Streicht man mit dem Kursor über einzelne Balken, so werden die absoluten und prozentualen Anteile der jeweiligen Kategorie angezeigt. Mit ctrl menu *Farbe-Füllfarbe* können **einzelne** Säulen eine andere Farbe erhalten.

Simulation

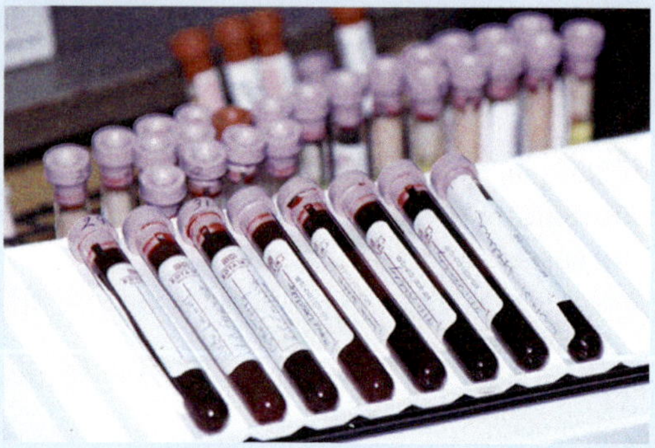

Das Blut eines Menschen kann Rhesus-positiv (Rh^+) oder Rhesus-negativ (Rh^-) sein. Ungefähr 85 % der Menschen sind Rh^+. Wird ein Kind geboren, dessen Mutter Rh^- und dessen Vater Rh^+ ist, kann bei der Geburt ein Austausch des kindlichen Blutes notwendig werden.

a) Wie wahrscheinlich ist in einer Klinik die Geburt eines Kindes, dessen Eltern die angegebenen Bluteigenschaften haben?

b) Eine werdende Mutti ist Rh^-.
Der Rhesusfaktor des Vaters ist unbekannt.
Welche Wahrscheinlichkeit sollte für einen Blutaustausch beim Kind angenommen werden?

Veranschaulichung durch Simulation mit dem CAS-Rechner:

Bei allen Betrachtungen setzen wir die Unabhängigkeit der Rhesus-Faktoren von Mutter und Vater voraus.

Für eine Simulation ist es zweckmäßig, den auftretenden Ereignissen Zahlen zuzuordnen.

M–: Die Mutter ist Rh^- $\rightarrow$ 1 mit $P(M-) = 0{,}15$

M+: Die Mutter ist Rh^+ $\rightarrow$ 2 mit $P(M+) = 0{,}85$

V–: Der Vater ist Rh^- $\rightarrow$ 3 mit $P(V-) = 0{,}15$

V+: Der Vater ist Rh^+ $\rightarrow$ 4 mit $P(V+) = 0{,}85$

Den vier möglichen Kombinationen bezüglich der Rhesus-Faktoren der Eltern werden durch Multiplikation der oben festgelegten Zahlen die vier verschiedenen Produkte {3, 4, 6, 8} zugeordnet. Der Fall „Mutter Rh^- und Vater Rh^+" wird z. B. durch die Zahl „4" repräsentiert.

	M–	M+
V–	$1 \cdot 3 = 3$	$2 \cdot 3 = 6$
V+	$1 \cdot 4 = 4$	$2 \cdot 4 = 8$

In einer Tabellenkalkulation soll die Spalte A den Rhesusfaktor der Mutter, die Spalte B den Rhesusfaktor des Vaters simulieren.

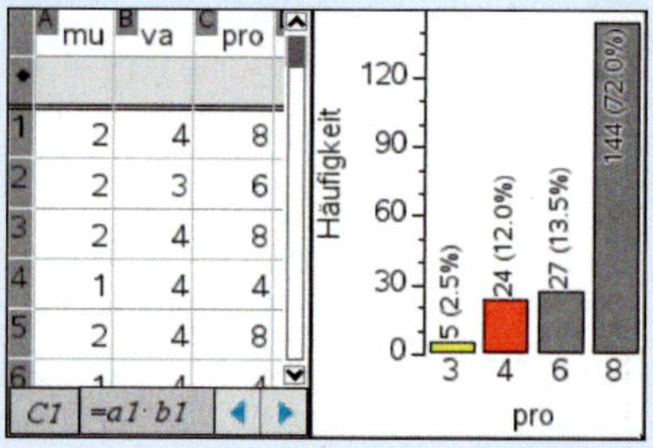

Zelle A1: = when(rand()≤ 0.15,1,2)
Zelle B1: = when(rand()≤ 0.15,3,4)
Zelle C1: = A1 · B1

Mit *„rand()"* wird eine Zufallszahl zwischen 0 und 1 erzeugt.

Ist diese Zufallszahl kleiner gleich 0,15 (Mutter Rh^-), dann wird in der Zelle A1 eine „1" geschrieben, sonst (Mutter Rh^+) eine „2". Analog werden in Zelle B1 die oben zugeordneten Zahlen für den Rhesusfaktor des Vaters simuliert.

In Zelle C1 werden die beiden Zufallszahlen aus A1 und B1 multipliziert. Jedes mögliche Ergebnis steht für eine der vier möglichen Kombinationen bezüglich der Rhesus-Faktoren der Eltern.
Diese drei Zellen werden markiert und durch den Befehl „Füllen" als Relativadressen in weitere 200 Zeilen nach unten kopiert.

Die Ergebnisse der Spalte C werden anschließend als Schnellgraph veranschaulicht. Wechselt man mit (ctrl) (tab) in die Tabellenkalkulation, so kann mit (ctrl) (R) eine Neuberechnung der Ergebnisse veranlasst werden.

Zur Teilaufgabe a:

Im Beispiel gab es in 24 von 200 Fällen das Produkt „4", also waren in 12 % der Fälle die Mütter Rh^- und die Väter Rh^+. Das ist ein Näherungswert für die Wahrscheinlichkeit, dass das Blut des Kindes ausgetauscht werden muss.

Zur Teilaufgabe b:

Für Mutter Rh^- interessieren nur die Fälle „M– und V–" (Produkt 3) sowie „M– und V+" (Produktzahl 4). Im Beispiel waren das 5 bzw. 24, also insgesamt 29 Fälle. Somit ergibt sich als Näherungswert für die Wahrscheinlichkeit, dass das Blut des Kindes ausgetauscht werden muss:
$\frac{24}{5+24} = \frac{24}{29} \approx 0{,}83$

Lösung mit Baumdiagramm:

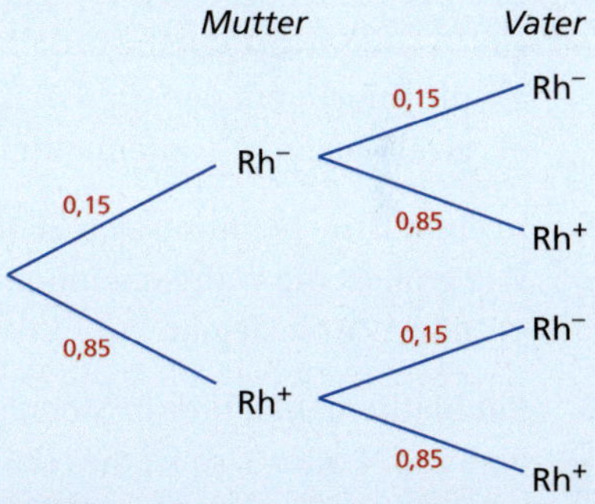

Teilaufgabe a:

Nach der 1. Pfadregel ergibt sich für den Fall „Mutter Rh^- und Vater Rh^+" die Wahrscheinlichkeit $p_1 = 0{,}15 \cdot 0{,}85 = 0{,}1275$.

Teilaufgabe b:

Nach der 1. Pfadregel ergibt sich für den Fall „Mutter Rh^- und Vater Rh^-" die Wahrscheinlichkeit $p_2 = 0{,}15 \cdot 0{,}15 = 0{,}0225$.

Die gesuchte Wahrscheinlichkeit berägt: $\frac{p_1}{p_1 + p_2} = \frac{0{,}1275}{0{,}1275 + 0{,}0225} = 0{,}85$

Lösung mit Vierfeldertafel:

Es werden die Wahrscheinlichkeiten eingetragen. Wegen der Unabhängigkeit können die Produkte der zugehörigen Wahrscheinlichkeiten gebildet werden.

Teilaufgabe a: Wert in der rot markierte Zelle

		Mutter		
		Rh^+	Rh^-	
Vater	Rh^+	$0{,}85 \cdot 0{,}85$	$0{,}85 \cdot 0{,}15$	0,85
	Rh^-	$0{,}85 \cdot 0{,}15$	$0{,}15 \cdot 0{,}15$	0,15
		0,85	0,15	1

Teilaufgabe b: Quotient aus den Werten in den rot und gelb markierten Zellen

		Mutter		
		Rh^+	Rh^-	
Vater	Rh^+	$0{,}85 \cdot 0{,}85$	$0{,}85 \cdot 0{,}15$	0,85
	Rh^-	$0{,}85 \cdot 0{,}15$	$0{,}15 \cdot 0{,}15$	0,15
		0,85	0,15	1

Teste dich selbst

1. Katharina wirft dreimal hintereinander einen Spielwürfel (Hexaeder).
Wie groß ist die Wahrscheinlichkeit, dass sie mindestens zweimal die Augenzahl 3 erhält?

2. Von den 24 Schülern einer Klasse aus 16 Jungen und 8 Mädchen haben vier die Hausaufgaben vergessen. Der Lehrer wählt zufällig einen Schüler zur Hausaufgabenkontrolle aus.
a) Mit welcher Wahrscheinlichkeit muss ein Mädchen die Aufgaben vorzeigen?
b) Mit welcher Wahrscheinlichkeit wird ein Schüler mit vergessenen Hausaufgaben gewählt?

3. Bei einer Verkehrskontrolle von 180 Autos fehlte in 15 Autos nur das Warndreieck, bei 20 Autos wurde eine defekte Lampe gefunden. Zehn Autos wiesen beide Mängel auf.
a) Gib die Wahrscheinlichkeit dafür an, dass ein kontrolliertes Auto mindestens einen Mangel aufweist.
b) Wie viele mangelhafte Autos können bei der nächsten Kontrolle von 500 Autos erwartet werden, wenn die gleiche Mängelwahrscheinlichkeit vorausgesetzt wird?

4. In einer Urne liegen zehn Kugeln mit den Zahlen 1 bis 10. Es werden mit verbundenen Augen gleichzeitig zwei Kugeln gezogen. Mit welcher Wahrscheinlichkeit zieht man:
a) die Kugeln mit den Zahlen 5 bzw. 6, b) zwei Kugeln mit geraden Zahlen,
c) zwei Kugeln mit aufeinanderfolgenden Zahlen?

5. In einer Urne befinden sich 26 Kärtchen mit je einem anderen Buchstaben unseres Alphabets. Wie groß ist die Wahrscheinlichkeit, bei dreimaligem Ziehen das Wort „LOS" zu ziehen:
a) ohne Zurücklegen, b) mit Zurücklegen

6. Ein Mathematiklehrer in Stochastien ermittelt die Zeugniszensuren durch Würfeln. Würfelt er eine 2, 3, 4 oder 5, so ist dies die Zensur des betreffenden Schülers. Würfelt er eine 1 oder 6, so würfelt er noch einmal und gibt dem Schüler die zweite geworfene Augenzahl als Zensur. Berechne jeweils die Wahrscheinlichkeit für jede der einzelnen Zeugniszensuren 1 bis 6.

7. Eine Anlage besteht aus drei unabhängig voneinander funktionierenden Teilen, die eine Ausfallwahrscheinlichkeit von 1 %, 0,5 % und 0,3 % haben. Berechne die Wahrscheinlichkeit, dass:
a) die Maschine fehlerfrei arbeitet b) alle Teile defekt sind

8. Bei einem Schulfest soll eine Tombola veranstaltet werden. Bei 1 000 Losen sollen 10 Gewinne zu 25 €, 25 Gewinne zu 10 €, 50 Gewinne zu 5 €, 125 Gewinne zu 2 € und der Rest der Lose Nieten sein. Als Lospreis wird 1 € festgelegt. Prüfe, ob es sich um ein faires Spiel handelt.

9. Eine Zufallsgröße X hat folgende Wahrscheinlichkeitsverteilung:
a) Berechne p.
b) Bestimme den Erwartungswert und die Standardabweichung der Zufallsgröße X

X = k	–1	0	1	2
P(X = k)	0,1	0,2	0,4	p

10. Der Mathematiker GOTTFRIED WILHELM LEIBNIZ (1646 bis 1716) meinte, die Wahrscheinlichkeiten beim Werfen zweier Würfel die Augensummen 11 oder 12 zu erhalten, seien gleich.
a) Begründe, warum nebenstehender Ansatz für eine Simulation mit dem CAS-Rechner geeignet ist. Stelle die Ergebnisse als Schnellgraph dar und interpretiere das Diagramm.

	A w1	B w2	C s	D
♦	randint(1,6,100)	=randint(1,6,100)	=a[]+b[]	
1	2	6	8	
2	3	3	6	

b) Erläutere, wie man die theoretische Lösung für dieses Problem finden kann.

Mehrstufige Zufallsexperimente

Ein Zufallsexperiment besteht aus mehreren nacheinander oder gleichzeitig ablaufenden einstufigen Zufallsversuchen..

1. Pfadregel (Produktregel): Die Wahrscheinlichkeit eines Ergebnisses in einem mehrstufigen Zufallsexperiment ist gleich dem Produkt der Wahrscheinlichkeiten längs des Pfades.

2. Pfadregel (Summenregel): Die Wahrscheinlichkeit eines aus mehreren Ergebnissen zusammengesetzten Ereignisses ist gleich der Summe aller zugehörigen Pfadwahrscheinlichkeiten.

Verknüpfen von Ereignissen

A oder B; $(A \cup B)$
$A = \{2, 3, 5\}$; $B = \{1, 2\}$
$A \cup B = \{1, 2, 3, 5\}$

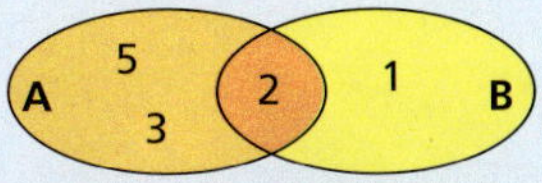

A und B $(A \cap B)$
$A = \{2, 3, 5\}$; $B = \{1, 2\}$
$A \cap B = \{2\}$

Additionssatz: $P(A \cup B) = P(A) + P(B) - P(A \cap B)$

Spezieller Additionssatz: $P(A \cup B) = P(A) + P(B)$ falls $A \cap B = \{\ \}$

A und B heißen genau dann voneinander **(stochastisch) unabhängig,** wenn gilt: $P(A \cap B) = P(A) \cdot P(B)$

Zwei Ereignisse A und B sind stochastisch unabhängig, wenn das Eintreten von A keinen Einfluss auf die Wahrscheinlichkeit des Ereignisses B hat und umgekehrt.
Beispiele dafür sind: mehrfaches Ziehen einer Kugel mit Zurücklegen bzw. dreifacher Münzwurf

Baumdiagramm für unabhängige Ereignisse A und B

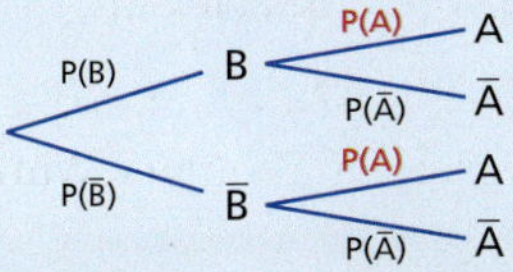

Vierfeldertafel für unabhängige Ereignisse A und B

	B	$\overline{B}$	
A	$P(A) \cdot P(B)$	$P(A) \cdot P(\overline{B})$	$P(A)$
$\overline{A}$	$P(\overline{A}) \cdot P(B)$	$P(\overline{A}) \cdot P(\overline{B})$	$P(\overline{A})$
	$P(B)$	$P(\overline{B})$	

Erwartungswert, Varianz und Standardabweichung von Zufallsgrößen

Der **Erwartungswert E(X)** ist gleich der Summe der Produkte aus den Werten und den Wahrscheinlichkeiten der Werte: $E(X) = x_1 \cdot p_1 + x_2 \cdot p_2 + \ldots + x_n \cdot p_n$

Die **Varianz V(X)** beschreibt die mittlere quadratische Abweichung der Werte der Zufallsgröße von ihrem Erwartungswert: $V(X) = (E(X) - x_1)^2 \cdot p_1 + (E(X) - x_2)^2 \cdot p_2 + \ldots + (E(X) - x_n)^2 \cdot p_n$

Die Standardabweichung σ_X ist die Quadratwurzel aus der Varianz V(X): $\sigma X = \sqrt{V(X)}$

Simulation von Zufallszahlen mit einem CAS-Rechner

„randseed Zahl" setzt den Zufallsgenerator auf einen individuellen Anfangswert, wenn *„Zahl"* eine individuelle Ziffernfolge ist (z. B. ein Geburtsdatum)

Erzeugen einer Zufallszahl	**Befehl beim CAS-Rechner**
aus dem Intervall $0 < Z < 1$	rand(Z)
aus der Zweiermenge {0; 1}	randInt(0,1)
aus der Sechsermenge {1; 2; 3; 4; 5; 6}	randInt(1,6)
Liste mit k ganzzahligen Zufallszahlen Z mit $u \leq Z \leq o$	randInt(o,m,k)

7 Aufgabenpraktikum

Beziehungen und Veränderungen beschreiben und erkunden
Du kannst lineare und quadratische Funktionen unterschiedlich darstellen und zur Beschreibung von Vorgängen benutzen.
Erläutere an Beispielen, welchen Einfluss Parameter in einer Funktionsgleichung auf den Verlauf des dazugehörigen Funktionsgraphen haben.

Mit Daten und Zufall arbeiten
Beim Lösen von Aufgaben hast du schon einmal Daten ermittelt, ausgewertet bzw. grafische Darstellungen kritisch analysiert. Du kannst Wahrscheinlichkeiten nutzen, um Chancen und Risiken zu beurteilen.
Erläutere an Beispielen, welche Möglichkeiten für die grafische Darstellung von Daten es gibt.

Computeralgebrasysteme (CAS) als Hilfsmittel beim Lösen von Aufgaben nutzen
Du kennst wichtige Merkmale der Calculator-, der Grafik-, der Geometrie- und der Statistik-Anwendung eines CAS-Rechners und hast wichtige Bedienungselemente kennengelernt.
Erläutere an Beispielen, wie bei deinem CAS-Rechner Funktionen einfach und komfortabel erstellt und dann grafisch dargestellt werden können.

Verwenden von CAS-Rechnern beim Lösen von Aufgaben

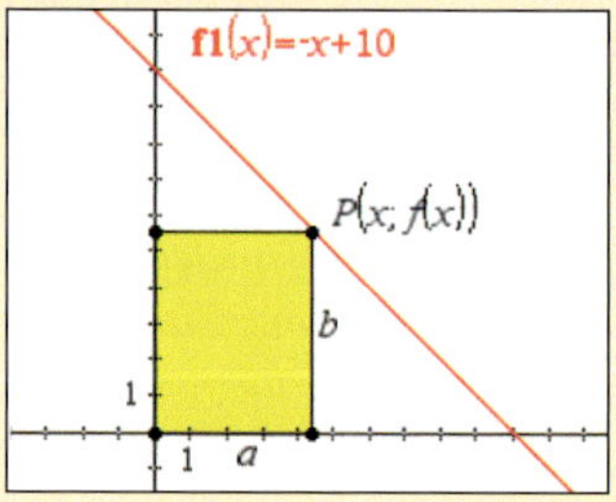

Gegeben ist der Graph f einer eine lineare Funktion $y = f(x) = -x + 10$ im 1. Quadranten eines Koordinatensystems. Der Graph f ist eine Gerade, die sowohl die x-Achse als auch die y-Achse schneidet. Auf der Geraden liegt ein „beweglicher“ Punkt $P(x \mid f(x))$. Die Schnittpunkte der Lote von P auf die beiden Koordinatenachsen sind gemeinsam mit dem Punkt P und dem Koordinatenursprung Eckpunkte eines Rechtecks.

Ermittle die Koordinaten von P für den Fall, dass dieses Rechteck einen möglichst großen Flächeninhalt hat. Untersuche, ob sich das Ergebnis auf andere lineare Funktionen übertragen lässt.

Analyse

Im Intervall $0 < x < 10$ hat das Rechteck die Seitenlängen: $a = x$ und $b = f(x) = -x + 10$.

Für den Flächeninhalt des Rechtecks gilt: $A = a \cdot b = A(x) = x \cdot (-x + 10) = -x^2 + 10x$

Der Graph der Funktion A(x) ist eine nach unten geöffnete Parabel, deren Scheitelpunkt das gesuchte Maximum beschreibt.

Lösung

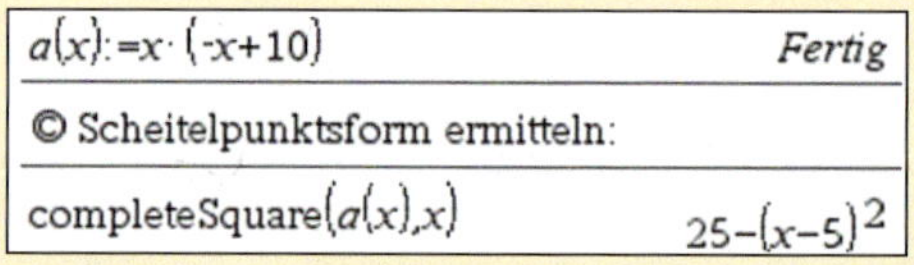

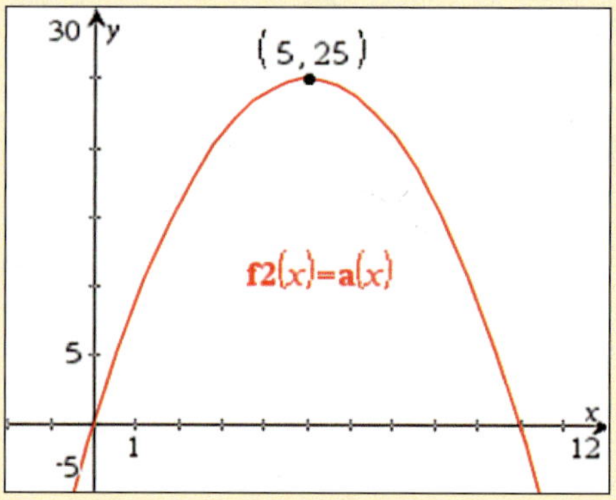

Für $x = 0$ und $x = 10$ hat die Funktion A(x) jeweils eine Nullstelle. Die Abszisse x des Scheitelpunkts S der Parabel liegt mittig zwischen den beiden Nullstellen. Es gilt: $x = 5$

Somit liegt die Abszisse des Punktes P vom Rechteck auch genau in der Mitte des Intervalls $0 < x < 10$. Der Flächeninhalt des Rechtecks hat sein Maximum für $x = 5$. Er beträgt dann 25 FE. Das Rechteck hat zwei gleich lange Seiten. Es ist ein Quadrat.

Hinweise:

- Wird die Aufgabe ohne CAS-Rechner gelöst, kann dieser trotzdem der Selbstkontrolle dienen.
- Die Scheitelpunktskoordinaten können mit einem CAS-Rechner sowohl *rechnerisch* als auch *grafisch* ermittelt werden.

Allgemeine Betrachtungen

Für lineare Funktionen mit der Gleichung $y = f(x) = mx + n$ $(m < 0;\ n > 0)$ und für Punkte $P(x \mid f(x))$ hat im Intervall $0 < x < -\frac{m}{n}$ das Rechteck die Seitenlängen $a = x$ und $b = mx + n$.

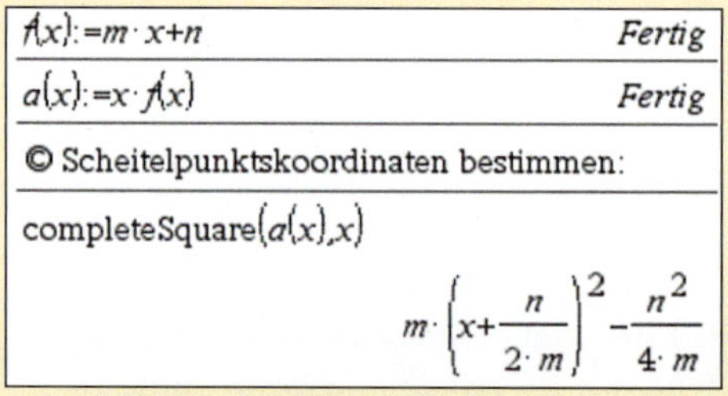

Für den Flächeninhalt A des Rechtecks gilt die Formel:

$A = a \cdot b = x \cdot (mx + n) = mx^2 + nx$

Der Graph der Funktion A(x) hat den Scheitelpunkt $S\left(-\frac{n}{2m} \,\middle|\, -\frac{n^2}{4m}\right)$.

Auch hier liegt die Abszisse x des Scheitelpunkts S der Parabel mittig zwischen den beiden Nullstellen. Das Rechteck ist immer ein Quadrat.

7.1 Aufgaben zum Üben

Multiple-Choice-Aufgaben:
(Löse zuerst, vergleiche dann mit den Antwortmöglichkeiten.)

1. Der Wert des Terms $\frac{a-b}{a \cdot b}$ für a = 1 und b = –1 beträgt:
(A) –2 (B) 1 (C) –1 (D) 0 (E) 2

2. Der Wert des Term $\frac{a \cdot b}{a-b}$ für a = 1,5 und b = –1,5 beträgt:
(A) 0,75 (B) –0,75 (C) ist nicht definiert (D) 0 (E) 3

3. Die Summe von $\frac{1}{a}$ und $\frac{1}{2b}$ ist:
(A) $\frac{1}{a+2b}$ (B) $\frac{a+b}{2ab}$ (C) $\frac{2ab}{a+2b}$ (D) $\frac{2a+b}{ab}$ (E) $\frac{a+2b}{2ab}$

4. Die Nullstellen von $y = f(x) = 6 - 0{,}5x^2$ sind:
(A) $x_1 = 0$, $x_2 = 0$ (B) $x_1 = 6$, $x_2 = -0{,}5$ (C) $x_1 = 2 \cdot \sqrt{3}$, $x_2 = -2 \cdot \sqrt{3}$ (D) $x_1 = 3$, $x_2 = -3$ (E) $x_1 = 12$, $x_2 = -12$

5. Die Nullstellen von $y = f(x) = 0{,}5x^2 - 6$ sind:
(A) $x_1 = 0$, $x_2 = 0$ (B) $x_1 = 6$, $x_2 = -0{,}5$ (C) $x_1 = 2 \cdot \sqrt{3}$, $x_2 = -2 \cdot \sqrt{3}$ (D) $x_1 = 3$, $x_2 = -3$ (E) $x_1 = 12$, $x_2 = -12$

6. Zum Funktionswert 4 der Funktion $y = f(x) = x^2 - 2x + 1$ gehören die Argumente:
(A) –3 und 1 (B) 3 und –1 (C) 3 und 0 (D) –1 und 2 (E) 2 und –2

7. Der Graph einer Funktion f ist symmetrisch zur y-Achse, wenn gilt:
(A) $f(x) = -f(x)$ (B) $f(-x) = -f(x)$ (C) $f(x) = -f(-x)$ (D) $f(-x) = f(x)$ (E) $f(x) \cdot f(-x) = -1$

8. Das Gleichungssystem mit den Gleichungen (I) $2x - y = 1$ und (II) $-x + y = 5$ hat die Lösungsmenge:
(A) {(0; 0)} (B) {(1; 1)} (C) {(1; 6)} (D) {(2; 3)} (E) {(6; 11)}

9. Ein Betrag von 500 € wird auf einem Sparkonto mit einem Zinssatz von 1% p. a. angelegt. Die Zinsen (mit Zinseszins) nach zwei Jahren betragen:
(A) 555,55 € (B) 550,50 € (C) 15,50 € (D) 510,05 € (E) 10,05 €

10. In einer Fabrik werden Lampen produziert. Bei einer Ausschussquote von 2 % wurden an einem Tag 150 Lampen als unbrauchbar aussortiert.
An diesem Tag wurden insgesamt produziert:
(A) 750 Stück (B) 3 000 Stück (C) 7 500 Stück (D) 75 000 Stück

11. Ein Würfel hat eine Kantenlänge von 5 cm. Eine Kugel hat einen Radius von 5 cm. Das Verhältnis der Rauminhalte beider Körper beträgt:
(A) $4\pi : 3$ (B) $3 : 4\pi$ (C) $3\pi : 4$ (D) $4 : 3\pi$

12. Die Wahrscheinlichkeit, beim (einmaligen) Werfen eines Spielwürfels eine gerade Augenzahl zu würfeln, beträgt:
(A) $\frac{1}{6}$ (B) $\frac{2}{6}$ (C) $\frac{3}{6}$ (D) $\frac{1}{2}$

13. Bei einer Fahrzeugkontrolle wurden 100 Autos mit jungen Fahrern kontrolliert, die nicht älter als 27 Jahre waren. Bei 20 von ihnen wurden Mängel am Auto festgestellt. Bei 200 kontrollierten älteren Autofahrern waren es 50 Autos mit Mängeln. Der Anteil der jungen unter allen Autofahrern, die Autos ohne Mängel hatten, betrug:

(A) $\frac{1}{3}$ (B) $\frac{4}{5}$ (C) $\frac{8}{23}$ (D) $\frac{1}{5}$ (E) $\frac{2}{7}$

14. Eine Biathletin hat eine durchschnittliche Trefferquote von 80 %. Die Wahrscheinlichkeit, dass sie bei drei Schüssen genau zweimal nacheinander trifft, ist:

(A) $0{,}8 + 0{,}8 + 0{,}2$ (B) $0{,}8 \cdot 0{,}8$ (C) $0{,}8 \cdot 0{,}8 \cdot 0{,}2$ (D) $2 \cdot 0{,}8^2 \cdot 0{,}2$ (E) $1 - 0{,}8^2$

15. Aus einem Skatspiel (32 Karten) wird blind eine Karte gezogen. Die Wahrscheinlichkeit, dass es sich dabei um einen König oder eine Karokarte handelt, ist:

(A) $\frac{1}{8}$ (B) $\frac{1}{4}$ (C) $\frac{3}{8}$ (D) $\frac{11}{32}$ (E) $\frac{13}{32}$

16. Für nebenstehende Strahlensatzfigur gilt:
$BD \parallel CE$, $\overline{AB} = 5$ cm, $\overline{BD} = 2$ cm und $\overline{BC} = 1$ cm.
Die Länge von $\overline{CE}$ ist:

(A) 2,4 cm (B) 0,4 cm (C) 2,5 cm
(D) 5 cm (E) 1,5 cm

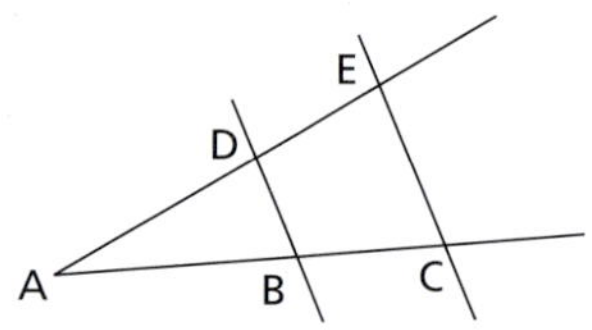

17. Gegeben ist eine gerade quadratische Pyramide, deren Kanten alle die Länge a haben. Das Volumen dieser Pyramide kann berechnet werden mit:

(A) $\frac{1}{3}a^2$ (B) $\frac{2}{3}a^3$ (C) $\frac{\sqrt{6}}{6}a^3$ (D) $\sqrt{\frac{3}{2}}a^3$ (E) $\frac{a^3}{3}$

18. Auf einen geraden Kreiszylinder mit der Höhe h = 5 cm und dem Grundkreisdurchmesser d = 6 cm ist ein gerader Kreiskegel aufgesetzt, dessen Grundfläche zur Grundfläche des Zylinders kongruent ist, der aber nur halb so hoch ist wie der Zylinder. Der zusammengesetzte Körper hat ein Gesamtvolumen von:

(A) $\frac{70}{3}\pi\ \text{cm}^3$ (B) $\frac{105}{2}\pi\ \text{cm}^3$ (C) $\frac{135}{2}\pi\ \text{cm}^3$ (D) $210\pi\ \text{cm}^3$ (E) $270\pi\ \text{cm}^3$

Ohne Hilfsmittel zu lösende Aufgaben

1. a) Schreibe für jeden im nebenstehenden Koordinatensystem dargestellten Graphen f, g und h eine Funktionsgleichung auf.
b) Lies die Nullstellen ab.
c) Spiegele gedanklich jeden Graphen an der x-Achse und gib jeweils eine Funktionsgleichung für das entstandene Bild an.

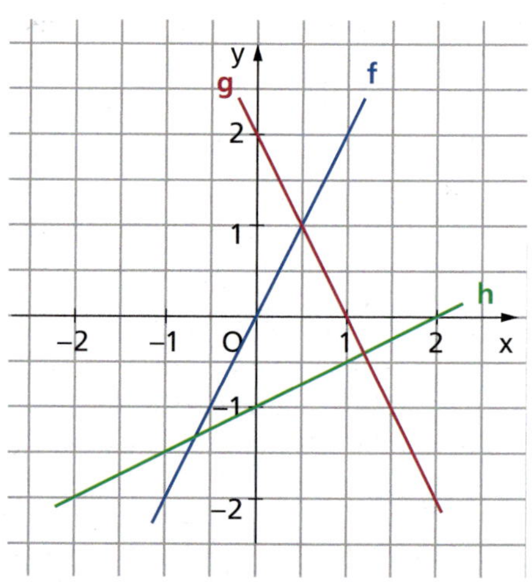

2. Berechne (ohne Taschenrechner).

a) $1{,}25 + 12{,}5 - \frac{3}{4}$ b) $\frac{1}{4} : \frac{3}{12} - \frac{1}{2}$

c) $250 : 5 - 1{,}5 \cdot 10 + 5 \cdot 0$ d) $\left(0{,}5 + \frac{1}{2}\right)^2 + \left(0{,}5 - \frac{1}{2}\right)^2$

3. Berechne, wie lang eine Strecke von 1 cm auf einer Landkarte mit einem Maßstab von 1 : 200 000 in Wirklichkeit ist.

4. Erläutere jeweils an einem Beispiel folgende Begriffe:

a) lineare Funktion b) quadratische Funktion c) Potenzfunktion
d) Definitionsbereich e) Wertebereich f) Nullstelle
g) Exponent h) Basis i) Lösungsformel

5. a) Berechne die Werte des Terms $0{,}5 \cdot a^2 - 3{,}5a + 5{,}5$ für $a = 1; 3; \frac{1}{2}; -2; -\frac{1}{2}$

b) Vereinfache die folgenden beiden Terme soweit wie möglich:
(I) $0{,}5(5x - 1{,}5) - (5x + 5{,}5) - x$
(II) $\frac{5}{2}(1{,}5x - 4{,}5)$

c) Klammere beim Term $140\,a^2b^3 + 208\,a^3b^2$ den größtmöglichen Faktor aus.

6. a) Hier hat sich beim Umformen ein Fehler eingeschlichen. Finde den Fehler und korrigiere ihn.
b) Löse die Gleichung und führe eine Probe durch.

$(x - 2) \cdot (x + 1) = 2x \cdot (x - 1) - (x - 2)$	| Ausmultiplizieren
$x^2 - 2x + x - 2 = 2x^2 - 2 + 2$	| Zusammenfassen
$x^2 - x - 2 = 2x^2$	| $-x^2$
$-x^2 - x - 2 = 0$	

7. Das Volumen der Erde beträgt etwa 1080 000 000 000 km^3. Schreibe dieses Volumen mit abgetrennten Zehnerpotenzen.
Das Volumen der Sonne beträgt etwa $1{,}41 \cdot 10^{27}\ km^3$. Schreibe dieses Volumen ohne abgetrennte Zehnerpotenzen. Vergleiche beide Angaben miteinander und formuliere eine wahre Aussage über das Verhältnis beider Angaben.

8. Skizziere den Graphen f der Funktion $y = f(x) = 0{,}5 \cdot x^2$.

a) Welche Eigenschaften hat diese Funktion?
b) Gib die Gleichungen von zwei weiteren Potenzfunktionen an, bei denen sich die zugehörige Parabel nach „unten öffnet“.
c) Gib jeweils die Gleichung einer Potenzfunktion an, deren Graph durch Verschieben der Normalparabel nach oben bzw. nach unten verschoben erzeugt werden kann.
d) Wie ändert sich die Funktionsgleichung $y = f(x) = 2x^2$ beim Verschieben des Funktionsgraphen um 4 LE nach rechts bzw. um 3 LE nach links.

9. Skizziere jeweils Funktionsgraphen in einem Koordinatensystem und gib die zugehörigen Funktionsgleichungen an.

a) eine lineare Funktion mit dem Anstieg 0 b) eine Funktion, die keine Nullstellen hat
c) zwei Funktionen mit gleichem DB d) zwei Funktionen mit gleichem WB
e) zwei Funktionen mit gleichen Nullstellen f) zwei sich schneidende Funktionsgraphen

10. Entscheide und begründe, welche der Gleichungen den Graphen einer Funktion beschreibt.

a) $y = 0 \cdot x$ b) $y = x + 0$ c) $y = 3$ d) $x = 3$ e) $y = |3| \cdot x^2$ f) $y = |-3|$

11. Gegeben ist der Graph f einer linearen Funktion.

a) Gib eine Gleichung für dieser Funktion an.
b) Berechne den Flächeninhalt von Δ AOB.
c) Begründe, warum $\alpha = 45°$ gilt.
d) Berechne die Größe des Winkels β und die Länge der Strecke $\overline{AB}$.
e) Gib die Gleichungen aller drei Mittelsenkrechten von Δ AOB und die Koordinaten ihres Schnittpunkts an.
f) Das △ AOB soll am Streckungszentrum A mit dem Faktor k = 2 zentrisch gestreckt werden.
Gib sowohl die Koordinaten der Eckpunkte des Bilddreiecks als auch seine Seitenlängen und seinen Flächeninhalt an.

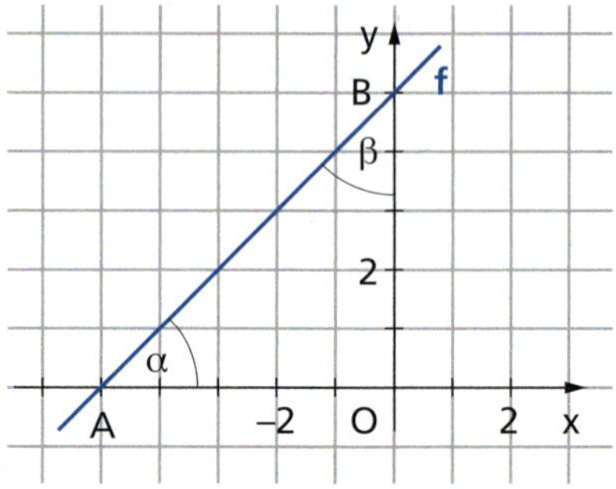

12. Zeichne ein Quadrat mit einer Seitenlänge von 8 cm und ein Rechteck, das um 1 cm länger und um 1 cm schmaler als das Quadrat ist. Vergleiche dann die Flächeninhalte und die Umfänge beider Figuren miteinander.

a) Untersuche den Zusammenhang an einem Quadrat mit selbst gewählter Seitenlänge.
b) Untersuche den Zusammenhang an einem Quadrat mit beliebiger Seitenlänge.

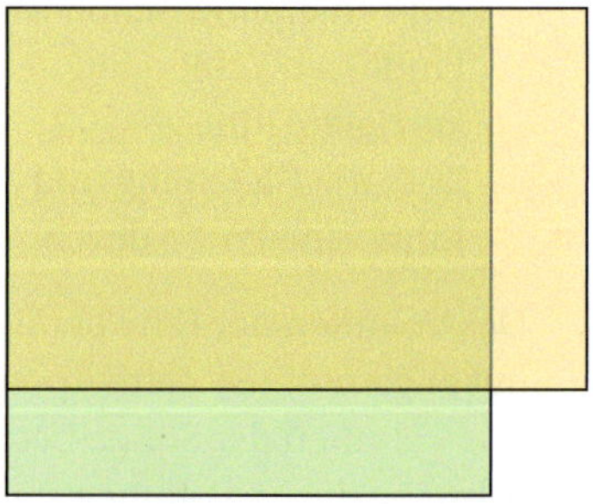

13. Eine (ideale) Münze und ein (idealer) Würfel werden gleichzeitig geworfen.

a) Gib die Wahrscheinlichkeit für den Fall an, dass beim einmaligen Werfen beider Objekte die Münze mit dem Wappen nach oben liegen bleibt und keine Sechs gewürfelt wird.
b) Gib die Wahrscheinlichkeit dafür an, dass beim dreimaligen (gleichzeitigen) Werfen beider Objekte bei jedem Wurf die Münze immer mit dem Wappen nach oben liegen bleibt.
c) Gib die Wahrscheinlichkeit für den Fall an, dass beim viermaligen Werfen beider Objekte bei jedem Wurf immer eine gerade Zahl gewürfelt wird.

Mit Hilfsmitteln zu lösende Aufgaben

1. a) Berechne die Werte des Terms $0{,}5 \cdot (a^2 - 3{,}5a) + 5{,}5$ für $a = 1; 3; 4{,}5; -2; -5{,}5$

b) Vereinfache die folgenden beiden Terme soweit wie möglich:

(I) $0{,}5 \cdot (5x - 1{,}5) \cdot (1 - x) - (5x + 5{,}5)^2 - x$

(II) $\frac{5}{2(1{,}5x - 4{,}5)}$

2. Erstelle mit einem CAS-Rechner den Graphen f der Funktion $y = f(x) = -2x^2 + 2x + 3$.

a) Übertrage f möglichst genau in ein passendes Koordinatensystem in dein Heft.
b) Gib die Koordinaten besonderer Punkte an, die Du für deine Zeichnung verwendet hast.

3. In nebenstehender Tabelle ist eine Funktion dargestellt.
a) Stelle die Angaben mit einem CAS-Rechner grafisch dar.
b) Gib eine Funktionsgleichung für die Funktion an.

x	y
1	0,2
2	0,8
3	1,8
4	3,2
5	5,0

4. Erstelle mit einem CAS-Rechner sowohl den Graph als auch eine zugehörige Wertetabelle der Funktion und erläutere deren Eigenschaften.
a) $y = 1{,}5 \cdot x^2 + 1{,}5$ b) $y = 0{,}5 \cdot x^2 - 0{,}5$ c) $y = 2x^2 + 8x - 16$

5. Die Gleichung $y = h(x) = -0{,}02x^2 + 0{,}84x$ beschreibt die Flugbahn einer Kugel. Die Variable x gibt die horizontale Entfernung von der Abwurfstelle und die Variable h die Höhe der Kugel in Meter an.
a) Berechne, welche Höhe die Kugel in 10 m Entfernung von der Abwurfstelle hat.
b) Nach wie vielen Metern hat die Kugel ihre maximale Höhe erreicht. Gib diese maximale Höhe an.
c) Entscheide und begründe in welchem Abstand von der Abwurfstelle die Kugel auf den Boden auftrifft.
d) Ermittle an welchen Stellen die Kugel eine Höhe von 5 m hat.

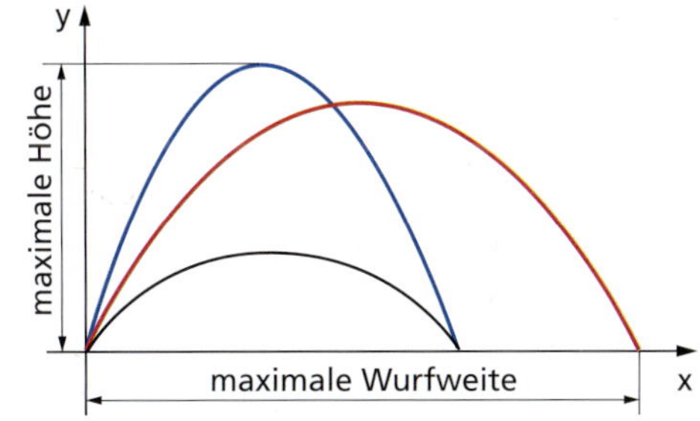

6. Löse das folgende Gleichungssystem mit einem CAS-Rechner:
(I) $4{,}7x + 2 \cdot (x - 3y) = 4{,}1y + 1$ und (II) $5{,}4y - 0{,}3x - 2 = 5 \cdot (x - 2y)$

7. a) Konstruiere die Winkelhalbierenden zu zwei sich schneidenden Geraden.
b) Konstruiere ein Dreieck mit den Seitenlängen a = 5 cm, b = 4 cm und c = 7 cm

8. Simuliere das gleichzeitige Werfen zweier Würfel in der Tabellenkalkulation deines CAS-Rechners und stelle die Häufigkeitsverteilung der Augensumme graphisch dar. Gib einen Schätzwert für die Wahrscheinlichkeit jeder möglichen Augensumme an.

9. Gegeben ist die Funktion $y = f(x) = 2x^2 - 2x - 2$. Erläutere, wie der Graph, der Scheitelpunkt und Nullstellen dieser Funktion sowohl ohne als auch mit einem CAS-Rechner ermittelt werden können.

10. Zeichne den Graphen von $y = f(x) = 0{,}2x^2 + 3x - 0{,}5$. Ermittle den Scheitelpunkt und die Nullstellen sowohl exakt als auch als dezimale Näherungswerte mit drei Dezimalstellen.

11. Begründe, warum du die Nullstellen der Funktion $y = f(x) = 0{,}02 \cdot x(x - 0{,}033)$ schneller im Kopf berechnen kannst als mit einem CAS-Rechner. Gib die Nullstellen an und prüfe dein Ergebnis mit einem CAS-Rechner.

12. Löse folgende Gleichungssysteme zuerst schriftlich und dann mit einem CAS-Rechner sowohl rechnerisch als auch grafisch:

a) $3x + y = 2$
$2x - y = -2$

b) $4x + 3y = 9$
$-4x - 3y = -6$

c) $4x = 7 + 3y$
$-3y = 4x - 7$

13. Die Länge eines Rechtecks ABCD mit $a = \overline{AB}$ wird um 50 % kleiner, die Breite mit $b = \overline{BC}$ gleichzeitig um 50 % größer.

a) Veranschauliche die Änderung des Flächeninhalts des Rechtecks ABCD in einem Diagramm.

b) Formuliere eine wahre Aussage, die den Sachverhalt der Längen- und der Flächenänderung beschreibt.

14. Die Länge eines Rechtecks ABCD mit $a = \overline{AB}$ wird verdoppelt und die Breite mit $b = \overline{BC}$ gleichzeitig halbiert.

a) Veranschauliche die Änderung des Flächeninhalts des Rechtecks ABCD in einem Diagramm.

b) Formuliere eine wahre Aussage, die den Sachverhalt der Längen- und der Flächenänderung beschreibt.

15. Zeichne mit einem CAS-Rechner drei Parabeln, die alle die Nullstellen -2 und 1 haben.

16. Gegeben ist die Funktion $y = f(x) = (5 - x) \cdot (3 + x)$.

a) Löse die Klammern vollständig auf und vereinfache den Funktionsterm.

b) Gib die Nullstellen der Funktion an.

c) Berechne die Funktionswerte f(x) an den Stellen $x_1 = 1{,}5$ und $x_2 = -2{,}5$.

d) Ermittle die Stellen, an denen der Funktionswert von f den Wert 1 hat.

e) Die Punkte $A(-3\,|\,0)$, $B(5\,|\,0)$ und $C(1\,|\,16)$ des Funktionsgraphen f bilden ein Dreieck. Berechne den Flächeninhalt des Dreiecks.

f) Entscheide und begründe, an welcher Stelle die Gerade mit $y = g(x) = \frac{4}{2} \cdot x - \frac{30}{3}$ den Graphen f schneidet.

17. Es soll eine zylinderförmige Blechdose ohne Deckel mit einem Volumen von 2π Liter hergestellt werden. Bestimme den Durchmesser und die Höhe der Dose so, dass möglichst wenig Material gebraucht wird.

18. Die Parabel der quadratischen Funktion $y = f(x) = x^2 + px + q$ hat den Scheitelpunkt $S(-0{,}5\,|\,-2{,}25)$ und geht durch den Punkt $P(1{,}1\,|\,0{,}31)$. Ermittle die Nullstellen der Funktion und gib die Werte der Parameter p und q an.

19. Der Graph einer quadratischen Funktion geht durch die Punkte $A(-1\,|\,2)$, $B(3\,|\,-2)$ und $C(t\,|\,5)$.

a) Ermittle für $t = 4$ eine Funktionsgleichung.

b) Untersuche, ob sich für jeden reellen Wert des Parameters t eine solche quadratische Parabel angeben lässt.

20. Ein Tunnel hat einen parabelförmigen Querschnitt mit den aus nebenstehender Skizze ersichtlichen Abmessungen. Gesucht ist ein Näherungswert für das vom Tunnel umschlossene Volumen. Verwende deinen CAS-Rechner, um einen Näherungswert für den Inhalt der durch die Parabel begrenzten Grundfläche durch ein Polygon zu ermitteln.

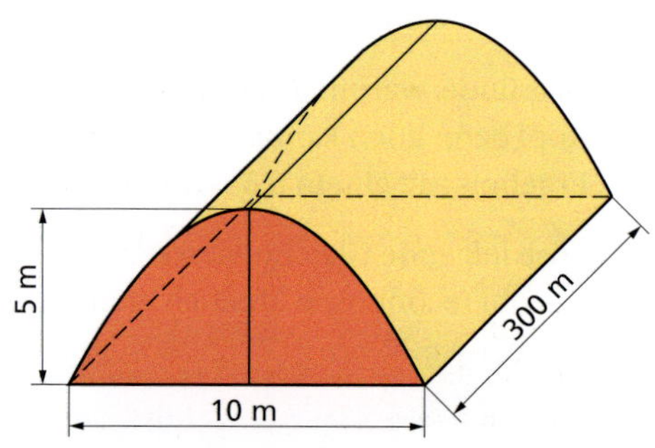

21. Etwa 5 % einer Bevölkerungsgruppe leiden an Farbenanomalien, oft auch als Rot-Grün-Blindheit bezeichnet. Von dieser Bevölkerungsgruppe werden 20 Personen zufällig ausgewählt. Entwickelt einen Lösungsansatz für die Berechnung der Wahrscheinlichkeit, dass mindestens eine dieser Personen an Farbenanomalie leidet.

22. Eine auf ihrer Grundfläche stehende leere zylinderförmige Tonne mit einem Grundkreisradius von 0,50 m und einer Höhe von 1,20 m wird gleichmäßig mit Wasser gefüllt. Es wird die Füllhöhe ermittelt. Sie beträgt zu Beobachtungsbeginn 5 cm und acht Minuten später 20 cm.

a) Ermittle, wie viele Minuten vor dem Beobachtungsbeginn die Tonne noch völlig leer war.

b) Erläutere, wie dabei der CAS-Rechner als Hilfsmittel bei rechnerischen und grafischen Lösungsverfahren verwendet werden kann.

23. Die Wasseroberfläche eines Teiches von 100 m^2 wird zu 3 m^2 von Seerosen bedeckt. Die Seerosen vermehren sich so, dass sich die von ihnen bedeckte Fläche jeden Monat verdoppelt. Der Teich wird bis auf eine Oberflächen größe von 400 m^2 ausgebaggert. Seine Größe verändert sich jeden Monat nach folgender Vorschrift: $y = f(x) = 40 \cdot x + 100$ (x entspricht dabei der Anzahl der Monate und y der Oberflächengröße des Sees in m^2).

a) Veranschauliche das Wachstum der Wasseroberfläche in einer Tabelle.

b) Berechne, wie viele Monate das Ausbaggern des Teiches dauert.

c) Veranschauliche das Wachstum der von den Seerosen bedeckten Fläche in einer Tabelle.

d) Gib die Größe der von den Seerosen bedeckten Fläche nach insgesamt 4 Tagen an.

e) Entscheide und begründe, nach wie vielen Monaten der Teich vollständig mit Seerosen bedeckt ist.

24. Ein Guthaben von 4 500,00 € soll in zwei Jahren mit Zinseszins auf 4 800,00 € wachsen.

a) Ermittle, wie hoch der Zinssatz dafür mindestens sein muss.

b) Berechne das Guthaben bei gleichem Zinssatz nach drei Jahren.

c) Berechne das Guthaben bei gleichem Zinssatz nach zehn Jahren.

25. Löse folgende Aufgabe sowohl graphisch als auch rechnerisch mit einem CAS-Rechner:

In A-Stadt startet um 8:00 Uhr ein ICE nach B-Stadt. Er hat (ohne Halt) eine Durchschnittsgeschwindigkeit von etwa 135 $\frac{km}{h}$. Genau 45 min vorher ist in A-Stadt ein Regionalzug in dieselbe Richtung losgefahren. Er hat (auch ohne Halt) eine Durchschnittsgeschwindigkeit von 90 $\frac{km}{h}$.

a) In welchem Abstand zu A-Stadt wird der Regionalzug eingeholt?

b) Gib die Uhrzeit an, zu der der ICE den Regionalzug eingeholt hat.

26. Herr Schmidt wandert Sonntags mit seinen drei Kindern durch den Ilmenauer Forst. An diesem Sonntag machen sie sich um 14:00 Uhr mit einer durchschnittlichen Geschwindigkeit von $4\,\frac{km}{h}$ auf den Weg zum Knöpfelstaler Teich. Nach zwei Stunden merkt Frau Schmidt, dass ihre Familie den Proviant vergessen hat. Sie nimmt ihr Fahrrad und fährt ihrem Mann und ihren Kindern mit einer durchschnittlichen Geschwindigkeit von $15\,\frac{km}{h}$ auf dem gleichen Wege nach. Ermittle sowohl rechnerisch als auch grafisch, nach wie vielen Kilometern und zu welcher Uhrzeit Frau Schmidt ihre Familie eingeholt hat.

27. Der Rhein fließt entlang einer Teilstrecke mit durchschnittlich $8\,\frac{km}{h}$. Ein Schiff braucht insgesamt 6 h reine Fahrzeit, um 60 km stromabwärts und wieder 60 km stromaufwärts zu fahren. Ermittle die Eigengeschwindigkeit des Schiffes, unter der Annahme, dass diese während der gesamten Fahrzeit konstant ist.

28. Die in der Skizze abgebildete atwoodsche Fallmaschine besteht aus einer festen Rolle, über die ein Faden gelegt ist. An den beiden Enden des Fadens sind zwei gleich große Massen M befestigt. Zunächst ist das System im Gleichgewicht. Wird auf der einen Seite des Fadens eine Zusatzmasse m befestigt, beginnt eine Bewegung. Für fest vorgegebene Wege h wurden folgende zugehörigen Zeiten t gemessen:

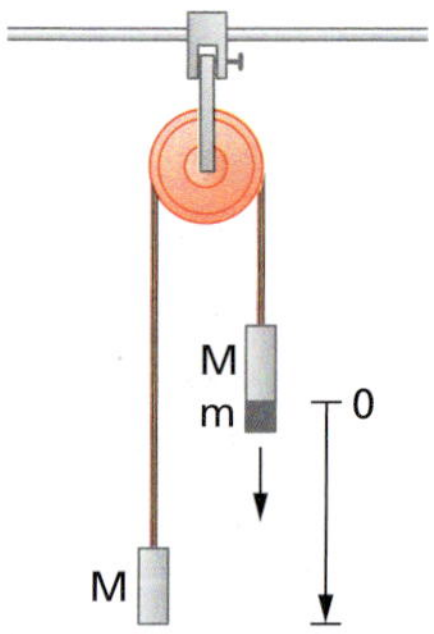

h in cm	0	1,1	1,3	1,5	1,8	2,3
t in s	0	1,7	1,9	2,1	2,3	2,6

a) Stelle den Zusammenhang zwischen h und t grafisch dar.
b) Gib eine Gleichung für die Funktion $t \rightarrow h$ an und ermittle damit, welche Zeit für h = 1,6 m benötigt wird.
c) Bestimme den Weg h für t = 1,5 s.

29. Die Grundfläche ABC einer Pyramide ABCD ist ein rechtwinkliges Dreieck mit dem rechten Winkel bei A. Für die beiden Katheten $\overline{AC}$ und $\overline{AB}$ des rechtwinkligen Dreiecks gilt: $\overline{AC} = 4$ cm und $\overline{AB} = 3$ cm.
Die Kante $\overline{AD} = 6$ cm ist auch die Höhe der Pyramide und zur Grundfläche senkrecht.
a) Zeichne sowohl ein Schrägbild als auch ein Zweitafelbild dieser Pyramide.
b) Baue ein Modell dieser Pyramide.
c) Berechne den Rauminhalt dieser Pyramide.
d) Verkürzt man die Kante $\overline{AD}$ von D aus und verlängert man die Kante $\overline{AB}$ über B hinaus um dieselbe Strecke x, so entsteht eine neue Pyramide mit verändertem Rauminhalt.
   (1) Untersuche, ob der Rauminhalt kleiner oder größer wird.
   (2) Berechne, für welches x der Rauminhalt seinen minimalen und für welches x der Rauminhalt seinen maximalen Wert annimmt.

30. Formuliert ähnliche Aufgaben wie Aufgabe 29 mit „geometrischem Hintergrund“ und löst diese.
a) Dokumentiert euer Vorgehen und eure Lösungen.
b) Veranschaulicht wesentliche Ergebnisse auf Poster.
c) Baut entsprechende Modelle.

31. Für Kreiskegelstümpfe gelten folgende Formeln:

$V = \frac{\pi}{3} \cdot h \cdot (r_1^2 + r_1 \cdot r_2 + r_2^2)$ und $A_O = \pi \cdot r_1^2 + \pi \cdot s \cdot (r_1 + r_2) + \pi \cdot r_2^2$

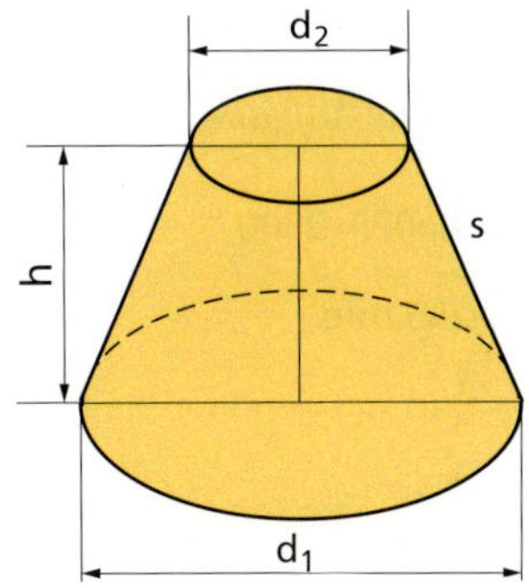

a) Ein Kreiskegelstumpf hat ein Volumen von 163,4 cm^3 und einen Oberflächeninhalt von 216,8 cm^2. Seine Höhe h beträgt 4,0 cm. Seine Mantellinie s hat eine Länge von 5,0 cm. Berechne die Längen der beiden Grundkreisradien.

b) Berechne für einen Kegelstumpf mit einem Volumen V von 75,4 cm^3, einem Oberflächeninhalt A_O von 102,6 cm^2 und einem Grundkreisradius $r_1 = 2{,}9$ cm die Länge vom anderen Grundkreisradius r_2, die Höhe h und die Mantellinie s.

Verwende für die Berechnungen deinen CAS-Rechner. Führe auch eine Probe durch.

32. Gegeben sind Geraden g mit der Gleichung $g(x) = -m \cdot x + 1$ mit $m \geq 0$.

a) Zeichne die Geraden für $m = \left\{0; 1; \frac{1}{2}; \frac{1}{4}; \frac{1}{5}\right\}$ und berechne die Nullstellen.

b) Alle Geraden g für beliebige $m \geq 0$ bilden ein „Geradenbüschel". Diese Geraden haben einen gemeinsamen Punkt. Erkläre, was ein Geradenbüschel ist und gib die Koordinaten dieses gemeinsamen Punktes an.

c) Welche dieser Geraden besitzt an der Stelle $x = 3$ eine Nullstelle?

d) Überprüfe, ob es eine Gerade dieses Büschels mit den Punkten $P\left(1 \mid \frac{1}{2}\right)$ und $Q(-1 \mid 3)$ gibt.

e) Die y-Achse, die x-Achse, die Gerade mit der Gleichung $x = 4$ und jede Gerade g des Büschels begrenzen im Intervall $0 \leq x \leq 4$ eine Fläche bzw. zwei Flächen vollständig. Untersuche, welche Form diese Flächen in Abhängigkeit von m annehmen können und beschreibe diese Flächen möglichst genau.

f) Zeige, dass sich für $m = \frac{1}{2}$ zwei zueinander kongruente Flächen ergeben.

g) Ermittle den Inhalt der unter e) bestimmten Flächen.
Entscheide und begründe, ob es eine kleinste Fläche gibt.

h) Die unter e) ermittelten Flächen sollen um die x-Achse rotieren. Beschreibe die dabei entstehenden Rotationskörper möglichst exakt. Zeige, dass sich das Volumen solch eines Rotationskörpers durch die Formel $V(m) = \frac{4}{3} \cdot \pi \cdot (16 \cdot m^2 - 12 \cdot m + 3)$ beschreiben lässt.

i) Ermittle, für welchen Wert von m das Volumen des Rotationskörpers am kleinsten ist. Untersuche, ob es einen Wert für m gibt, für den das Volumen maximal wird.

33. Gegeben sind quadratische Funktionen $y = f_r(x) = x^2 - r \cdot x - \frac{r^2}{4}$ mit dem reellen Parameter r. Die Parabeln dieser Kurvenschar heißen k_r.

a) Erzeuge mehrere Parabeln für selbst gewählte Werte von r.
Beschreibe die dabei entstehende Kurvenschar.

b) Zeige, dass alle Scheitelpunkte der Parabeln k_r auf der Kurve mit der Gleichung $y = f(x) = -2x^2$ liegen.

c) Zeige, dass folgende Aussagen wahr sind:

(I) Alle Parabeln der Kurvenschar k_r haben mindestens einen Punkt mit der x-Achse gemeinsam.

(II) Die Parabeln zu $f(-r, x)$ gehen durch Spiegelung an der y-Achse aus den Graphen von $f(r, x)$ hervor.

7.2 Aufgaben für Tests

(Löse jede Aufgabe und vergleiche dann dein Ergebnis mit den Antwortmöglichkeiten.)

1.	$0{,}0025 \cdot 2500$	(A) 0,0625	(B) 0,625	(C) 6,25	(D) 625
2.	255 min	(A) 4,2 h	(B) 2,55 h	(C) 4,25 h	(D) 2,45 h
3.	$\frac{7}{5}$ m	(A) 140 cm	(B) 125 cm	(C) 75 cm	(D) 175 cm
4.	$\frac{3}{6}$	(A) 5 %	(B) 36 %	(C) 50 %	(D) 3,6 %
5.	$(1-2x)\cdot(2+3x)$	(A) $-6x^2+2x+2$	(B) $-6x^2-x+2$	(C) $2+x-6x^2$	(D) $3+7x+6x^2$

6. Entscheide, welches Volumen am größten ist.
(A) 40 Liter (B) $0{,}4\ m^3$ (C) $400\ cm^3$ (D) $4\ dm^3$

7. Um welchen Faktor ändert sich das Volumen eines Würfels, wenn man alle Kantenlängen verdoppelt?
(A) 2 (B) 4 (C) 6 (D) 8

8. Beim Pferderennen starten fünf Pferde. Die Startbahnen werden ausgelost. Entscheide, wie viele Möglichkeiten der Anordnung es gibt.
(A) 20 (B) 32 (C) 60 (D) 120

(Beim Lösen der folgenden Aufgaben sollen keine Hilfsmittel verwendet werden.)

9. Gegeben ist die Funktion $y = f(x) = -3x + 5$; Berechne f(3) und f(– 3).

10. Prüfe und begründe, ob der Punkt P(–2 | 5) zum Graphen von $y = f(x) = -x^2 - 1$ gehört.

11. Berechne alle Werte x, für die Q(x | 5) zum Graphen von $y = f(x) = 8 + x$ bzw. zum Graphen von $y = g(x) = 2x^2 + 2x - 8$ gehört.

12. Vereinfache die Funktionsgleichung $y = f(x) = x^2 + 3x - 3$ für den Wert f(a + 2) möglichst weit.

13. Zeichne den Graphen der Funktion $y = f(x) = (x - 1)\cdot(x + 2)$ in ein Koordinatensystem und gib die Schnittpunkte des Graphen mit der x-Achse und mit der y-Achse an. Ermittle auch den Scheitelpunkt.

14. Gib an, für welchen Wert des Parameters t die Funktion $y = f(x) = 3x + 2t$ die Nullstelle 2 hat.

15. Löse das Gleichungssystem und führe eine Probe durch.

a) (I) $2x - 3y = 1$
(II) $-x + 2y = 2$

b) (I) $-2x + 3y = 4$
(II) $y = \frac{2}{3}x + \frac{4}{3}$

c) (I) $2y + 3x = 6$
(II) $x = 1 - \frac{2}{3}y$

16. Interpretiere die nebenstehende Anzeige eines CAS-Rechners.

$$\text{solve}\left(\begin{cases} x+y=-1 \\ 2\cdot x+2\cdot y=-2 \end{cases}, x, y\right)$$
$$x=-(c1+1) \text{ and } y=c1$$

17. Gib ein lineares Gleichungssystem aus zwei Gleichungen an, das folgende Lösung besitzt:
a) keine Lösung b) unendlich viele Lösungen c) L = {(1; 2)}

18. Ermittle den Schnittpunkt der beiden Geraden $y = f(x) = x + 2$ und $y = g(x) = -\frac{1}{2}x - 1$ sowohl rechnerisch als auch grafisch.

19. Carina und ihre ältere Schwester Susan sind zusammen 35 Jahre alt. Ihr Altersunterschied beträgt drei Jahre. Ermittle das Alter von Carina und von Susan.

20. Löse folgende Gleichungen:
a) $x^2 - 121 = 0$ b) $x \cdot (x - 1) = 0$ c) $3x^2 - 2x = 0$ d) $x^2 - 3 = 2x$

21. Skizziere die Graphen folgender Funktionen, gib ihre Nullstellen und die Koordinaten der Scheitelpunkte an:
a) $y = x^2 - 4$ b) $y = -x \cdot (x - 2)$
c) $y = (x + 3)^2 - 1$ d) $y = -\frac{1}{2}x^2 + 2$

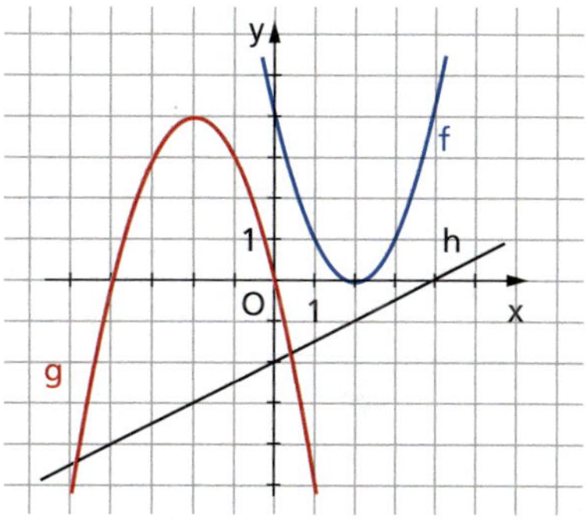

22. Gib für jeden im Koordinatensystem dargestellten Graphen eine Funktionsgleichung an.

23. Gib die Anzahl der Lösungen in Abhängigkeit vom reellen Parameter t an
a) $x^2 + 2x + t^2 = 0$ b) $x^2 - 2t \cdot x - 4 = 0$ c) $x^2 + t \cdot x - t^2 = 0$

24. Ein rechtwinkliges Dreieck hat die Katheten $a = 3$ cm und $b = 12$ cm. Berechne den Flächeninhalt des Dreiecks.

25. Entscheide und begründe, wie sich der Umfang und der Flächeninhalt eines Kreises ändern, wenn man den Radius des Kreises um 40 % vergrößert.

26. Die Flächeninhalte zweier Kreise verhalten sich zueinander wie 9 : 25. Entscheide und begründe, wie sich die Umfänge dieser beiden Kreise zueinander verhalten.

27. Entscheide und begründe, wie sich der Materialverbrauch bei der Herstellung zylindrischer Dosen verändert, wenn sowohl Radius als auch Höhe der Dose verdoppelt wird.

28. Ein Trapez ABCD mit $\overline{AB} \parallel \overline{CD}$ und $\overline{AB} = 6$ cm sowie $\overline{CD} = 4$ cm wird durch seine Diagonalen in Teildreiecke zerlegt.
a) Begründe, weshalb zwei dieser Teildreiecke zueinander ähnlich sind.
b) Ermittle, in welchem Verhältnis die Flächeninhalte der beiden zueinander ähnlichen Teildreiecke stehen.

29. Das Dreieck ABC wurde durch eine zentrische Streckung in das Bilddreieck A'B'C' überführt. Ermittle die Koordinaten des Streckungszentrums und die Größe des Streckungsfaktors.

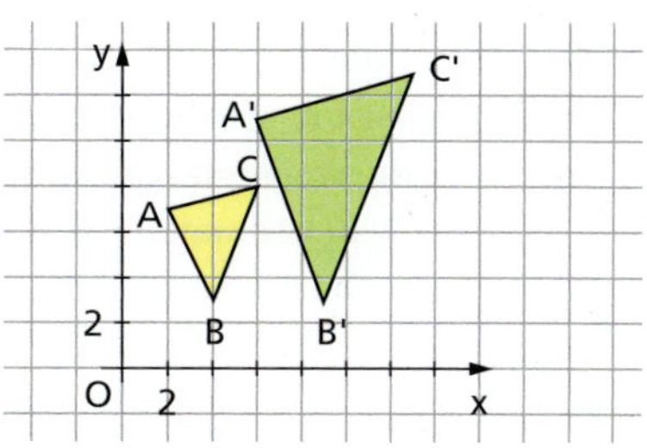

30. Der Preis einer Jacke wurde um 25 % gesenkt. Sie kostete vor der Senkung 120 €. Berechne, wie teuer die Jacke nach der Preissenkung war.

31. Der Preis einer Hose wurde von 80 € auf 48 € gesenkt. Berechne, um wie viel Prozent der Preis der Hose herabgesetzt wurde.

(Beim Lösen der folgenden Aufgaben dürfen Hilfsmittel verwendet werden.)

32. Das Quadrat der Summe zweier Zahlen ist um 80 größer als das doppelte Produkt dieser beiden Zahlen. Die Differenz der Quadrate der beiden Zahlen ist 48.
Ermittle alle Zahlenpaare, auf die diese Eigenschaften zutreffen.

33. Ermittle die Lösungsmenge des nebenstehenden Gleichungssystems in Abhängigkeit vom reellen Parameter a.

$$\begin{array}{ll} \textbf{I} & (a+2)\cdot x+(a-2)\cdot y=a \\ \textbf{II} & (a-2)\cdot x+(a+2)\cdot y=a \end{array}$$

34. Die Orte A-Stadt und B-Dorf sind ungefähr 300 km voneinander entfernt. In A-Stadt startet um 7:00 Uhr ein Lkw in Richtung B-Dorf. Um 8:00 Uhr startet in B-Dorf ein Pkw nach A-Stadt. Beide Fahrzeuge begegnen einander um 9:00 Uhr. Der Pkw ist zu diesem Zeitpunkt noch 180 km von A-Stadt entfernt. Ermittle die Ankunftszeiten der Fahrzeuge in A-Stadt bzw. B-Dorf, wenn man davon ausgeht, dass beide mit konstanter Geschwindigkeit fahren.

35. Ein Flugzeug erreicht bei einer Flugrichtung mit dem Wind eine Reisegeschwindigkeit von 860 $\frac{km}{h}$. Bei einer Flugrichtung gegen (gleich starkem) Wind würde die resultierende Geschwindigkeit nur 800 $\frac{km}{h}$ betragen. Ermittle sowohl die Eigengeschwindigkeit des Flugzeugs als auch die Windgeschwindigkeit.

36. Der Umfang eines Rechtecks beträgt 90 cm. Verkürzt man eine Seite des Rechtecks um 2 cm und verlängert gleichzeitig die andere Seite um 3 cm, so wächst der Flächeninhalt des Rechtecks um 30 cm^2. Ermittle die beiden Seitenlängen des ursprünglichen Rechtecks.

37. Auf einem Grundstück in Form eines Rechtecks mit den Seitenlängen 58 m und 38 m soll eine Baugrube rechteckige Grundfläche so „eingemittelt“ werden, dass nach allen Seiten ein gleich breiter Randstreifen übrig bleibt. Der Flächeninhalt der Baugrube soll 80 % der Grundstücksfläche ausmachen. Ermittle die Abmessungen der Baugrube und die Breite des Randstreifens.

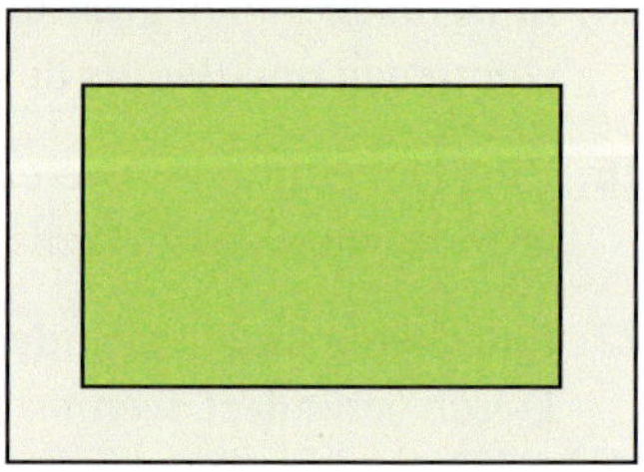

38. Ein Schlafsofa kostet 1 400,00 € an. In zwei aufeinander erfolgenden Rabattaktionen wird der Preis zweimal um denselben Prozentsatz gesenkt. Der Preis beträgt nach der zweiten Rabattaktion nur noch 1 250, 00 €. Ermittle den Prozentsatz bei jeder der Rabattaktionen.

39. Ein Dreieck ABC mit A(0 | 2), B(3 | 0) und C(4 | 3) wird vom Ursprung O(0 | 0) eines Koordinatensystems aus mit dem Streckungsfaktor k = 3 zentrisch gestreckt.

a) Führe die Streckung im Heft aus. Benenne die Eckpunkte des Bilddreiecks A', B' und C'.
b) Beschreibe, wie die Streckung mit der dynamischen Geometriesoftware deines CAS-Rechners durchgeführt werden kann.
c) Gib die Koordinaten der Bildpunkte A', B' und C' an.
d) Vergleiche die Seitenlängen, Winkelgrößen und Flächeninhalte von Original- und Bilddreieck miteinander.

40. Eine gerade Pyramide mit quadratischer Grundfläche hat die Körperhöhe h = 10,0 cm und einen Oberflächeninhalt $A_O = 8{,}0\ dm^2$. Berechnen die Länge der Grundkanten und das Volumen der Pyramide mit einem CAS-Rechner.

41. Bei einem Rechteck mit den Seitenlängen 10,0 cm und 8,0 cm wird die längere Seite um a cm verkleinert und die kürzere Seite um a cm vergrößert. Ermittle a so, dass der Flächeninhalt des veränderten Rechtecks möglichst groß wird. Löse rechnerisch und grafisch.

42. Ein 1,00 m hoher senkrecht stehender Stab wirft einen 1,20 m langen Schatten. Gleichzeitig zeigt ein in der Nähe des Stabes stehender Baum eine Schattenlänge von 8,30 m. Ermittle die Höhe des Baumes.

43. In nebenstehender Zeichnung ist der Querschnitt eines Rotationskörpers dargestellt. Die rote Linie ist Symmetrieachse.

a) Beschreibe, aus welchen Teilkörpern dieser Rotationskörper zusammengesetzt ist und welche Abmessungen diese Teilkörper in Abhängigkeit von a haben.

b) Berechne das Volumen und den Inhalt der Oberfläche des Körpers in Abhängigkeit von a.

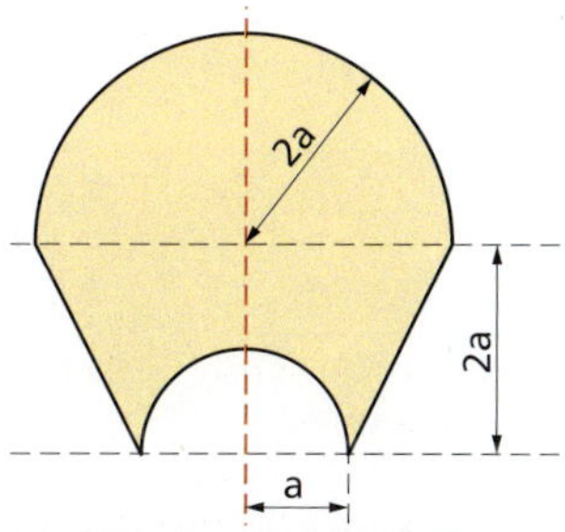

Zeichnung nicht maßstäblich

44. Die Wahrscheinlichkeit für eine Mädchengeburt beträgt etwa 0,486. Ermittle die Wahrscheinlichkeiten folgender Ereignisse. Zeichne dazu auch ein Baumdiagramm.

a) In einer Familie mit drei Kindern wird nach zwei Töchtern ein Sohn geboren.

b) In einer Familie mit drei Kindern werden zwei Mädchen und ein Junge geboren.

45. In einem Gymnasium mit 530 Schülern sind 18 % bereits in der gymnasialen Oberstufe. Von allen Schülern dieses Gymnasiums ist bekannt, dass 62 % ein eigenes Handy haben. In der gymnasialen Oberstufe sind es sogar 87 % mit eigenem Handy.

a) Stelle die Zusammenhänge zwischen folgenden Ereignissen in einer Vierfeldertafel dar:
A: „Der Schüler ist in der gymnasialen Oberstufe."
B: „Der Schüler hat ein Handy."

b) Zeichne ein zur Vierfeldertafel gehörendes Baumdiagramm.

46. Ermittle, mit welcher Wahrscheinlichkeit beim Würfeln mit einem (idealen) Spielwürfel folgende Augenzahlen geworfen werden:

a) die Augenzahl ist ungerade und größer als 3

b) die Augenzahl ist ungerade oder größer als 3

47. Simuliere mit deinem CAS-Rechner die Anzahl der geworfenen „Wappen" beim gleichzeitigen Werfen dreier Münzen für 200 Würfe.

a) Ermittle die relativen Häufigkeiten dieser Zufallsgröße bei dieser Simulation.

b) Beschreibe, wie man dazu den CAS-Rechner verwenden kann.

c) Vergleiche das Simulationsergebnis mit den theoretischen Werten.

d) Berechne den Erwartungswert und die Standardabweichung dieser Zufallsgröße.

A Anhang

Zum Nachschlagen

Binomische Formeln

$(a+b)^2 = a^2 + 2ab + b^2$	$(a-b)^2 = a^2 - 2ab + b^2$	$(a+b)(a-b) = a^2 - b^2$

Körper

Körper	Volumen	Oberflächeninhalt	Grundflächeninhalt	Mantelflächeninhalt
Prisma	$V = A_G \cdot h$	$A_O = 2 \cdot A_G + A_M$	$A_G = \frac{a^2}{4} \cdot \sqrt{3}$	$A_M = 3 \cdot a \cdot h$
Kegel	$V = \frac{1}{3} A_G \cdot h$	$A_O = A_G + A_M$	$A_G = \pi \cdot r^2$	$A_M = \pi \cdot r \cdot s$
Kugel	$V = \frac{4\pi \cdot r^3}{3}$	$A_O = 4\pi \cdot r^2$	–	–

Lineare Funktionen

$y = f(x) = m \cdot x + n$
(für $m \neq 0$)

Gerade durch $P(0 \mid n)$
Definitionsbereich: $x \in \mathbb{R}$
Wertebereich: $y \in \mathbb{R}$
Anstieg (Steigung): m
Ordinatenabschnitt: n
Nullstelle: $x_0 = -\frac{n}{m}$

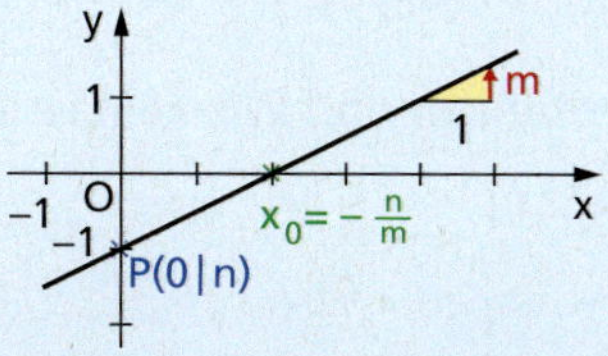

Quadratische Funktionen

$y = f(x) = x^2 + px + q$
(für $p, q \in \mathbb{R}$)

Normalform
D: $-\infty < x < +\infty$ W: $q - \frac{p^2}{4} \leq y < +\infty$

Scheitelpunkt: $S\left(-\frac{p}{2}; \frac{p^2}{4} + q\right)$
Nullstellen: $x_{1;2} = -\frac{p}{2} \pm \sqrt{\left(\frac{p}{2}\right)^2 - q}$
Diskriminante: $D = \left(\frac{p}{2}\right)^2 - q$

$D > 0$	$D = 0$	$D < 0$
zwei	eine	keine Nullstelle

Scheitelpunktform
$y = (x + d)^2 + e$ $S(-d \mid e)$

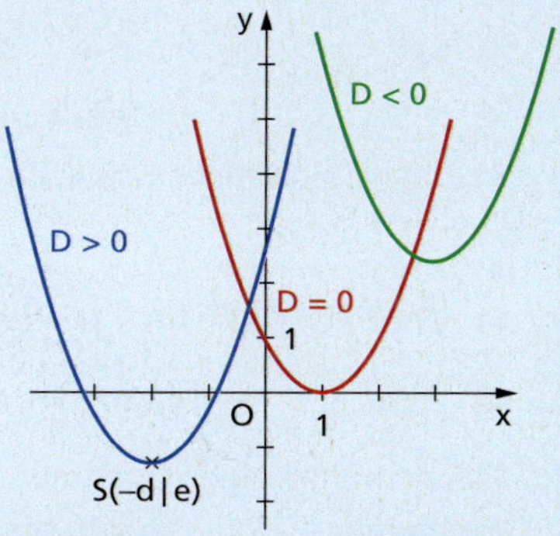

Mengen

Vereinigungsmenge von A und B	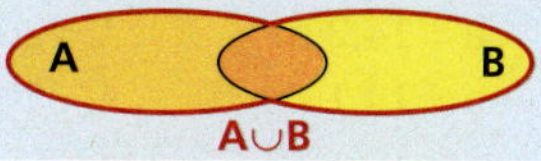
Durchschnittsmenge von A und B	

Lösungen „Fit in Mathe"

Kapiteleinstieg (Seite 7)

Zinseszins

Wird ein Kapital K_0 für n Jahre zu einem Zinssatz von p % angelegt, beträgt das Guthaben nach n Jahren $K_n = K_0 \cdot q^n$ mit dem Zinsfaktor (Wachstumsfaktor): $q = 1 + \frac{p}{100}$

Geschwindigkeiten von Satelliten im erdnahen Raum

Die erste kosmische Geschwindigkeit (ca. $7{,}9\ \frac{km}{s}$) ist die Geschwindigkeit, die ein Körper haben muss, um sich nahe der Erdoberfläche auf einer Kreisbahn zu bewegen. Ist die Geschwindigkeit kleiner, fällt der Körper auf die Erde. Die Kreisbahngeschwindigkeit in 36 000 km Höhe beträgt ca. $3{,}1\ \frac{km}{s}$.

Fahrradtour

Die Schüler müssen auf dem Waldweg etwa 4,7 km zurücklegen. *Es gilt:* $4^2 + 2{,}5^2 \approx (4{,}72...)^2$

1.1 Fit in Mathematik – ohne Hilfsmittel (Seite 8)

Mit Potenzen und Wurzeln rechnen

1. a) −13 b) −18 c) −11 d) −3 e) 3 f) −19 g) 4 h) 0

2. a) −68 b) −112 c) 32 d) 38

3. a) −243 b) −1 c) 625 d) 1 e) −64
f) −27 g) −125 h) −343 i) −512 j) −216

4. a) 3 b) 5 c) 6 d) 10 e) n. d.
f) 0,6 g) 0 h) 0,8 i) $\frac{6}{13} = 0{,}46$ j) 0,5
k) 9 l) $\frac{7}{8} = 0{,}875$ m) n. d. n) 0,2 o) 90
e) und m) sind nicht lösbar, da man aus negativen Zahlen keine Wurzel ziehen kann.

5. a) 8 b) 12 c) 15 d) 19 e) 21
f) 27 g) 1,8 h) 1,4 i) 2,2 j) 2,4

6. a) 2 und 3 b) 4 und 5 c) 10 d) 11 und 12 e) 50 und 51

7. Flächeninhalt eines Quadrats: $A = a^2$ hier: $A = 200\ m^2$

Probieren:	$a = 10\ m$	$A = 100\ m^2$	zu klein
	$a = 20\ m$	$A = 400\ m^2$	zu groß
	$a = 14\ m$	$A = 196\ m^2$	zu klein
	$a = 14{,}5\ m$	$A = 210{,}25\ m^2$	zu groß
	$a = 14{,}2\ m$	$A = 201{,}64\ m^2$	zu groß
	$a = 14{,}15\ m$	$A = 200{,}2\ m^2$	Abschätzung ausreichend

Mit Prozenten rechnen (Seite 10)

1.

Prozentsatz	20 %	**12 %**	**70 %**	63 %	**98 %**	75 %	**120 %**	**16 %**	**33,3 %**	12,5 %
Dezimalbruch	**0,2**	0,12	**0,7**	**0,63**	0,98	**0,75**	1,2	**0,16**	**$0,\overline{3}$**	**0,125**
Bruch	$\frac{1}{5}$	$\frac{3}{25}$	$\frac{7}{10}$	$\frac{63}{100}$	$\frac{49}{50}$	$\frac{3}{4}$	$\frac{6}{5}$	$\frac{64}{400}$	$\frac{1}{3}$	$\frac{1}{8}$

2. a) gelb: $\frac{1}{6}$ (16,7 %); blau: $\frac{5}{6}$ (83,3 %)
b) gelb: $\frac{3}{8}$ (37,5 %); blau $\frac{5}{8}$ (62,5 %)
c) gelb: $\frac{5}{15} = \frac{1}{3}$ (33,3 %); blau: $\frac{10}{15} = \frac{2}{3}$ (66,7 %)
d) gelb: $\frac{2}{3}$ (66,7 %); blau: $\frac{1}{3}$ (33,3 %)

3. a) ≈ 10 % b) ≈ 25 % c) ≈ 200 % d) ≈ 5 % e) ≈ 60 % f) ≈ 10 % g) ≈ 0,1 % i) ≈ 25 %

4. a) 60 % der Personen sind Mädchen.
b) 12,5 % der Personen sind Schüler, welche 13 Jahre alt sind.
c) 15 % der Personen sind Schüler, die in eine 7. Klasse gehen.
d) 6,25 % der Personen sind Lehrer.
e) 5 % der Personen sind Schüler, die im Schulchor singen.
f) 20 % der Personen sind Schüler, die in Sportwettkämpfen erfolgreich waren.

5. a) Drei Viertel der Schülerinnen und Schüler wählten Svenja zur Schülersprecherin.
b) Von allen Autofahrer fuhr ein Zehntel zu schnell.
c) Der Gewinn entsprach der Hälfte.
d) Alle Kinokarten waren verkauft.

6. a) Ein Tiger mit einer Masse von 80 kg besteht demzufolge aus 56 *l* Wasser, bei einem Eisbär mit einer Masse von 900 kg sind es 630 *l* Wasser.
b) Ein Mensch (75 kg) besteht aus 52,5 *l* Wasser. 4 % entsprechen dann 2,1 *l* Wasser. Verliert ein Mensch mit dieser Körpermasse mehr als 2 *l* Wasser, können schon erste körperliche Schäden auftreten.
c) 125 % von 840 kg = 1 050 kg. Das Kamel kann bis zu 210 *l* Wasser trinken.

7. 2012: 88 Mitglieder 2011: - 10 %; 80 Mitglieder 2010: - $33\frac{1}{3}$ %; 60 Mitglieder

8. Gesamt: 240 g

Haferflocken:	$33\frac{1}{3}$ %
Rosinen:	$16\frac{2}{3}$ %
Sonnenblumenkerne:	$12\frac{1}{2}$ %
Kürbiskerne:	$12\frac{1}{2}$ %
Weizenflocken:	25 %

Gleichungen und Ungleichungen lösen, Formeln umstellen (Seite 13)

1. a) $x = 5{,}5$ b) $x = 2$ c) $x = -\frac{1}{3}$ d) $x = 8{,}5$ e) $x = 1{,}2$ f) $x = \frac{1}{4}$ g) $x = -\frac{18}{7}$ h) $x = -\frac{1}{13}$

2.

a)	$a = 4$	Probe:	$6 - (3 \cdot 4) = -6$	$(5 \cdot 4) - 26 = -6$	$-6 = -6$	w. A.
b)	$x = -5$	Probe:	$7 + [(5 \cdot (-5) - 12] = 7 - 37 = -30$		$-30 = -30$	w. A.
c)	$z = 7{,}5$	Probe:	$(7 \cdot 7{,}5) + 9 - (18 \cdot 7{,}5) = 52{,}5 + 9 + 135 = -73{,}5$			
			$10 - (15 \cdot 7{,}5) + 29 = 10 - 112{,}5 + 29 = -73{,}5$		$-73{,}5 = -73{,}5$	w. A.
d)	$b = -8$	Probe:	$(-3 \cdot (-8)) - (9 - (8 \cdot (-8))) = 24 - 73 = -49$		$-49 = -49$	w. A.
e)	$x_1 = 6;$	Probe:	$6^2 + 12 = 48$		$48 = 48$	w. A.
	$x_2 = -6$		$(-6)^2 + 12 = 48$		$48 = 48$	w. A.
f)	$L = \{\}$	Probe:	$12x + 2 = 12x - 2$		$0 = 4$	f. A.

3.

a)	$x = 9$	Probe:	$(4 \cdot 9) - 13 = 23$		$23 = 23$	w. A.
b)	$a = 4$	Probe:	$10 - (5 \cdot 4) = -10$	$(3 \cdot 4) - 22 = -10$	$-10 = -10$	w. A.
c)	$z = 6$	Probe:	$8 \cdot 6 - 7 = 41$	$17 + 4 \cdot 6 = 41$	$41 = 41$	w. A.
d)	$x = -5$	Probe:	$7 + [5 \cdot (-5) - 12] = 7 - 37 = -30$		$-30 = -30$	w. A.
e)	$b = -7$	Probe:	$[3 \cdot (-7)] - \{7 - [9 \cdot (-7)]\} = 21 - 70 = -49$		$-49 = -49$	w. A.
f)	$d = 3$	Probe:	$(-4 \cdot 3) - 2[(3 \cdot 3) - 8] = -12 - 2 = -14$		$-14 = -14$	w. A.

4. a) $3x - 7 = 29;\ x = 12$ b) $(3x - 9) \cdot (-2) = -12;\ x = 5$ c) $\frac{x}{3} + 2{,}4 = x - 3{,}6;\ x = 9$

5.

a) $\frac{4}{x} = \frac{12}{3} = 4 \Rightarrow x = 1$ b) $\frac{15}{5} = 3 = \frac{60}{20} = \frac{60}{x} \Rightarrow x = 20$

c) $\frac{x}{0{,}2} = \frac{2{,}1}{0{,}7} = 3 = \frac{0{,}6}{0{,}2} \Rightarrow x = 0{,}6$ d) $\frac{2{,}7}{5{,}4} = \frac{1}{2} = \frac{0{,}6}{1{,}2} = \frac{x}{1{,}2} \Rightarrow x = 0{,}6$

e) $g : \frac{1}{3} = g \cdot 3;\ \frac{1}{2} : \frac{1}{4} = \frac{4}{2} = 2 = \frac{2}{3} \cdot 3 \Rightarrow g = \frac{2}{3}$ f) $\frac{5}{x} = \frac{1}{150} = \frac{5}{150} \Rightarrow x = 750$

g) $\frac{9}{x} = \frac{3}{4} = \frac{9}{12} \Rightarrow x = 12$ h) $\frac{12}{x-1} = \frac{3}{5} = \frac{12}{20} \Rightarrow x = 20 + 1 = 21$

6.

a)	$x < 4$	Test mit $x = 2$:	$10 - 6 < 6 + 2$	$\Rightarrow$	$4 < 8$	w. A.
b)	$x \leq 1$	Test mit $x = 0$:	$9 \cdot (1 - 0) \geq 3 - (0 + 1)$	$\Rightarrow$	$9 \geq 2$	w. A.
c)	$L = \mathbb{R}$	Test mit $x = 1$:	$3 + 1 > 2 \cdot (0{,}5 + 1{,}5)$	$\Rightarrow$	$4 = 4$	w. A

7.

a) Flächeninhalt eines Trapezes, Länge der Grundseiten, Höhe des Trapezes: $c = \frac{2A}{h} - a$

b) Geschwindigkeit, Weg, Zeit bei gleichförmiger Bewegung: $t = \frac{s}{v}$

c) Dichte, Masse, Volumen eines Körpers: $V = \frac{m}{\varrho}$

d) Widerstand, Dichte, Länge, Querschnitt eines Leiters: $l = R \cdot \frac{A}{\varrho}$

e) Hangabtriebskraft, Gewichtskraft, Länge, Höhe bei einer geneigten Ebene: $F_G = \frac{F_H \cdot l}{h}$

f) Gesamtwiderstand, Einzelwiderstände (Parallelschaltung zweier Widerstände): $R_1 = \frac{R \cdot R_2}{R_2 - R}$

8. a) Dem „ganzen Rechteck" (Flächeninhalt $x \cdot y$) fehlt ein Flächenstück $A = 3 \cdot 4$.

b) (1) stimmt (Rückwärtsrechnen; Probe mit $x = 3$ und $y = 4$ muss $A = 0$ ergeben)

- aus (1) folgt mit $A = 0$ und $x = 3$ bzw. $y = 4$ (richtig)
- aus (2) folgt $y = 12$ (falsch)
- aus (3) folgt $y = -4$ (falsch)

Lineare Funktionen untersuchen (Seite 15)

1. a) Die Punkte P_1, P_3 und P_4 gehören zum Graphen von y.
Neu: $P_2(-2\,|\,-6)$ und $P_5(0{,}1\,|\,-1{,}6)$

b) P_4 gehört zum Graphen y.
Neu: $P_1(1\,|\,3{,}5)$ und $P_2(-2\,|\,-8{,}5)$ und $P_3(-2{,}5\,|\,-10{,}5)$ und $P_5(0{,}1\,|\,-0{,}1)$

2. a) $y = -0{,}25x - 0{,}5$ c) $y = 2x - 1$ e) $y = \frac{1}{2}x + 2$

b) $y = \frac{3}{4}x - 1$ d) $y = x + 2$ f) $y = 1$

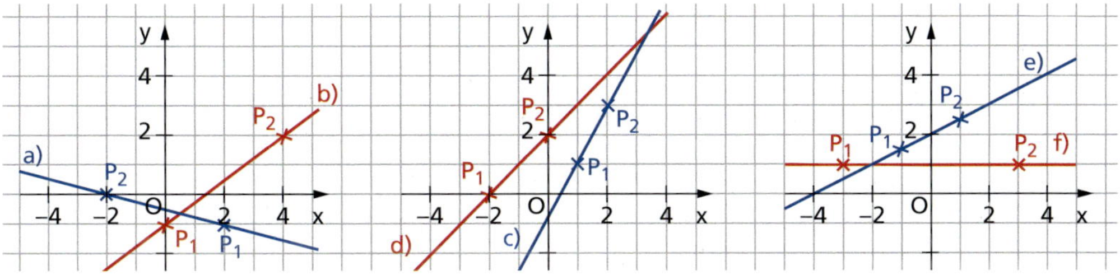

3. Wird der Parameter n in der Funktionsgleichung verändert, ändert sich der Schnittpunkt der Graphen mit der y-Achse (die Graphen sind zueinander parallel).

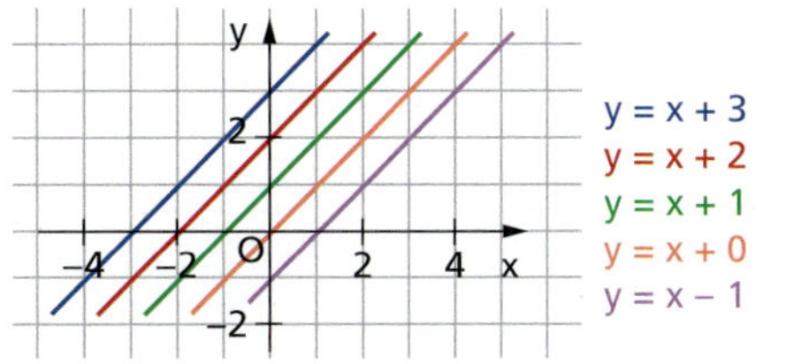

Wird der Parameter m in der Funktionsgleichung verändert, ändert sich der Anstieg der Graphen (die Graphen verlaufen alle durch den Punkt $(0\,|\,0)$). Für $m > 0$ ist die Funktion monoton steigend und für $m < 0$ monoton fallend.

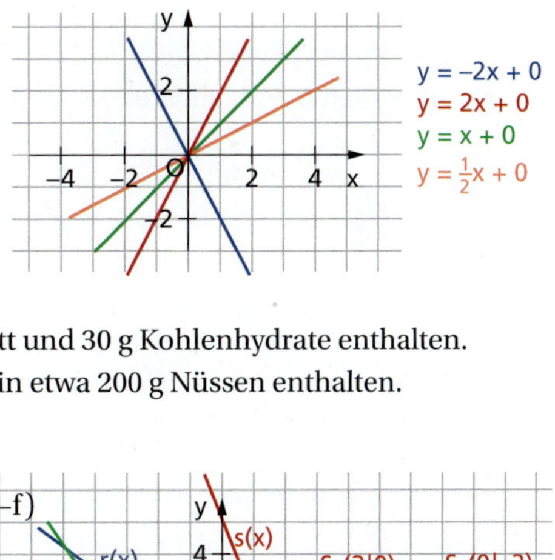

4. a) In 300 g Haselnüssen sind 45 g Eiweiß, 195 g Fett und 30 g Kohlenhydrate enthalten.

b) Die Menge von 30 g Eiweiß und 130 g Fett sind in etwa 200 g Nüssen enthalten.

5.

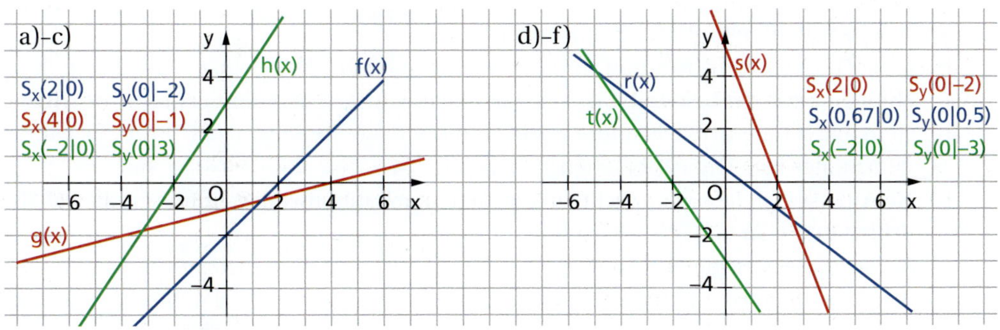

6. a) g und h schneiden einander b) g und h sind zueinander parallel
c) g und h sind gleich d) g und h schneiden einander

7.

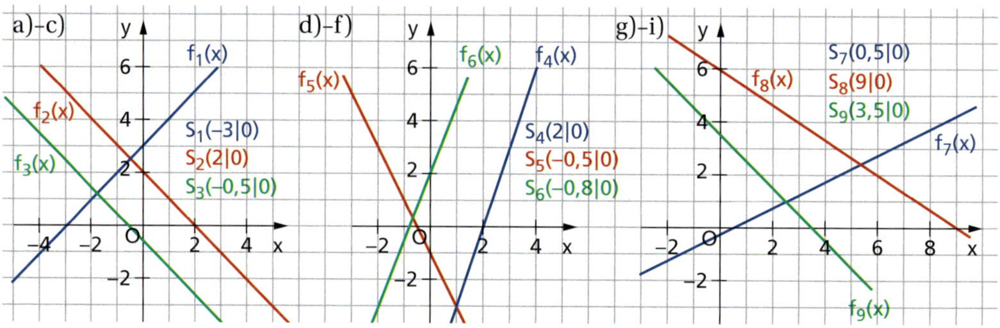

8. a) A(−1 | 1) B(1 | −1) C(2 | 2)

b) Abstand B von der x-Achse: 1 LE

c) Abstand C von der y-Achse: 2 LE

d) Berechnung mit dem Satz des Pythagoras:
$\overline{CO} = \sqrt{(2\text{ LE})^2 + (2\text{ LE})^2} = \sqrt{8}\text{ LE} \approx 2{,}8\text{ LE}$

e) $u = \overline{AB} + \overline{BC} + \overline{AC} = \sqrt{8}\text{ LE} + \sqrt{10}\text{ LE} + \sqrt{10}\text{ LE}$
$u = 2 \cdot \sqrt{2}\text{ LE} + 2 \cdot \sqrt{10}\text{ LE} = 2 \cdot (\sqrt{2} + \sqrt{10})\text{ LE}$

f) $A = \frac{\overline{AB} \cdot \overline{CO}}{2} = \frac{\overline{CO} \cdot \overline{CO}}{2} = \frac{8}{2}\text{ FE} = 4\text{ FE}$

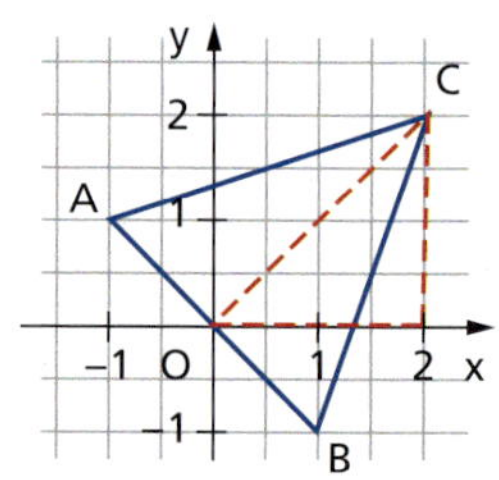

Dreiecke untersuchen und berechnen (Seite 15)

1. a) Der Winkel β wäre größer als 90°. b) Die Seiten a und c sind gleich lang.
c) Die Seiten b und c sind gleich lang. d) Ja, denn γ = 45° und damit β = 90°.

2. a) γ = 75° b) β = 72°, α = 36° c) α = β = γ = 60° d) α = β = 45° e) α = 60°, β = 80°, γ = 40°

3. a) Im rechtwinkligen Dreieck liegt der rechte Winkel der längsten Seite gegenüber, hier also der Seite b (Winkel β). Die Rechwinkligkeit kann mit der der Umkehrung vom Satz des Pythagoras geprüft werden.

b) Die Seite b ist ebenfalls rund 2,3 cm lang. Nach dem Satz des Pythagoras ergibt sich dann für die Hypotenuse der Wert 3,3 cm.

4. Die andere Kathete ist 6 cm lang.

5. a) Ja, dies trifft für alle gleichschenkligen Dreiecke zu.

b) Ja, nach Innenwinkelsumme sind die beiden anderen Innenwinkel zusammen 90° groß. Jeder einzelne der beiden Winkel ist dann kleiner als 90° und damit ein spitzer Winkel.

c) Nein, nach Innenwinkelsumme wäre dann der dritte Innenwinkel 0° groß. Es würde sich demzufolge kein Dreieck ergeben.

d) Nein, dieses Dreieck wäre rechtwinklig, denn nach Innenwinkelsumme ergibt sich für den dritten Innenwinkel: 180° − 25° − 65° = 90°.

e) Ja, das Dreieck ist gleichschenklig. Der Winkel α ist nach Innenwinkelsumme 45° groß. Da die Innenwinkel α und β gleich groß sind, sind die beiden Seiten a und b auch gleich lang.

6. a) Es handelt sich stets um ein Rechteck, da die Diagonalen des Vierecks dem Durchmesser des Kreises entsprechen und gleich lang sind.
$\overline{AB} = e$; $CD = f$; $e = f$ $\Rightarrow$ Rechteck

b) Es handelt sich um ein Quadrat. Die Diagonalen in dem Viereck entsprechen nicht nur dem Durchmesser des Kreises (und sind damit gleich lang). Sie sind sogar senkrecht zueinander.
$\overline{AB} = e$; $\overline{CD} = f$; $e = f$; $e \perp f$ $\Rightarrow$ Quadrat

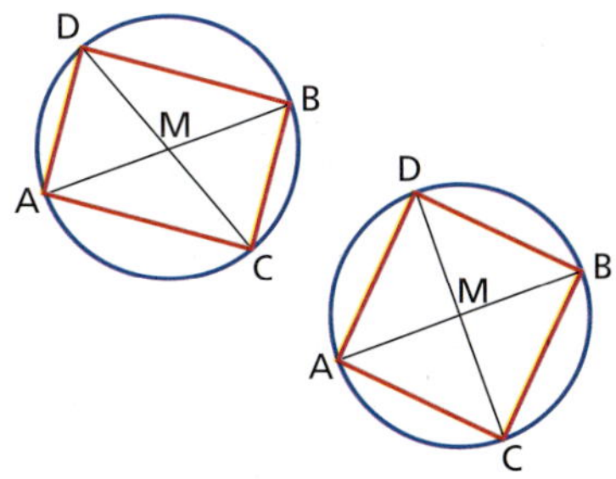

7. Ein Kreis mit $u = 8\pi$ cm hat einen Radius $r = 8$ cm und einen Flächeninhalt $A = 64\,\pi\ cm^2$.

8. 1. Möglichkeit

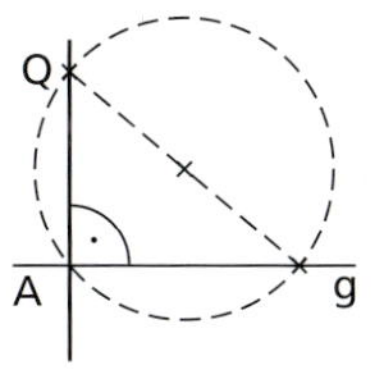

2. Möglichkeit

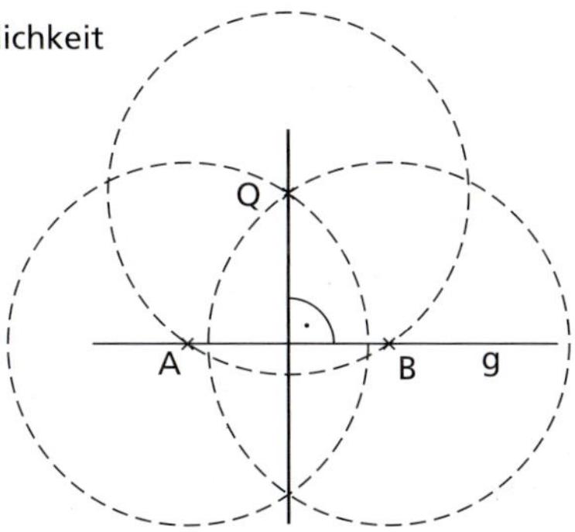

Körper darstellen und berechnen (Seite 19)

1. a) $V = 89{,}6\ cm^3$; $A_O = 126{,}4\ cm^2$ b) $V = 6{,}25\ cm^3$; $A_O = 27{,}25\ cm^2$
c) $V = 6{,}66\ cm^3$; $A_O = 52\ cm^2$ d) $V = 271{,}4\ cm^3$; $A_O = 236{,}2\ cm^2$
e) $V = 85{,}8{,}4\ cm^3$; $A_O = 118{,}6\ cm^2$ f) $V = 33\,510{,}3\ cm^3$; $A_O = 5\,026{,}5\ cm^2$

2. a) $a = 9$ cm; $b = 19{,}5$ cm; $c = 5{,}8$ cm $V = 1017{,}9\ cm^3 = 1{,}018\ l$
b) $A_O = 681{,}6\ cm^2$ $2\,500 \cdot 681{,}6\ cm^2 = 1\,704\,000\ cm^2 = 170{,}4\ m^2$
Es werden mindestens 171 m^2 Material benötigt. (Klebefalze wurden nicht berücksichtigt!)

3. a) Das Volumen des Kreiszylinders verdoppelt sich auch.
b) Das Volumen des neuen Quaders ist nur noch ein Achtel des Volumens des alten Quaders.
c) Das Volumen des Kreiszylinders verneunfacht sich.

4. Das Volumen des Prismas beträgt ca. 120 dm^3, der Oberflächeninhalt ist etwa 150 dm^2 groß.

5. a) $V = 4\,712{,}4\ cm^3$ b) $V = 1728\ cm^3$ c) $V = 519{,}6\ cm^3$

6. Der Baumstamm hat eine Masse von ca. 1 Tonne (1088 kg).

7. Der Draht ist ca. 139 m lang.

1.2 Fit in Mathe – mit CAS

Erste Schritte und Anwendungen
Rechnen mit Zahlen (Seite 21)

1. a) $-\frac{200}{21}$ b) 19,136 c) $3\sqrt{3} \approx 5{,}2$ d) 2.339214191 e) 2155 f) 12,96 g) $\frac{55}{21}$ h) 1

2. *„lcm(a, b)“ = kgV:* ermittelt das kleinste gemeinsame Vielfache zweier ganzer Zahlen

„gcd(a, b)” = ggT: bestimmt den größten gemeinsamen Teiler zweier ganzer Zahlen

„remain(a, b)” = Rest: bestimmt den Rest von a bei Division durch b

„propFrac(Term)” = Echter Bruch: zerlegt einen Bruchterm in einen ganzrationalen und einen echt gebrochenen Term

„getNum( )“ = Hole Zähler: fasst mehrere Bruchterme zu einem einzigen Bruch zusammen und gibt den Zähler des Bruches zurück

„getDenom( )“= Hole Nenner: fasst mehrere Bruchterme zu einem einzigen Bruch zusammen und gibt den Nenner des Bruches zurück

„comDenom( )“ = Gemeinsamer Nenner: fasst mehrere Bruchterme zu einem einzigen Bruch zusammen

$\frac{1}{3}$▸Decimal	0.333333
0.3333333333▸approxFraction(5.E-14)	$\frac{1}{3}$
factor(24)	$2^3 \cdot 3$
lcm(3,7)	21

gcd(54,36)	18
remain(37,9)	1
propFrac$\left(\frac{8}{3}\right)$	$2+\frac{2}{3}$
getNum$\left(\frac{2}{7}\right)$	2

getDenom$\left(\frac{2}{7}\right)$	7
comDenom$\left(\frac{a}{b}+\frac{c}{d}\right)$	$\frac{a \cdot d+b \cdot c}{b \cdot d}$
comDenom$\left(\frac{a}{b}+1,b\right)$	$\frac{b+a}{b}$

3. a) $2^2 \cdot 503$ b) 1197 c) $2 + \frac{19}{29}$ d) 49 Rest 6 e) $\frac{873}{50}$ f) 0,818182

4.

2^{3295}	783133338961663380814788060484859857
2^{3295}	7.83133E991
2^{3296}	1.56627E992

5. *round(Zahl, [Stellen])* bewirkt das Runden einer Dezimalzahl auf die angegebene Anzahl von Stellen nach dem Dezimalpunkt. *„Stellen“* muss eine ganze Zahl im Intervall [0; 12] sein. Wird *„Stellen“* weggelassen, erfolgt das Runden auf 12 Stellen.

Umformen von Termen (Seite 22)

1. a)

$\text{comDenom}\left(\frac{x}{z}-\frac{y}{r}\right)$	$\frac{r\cdot x-y\cdot z}{r\cdot z}$
$\text{expand}\left(\frac{r\cdot x-y\cdot z}{r\cdot z}\right)$	$\frac{x}{z}-\frac{y}{r}$

b)

$\text{comDenom}\left(\frac{1}{x}-\frac{1}{x+1}\right)$	$\frac{1}{x^2+x}$
$\text{expand}\left(\frac{1}{x^2+x}\right)$	$\frac{1}{x}-\frac{1}{x+1}$

c)

$\text{comDenom}\left(\frac{r+s}{r-s}-\frac{r-s}{r+s}\right)$	$\frac{4\cdot r\cdot s}{r^2-s^2}$
$\text{expand}\left(\frac{4\cdot r\cdot s}{r^2-s^2}\right)$	$\frac{2\cdot s}{r-s}+\frac{2\cdot s}{r+s}$
$\frac{r+s}{r-s}-\frac{r-s}{r+s}=\frac{2\cdot s}{r-s}+\frac{2\cdot s}{r+s}$	true

2. a)

$\text{expand}((2\cdot e-3\cdot f)\cdot(4\cdot g-h))$	$(2\cdot e-3\cdot f)\cdot(4\cdot g-h)$
$\text{factor}((2\cdot e-3\cdot f)\cdot(4\cdot g-h))$	$(2\cdot e-3\cdot f)\cdot(4\cdot g-h)$

b)

$\text{expand}\left(5\cdot\left(3\cdot x-\frac{1}{2}\cdot y\right)^3\right)$	$135\cdot x^3-\frac{135\cdot x^2\cdot y}{2}+\frac{45\cdot x\cdot y^2}{4}-\frac{5\cdot y^3}{8}$
$\text{factor}\left(135\cdot x^3-\frac{135\cdot x^2\cdot y}{2}+\frac{45\cdot x\cdot y^2}{4}-\frac{5\cdot y^3}{8}\right.$	

c)

$\text{expand}((a-b)^2)$	$a^2-2\cdot a\cdot b+b^2$
$\text{expand}((a-b)^3)$	$a^3-3\cdot a^2\cdot b+3\cdot a\cdot b^2-b^3$
$\text{expand}((a-b)^4)$	$a^4-4\cdot a^3\cdot b+6\cdot a^2\cdot b^2-4\cdot a\cdot b^3+b^4$
$\text{expand}((a-b)^5)$	$a^5-5\cdot a^4\cdot b+10\cdot a^3\cdot b^2-10\cdot a^2\cdot b^3+5\cdot a\cdot b^4-b^5$
$\text{expand}((a-b)^6)$	$a^6-6\cdot a^5\cdot b+15\cdot a^4\cdot b^2-20\cdot a^3\cdot b^3+15\cdot a^2\cdot b^4-6\cdot a\cdot b^5+b^6$
$\text{factor}(a^2-2\cdot a\cdot b+b^2)$	$(a-b)^2$
$\text{factor}(a^3-3\cdot a^2\cdot b+3\cdot a\cdot b^2-b^3)$	$(a-b)^3$
$\text{factor}(a^4-4\cdot a^3\cdot b+6\cdot a^2\cdot b^2-4\cdot a\cdot b^3+b^4)$	$(a-b)^4$
$\text{factor}(a^5-5\cdot a^4\cdot b+10\cdot a^3\cdot b^2-10\cdot a^2\cdot b^3+5\cdot a\cdot b^4-b^5)$	$(a-b)^5$
$\text{factor}(a^6-6\cdot a^5\cdot b+15\cdot a^4\cdot b^2-20\cdot a^3\cdot b^3+15\cdot a^2\cdot b^4-6\cdot a\cdot b^5+b^6)$	$(a-b)^6$

3.

$\text{factor}(x^2+4\cdot x+4)$	$(x+2)^2$
$\text{expand}((x+2)^2)$	$x^2+4\cdot x+4$
$\text{factor}(x^3-3\cdot x^2\cdot y+3\cdot x\cdot y^2-y^3)$	$(x-y)^3$
$\text{expand}((x-y)^3)$	$x^3-3\cdot x^2\cdot y+3\cdot x\cdot y^2-y^3$
$\text{factor}(x^2+4)$	x^2+4

4.

$\text{expand}\left(\frac{2\cdot x^3}{x+1}\right)$	$\frac{-2}{x+1}+2\cdot x^2-2\cdot x+2$
$\text{expand}\left(\frac{2\cdot x^2}{x+1}\right)$	$\frac{2}{x+1}+2\cdot x-2$
$\text{expand}\left(\frac{2\cdot x}{x+1}\right)$	$2-\frac{2}{x+1}$
$\text{expand}\left(\frac{2}{x+1}\right)$	$\frac{2}{x+1}$

5. Der Befehl *„domain(Term, Variable)“* gibt den Definitionsbereich des Terms bezüglich der angegebenen Variablen zurück.

Lösen von Gleichungen und Ungleichungen (Seite 23)

1.

$$\text{solve}\left(\left(2+\frac{1}{2}\right)\cdot x-\left(7+\frac{2}{3}\right)=\frac{-5}{3},x\right) \qquad x=\frac{12}{5}$$

2.

$$\text{solve}\left(\frac{4\cdot x-21}{a-3}=16-\frac{21-12\cdot b}{a-b},x\right) \qquad x=\frac{16\cdot a^2-4\cdot a\cdot (b+12)-9\cdot (b-7)}{4\cdot (a-b)}$$

$$\text{solve}\left(\frac{4\cdot x-21}{a-3}=16-\frac{21-12\cdot b}{a-b},b\right) \qquad b=\frac{4\cdot a\cdot x-16\cdot a^2+48\cdot a-63}{4\cdot x-4\cdot a-9}$$

$$\text{solve}\left(\frac{4\cdot x-21}{a-3}=16-\frac{21-12\cdot b}{a-b},a\right)$$
$$a=\frac{-\left(\sqrt{x^2-2\cdot (7\cdot b-12)\cdot x+b^2+60\cdot b-108}-x-b-12\right)}{8} \text{ or } a=\frac{\sqrt{x^2-2\cdot (7\cdot b-12)\cdot x+b^2+60\cdot b-108}+x+b+12}{8}$$

3.

$$\text{solve}(3\cdot (1-2\cdot x)\geq 4+2\cdot (1+3\cdot x),x)|x\geq 0 \qquad \text{false}$$

(keine Lösung im angegebenen Intervall)

4.

$$\text{solve}(|2\cdot x-1|<5,x) \qquad -2<x<3$$
$$\text{solve}(|x-2|=-3,x) \qquad \text{false}$$

Auch ohne CAS-Rechner sieht man, dass Aufgabe 4b nicht lösbar ist.

5.

$$\text{solve}(0\cdot x=0,x) \qquad \text{true}$$

Auch ohne CAS-Rechner sieht man, dass diese diese Gleichung für alle reellen Zahlen x erfüllt ist.

6.

$$\text{solve}\left(\frac{3}{x-2}-1=\frac{5-x}{x-2},x\right) \qquad \text{true}$$

Achtung

Definitionsbereich des Ergebnisses kann größer sein als der der Eingabe.

Die Warnung des Rechners ist berechtigt. Die Ergebnisanzeige „true" impliziert, dass alle reellen Zahlen x diese Gleichung erfüllen. Das ist jedoch nicht so, weil x = 2 aus der Definitionsmenge ausgeschlossen werden muss.

$$\frac{3}{x-2}-1=\frac{5-x}{x-2} \quad | \cdot (x-2)$$
$$3-(x-2)=5-x \quad | \text{ Vereinfachen}$$
$$3-x+2=5-x$$
$$5-x=5-x$$
$$0\cdot x=0$$

7. Ersetze die Variable A beispielsweise durch die Variable f.

$$\text{solve}\left(f=\frac{a+c}{2}\cdot h,h\right) \qquad h=\frac{2\cdot f}{a+c}$$
$$\text{solve}\left(f=\frac{a+c}{2}\cdot h,a\right) \qquad a=\frac{2\cdot f}{h}-c$$
$$\text{solve}\left(f=\frac{a+c}{2}\cdot h,c\right) \qquad c=\frac{2\cdot f}{h}-a$$

$$\text{solve}\left(\frac{1}{r}=\frac{1}{r1}+\frac{1}{r2},r\right) \qquad r=\frac{r1\cdot r2}{r1+r2}$$
$$\text{solve}\left(\frac{1}{r}=\frac{1}{r1}+\frac{1}{r2},r1\right) \qquad r1=\frac{-r2\cdot r}{r-r2}$$
$$\text{solve}\left(\frac{1}{r}=\frac{1}{r1}+\frac{1}{r2},r2\right) \qquad r2=\frac{-r1\cdot r}{r-r1}$$

Grafisches Darstellen linearer Funktionen (Seite 24)

1.

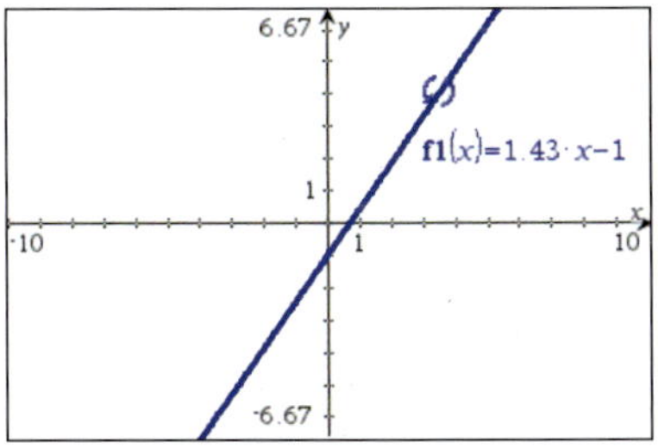

Der Anstieg der Geraden wird durch Drehen um ihren konstant bleibenden Schnittpunkt mit der y-Achse verändert.

2.

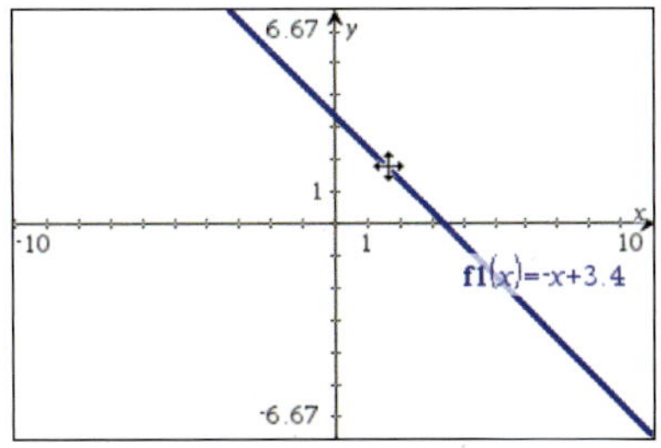

Der Graph wird parallel in y-Richtung verschoben. Der Anstieg bleibt konstant, das Absolutglied ändert sich.

Seite 25

3.

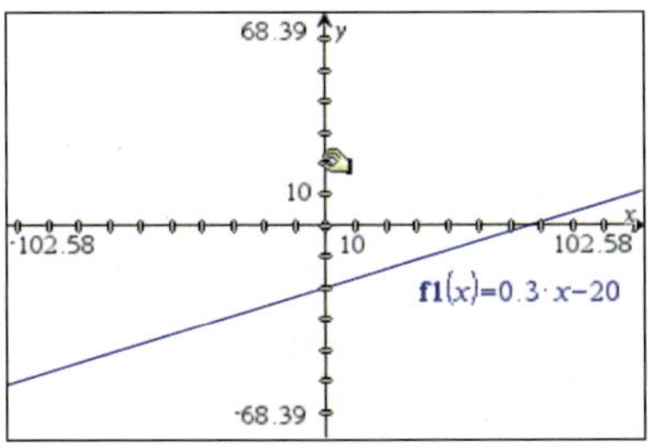

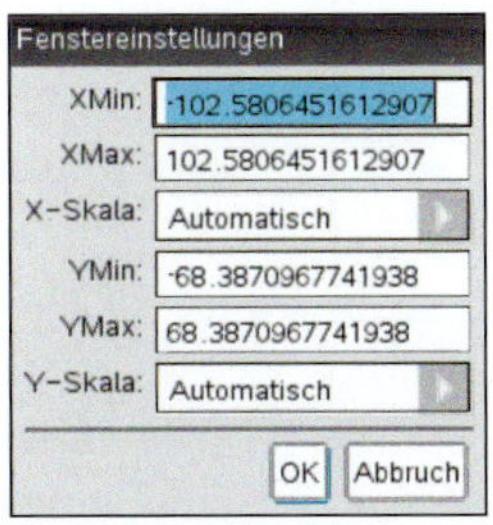

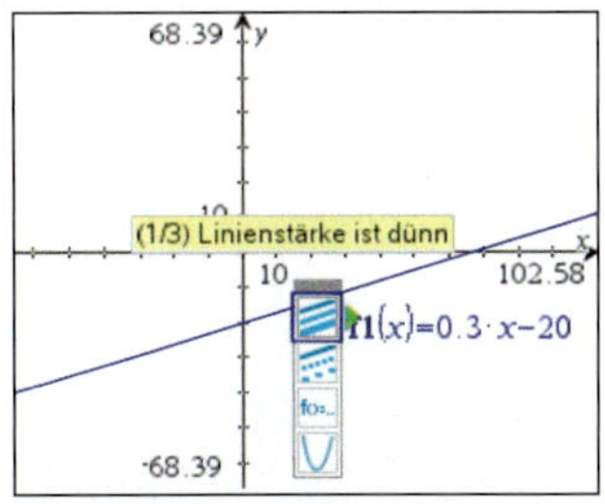

Zum Sichtbarmachen des Graphen muss die Fenstereinstellung geändert werden. Dazu lassen sich die Achsen „anfassen" und im Zugmodus verändern. Eine andere Möglichkeit besteht darin, die Darstellungsform des Graphen (Linienstärke, Linienstil, Beschriftungsstil, Darstellung als stetiger oder diskreter Graph) in den Fenstereinstellungen zu verändern.

4.

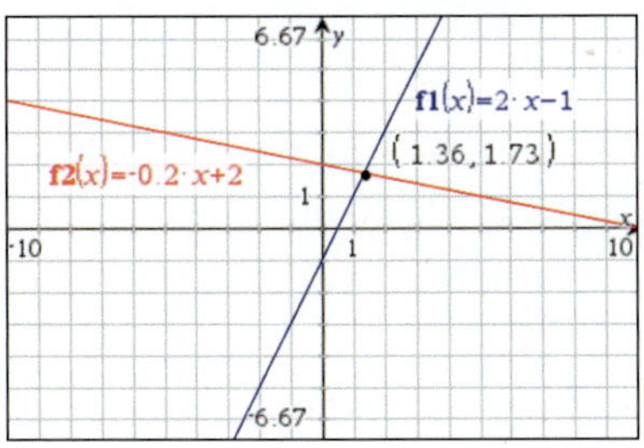

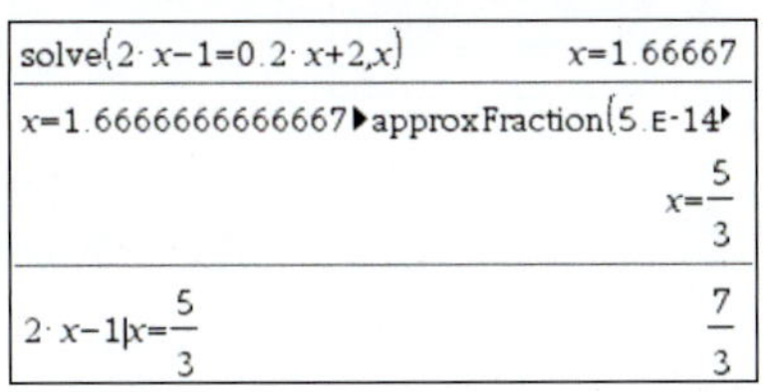

$S\left(\frac{5}{3} \,\middle|\, \frac{7}{3}\right)$

$S(1{,}36 \mid 1{,}73)$

5. Hier sollte ein eigenes Bild erzeugt werden.

6. A(2 | −3) B(−1 | 3)

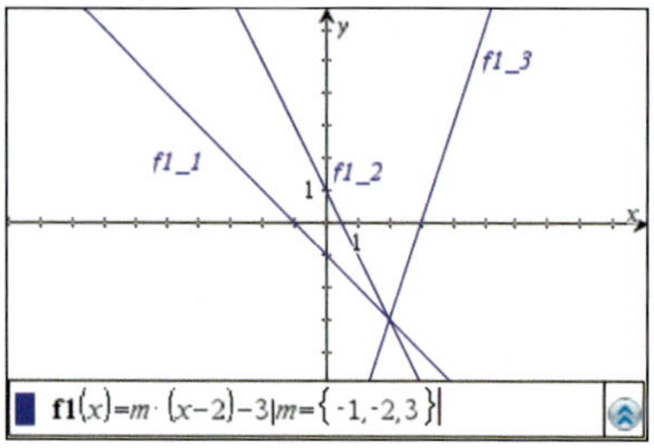

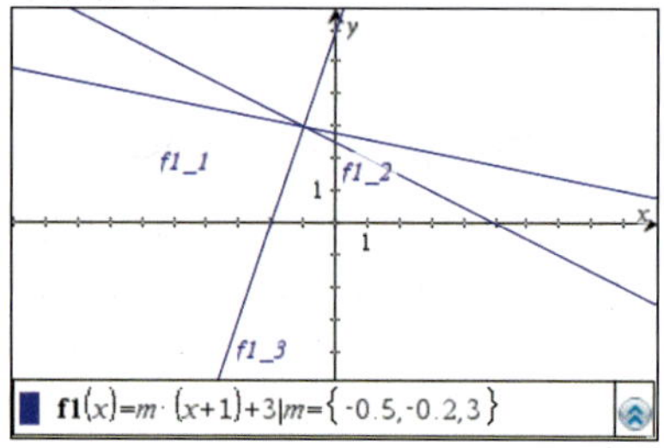

Ein Geradenbüschel mit dem gemeinsamen Punkt P(a | b) kann durch die Gleichung y = f(x) = m(x − a) + b dargestellt werden. Der Parameter m kann dabei verschiedene reelle Zahlen annehmen.

7.

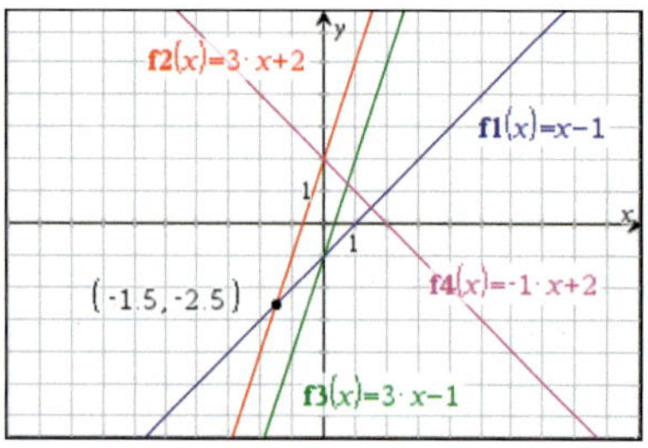

f: y = x − 1

g: y = 3x + 2

Parallele zu g: y = 3x − 1

Senkrechte: y = −x + 2

Schnittpunkt von f und g: S(−1,5 | −2,5)

8.

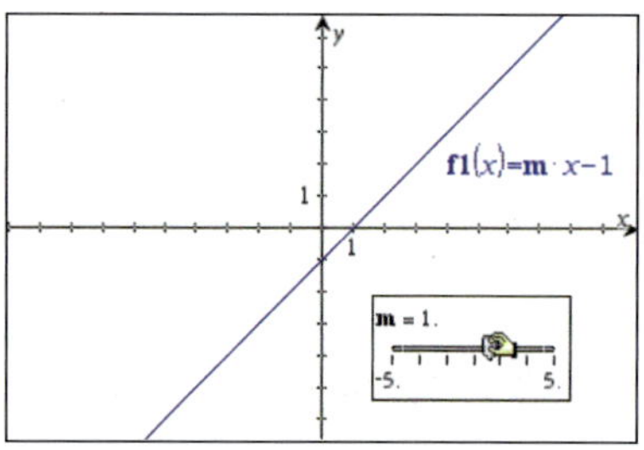

Die Untersuchung lässt sich sehr gut mit einem Schieberegler veranschaulichen.
Die Funktion y = f(x) = m · x − 1 hat:

- eine positive Nullstelle für alle reellen Zahlen m > 0
- eine negative Nullstelle für alle reellen Zahlen m < 0
- keine Nullstelle für m = 0

9.

solve(100=1.5·t+2,t)	t=65.3333
solve(100=t+2,t)	t=98
solve(100=2·t+1,t)	t=49.5
solve(100=4·t,t)	t=25

a) Die Anfangshöhe in den Gefäßen A und B ist 2 cm.

b) Das Wasser steigt im Gefäß B um 1 $\frac{\text{cm}}{\text{s}}$.

c) Nur im Gefäß D ist zu Beginn der Messung kein Wasser vorhanden.

d) Im Gefäß C steigt das Wasser um 2 $\frac{\text{cm}}{\text{s}}$.

e) Im Gefäß D steigt das Wasser am schnellsten.

f) Füllzeiten in Sekunden nach Beobachtungsbeginn:
A: 65,3 s; B: 98 s; C: 49,5 s; D: 25 s

Lösungen zu „Teste dich selbst"-Aufgaben

Systeme linearer Gleichungen untersuchen (Seite 59)

1. Es sind mehrere Herangehensweisen möglich. Eine Variante ist das Umstellen jeder Gleichung in die Form $y = mx + n$ und der Vergleich der Anstiege:

a) unterschiedliche Anstiege – eindeutige Lösung: $x = 1$; $y = -2$

b) unterschiedliche Anstiege – eindeutige Lösung: $x = -\frac{5}{12}$; $y = 0$

c) unterschiedliche Anstiege – eindeutige Lösung: $x = -5{,}5$; $y = 38{,}5$

d) gleiche Anstiege – keine Lösung

e) gleiche Anstiege – unendlich viele Lösungen: Die Lösungsmenge ist als Gerade darstellbar. Diese Gerade ist eindeutig bestimmt durch die Punkte $(0 \mid 20)$ und $(-60 \mid 0)$.

f) unterschiedliche Anstiege – eindeutige Lösung: $x = -2\frac{4}{13}$; $y = \frac{8}{13}$

2.

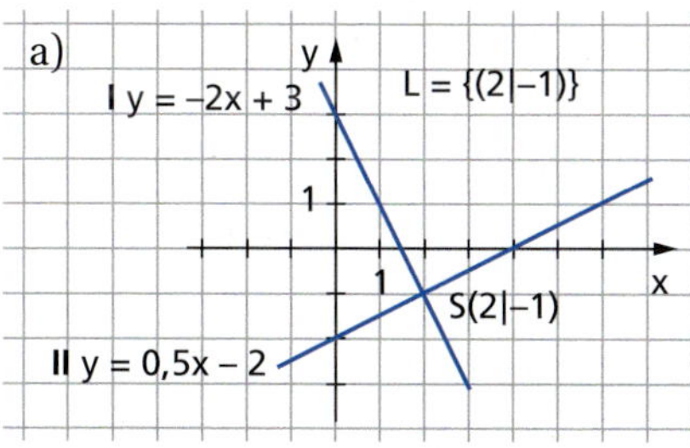

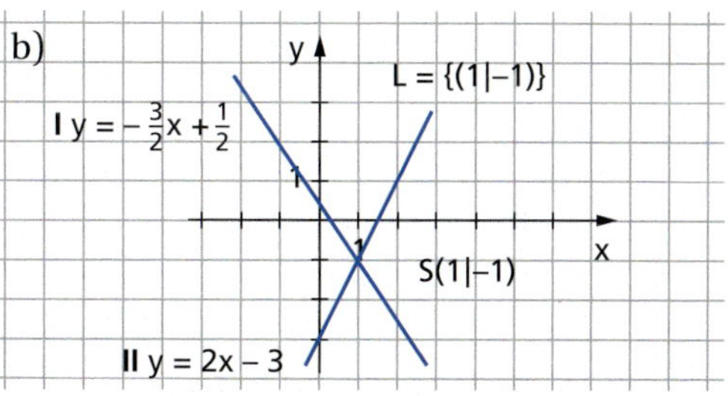

3. 12 Zimmer mit 4 Betten; 8 Zimmer mit 2 Betten

4.
I $v + x = 760\,\frac{km}{h}$
II $v - x = 690\,\frac{km}{h}$
Lösung: $v = 725\,\frac{km}{h}$

5. x: Durchschnittsgeschwindigkeit des Lkw; y: Durchschnittsgeschwindigkeit des Pkw

I $1\,h \cdot x - \frac{2}{3}h \cdot y = 0$
II $\frac{1}{3}h \cdot y - \frac{1}{3}h \cdot x = 10\,km$
Lösung: $x = 60\,\frac{km}{h}$; $y = 90\,\frac{km}{h}$

6.
I $4s + 2h = 82$
II $s + h = 33$
Lösung: Der Bauer hat 8 Schafe und 25 Hühner.

7. Mutter: 35 Jahre; Tochter: 8 Jahre

8. x: Wasserverbrauch in Kubikmeter in einem Jahr; y: Nettopreis für ein Jahr

Zwischen den Größen x und y besteht ein funktionaler Zusammenhang der Form $y = mx + n$.
Die Punkte $(125\,m^3 \mid 546\,€)$ und $(140\,m^3 \mid 598{,}20\,€)$ sind gegeben.
Gesucht: Anstieg m (Preis für $1\,m^3$ Wasser) und der y-Achsenabschnitt n (Grundgebühr)

Berechnung von m mithilfe des Differenzenquotienten: $m = \frac{589{,}20\,€ - 546\,€}{140\,m^3 - 125\,m^3} = 3{,}48\,\frac{€}{m^3}$

Berechnung von n: $n = 546\,€ - 125\,m^3 \cdot 3{,}48\,\frac{€}{m^3} = 111\,€$

Quadratische Funktionen und quadratische Gleichungen (Seite 102)

1. a) ① $x_1 = 15$, $x_2 = -15$ ② $x_1 = 0$, $x_2 = -25$ ③ $L = \{\}$ ④ $x_1 = \frac{9}{10}$, $x_2 = -\frac{9}{10}$ ⑤ $x_1 = 0$, $x_2 = -1{,}7$

b) Die Lösungspaare geben die Schnittpunkte des Graphen mit der x-Achse an. Den x-Wert des Schnittpunktes bezeichnet man als Nullstelle.

2. a) $L = \{+\sqrt{6}; -\sqrt{6}\}$ b) $L = \{+\sqrt{14}; -\sqrt{14}\}$ c) $L = \{0; 6\}$ d) $L = \{-4 + \sqrt{30}; -4 - \sqrt{30}\}$ e) $L = \{\}$

3. a) Zeile 4: Wurzel falsch gezogen c) Fallbetrachtung für $z = 0$ fehlt

b) Zeile 2: Vorzeichenfehler $\left(-\frac{64}{4}\right)$; Zeile 3: Äquivalenzumformung falsch

4. a) $a = 0$ (kleinster Wert -2) b) $a = 1$ (kleinster Wert -12) c) $a = 2{,}75$ (größter Wert 10,5625)

5. a) $y_1 = 5; y_2 = -4$ b) $L = \{\}$ c) $x_1 = -5; x_2 = -1$ d) $x_1 = 6; x_2 = -3{,}5$

6. a) ① ⇒ C ② ⇒ E ③ ⇒ F ④ ⇒ A ⑤ ⇒ B ⑥ ⇒ D

b)

Graph	Scheitelpunkt	Nullstellen
A	(0|1)	–
B	(1|0)	x = 1
C	(4,5|0)	x = 4,5
D	–	x = 1
E	(2|–1)	$x_1 = 1$; $x_2 = 3$
F	(0|0)	x = 0

c) ① $x = 4{,}5$ ② $x_1 = 3; x_2 = 1$ ③ $x = 0$ ④ n. l. ⑤ $x = 1$ ⑥ $x = 1$

7. a) S(0|–2), gestreckt, nach oben offen, 2 Nullstellen
b) S(0|4), gestaucht, nach unten offen, 2 Nullstellen
c) S(0|–1), gestreckt, nach unten offen, keine Nullstelle
d) S(0|–1,5), gestaucht, nach oben offen, 2 Nullstellen

8. a) S(–3|–7) b) S(1|–2) c) S(–8|0) d) S(0,5|1,5)

9. a) S(–3|–4), $x_1 = -5$; $x_2 = -1$
b) S(5|–14), $x_1 \approx 1{,}26$; $x_2 \approx 8{,}74$
c) S(–3,5|–6,25), $x_1 = -6$; $x_2 = -1$
d) S(0,5|–2,25), $x_1 = -1$; $x_2 = 2$

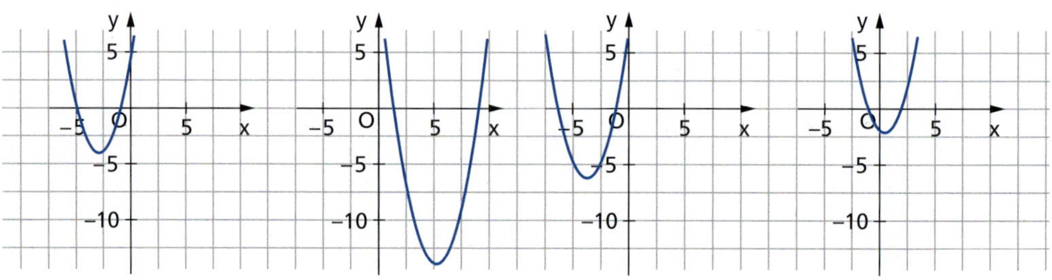

10. a) $x_1 = -1$; $x_2 = 2$ b) $x_1 = 1$; $x_2 = 3$ c) $x_1 = -3$; $x_2 = 1$

Quadratische Funktionen und quadratische Gleichungen (Seite 103)

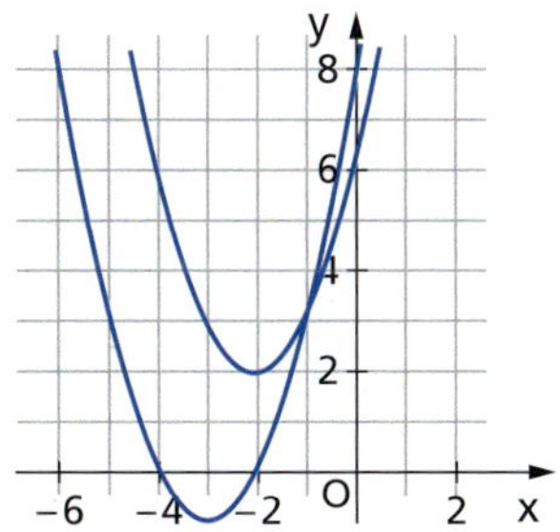

11. Schnittpunkt (-1 | 3)

12. a) $y = x^2 + 4x$ b) $y = 0{,}5x^2 - x - 2$

13. a) $z_1 = 3$; $z_2 = 5$
b) $z_1 = \frac{2}{3}$; $z_2 = \frac{1}{4}$
b) $a_1 = 9$ LE; $b_1 = 11$ LE
b) $a = 13$ LE; $b = 11$ LE

14. *Beispiellösungen:*
a) $y = (x + 1{,}5)^2 + 2$ b) $y = (x + 2)^2 - 4$ c) $y = x^2 + 4x + 3$ d) $y = x^2 - 4x + 3$

15. a)

Breite in m	1	2	3	4	**5**	6
Länge in m	25	12,5	8,33	6,25	**5**	4,17
Flächeninhalt in m²	25	25	25	25	**25**	26
Umfang in m	52	29	22,67	20,5	**20**	20,34

b) $u = f(b) = 2 \cdot b + 2 \cdot \frac{25}{b}$
(u = 20 m ist der kleinste Funktionswert.)

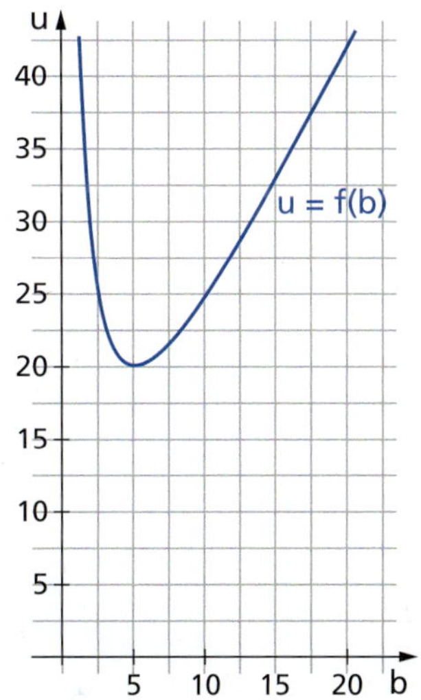

16. a) Für t = 1,2 s ist h = 14,1 m.
b) Für t = 1 s ist h = 13,7 m und steigt noch nach oben.
c) Nach 2,4 s kommt das Wasser wieder am Boden auf.

Zueinander ähnliche Figuren untersuchen (Seite 132)

1.

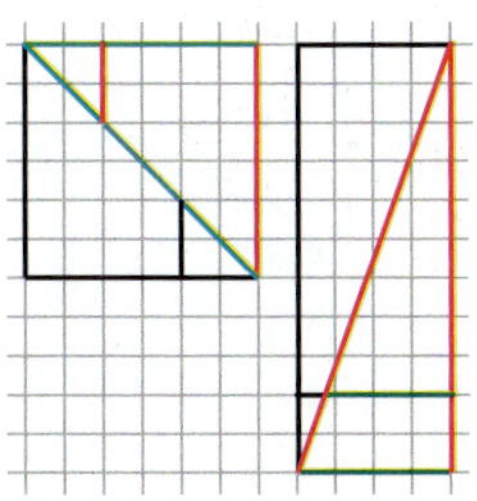

2. a) Ja, da alle Winkel gleich groß sind.
b) Nein, da das Längenverhältnis der beiden Katheten nicht konstant ist.
c) Ja, da alle Winkel und alle Seiten gleich groß sind.
d) Nein, da das Verhältnis der beiden unterschiedlich langen Seiten nicht konstant ist.
e) Ja, da alle Winkel gleich groß sind.
f) Ja, da die Formen von Halbkugeln immer gleich sind.

3. Kongruenz ist ein Sonderfall der Ähnlichkeit mit dem Ähnlichkeitsfaktor k = 1.

4. a) Streckungszentrum ist Punkt B. Die Eckpunkte des Bilddreiecks A'B'C' sind: A'(2,5 | –0,25), B'(2,5 | 2), C'(–0,5 | 2)
b) Für Dreieck ABC gilt: A = 1,5 FE, u = 6 LE
Für Dreieck A'B'C' gilt: A = 3,375 FE, u = 9 LE

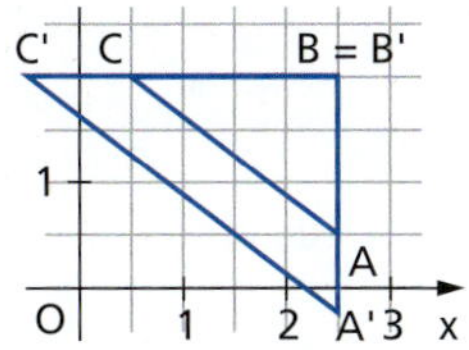

5. a) $x = 17{,}1$ cm b) $x = 3{,}7$ cm c) $x = 4{,}6$ cm

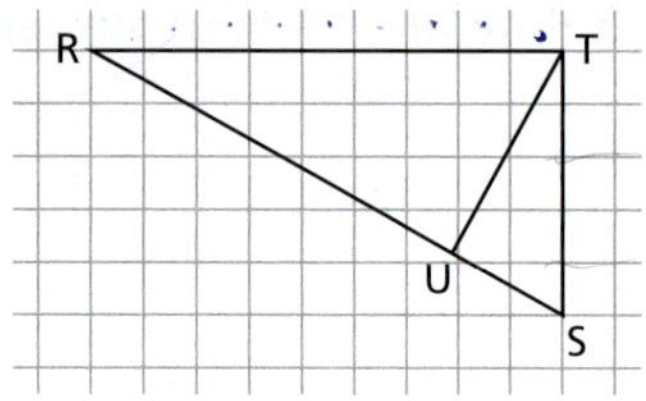

6. $x = 2{,}3$ mm

7. $\triangle$ RST und $\triangle$ RUT sind zueinander ähnlich, da sowohl $\sphericalangle$ URT und $\sphericalangle$ SRT als auch $\sphericalangle$ TUR = $\sphericalangle$ STR gleich groß sind und somit der Hauptähnlichkeitssatz gilt.

8. $x = 2{,}60 - z$; $\frac{z}{(180 + 15)} = \frac{55}{180}$ $\rightarrow$ $z = \frac{55 \cdot 195}{180} = 59{,}6$ $\rightarrow$ $x = 200{,}4$
Die Mindestlänge der Kette muss 200,4 cm betragen.

9. a) $\sin 75° = 0{,}966$; $\cos 75° = 0{,}259$; $\tan 75° = 3{,}732$ b) ① $\alpha = 30°$; ② $\alpha = 60°$; ③ $\alpha = 26{,}6°$

Zusammengesetzte Körper untersuchen (Seite 152)

1. ① zwei quadratische Pyramiden

② achtseitiges (reglemäßiges) Prisma, Kreiszylinder, Halbkugel

2.

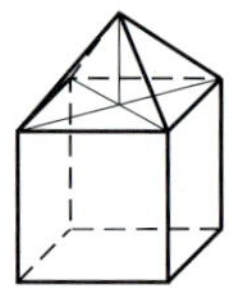

3. a)

Zeltdach	Walmdach	Krüppelwalmdach
quadratische Pyramide	dreiseitiges Prisma und zwei halbe Pyramiden	vierseitiges Prisma (Trapezsäule) und dreiseitiges Prisma, von dem zwei dreiseitige Pyramiden abgeschnitten wurden

b)

von rechts betrachtet		
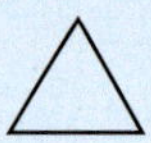	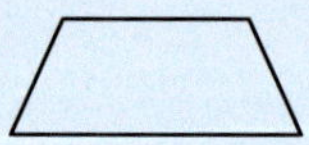	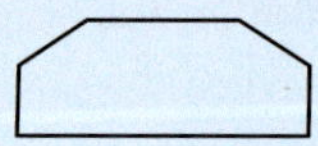

4. $V_{Rest} = V_1 - V_2 = \frac{\pi}{3} \cdot 16\ cm^2 \cdot 6\ cm - \frac{\pi}{3} \cdot 4\ cm^2 \cdot 3\ cm = 100{,}5\ cm^3 - 12{,}6\ cm^3 = 87{,}9\ cm^3$

5. a) Zweitafelbild (Maßstab 1:8)
b) Es sind 36 Kanten.
$l = 36 \cdot 4\ cm = 144\ cm$

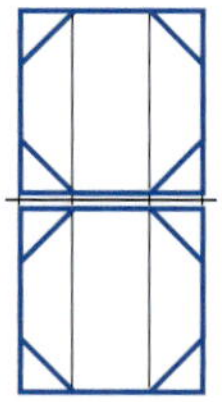

c) *Es gilt:*
$a = x + 4\ cm + x$
$a = 2x + 4\ cm$
$x^2 + x^2 = (4\ cm)^2$
$x = 2{,}8\ cm$
$a = 9{,}6\ cm$

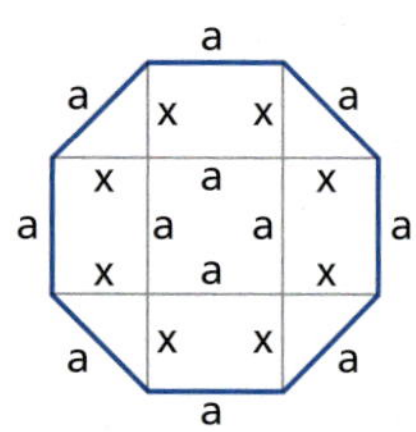

6. a) $V_{Gesamt} = V_{Kegel} + V_{Zylinder} + V_{Halbkugel} = \frac{\pi}{3} \cdot r^2 \cdot h_{Kegel} + \pi \cdot r^2 \cdot h_{Zylinderl} + \frac{1}{2} \cdot \frac{4}{3} \cdot \pi \cdot r^3$
$V_{Gesamt} = 4{,}71\ cm^3 + 24{,}7\ cm^3 + 7{,}07\ cm^3 \approx 36{,}5\ cm^3$

b) $\varrho = \frac{m}{V}$ $\Rightarrow$ $m = \varrho \cdot V = = 7{,}85\ \frac{g}{cm^3} \cdot 36{,}48\ cm^3$ $\Rightarrow$ $m \approx 286$ g
100 dieser Werkstücke wiegen etwa 30 kg. Diese kann man in einer Kiste heben.

Mit Zufall und Wahrscheinlichkeit rechnen (Seite 186)

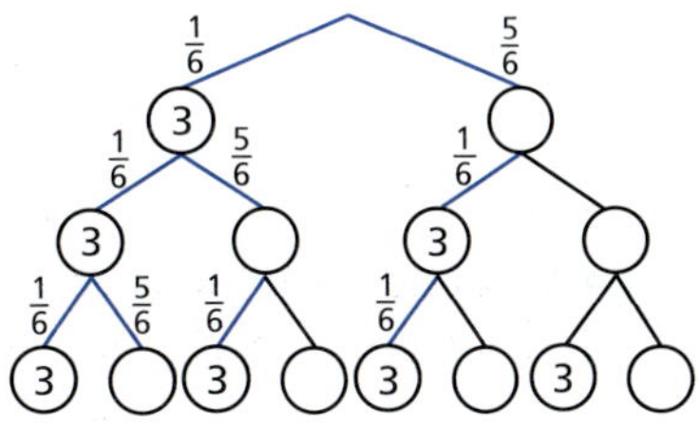

1. $\frac{1}{6}\cdot\frac{1}{6}\cdot\frac{1}{6}+\frac{1}{6}\cdot\frac{1}{6}\cdot\frac{5}{6}+\frac{1}{6}\cdot\frac{5}{6}\cdot\frac{1}{6}+\frac{5}{6}\cdot\frac{1}{6}\cdot\frac{1}{6}$

$=\frac{1}{216}+\frac{5}{216}+\frac{5}{216}+\frac{5}{216}=\frac{16}{216}=\frac{2}{27}\approx 0{,}074\approx 7{,}4\,\%$

2. a) $\frac{1}{3}$ b) $\frac{1}{6}$

3. a)

Ereignis(mindestens ein Mangel) → Ereignis(defekte Lampe) – 10 Fahrzeuge
→ Ereignis(beide Mängel) – 10 Fahrzeuge
→ Ereignis(ohne Warndreieck) – 15 Fahrzeuge

P(mindestens ein Mangel) $=\frac{35}{180}=\frac{7}{36}$

4. a) $P=\frac{1}{45}$ b) $P=\frac{2}{9}$ c) $P=\frac{1}{5}$

5. a) $P=\frac{1}{15\,600}$ b) $P=\frac{1}{17\,576}$

6. Zensur 2 bis 5: $P=\frac{2}{9}$ Zensur 1 und 6: $P=\frac{1}{18}$

7. a) $P\approx 0{,}982$ b) $P=1{,}5\cdot 10^{-7}$

8.

Gewinn minus Einsatz	24 €	9 €	4 €	1 €	–1 €
Wahrscheinlichkeit	$\frac{10}{1000}=0{,}01$	$\frac{25}{1000}=0{,}025$	$\frac{50}{1000}=0{,}05$	$\frac{125}{1000}=0{,}125$	$\frac{790}{1000}=0{,}79$

$E(G)=24\cdot 0{,}01+9\cdot 0{,}025+4\cdot 0{,}05+1\cdot 0{,}125+(-1)\cdot 0{,}79=0$ (Das Spiel ist fair.)

9. a) $p=1-(0{,}1+0{,}2+0{,}4)=0{,}3$

b)

$\mathbf{xk}:=\{-1,0,1,2\} \blacktriangleright \{-1,0,1,2\}$

$\mathbf{pk}:=\{0.1,0.2,0.4,0.3\} \blacktriangleright \{0.1,0.2,0.4,0.3\}$

$\mathbf{ex}:=\text{sum}(\mathbf{xk}\cdot\mathbf{pk}) \blacktriangleright 0.9$

$\mathbf{vx}:=\sum_{i=1}^{\dim(\mathbf{xk})}\left((\mathbf{xk}[i]-\mathbf{ex})^2\cdot\mathbf{pk}[i]\right) \blacktriangleright 0.89$

$\sigma\mathbf{x}:=\sqrt{\mathbf{vx}} \blacktriangleright 0.943398$

10.

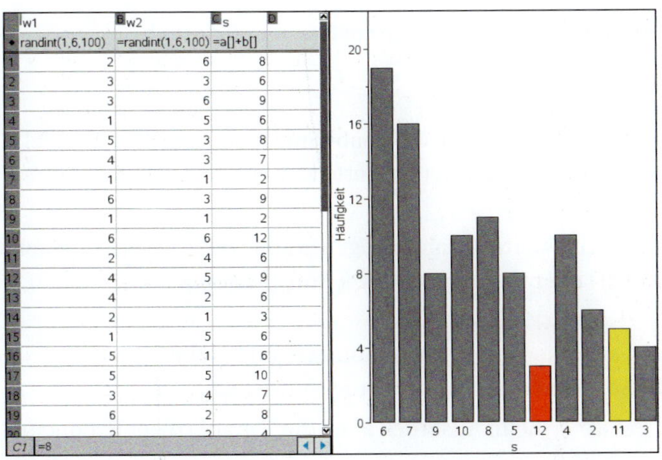

w1	w2	s
randint(1,6,100)	=randint(1,6,100)	=a[]+b[]
2	6	8
3	3	6
3	6	9
1	5	6
5	3	8
4	3	7
1	1	2
6	3	9
1	1	2
6	6	12
2	4	6
4	5	9
4	2	6
2	1	3
1	5	6
5	1	6
5	5	10
3	4	7
6	2	8

Theoretische Lösung:

P(Augensumme 12) =
$P(\{(6,6)\})=\frac{1}{36}$

P(Augensumme 11) =
$P(\{(5,6);(6,5)\})=\frac{2}{36}$

Lösungen „Aufgabenpraktikum"

7.1 Aufgaben zum Üben

Multiple-Choice-Aufgaben (Seite 191)

1. (A) **2.** (B) **3.** (E) **4.** (C) **5.** (C) **6.** (B)

7. (D) **8.** (E) **9.** (E) **10.** (C) **11.** (A) und (B) **12.** (C) und (D)

Multiple-Choice-Aufgaben (Seite 192)

13. (C) **14.** (C) **15.** (D) **16.** (A) **17.** (C) **18.** (B)

Ohne Hilfsmittel zu lösende Aufgaben (Seite 192)

1. a) $y = f(x) = 2x$; $y = g(x) = -2x + 2$; $y = h(x) = 0{,}5x - 1$
b) $x_0 = 0$, da $f(0) = 0$; $x_0 = 1$, da $g(1) = 0$; $x_0 = 2$, da $h(2) = 0$
c) $y = f'(x) = -2x$; $y = g'(x) = 2x - 2$; $y = h'(x) = -0{,}5x + 1$

2. a) $13{,}75 - 0{,}75 = 13$ b) $\frac{1}{4} \cdot 4 - \frac{1}{2} = \frac{1}{2}$ c) $250 : 5 - 15 + 0 = 35$ d) $1^2 + 0^2 = 1$

3. 1 cm auf der Karte entsprechen dann 200 000 cm in Wirklichkeit,
das sind 200 000 cm = 2 000 m = 2 km

Ohne Hilfsmittel zu lösende Aufgaben (Seite 193)

4. a) lineare Funktion: $s = f(t) = v \cdot t + s_0$
Zwischen dem zurückgelegte Weg s bei einer gleichförmig geradlinigen Bewegung und der dafür benötigten Zeit t besteht ein linearer Zusammenhang.

b) quadratische Funktion: $s = f(t) = \frac{g}{2} \cdot t^2$
Zwischen dem zurückgelegte Weg s beim freien Fall und der dafür benötigten Zeit t besteht ein quadratischer Zusammenhang. Der Parameter g ist die Fallbeschleunigung.

c) Potenzfunktion: $V = f(r) = \frac{4}{3}\pi \cdot r^3$
Die Abhängigkeit des Volumen einer Kugel von ihrem Radius wird durch eine Potenzfunktion beschrieben.

d) Definitionsbereich: $s = f(t) = v \cdot t + s_0$
Der Definitionsbereich gibt an, welche Werte die unabhängige Variable (im Beispiel t) annehmen darf. Für die Funktion $s = f(t)$ sind nur Werte $t \geq 0$ zulässig.

e) Wertebereich: $s = f(t) = v \cdot t + s_0$
Der Wertebereich gibt an, welche Werte die abhängige Variable (im Beispiel s) annehmen kann. Für die Funktion $s = f(t)$ sind nur Werte von $s \geq s_0$ möglich.

f) Nullstelle: $y = f(x) = 3x - 6$
Nullstellen von Funktionen sind die Wert x_0 der unabhängigen Variable (im Beispiel x), für die gilt $f(x_0) = 0$. Die Beispielfunktion $y = f(x)$ hat die Nullstelle $x_0 = 2$.

g) Exponent: a^n Beim Ausdruck a^n ist die Variable n der Exponent.

h) Basis: a^n Beim Ausdruck a^n ist die Variable a die Basis.

i) Lösungsformel: Für $x^2 + px + q = 0$ ist $x_{1;2} = -\frac{p}{2} \pm \sqrt{\left(\frac{p}{2}\right)^2 - q}$ Lösungsformel.
Mit der Lösungsformel lassen sich die Lösungen der Gleichung ermitteln.

5. a)

a	1	3	$\frac{1}{2}$	−2	$-\frac{1}{2}$
$0{,}5 \cdot a^2 - 3{,}5a + 1{,}5$	−1,5	−4,5	−0,125	10,5	3,375

b) (I) $-3{,}5x - 6{,}25$ (II) $3{,}75x - 11{,}25$ c) $4a^2b^2(35b + 52a)$

6. a)

$$\begin{aligned} (x-2)\cdot(x+1) &= 2x\cdot(x-1)-(x-2) && \mid \text{Ausmultiplizieren}\\ x^2-2x+x-2 &= 2x^2-2x-x+2 && \mid \text{Zusammenfassen}\\ x^2-x-2 &= 2x^2-3x+2 && \mid -(x^2-x-2)\\ 0 &= x^2-2x+4 && \mid \text{Seiten vertauschen}\\ x^2-2x+4 &= 0 \end{aligned}$$

b) Die Gleichung hat keine Lösung.

7. *Volumen der Erde:* $1\,080\,000\,000\,000\,\text{km}^3 = 1{,}08 \cdot 10^{12}\,\text{km}^3$
Volumen der Sonne: $1{,}41 \cdot 10^{27}\,\text{km}^3 = 1\,410\,000\,000\,000\,000\,000\,000\,000\,000\,\text{km}^3$
Die Sonne hat das 10^{15}-fache Volumen der Erde.

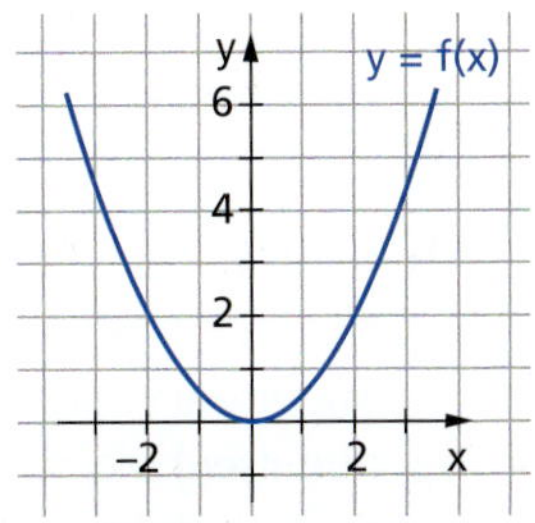

8. a) gestauchte Normalparabel,
nach oben geöffnet, Scheitelpunkt S(0 | 0)

b) $y = -0{,}5 \cdot x^2$; $y = -x^2$

c) Verschiebung nach oben: $y = x^2 + 5$
Verschiebung nach unten: $y = x^2 - 5$

d) Verschiebung um 4 LE nach rechts: $y = (x - 4)^2$
Verschiebung um 3 LE nach links: $y = (x + 3)^2$

9. a) $y = f(x) = 2$

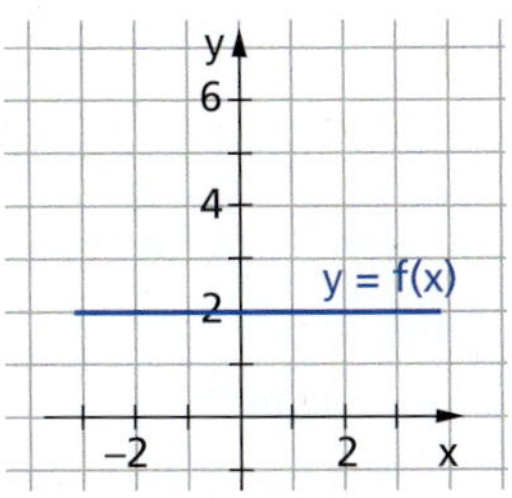

b) $y = f(x) = (x - 2)^2 + 2$

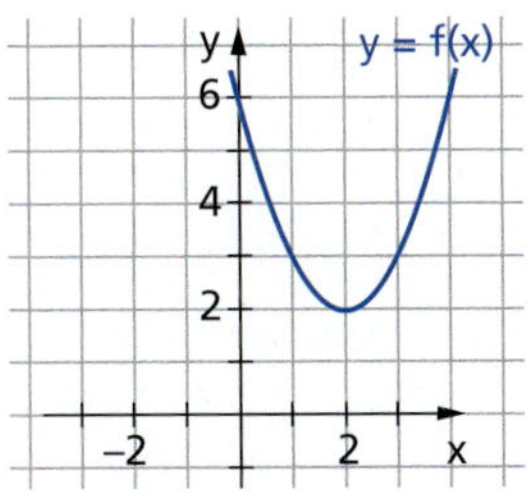

c) $y = f(x) = 0{,}5x + 2$;
$y = g(x) = 0{,}5x$

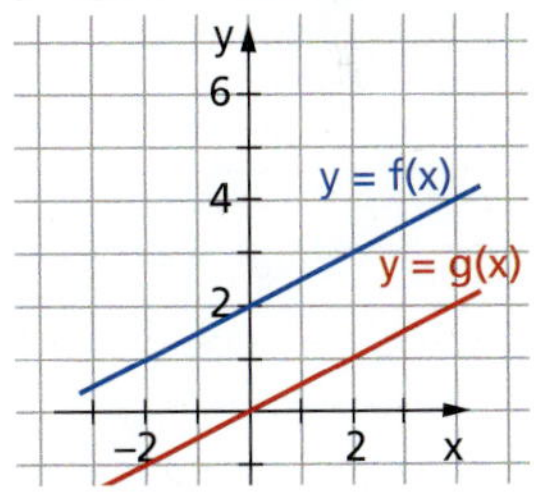

d) $y = f(x) = (x - 2)^2$;
$y = g(x) = (x + 2)^2$

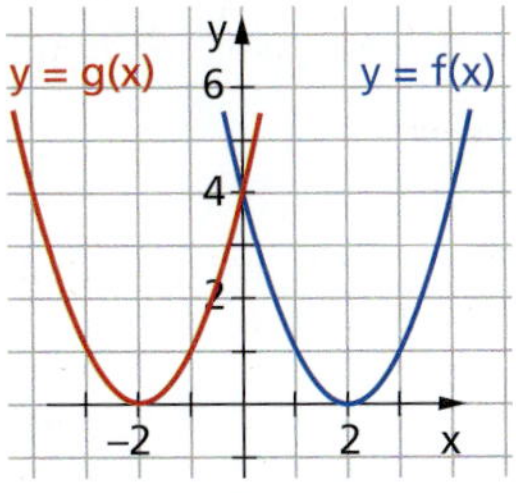

e) $y = f(x) = x^2 - 1$;
$y = g(x) = -x^2 + 1$

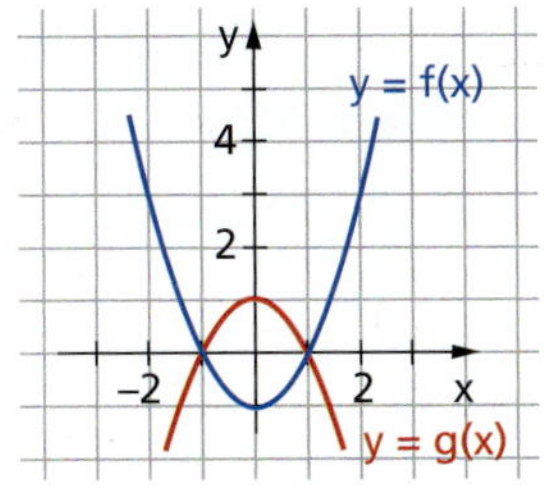

f) $y = f(x) = x - 1$;
$y = g(x) = -0{,}5x + 2$

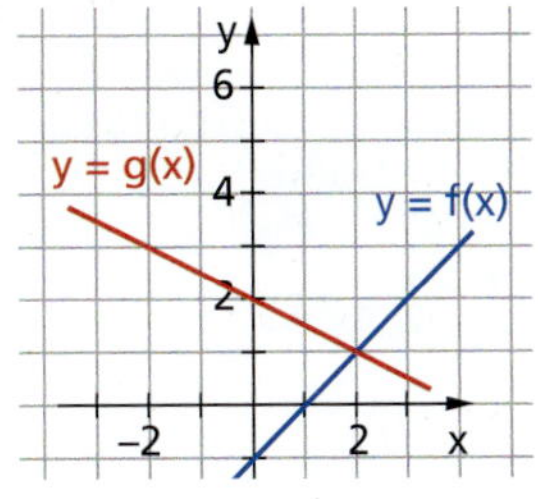

10. a) $y = f(x) = 0$ beschreibt den Graphen einer lineare Funktion. Es liegt eine eindeutige Abbildung aller x-Werte auf den Wert $y = 0$ vor. Der Graph fällt mit der x-Achse zusammen.

b) $y = f(x) = x + 0$ beschreibt den Graphen einer lineare Funktion. Es liegt eine eindeutige Abbildung der x-Werte auf jeweils gleichgroße y-Werte vor. Der Graph ist eine Gerade durch den Koordinatenursprung mit einem Anstieg von 45°.

c) $y = f(x) = 3$ beschreibt den Graphen einer lineare Funktion. Es liegt eine eindeutige Abbildung aller x-Werte auf den Wert $y = 3$ vor. Der Graph ist eine Parallele zur x-Achse durch den Punkt $P(0 \mid 3)$.

d) Die Gleichung $x = 3$ beschreibt keine Funktion. Es liegt keine eindeutige Abbildung von x-Werten auf y-Werte vor.

e) $y = f(x) = |-3| \cdot x^2$ beschreibt den Graphen einer quadratische Funktion. Es liegt eine eindeutige Abbildung aller x-Werte auf y-Werte vor. Der Graph ist eine nach oben öffnende gestreckte Parabel durch den Koordinatenursprung.

f) $y = f(x) = |-3|$ beschreibt den Graphen einer lineare Funktion. Es liegt eine eindeutige Abbildung aller x-Werte auf den Wert $y = 3$ vor. Der Graph ist eine Parallele zur x-Achse durch den Punkt $P(0 \mid 3)$.

Ohne Hilfsmittel zu lösende Aufgaben (Seite 194)

11. a) $y = f(x) = x + 5$

b) Der Flächeninhalt vpn $\triangle AOB$ beträgt 12,5 FE.

c) $\triangle AOB$ ist rechteckig und gleichschenklig mit $\alpha = \beta$ und $\alpha + \beta = 90°$. $\rightarrow$ $\alpha = 45°$

d) $\beta = 90° - 45° = 45°$; $\overline{AB} = \sqrt{(5\text{ LE})^2 + (5\text{ LE})^2} = \sqrt{50\text{ FE}} = 5 \cdot \sqrt{2\text{ LE}} = 7{,}07\text{ LE}$

e) Mittelsenkrechte auf $\overline{AB}$: $y = f(x) = -x$
Mittelsenkrechte auf $\overline{BO}$: $y = f(x) = 2{,}5$
Mittelsenkrechte auf $\overline{AO}$: $x = -2{,}5$; Parallele zur y-Achse durch $P(-2{,}5 \mid 0)$.
Schnittpunkt der Mittelsenkrechten: $P(-2{,}5 \mid 2{,}5)$

f) Koordinaten: $A'(-5 \mid 0)$; $B'(5 \mid 10)$; $O'(5 \mid 0)$
Seitenlängen: $\overline{A'O'} = 10\text{ LE}$; $\overline{O'B'} = 10\text{ LE}$; $\overline{A'B'} = 14{,}14\text{ LE}$
Flächeninhalt: $A = 50\text{ FE}$

12.

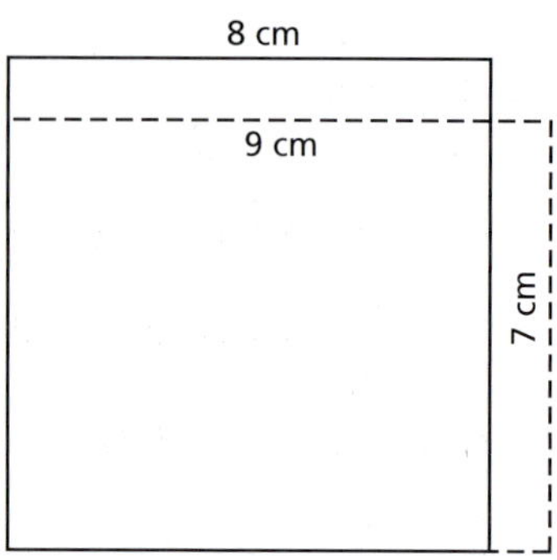

Maßstab 1 : 2

Quadrat: $a = 5\text{ cm}$; Rechteck: $a = 3\text{ cm}$; $b = 7\text{ cm}$

$u_{Quadrat} = u_{Rechteck} = 32\text{ cm}$

$A_{Quadrat} = 64\text{ cm}^2$; $A_{Rechteck} = 63\text{ cm}^2$

$A_{Quadrat} > A_{Rechteck}$

a) individuelle Lösung

b) individuelle Lösung

13. a) $P = \frac{1}{2} \cdot \frac{5}{6} = \frac{5}{12}$ b) $P = \frac{1}{2} \cdot \frac{1}{2} \cdot \frac{1}{2} = \frac{1}{8}$ c) $P = \frac{1}{2} \cdot \frac{1}{2} \cdot \frac{1}{2} \cdot \frac{1}{2} = \frac{1}{64}$

Mit Hilfsmitteln zu lösende Aufgaben (Seite 194)

1. a)

a	1	3	4,5	−2	−5,5
$0{,}5 \cdot (a^2 - 3{,}5a) + 5{,}5$	4,25	4,75	7,75	11	30,25

b) (I) $-27{,}5x^2 - 52{,}75x - 31$ (II) $\frac{5}{3x-9} = \frac{5}{3 \cdot (x-3)}$

2. a) $y = f(x) = x^3 - 2x^2 + 2x + 3$

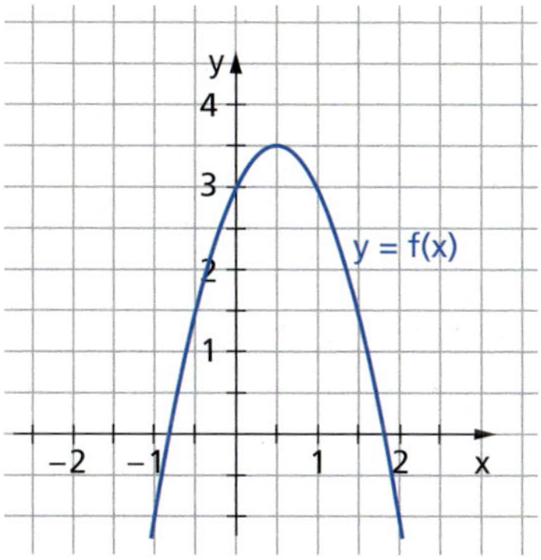

b) Besondere Punkte:

Scheitelpunkt: $S(0{,}5 \mid 3{,}5)$

Nullstellen: $x_1 = 1{,}82$; $x_2 = -0{,}82$

Mit Hilfsmitteln zu lösende Aufgaben (Seite 195)

3. a)

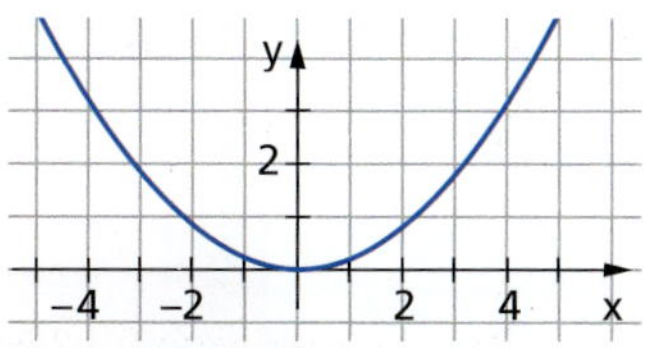

b) $y = f(x) = 0{,}2 \cdot x^2$

4. a)

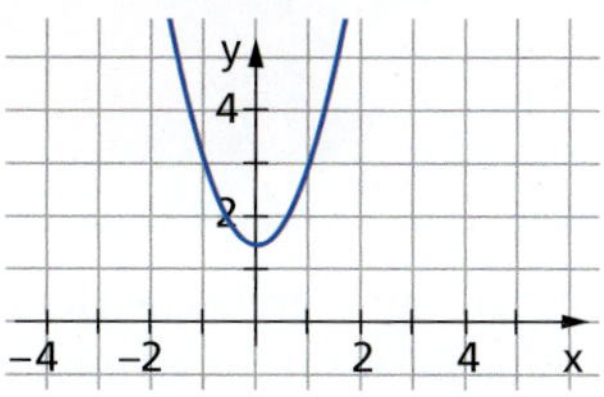

x	−1,5	−1,0	−0,5	0	0,5	1,0	1,5
$y = 1{,}5 \cdot x^2 + 1{,}5$	4,9	3,0	1,9	1,5	1,9	3,0	4,9

nach oben geöffnete Parabel, gestreckte Normalparabel

Scheitelpunkt: $S(0 \mid 1{,}5)$

Schnittpunkte mit der x-Achse: keine

b)

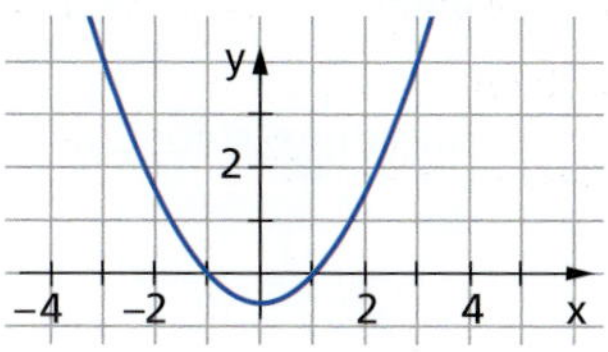

x	−1,5	−1,0	−0,5	0	0,5	1,0	1,5
$y = 0{,}5 \cdot x^2 - 0{,}5$	0,6	0	−0,4	−0,5	−0,4	0	0,6

nach oben geöffnete Parabel, gestauchte Normalparabel

Scheitelpunkt: $S(0 \mid -0{,}5)$

Schnittpunkte mit der x-Achse: $P_1(-1 \mid 0)$; $P_2(1 \mid 0)$

c)

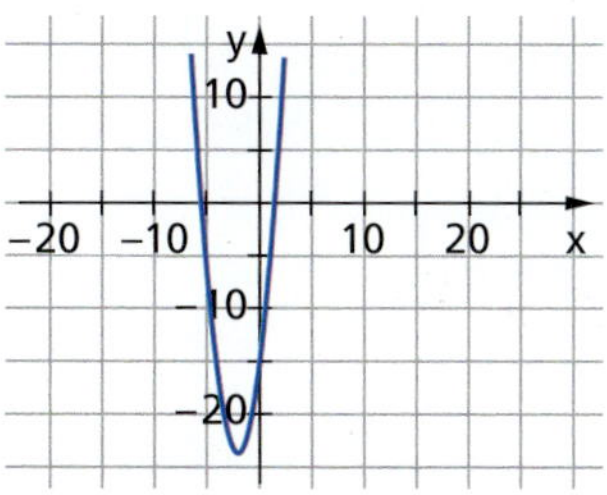

x	−5	−4	−3	−2	−1	0	1
$y = 2x^2 + 8x - 16$	−6	−6	−22	−24	−22	−16	−6

nach oben geöffnete Parabel, gestreckte Normalparabel

Scheitelpunkt: $S(-2 \mid -24)$

Schnittpunkte mit der x-Achse: $P_1(-5{,}5 \mid 0)$; $P_2(1{,}5 \mid 0)$

5. a) Höhe der Kugel beträgt in 10 m Entfernung 6,4 m. $(y = h(10) = -0{,}02 \cdot 10^2 + 0{,}84 \cdot 10 = 6{,}4)$

b) Die Kugel hat in 21 m ihre maximale Höhe von 8,82 m erreicht.

c) Die Kugel trifft in einem Abstand von 42 m auf dem Boden auf.
Nullstellen: $x_1 = 0$ und $x_2 = 42$

d) Die Kugel hat bei 7,18 m und bei 34,82 m eine Höhe von 5 m.

6. $x = 0{,}717019$; $y = 0{,}376636$

7. a)

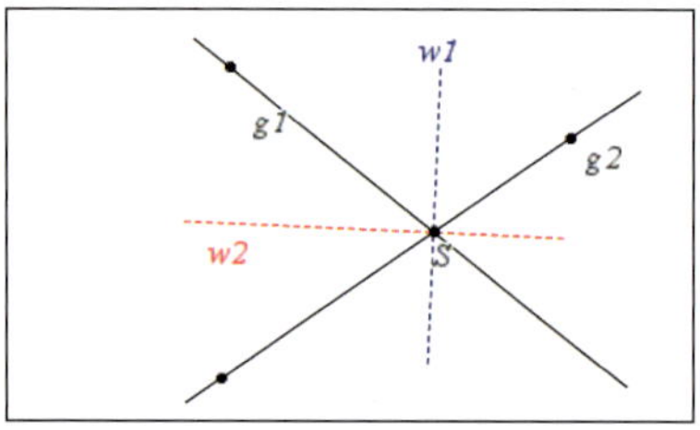

b)

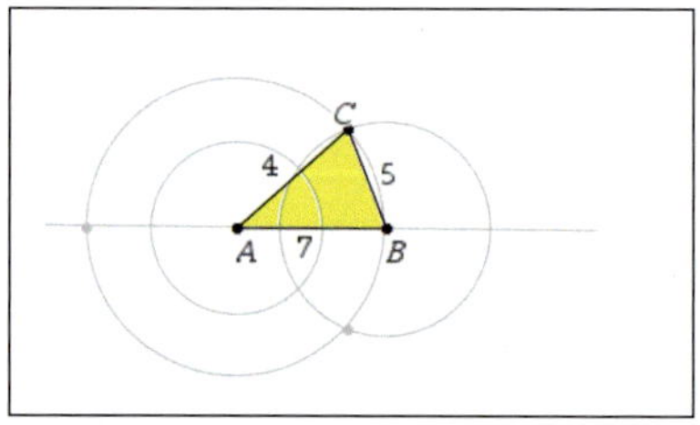

8. Schätzwerte der Augensummen von 2 bis 12 können dem jeweiligen Diagramm entnommen werden.

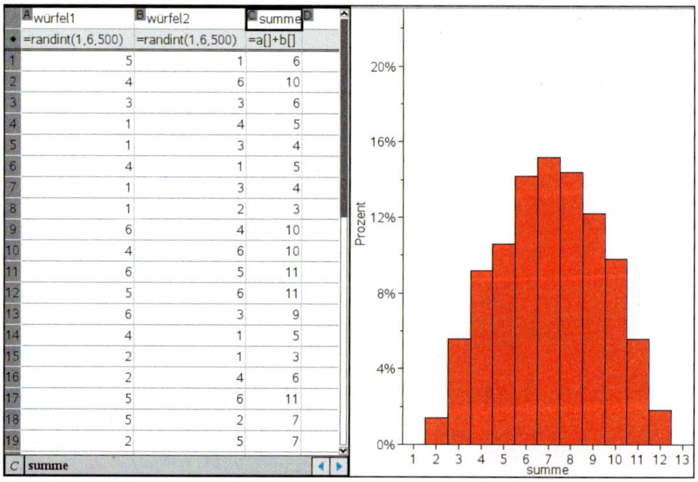

	A würfel1	B würfel2	C summe
•	=randint(1,6,500)	=randint(1,6,500)	=a[]+b[]
1	5	1	6
2	4	6	10
3	3	3	6
4	1	4	5
5	1	3	4
6	4	1	5
7	1	3	4
8	1	2	3
9	6	4	10
10	4	6	10
11	6	5	11
12	5	6	11
13	6	3	9
14	4	1	5
15	2	1	3
16	2	4	6
17	5	6	11
18	5	2	7
19	2	5	7

9. Nullstellen und Scheitelpunkte können mit dem CAS-Rechner über die grafische Darstellung und den Menüpunkt *„Graph analysieren"* ermittelt werden. Eine Berechnung ist mit dem *„solve-Befehl"* bzw. dem Befehl zur quadratischen Ergänzung möglich.

ohne CAS:

Graph zeichnen: Wertetabelle aufstellen, Punkte ins Koordinatensystem übertragen

Scheitelpunkt ablesen: $S(-0{,}5 \mid -2{,}5)$

Nullstellen berechnen: $x_{1;2} = \frac{1}{2} \pm \frac{\sqrt{5}}{2}$

mit CAS:

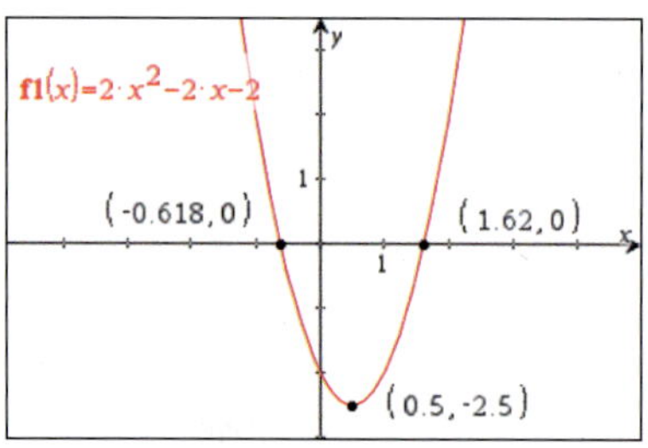

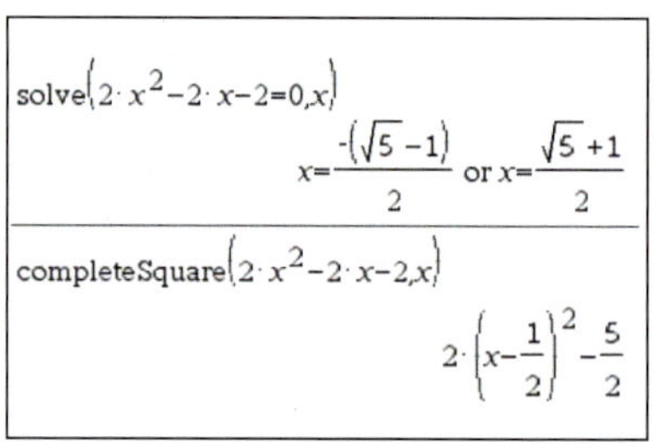

10. *exakt:*

$\text{solve}\left(\frac{1}{5}\cdot x^2+3\cdot x-\frac{1}{2}=0,x\right)$

$x=\frac{-(\sqrt{235}+15)}{2}$ or $x=\frac{\sqrt{235}-15}{2}$

gerundet:

$f(x):=0.2\cdot x^2+3\cdot x-0.5$	Fertig
solve(f(x)=0,x)	x=-15.1649 or x=0.164855
round(-15.1649,3)	-15.165
round(0.164855,3)	0.165

11. Da der Funktionsterm als Produkt gegeben ist und ein Produkt gleich null wird, wenn einer der Faktoren null ist, kann man die Nullstellen direkt ablesen.

$x_1 = 0$

$x_2 = 0{,}033$

Probe: $\text{solve}(0.02\cdot x\cdot (x-0.033)=0,x)$ → $x=0$ or $x=0.033$

12. a) $x = 0;\ y = 2$ b) keine Lösung c) $x = 1{,}75;\quad y = 0$

Mit Hilfsmitteln zu lösende Aufgaben (Seite 196)

13. a) *Vor der Änderung gilt:* $A_1 = a\cdot b$

Nach der Änderung gilt: $A_2 = \frac{1}{2}a\cdot\frac{3}{2}b = \frac{3}{4}a\cdot b = \frac{3}{4}A_1$

b) Wenn sich bei einem Rechteck eine Seitenlänge um die Hälfte verkleinert und die andere Seitenlänge um die Häfte vergrößert, dann verkleinert sich der Flächeninhalt des Rechtecks um ein Viertel.

14. a) *Vor der Änderung gilt:* $A_1 = a\cdot b$

Nach der Änderung gilt: $A_2 = 2a\cdot\frac{1}{2}b = a\cdot b = A_1$

b) Wenn sich bei einem Rechteck eine Seitenlänge verdoppelt und die andere Seitenlänge halbiert, dann verkleinert sich der Flächeninhalt des Rechtecks nicht.

15.

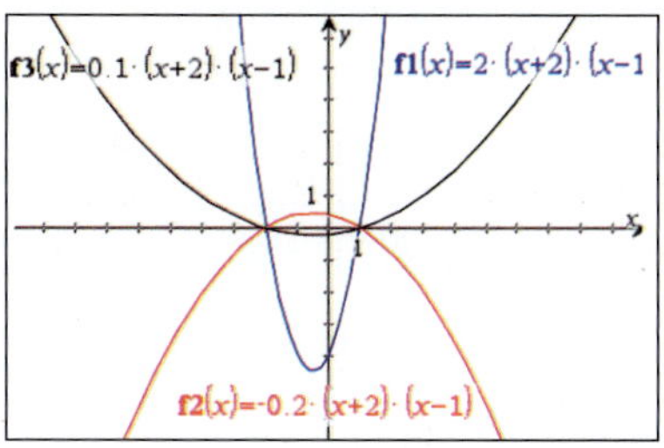

16. a) $y = f(x) = -x^2 + 2x + 15$ b) $x_1 = 5;\quad x_2 = -3$

c) $f(1{,}5) = 15{,}75;\quad f(-2{,}5) = 3{,}75$ d) $x_1 = 4{,}87;\quad x_2 = -2{,}87$

e) $A = 64$ FE

f) $P_1(5\,|\,0)$ und $P_2(-5\,|\,-20)$ sind Punkte beider Graphen.

17. Der Materialaufwand ist bei $r = h = 12{,}6$ cm am geringsten.

18. $p = 1;\quad q = -2;\quad x_1 = 1;\quad x_2 = -2$

19. a) $y = f(x) = 1{,}6x^2 - 4{,}2x - 3{,}8$
b) Für alle t mit $t \neq -1$ und $t \neq 3$ lassen sich solche Parabeln angeben.

20. *Parabel:* $y = f(x) = -0{,}2x^2 + 5$
Tunnelöffnung: $A = 33{,}33\ m^2$
Tunnelvolumen: $V = 10\,000\ m^3$

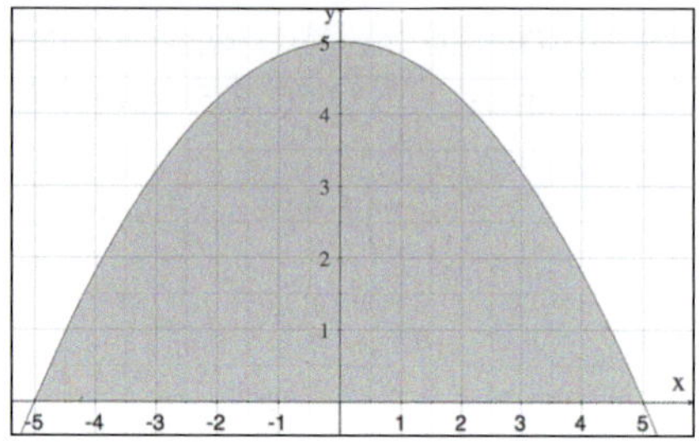

Mit Hilfsmitteln zu lösende Aufgaben (Seite 197)

21. Die Wahrscheinlichkeit für das Auftreten der Farbanomalie bei einer Person beträgt 0,05. Die Wahrscheinlichkeit für das Auftreten der Farbanomalie bei einer Person aus einer 20-köpfigen Gruppe ergibt sich aus einem 20-stufigem Baumdiagramm mit 0,64.

22. a) Die Tonne war $2\frac{2}{3}$ Minuten vor Beobachtungsbeginn leer.
Rechnerisches Lösungsverfahren:

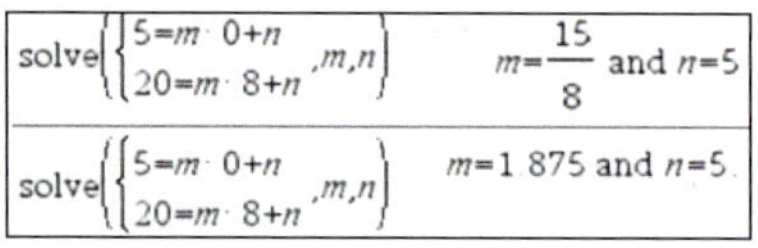

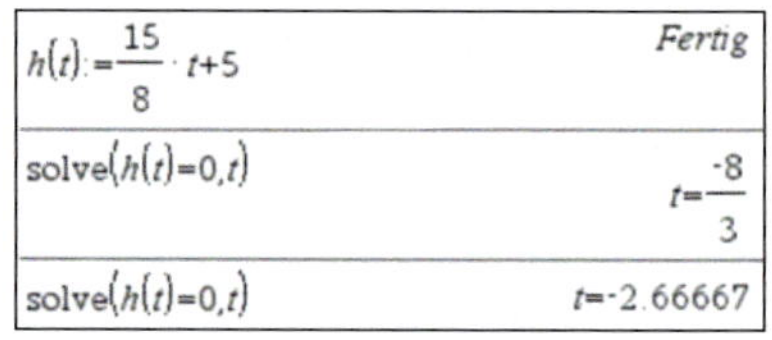

b) *Grafisches Lösungsverfahren:*
Die beiden Punkte werden in ein Koordinatensystem eingezeichnet. Die Koordinaten werden angezeigt. Durch beide Punkte wird eine Gerade gelegt. Dann werden die Koordinaten des Schnittpunkts der Geraden mit der mit der x-Achse ermittelt. Die Tonne war ca. 2,67 min vor Beobachtungsbeginn leer.

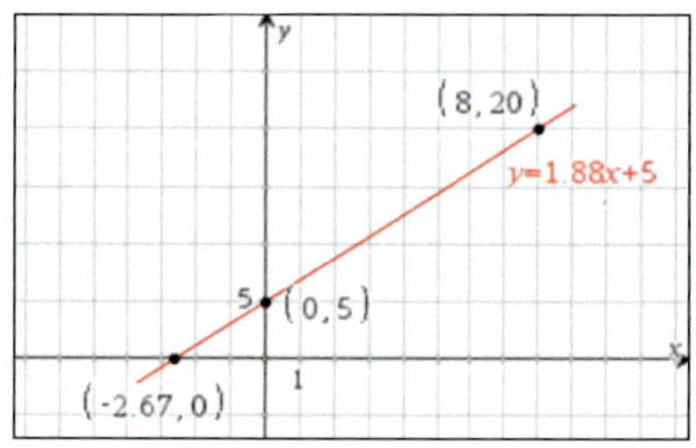

23. a)

n (Monate)	0	1	2	3	4	5	6	7	7,5
A in Quadratmeter	100	140	180	220	260	300	340	380	400

b) $A = f(t) = 40t + 100 \rightarrow t = 7{,}5$ (Das Ausbaggern dauert $7\frac{1}{2}$ Monate.)

c)

n (Monate)	0	1	2	3	4	5	6	7
A in Quadratmeter	3	6	12	24	48	96	192	384

d) Nach 4 Tagen sind $3{,}29\ m^2$ mit Seerosen bedeckt.

e) Nach 7 Monaten bedecken die Seerosen den gesamten See. ($3 \cdot 2^{6{,}982} = 40 \cdot 6{,}982 + 100$)

24. a) $p = 3{,}28\,\%$ b) 4 957,42 € c) 6 213,78 €

25. a) Der Regionalzug wird nach 135 min im Abstand von 202,5 km zu A-Stadt eingeholt.
b) Der ICE ist bis zum Treffen 90 min unterwegs. Es ist dann 9:30 Uhr.

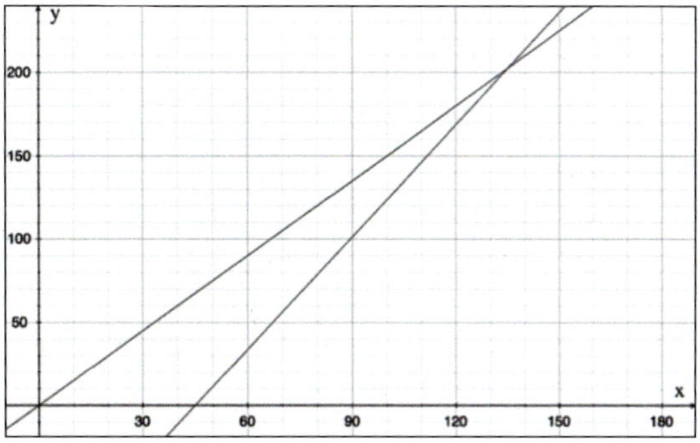

Mit Hilfsmitteln zu lösende Aufgaben (Seite 198)

26. Um 16:44 Uhr hat Frau Schmidt ihre Familie eingeholt.
Bis dahin sind 10,9 Kilometer zurückgelegt

rechnerische Lösung:

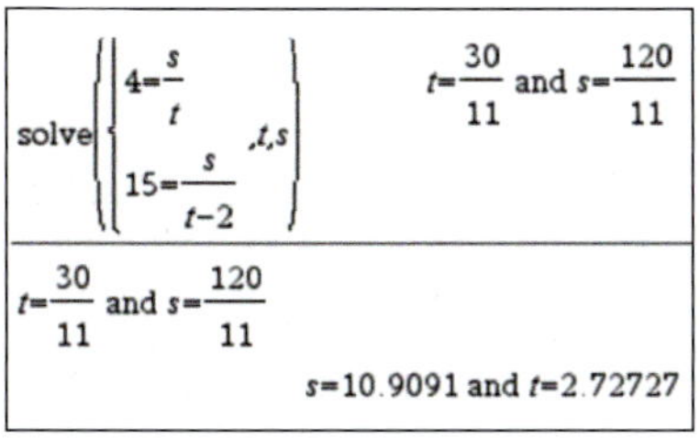

grafische Lösung:

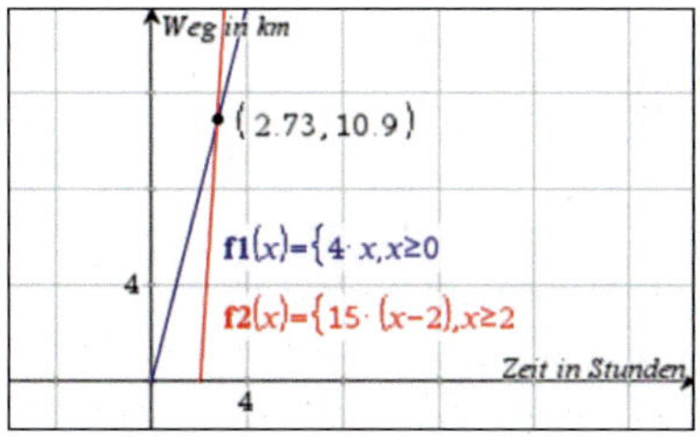

27. *Es gilt:*

I $\quad 60 = (v + 8) \cdot t_1$

II $\quad 60 = (v - 8) \cdot t_2$

III $\quad t_1 + t_2 = 6$

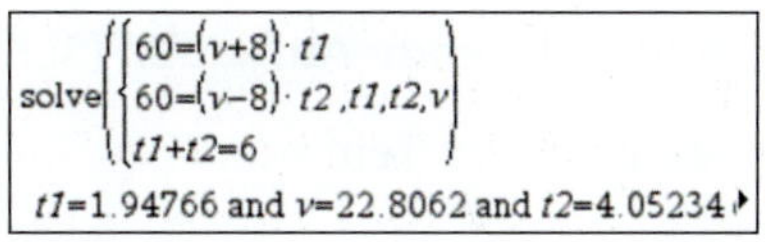

Eigengeschwindigkeit des Schiffes: $v = 22{,}8\,\frac{\text{km}}{\text{h}}$

Zeit flussauf: $t_2 = 4{,}1$ h *Zeit flussab:* $t_1 = 1{,}9$ h

28. a)

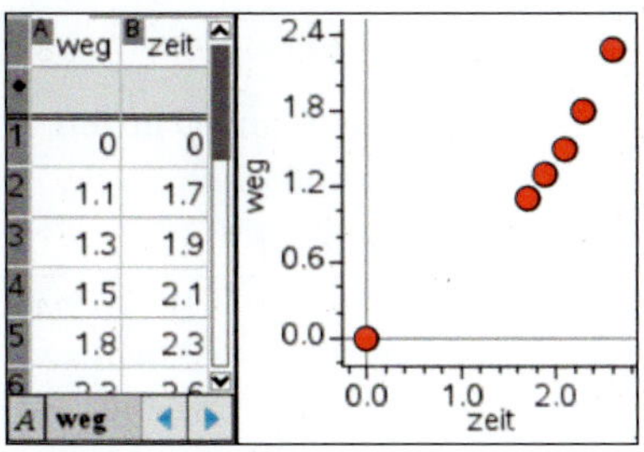

b) $h = f(t) = 0{,}34t^2$
Bei einer Fallstrecke von 1,6 m würde man etwa 2,2 s messen.

c) In 1,5 s würde die Fallstrecke etwa 0,8 m betragen.

29. a) Schrägbild:

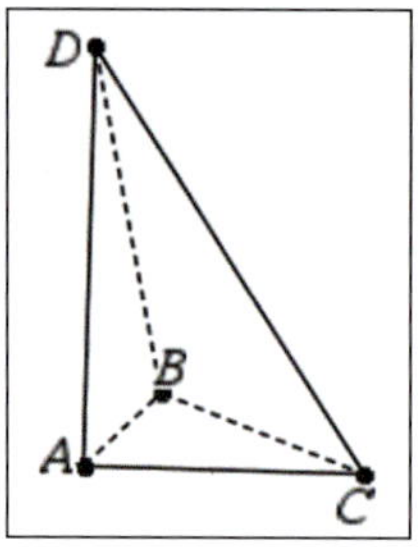

Zweitafelbild:

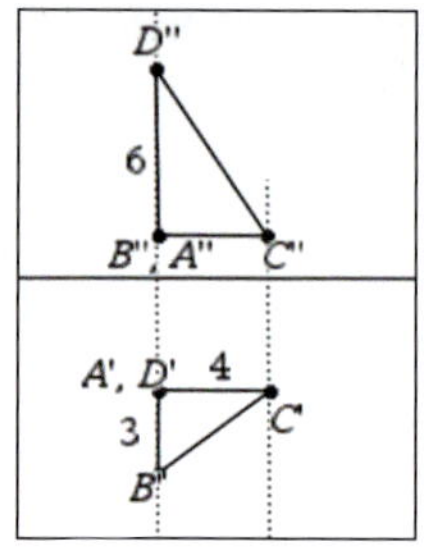

b) individuelle Lösung

c) $V = 12\ \text{cm}^3$

d)

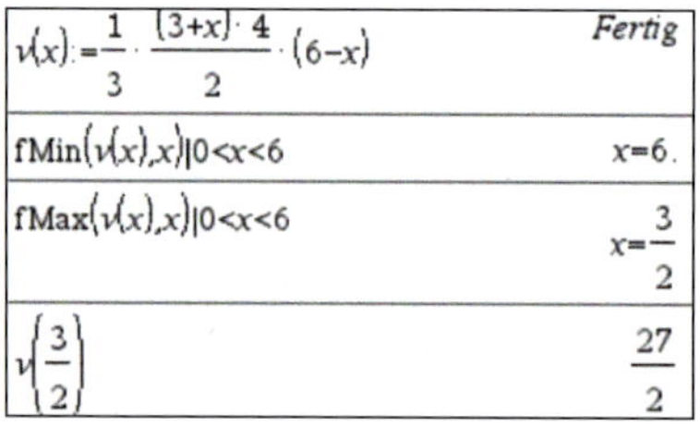

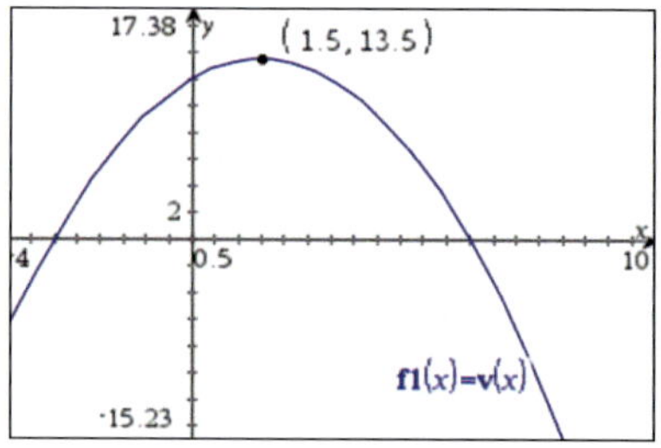

(1) Der Rauminhalt nimmt bei steigenden x-Werten bis $x = 1{,}5$ cm zu. Danach nimmt er wieder ab.

(2) Das Volumen hat für $x = 1{,}5$ cm ein Maximum, bei $x = 6$ cm ein Minimum.

30. individuelle Lösung

Mit Hilfsmitteln zu lösende Aufgaben (Seite 199)

31. a) $r_1 = 5{,}0$ cm; $r_2 = 2{,}0$ cm

b) $r_2 = 1{,}5$ cm; $h = 4{,}8$ cm; $s = 5{,}0$ cm

32. a)

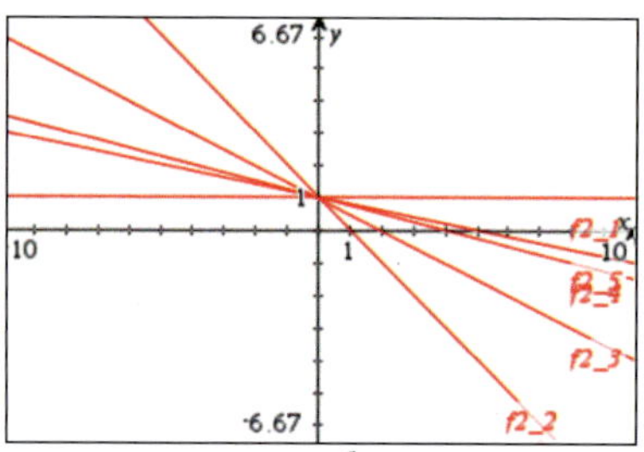

Nullstellen: $x_0 = \frac{1}{m}$ für $m \neq 0$

b) Geraden, die genau einen gemeinsamen Punkt haben, bilden ein Geradenbüschel. Im Beispiel ist dies der gemeinsame Punkt P(0 | 1).

c) $x_0 = 3$ für $m = \frac{1}{3}$.

d) Die Gerade, auf der P und Q liegen, gehört nicht zum Geradenbüschel.

e)
- für $m > \frac{1}{4}$ zwei rechtwinklige, zueinander ähnliche Dreiecke, für $m = \frac{1}{2}$ sogar zwei zueinander kongruente Dreiecke
- für $m = \frac{1}{4}$ genau ein rechtwinkliges Dreieck, mit einer Kathete von m unabhängig
- für $0 < m < \frac{1}{4}$ ein rechtwinkliges Trapez
- für $m = 0$ ein Rechteck

f) Für $m = \frac{1}{2}$ liegt die Nullstelle bei 2. Die beiden längeren Katheten sind gleich lang. Die beiden kleinen Katheten haben beide den Wert 1. Außerdem haben beide Dreiecke einen rechten Winkel, sind also zueinander kongruent.

g) Das Berechnen des Minimums zeigt, dass es eine kleinste Fläche für $m = \frac{\sqrt{2}}{4}$ gibt.

h) Es entstehen ein Doppelkegel, ein Kegel, ein Kegelstumpf und ein Zylinder.

i) Für $m = \frac{3}{8}$ hat der Rotationskörper sein minimales Volumen $V = \pi$ VE.
Es gibt kein m für das der Rotationskörper ein maximales Volumen hat.

33. a) Die Scheitelpunkte liegen z. B. nicht oberhalb der x-Achse. K_r und K_{-r} gehen durch Spiegelung an der y-Achse auseinander hervor.

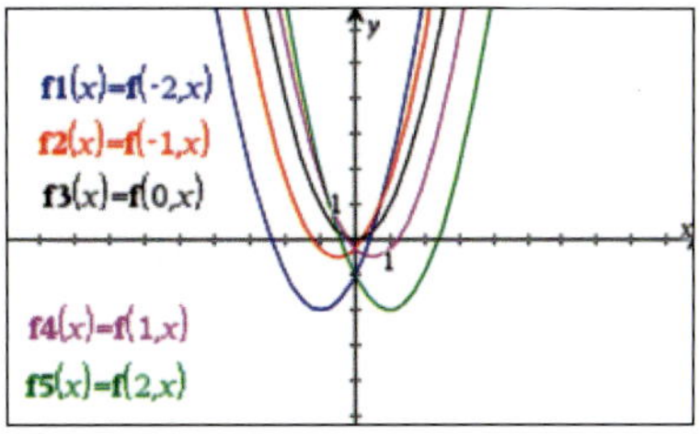

b) $S\left(\frac{r}{2} \middle| -\frac{r^2}{2}\right)$

$x = \frac{r}{2} \quad \rightarrow \quad r = 2x$

$y = -\frac{r^2}{2}$ mit $r = 2x \quad \rightarrow \quad y = -2x^2$

c) Bei beliebigem r ist die Diskriminante D immer größer oder gleich null. Es gibt somit mindestens eine Nullstelle.
Eine Spiegelung an der y-Achse liegt vor, wenn für alle reellen x gilt: $f_r(-x) = f_{-r}(x)$

$f(t,-x) = f(-t,x) \blacktriangleright \text{true}$

$f(t,-x) \blacktriangleright \frac{-t^2}{4} + t \cdot x + x^2$

$f(-t,x) \blacktriangleright \frac{-t^2}{4} + t \cdot x + x^2$

7.2 Aufgaben für Tests (Seite 200)

1. (C) **2.** (C) **3.** (A) **4.** (C) **5.** (B) **6.** (B) **7.** (D) **8.** (D)

9. $f(3) = -3 \cdot 3 + 5 = -4$; $f(-3) = -3 \cdot (-3) + 5 = 14$

10. $f(-2) = -(-2)^2 - 1 = -5 \neq 5$
Der Punkt $P(-2 \mid 5)$ gehört nicht zum Graphen.

11. Zum Graphen von f(x) gehört der Punkt $Q(-3 \mid 5)$, zum Graphen von g(x) die Punkte $Q_1(2{,}1 \mid 5)$ und $Q_2(-3{,}1 \mid 5)$

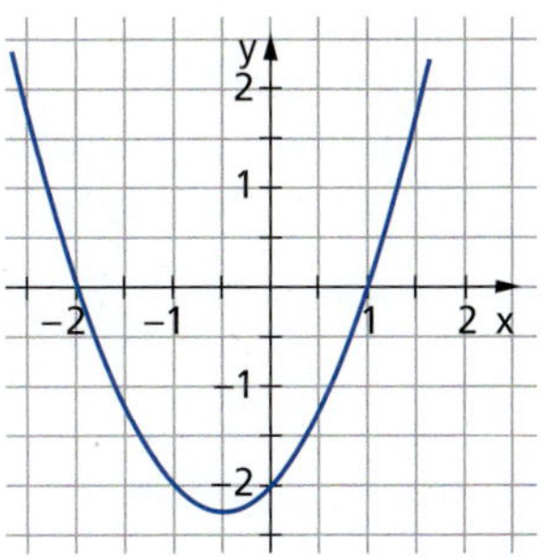

12. $f(a + 2) = (a + 2)^2 + 3(a + 2) - 3 = a^2 + 7a + 7$

13. $y = f(x) = x^2 + x - 2 = (x + 0{,}5)^2 - 2{,}25$

Scheitelpunkt:	$S(-0{,}5 \mid -2{,}25)$
Schnittstelle mit der y-Achse:	$y = -2$
Nullstellen:	$x_1 = 1$; $x_2 = -2$

14. $0 = 3 \cdot 2 + 2t \quad \rightarrow \quad t = -3$

15. a) $x = 8; y = 5$ b) $L = \{(x; y) \mid y = \frac{2}{3}x + \frac{4}{3}\}$ c) keine Lösung

16. Die Lösung des Gleichungssystems aus zwei linearen Gleichungen zeigt, dass beide Gleichungen identisch sind. Es gibt unendlich viele Lösungen.

17. a) z. B. (I) $x + y = 1$ und (II) $x + y = 2$
b) z. B. (I) $x + y = 1$ und (II) $2x + 2y = 2$
c) z. B. (I) $x + y = 3$ und (II) $-2x + y = 0$

Aufgaben für Tests (Seite 201)

18. $S(-2 \mid 0)$

19. Susan ist 19 Jahre und Carina 16 Jahre alt.

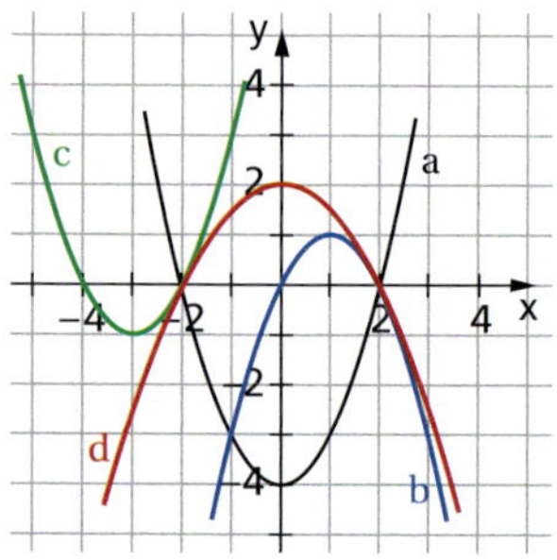

20. a) $x_1 = 11; x_2 = -11$ b) $x_1 = 0; x_2 = 1$
c) $x_1 = 0; x_2 = \frac{2}{3}$ d) $x_1 = 3; x_2 = -1$

21. a) $S(0 \mid -4)$; $x_1 = -2$; $x_2 = 2$
b) $S(1 \mid 1)$; $x_1 = 0$; $x_2 = 2$
c) $S(-3 \mid -1)$; $x_1 = -2$; $x_2 = -4$
d) $S(0 \mid 2)$; $x_1 = 2$; $x_2 = -2$

22. $y = f(x) = (x-2)^2$; $y = g(x) = -(x+2)^2 + 4$; $y = h(x) = 0{,}5x - 2$

23. a) $t^2 < 1$ (zwei Lösungen); $t^2 = 1$ (eine Lösung); $t^2 > 1$ (keine Lösung)
b) $t^2 > -4$ (zwei Lösungen)
c) $t^2 > 0$ (zwei Lösungen)

24. $A = 18\ \text{cm}^2$

25. Wenn sich der Radius eines Kreises auf das 1,4-fache vergrößert, dann vergrößert sich der Flächeninhalt auf das $1{,}4^2$-fache und der Umfang auf das 1,4-fache.

26. Die Umfänge der Kreise verhalten sich zueinander wie 3 : 5.

27. Der Materialverbrauch vervierfacht sich, denn der Oberflächeninhalt A_O eines Zylinder lässt sich berechnen mit $2r\pi(r + h)$. Wenn der Radius und die Höhe gleichzeitig verdoppelt werden gilt: $2 \cdot (2r) \cdot \pi(2r + 2h) = 2 \cdot 2 \cdot 2r\pi(r + h) = 4 \cdot 2r\pi(r + h) = 4 \cdot A_O$

28. Die Diagonalen schneiden einander im Punkt M. Die beiden Dreiecke ABM und CDM sind zueinander ähnlich, weil sie in allen drei Winkeln übereinstimmen (Scheitelwinkel und Wechselwinkel an geschnittenen Parallelen) und somit der Hauptähnlichkeitssatz gilt.

29. Streckungszentrum: $P(-1 \mid 3)$ Streckungsfaktor: 2

30. Die Jacke kostet nach der Preissenkung 90,00 €.

31. Der Preis der Hose wurde um 40 % gesenkt.

Aufgaben für Tests (Seite 202)

32. $L = \{(8; 4), (8; -4), (-8; 4), (-8; -4)\}$

33. Für $a \neq 0$ gibt es für das Gleichungssystem immer genau eine Lösung: $x = y = \frac{1}{2}$
Für $a = 0$ gibt es unendlich viele Lösungen: $x = y = c$

34. Der Pkw hat bis zum Treffpunkt in einer Stunde 120 km zurückgelegt, er fährt mit einer Durchschnittsgeschwindigkeit von 120 $\frac{\text{km}}{\text{h}}$. Der Lkw hat zum gleichen Zeitpunkt in zwei Stunden 180 km zurückgelegt. Seine Durchschnittsgeschwindigkeit beträgt 90 $\frac{\text{km}}{\text{h}}$ beträgt. Für die Reststrecke von 180 km braucht der Pkw dann noch 1,5 Stunden. Der Lkw hat noch 120 km zu fahren und braucht dazu noch eine Stunde und 20 Minuten. Der Pkw kommt um 10:30 Uhr in A-Stadt, der Lkw um 10:20 Uhr in B-Dorf an.

35. Die Eigengeschwindigkeit des Flugzeugs beträgt 830 $\frac{\text{km}}{\text{h}}$, die Windgeschwindigkeit 30 $\frac{\text{km}}{\text{h}}$.

$\text{solve}\left(\begin{cases} v1+v2=860 \\ v1-v2=800 \end{cases}, v1, v2\right)$ → $v1=830$ and $v2=30$

36. Die Rechteckseiten waren ursprünglich 25,2 cm bzw. 19,8 cm lang.

$\text{solve}\left(\begin{cases} 2\cdot(a+b)=90 \\ (a-2)\cdot(b+3)=a\cdot b+30 \end{cases}, a, b\right)$ → $a=\frac{126}{5}$ and $b=\frac{99}{5}$

$\text{solve}\left(\begin{cases} 2\cdot(a+b)=90 \\ (a-2)\cdot(b+3)=a\cdot b+30 \end{cases}, a, b\right)$ → $a=25.2$ and $b=19.8$

37. Die Seitenlängen der Baugrube betragen etwa 33,16 m und 53,16 m. Der Seitenstreifen ist ungefähr 2,42 m breit. Die Lösung 45,58 m entfällt.

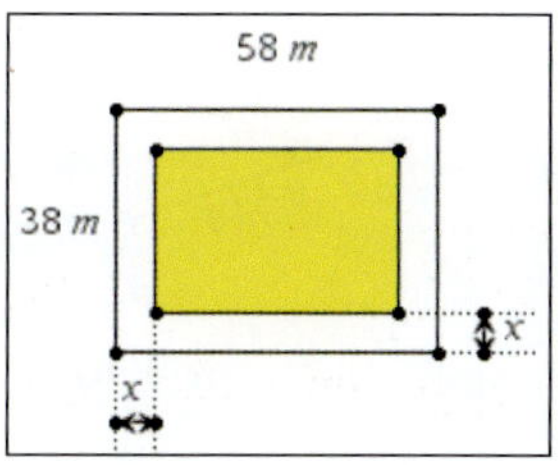

$\text{solve}((58-2\cdot x)\cdot(38-2\cdot x)=58\cdot 38\cdot 0.8, x)$	$x=2.4176$ or $x=45.5824$
$38-2\cdot 2.42$	33.16
$58-2\cdot 2.42$	53.16
$\frac{33.16\cdot 53.16}{38\cdot 58}$	0.799812

38. Der Preis des Schlafsofas wurde zweimal um jeweils 5,51 % gesenkt.

39. a)

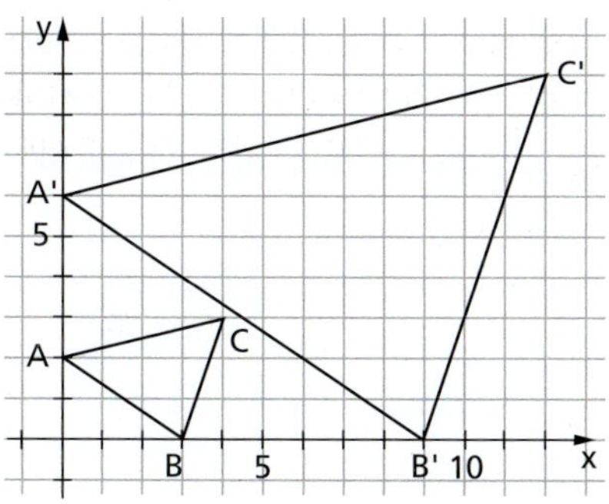

b) Man wählt: *„Menü – Geometry – Abbildung – Streckung"* und verfährt nach der links oben angegebenen Hilfe.

c) A'(0 | 6), B'(9 | 0), C'(12 | 9)

d) Die Winkelgrößen bleiben erhalten, die Seitenlängen verdreifachen sich, der Flächeninhalt wird um das Neunfache größer.

40. Die Grundkante hat eine Länge von 17,9 cm, das Volumen der Pyramide beträgt 1,1 dm^3.

Aufgaben für Tests (Seite 203)

41.

$a(x):=(10-x)\cdot(8+x)$	*Fertig*
completeSquare$(a(x),x)$	$81-(x-1)^2$

Für a = 1 cm wird der Flächeninhalt maximal, er beträgt dann 81 cm².

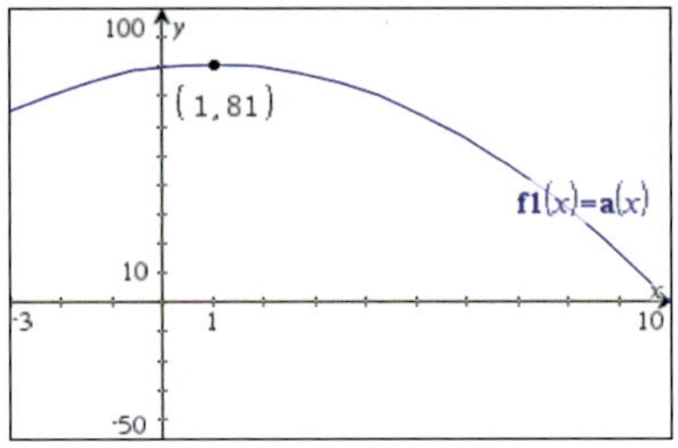

42. Die Höhe des Baumes beträgt etwa 6,92 m.

43. a) Der obere Teil ist eine Halbkugel mit dem Radius 2a. Der untere Teil besteht aus einem Kegelstumpf, aus dem eine halbkugelförmige Vertiefung „ausgefräst" wurde. Der obere Grundkreisradius beträgt 2a, der unter a, die Höhe 2a.

b) $V = V_{\text{Halbkugel, groß}} - V_{\text{Halbkugel, klein}} + V_{\text{Pyramidenstumpf}} = \frac{28}{3}\pi \cdot a^3$

$A_O = A_{O\ \text{Halbkugel, groß}} + A_{O\ \text{Halbkugel, klein}} + A_{M\ \text{Kegelstumpf}} = 16{,}71\pi \cdot a^2$

44. a) $P = 0{,}486^2 \cdot 0{,}514 = 0{,}1214$

b) $P = 3 \cdot 0{,}486^2 \cdot 0{,}514 = 0{,}3642$

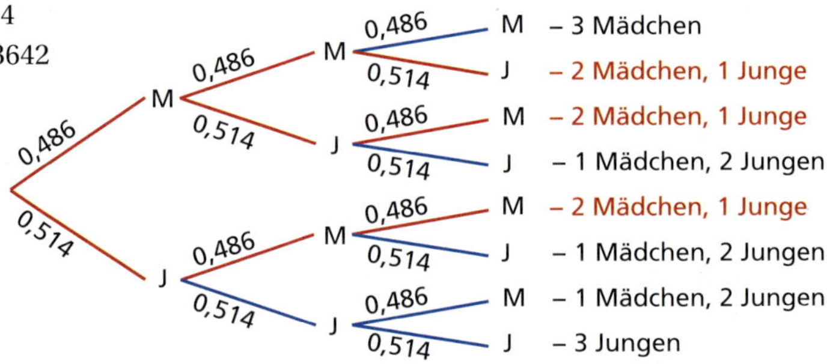

45. a)

	A	$\overline{A}$	
B	83	246	329
$\overline{B}$	12	189	201
	95	435	530

b)

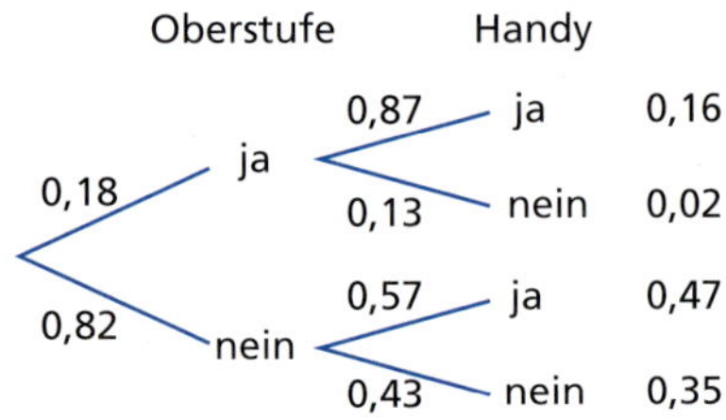

46. a) Hier trifft nur die Augenzahl 5 zu, es ist ein gültiges Ergebnis von sechs Möglichkeiten:
$P = \frac{1}{6} = 0{,}1\overline{6}$

b) Hier treffen fünf gültige Ergebnisse (1; 3; 4; 5; 6) von sechs Möglichkeiten zu:
$P = \frac{5}{6} = 0{,}8\overline{3}$

47. a)

	A m_1	B m_2	C m_3	D su	E
◆	randint(0,1,200)	=randi	=randi	=a[]+b[]+c[]	
1	0	1	0	1	
2	0	0	1	1	
3	0	1	1	2	
4	0	1	0	1	
5	1	1	1	3	
6	1	0	0	1	
7	0	0	1	1	
8	1	1	0	2	

E1

$\frac{\text{countIf}(\mathbf{su},0)}{200.}$ ▸ 0.135

$\frac{\text{countIf}(\mathbf{su},1)}{200.}$ ▸ 0.41

$\frac{\text{countIf}(\mathbf{su},2)}{200.}$ ▸ 0.33

$\frac{\text{countIf}(\mathbf{su},3)}{200.}$ ▸ 0.125

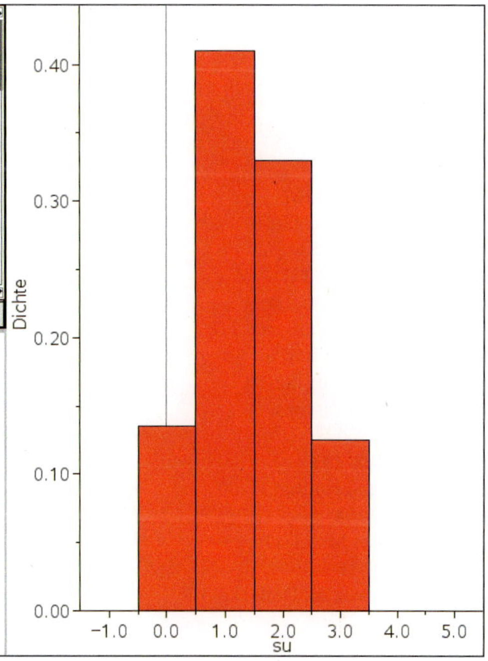

b) Spalten A bis C jeweils „: = *randint(0, 1, 200)*“
Spalte E „: = *A + B + C*“
Dazu den Schnellgraph erzeugen und die Darstellung als Histogramm wählen.
Gegebenenfalls den Maßstab auf „*Dichte*“ einstellen.
Das Ergebnis „*1*“ zählt als „Wappen“.
Alternativ können die Anzahlen für „Wappen“ auch mit dem Befehl „*countif(Liste, Kriterium)*“ ausgezählt werden.

c) Die theoretischen Ergebnisse können z. B. über ein Baumdiagramm ermittelt werden.

$(0.5)^3$	0.125
$3\cdot(0.5)^3$	0.375
$3\cdot(0.5)^3$	0.375
$(0.5)^3$	0.125

d) Der Erwartungswert für „geworfene Wappen“ beträgt bei drei Münzwürfen 1,5 mit einer Standardabweichung von etwa 0,87.

$anzahl:=\{0,1,2,3\}$	$\{0,1,2,3\}$
$wkt:=\{0.125,0.375,0.375,0.125\}$	$\{0.125,0.375,0.375,0.125\}$
$ex:=\text{sum}(anzahl\cdot wkt)$	1.5
$\sqrt{\text{sum}((ex-anzahl)^2\cdot wkt)}$	0.866025

Register

Bildquellenverzeichnis

adpic Bildagentur/Bernd Leitner: 188/1; Aedesass/Terassa, Barcelona: 135/1; Alexej Fjodorov: 140/1; Allianz/GP: 57/2; Arttoday: 51/2; B. Pehl, Warenshof: 51/1; BackArts GmbH: 67/1, 94/1; Blume, Bernd: 60/1; CNES - Octobre 2005/illus. D. Ducros: 7/2; Corel Photos Inc.: 7/3, 61/3, 36/1, 10/1, 95/3; Cornelia Schneider, Hauptmannsgrün: 57/1, 103/2; Cornelsen Verlagsarchiv: 142/5; Daimler AG: 63/2; Danner GmbH, Kirchheim/Christian Link, Augsburg: 82/2; DB AG/Claus Weber: 197/3; DB AG/OgilvyOne: 28/1; Dreamstime/Juleberlin: 106/1 Fotolia: 154/1, 196/1, 197/1, 193/1; Fotolia/Moreen Blackthorne: 130/5; Fotolia/3drenderings 141/4; Fotolia/contrastwerkstatt: 6/1; Fotolia/dudek: 131/4; Fotolia/Erwin Wodicka: 179/1 Fotolia/industrieblick: 59/3; Fotolia/kebox: 203/2; Fotolia/Kzenon: 155/2, 160/1; Fotolia/LaCozza: 141/5; Fotolia/mariusz szczygieł: 143/1; Fotolia/Meike Felizitas Netzbandt: 147/1; Fotolia/Oliver Klimek: 203/3; Fotolia/pics: 169/1; Fotolia/Ramona Heim: 151/2; Fotolia/triberic: 149/2; Fotolia/Valerijs Kostreckis: 134/1; Fotolia/visualtektur: 141/3; Günter Liesenberg: 140/4, 142/1, 135/2, 151/3, 146/1, 142/2, 162/1; Hans-Detmar Pelz: 150/4; Hemera Photo Objects: 49/1, 166/1, 176/1, 181/2, 194/1, 195/2; iStockphoto: 145/4; iStockphoto/Rebecca Ellis: 27/1, 52/1; iStockphoto/adam smigielski: 7/1, 27/3; iStockphoto/Yvan Dubé: 107/2; Josef Wildgruber: 180/1; K. Bahro, Berlin: 53/1; Lokilech: 130/1; Mahler, B., Fotograf, Berlin: 54/1, 150/3, 155/1; Matthias Haas: 148/3; mauritius images/H. Schön: 26/1; mauritius images/Karl Heinz Hänel: 27/2, 54/2; Messe Berlin GmbH: 52/2; Naturfotografie Frank Hecker: 182/1; ÖAMTC: 181/1; PantherMedia/JCB Prod: 189/2; Photo Disc Inc.: 31/1, 46/1, 59/1, 168/1, 184/1, 204/1; Physikalisch-Technische Bundesanstalt (PTB): 54/3; picture alliance/Hubert Jelinek: 174/1; picture alliance/OKAPIA KG, Germany: 59/2; picture-alliance: 167/1; picture-alliance/ASA: 189/1; picture-alliance/Helga Lade Fotoagentur GmbH: 96/1; picture-alliance/dpa: 61/2; Rainer Fischer: 62/2, 197/2; REUTERS: 150/2; Scoutdoor GmbH/Konstanz: 144/5; Sony Ericsson Mobile Communications AB: 29/2; Texas Instruments: 189/3; www.rooms.de: 148/1

Hinweise zum Arbeiten mit dem TI-Nspire CAS

Fehler korrigieren/ Löschen von Einträgen	
Befehl rückgängig machen	(esc)
Zeichen löschen	Kursor hinter das Zeichen setzen und (del) drücken.
ganze Zeile/ markierten Ausdruck löschen	(ctrl) (del)
Arbeitsschritt(e) rückgängig machen	(ctrl) (esc) oder (ctrl) (Z)
einen rückgängig gemachten Arbeitsschritt wieder aufrufen	(ctrl) (Y)
alle Einträge *auf einer* Seite löschen (Anwendungen: *„Calculator"* oder *„Scratchpad"*)	(menu) Aktionen – Protokoll löschen
ganze Seite in einem Dokument löschen	(doc▾) Seitenlayout – Seite löschen

Eingabe im *„Calculator"* korrigieren

Solange eine Eingabe nicht durch (enter) abgeschlossen wurde, kann sie wie oben angegeben korrigiert werden. Wurde eine Berechnung mit (enter) abgeschlossen, kann die zugehörige Eingabe nur dann korrigiert werden, wenn dieser Ausdruck mit der Pfeiltaste ▲ angesteuert, dadurch markiert und mit (enter) in die Eingabezeile kopiert wird. Der kopierte Ausdruck kann dann verändert werden.

Wichtige Tastenkürzel	
Ausdruck markieren	(⇧shift) ◀▶
Ausdruck ausschneiden	Ausdruck markieren und (ctrl) (X)
Ausdruck kopieren	Ausdruck markieren und (ctrl) (C)
Ausdruck einfügen	(ctrl) (V)

Standardeinstellungen des Rechners wiederherstellen

(⌂on) Einstellungen – Dokumenteinstellungen – Zurücksetzen (enter) (enter) (enter)

Der Wechsel zwischen den Bereichen bei *„Dokumenteinstellungen"* erfolgt mit (tab).